市政工程工程量清单计价手册

李世华　李智华　主　编
李　琼　李水力　副主编

中国建筑工业出版社

图书在版编目(CIP)数据

市政工程工程量清单计价手册/李世华，李智华主编.—北京：中国建筑工业出版社，2009

ISBN 978-7-112-11466-5

Ⅰ.市… Ⅱ.①李… ②李… Ⅲ.市政工程—工程造价—手册 Ⅳ.TU723.3-62

中国版本图书馆CIP数据核字(2009)第186228号

本书共11章。包括绪论、工程量清单计价模式、市政工程定额计价、工程量清单的计价依据、工程量清单招标标底的编制、土方工程的工程量清单计价、道路工程的工程量清单计价、桥涵护岸工程的工程量清单计价、隧道工程的工程量清单计价、市政管网工程的工程量清单计价、园林绿化工程量清单计价编制实例。

本书可供从事市政工程设计、施工、监理、管理等技术人员使用，也可供大专院校有关专业师生参考。

* * *

责任编辑 常 燕

市政工程工程量清单计价手册

李世华 李智华 主 编

李 琼 李水力 副主编

*

中国建筑工业出版社出版、发行(北京西郊百万庄)

各地新华书店、建筑书店经销

广州友间文化有限公司制版

北京京丰印刷厂印刷

*

开本：787×1092毫米 1/16 印张：20½ 字数：498千字

2011年9月第一版 2011年9月第一次印刷

定价：**42.00**元

ISBN 978-7-112-11466-5

(18707)

前　言

市政工程是城市的重要基础设施，是城市必不可少的物质技术基础、是城市发展经济和实行对外开放的基本条件、是城市可持续发展的根本保证。各项市政工程与城市其他建筑工程相比具有涉及范围广、工程规模大、项目复杂且相互间影响大、投资大、建设周期长、工期紧、地下工程多、施工技术水平要求高，还具有一定的前瞻性，因此对市政工程清单计价进行科学管理也就愈加重要。《建设工程工程量清单计价规范》GB 50500—2003，自 2003 年 7 月 1 日起实施以来，我国建设工程实行工程量清单计价，是工程造价计价方式为适应社会主义市场经济的一次重大改革，是规范建设市场秩序的重要措施，有利于促进建设行政管理部门开拓造价管理工作的新局面、有利于业主节约投资、施工企业加强管理，有利于在公开、公平、公正的竞争环境中合理确定工程造价，提高投资效益。

我国加入 WTO，全球经济一体化的进程加快，使我们更加深切地感受到境外市政建设业、咨询业在我国市场中造成的竞争压力。这就要求每个造价工程师至少应该了解和掌握国际上通行的工程量计算规则与报价理论、国际工程项目管理惯例、国际工程合同、招标与投标，应该尽快掌握电子计算机与网络信息技术等新技术手段，极大地丰富自己的知识，以便在国际竞争中处于优势地位。

工程量清单计价是在建设工程招投标中，由招标人或委托有资质的中介机构编制反映工程量实体消耗和措施性消耗的工程量清单，并作为招标文件的一部分提供给投标人，由投标人依据工程量清单自主报价的计价方式。其主导原则就是“规定量、市场价、竞争费”，相对于现行计价方式，是一种与市场经济相适应的、允许承包单位自主报价的、通过市场竞争确定价格的、与国际惯例接轨的全新计价模式。工程量清单计价能更加准确地反映工程成本和企业竞争力，对广大工程造价人员也提出了全新的执业素质要求。

《市政工程工程量清单计价手册》是为了更进一步贯彻执行《建设工程工程量清单计价规范》，帮助广大市政工程造价人员理解和掌握工程清单计方法，克服工程量清单编制难和工程量清单计价难的问题，按照我国工程造价管理改革的要求，本着国家宏观调控，企业自主报价、市场竞争形成价格原则，根据《建设工程工程量清单计价规范》，明确工程清单项目计价的内容，通过实例分析使规范的应用变得清晰容易。

本手册针对市政工程计价阐述了市政工程的造价组成、各组成部分的计算方法、计价程序、定额应用等，着重介绍了市政工程工程量清单项目设置的内容和方法，为工程量清单的编制和计价奠定基础。书中市政工程清单项目设置、工程量计算、工程量清单的编制、市政工程的造价组成和工程量清单计价是重点。

本手册主要包括：绪论、工程量清单计价模式、市政工程定额计价、工程量清单的计价依据、工程量清单招标标底的编制、土方工程的工程量清单计价、道路工程的工程量清单计价、桥涵护岸工程的工程量清单计价、隧道工程的工程量清单计价、市政管网工程的工程量清单计价、园林绿化工程量清单计价编制实例等内容。本手册以大量工程实例系统介绍了市政工程工程量清单计价方法和投标报价编制技巧，许多工程实例具有典型性和代表性，对培养市政工程专业工程造价人员具有很强的实用性。本书选材新颖，以实用性为指导、以工程实践为平台，通过图、文、表并茂的阐释能产生出立体感，同时总结提炼出一套具有很强操作性的市政工程方面工程量清单编制方法和典型实例。

本手册由广州大学市政技术学院李世华、上海杉杉科技有限公司李智华任主编，北京长城电子装备有限责任公司李琼、中国人民银行长沙市中心支行资本项目处李水力任副主编。其中李世华完成第 6 章、第 7 章、第 8 章、第 9 章内容的编写；李智华完成第 1 章、第 2 章、第 3 章内容的编写；李琼完成第 4 章、第 5 章内容的编写；李水力完成第 10 章、第 11 章内容的编写。

在编写中，不仅承蒙许多单位和个人的帮助，为本手册提供了大量有关市政工程清单计价方面的宝贵资料；而且参考了许多素不相识的同行们的著作、成果、资料等，在此一并致以衷心的感谢。由于我们的水平有限，书中不足之处，诚恳地欢迎广大读者批评指正。

编 者

2010 年 5 月

目　录

1 绪　　论

1.1 国内外工程造价管理发展概况

1.1.1 我国工程造价管理发展历史

在我国五千年的文明历史长河中，我们的祖先建造了无数规模宏大、技术要求和水平很高的工程。历代工匠积累了丰富多彩的经验，形成了许多丰硕的成果，并逐步形成一套工料限额的管理制度，即我们目前常说的人工与材料定额。如各朝代所编著的《辑古纂经》(唐代)、《营造法式》(北宋)、《工程做法则例》(清代)等汇集了我们祖先对工程技术控制、工料消耗、加强设计监督和施工管理的精华。直到今天，《仿古建筑及园林工程预算定额》的编制仍将这些技术文献作为参考的依据。建国以来，我国的工程管理经历如下几个阶段：

(1) 国民经济恢复时期(1950～1957年)：这是与计划经济相适应的概预算定额制度建立时期。1949年新中国成立后，百废待兴，全国面临着大规模的恢复重建工作，是无统一预算定额与单价情况下的工程造价计价模式。实施第一个五年计划后，随着大规模社会主义经济建设的开始，为合理确定工程造价，用好有限的资金，引进了前苏联一套概预算定额管理制度，同时也为组建新的国营建筑施工企业建立了企业管理制度。1957年颁布的《关于编制工业与民用建设预算的若干规定》规定了各个不同的设计阶段都应编制概算和预算，明确了概预算的作用。

(2) 从"大跃进"到"文化大革命"前期(1958～1966年)：这是概预算定额管理逐渐被削弱阶段。由于经济领域中的"左"倾思潮影响，否定社会主义时期的商品生产和按劳分配，否定劳动定额和计件工资制，撤销一切定额机构，概预算与定额管理权限全部下放。直至1962年，建筑工程部又正式修订颁发全国建筑安装工程统一劳动定额时，才逐渐恢复定额制度。

(3) "文化大革命"时期(1967～1976年)："文化大革命"期间，以平均主义代替按劳分配，将劳动定额看成是"管、卡、压"，彻底否定科学管理和经济规律，概预算定额制度遭到破坏，概预算和定额管理机构被撤销，预算人员改行，大量基础资料被销毁，造成设计无概算，施工无预算，竣工无决算，投资大敞口，吃大锅饭，国民经济遭到严重破坏。

(4) 1976年至20世纪90年代中期(1976～1995年)：是有政府统一预算定额与单价情况下的工程造价计价模式，基本属于政府决定造价，也是造价管理工作整顿和发展的时期。1976年，随着国家经济中心的转移，为恢复与重建造价管理制度提供了良好的条件。从1977年起，国家恢复重建造价管理机构，1979年国家重新颁发了《建筑安装工程统一劳动定额》。1979年修订的统一劳动定额规定：地方和企业可以针对劳动统一定额中的缺项，编制本地区、本企业的补充定额，并可在一定范围内结合地区的具体情况作适当调整。1988年成立原建设部，并设立标准定额司。各省市、各部委建立了定额管理站，全国颁布了一系列推动概预算管理和定额管理发展的文件,并颁布了几十种预算定额、估算指标。1995 年,原建设部又颁布了《全国统一建筑工程基础定额》等。之后,全国各地都先后重新修订了各类建筑工程预算定额,使定额管理更加规范化和制度化。

(5) 从 20 世纪 90 年代中期至 2003 年(1996 ~ 2003 年):这段时间内工程造价管理基本上沿袭了以前的造价管理方法,也是深入进行工程造价管理改革的阶段。各地在编制新预算定额的基础上,明确规定预算定额单价中的材料、人工、机械价格作为编制期的基期价,并定期发布当月市场价格信息进行动态指导,在规定的幅度内予以调整,同时,在引入竞争机制方面做了一些新的决策。

(6) 从 2003 年至现在: 2003 年 3 月原建设部颁布《建设工程工程量清单计价规范》,2003 年 7 月 1 日起在全国实施,工程量清单计价是在建设施工招投标时招标人依据工程施工图纸、招标文件要求,以统一的工程量计算规则和统一的施工项目划分规定,为投标人提供实物工程量项目和技术性措施项目的数量清单;投标人在国家定额指导下、在企业内部定额的要求下,结合工程情况、市场竞争情况和本企业实力,并充分考虑各种风险因素,自主填报清单开列项目中包括的工程直接成本、间接成本、利润和税金在内的综合单价与合计汇总价,并以所报综合单价作为竣工结算调整价的一种计价模式。

建筑产品价格是根据国家预算定额、造价管理部门发布的市场指导价,并受承包合同条件制约的计价模式到目前的工程量清单计价模式,使工程造价逐步全面走向市场化。由于工程量清单计价模式更多地融入了市场对行业的影响因素,因此造价方式是由政府决定造价转变为政府指导造价。

1.1.2 国外工程造价管理的发展史

资本主义社会化大生产的发展,使共同劳动的规模日益扩大,劳动分工和协作越来越细、越来越复杂,对工程建设的消耗进行科学的管理也就显得越来越重要。其发展史主要为以下三个阶段:

(1) 16 世纪至 18 世纪是英国工程造价管理发展的第一阶段。在这个时期,随着设计和施工分离并各自形成一个独立专业以后,施工工匠们就需要有人帮助他们对已完成的工程进行测量和估价,以确定应得的报酬。这些人在英国被称为工料测量师。这时的工料测量师是在工程设计和工程完工以后才去测量工程量和估算工程造价的,并以工匠小组的名义与工程委托人和建筑师进行洽商。

(2) 从 19 世纪初开始,资本主义国家在工程建设中开始推行招标承包制。形势要求工料测量师在工程设计以后和开工以前就测量和估价,根据图纸计算出实物工程量并汇编成工程量清单,为招标者制定标底或为投标者做出报价。因此从这时起,工程造价管理逐步形成独立的专业。1881 年英国皇家测量师学会成立,这个时期通常称为工程造价管理发展的第二阶段,完成了工程造价管理的第一次飞跃。

(3) 从 20 世纪 40 年代开始,一个"投资计划和控制制度"在英国等商品经济发达国家应运而生。工程造价管理的发展进入第三阶段,完成了工程造价管理的再次飞跃。

从上述工程造价管理发展简史中得知,工程造价管理专业是随着工程建设的发展,也随着商品经济的发展而日益完善的。目前,国外工程造价管理发展较好的有英国(是开展工程造价管理历史较长,体系较完整的一个国家)、美国(工程价格是典型的市场价格)、法国(科

学估算工程造价是法国工程管理的显著特点)等,其共同的特点是:

(1)有章可循的计价依据。一定的计价依据是不可缺少的,一般都是由政府颁发统一的工程量计算规则,以统一工程计价的工程量计算方法;

(2)行之有效的政府间接调控。政府对工程造价采取不直接干预方式,只通过税收、信贷、价格、信息指导等经济手段引导和约束投资方向,政府调控市场、市场引导企业,使投资符合社会经济发展的需要;

(3)多渠道的工程造价信息。一般都是由政府颁布多种造价指数、价格指数或由有关协会和咨询公司提供价格和造价资料供社会享用,这样就形成了及时、准确、实用的工程造价信息网,它适应了市场经济条件下的快速、高效、多变的特点;

(4)委托咨询公司进行工程计价和控制。咨询公司有丰富的工程造价经验和长期的计价实践,他们充当业主和承包商的代理人,并以工程特点和市场状况为主要依据进行计价,是完全意义的动态计价和管理。

1.2 工程造价改革的现状与方向

1.2.1 传统工程造价管理体制存在的弊端

我国现行工程造价管理产生于19世纪末20世纪初,是随着外国资本的入侵和我国民族工业的发展而逐渐产生和发展起来的。传统定额模式对工程造价管理的影响及其主要存在的弊端,主要有如下几方面:

(1)由于未能把基本建设产品作为商品,因而工程造价的构成未体现社会必要劳动消耗,工程造价水平没有能反映社会必要劳动的水平。由于以办理工程价款结算为主要目的,因而注重工程建设实施阶段,特别是施工阶段的工程造价管理,忽视了设计阶段,特别是投资决策阶段的工程造价的控制。

(2)以被动地按照设计图纸编制概预算和计算工程造价为主,没能在设计阶段通过工程造价管理影响设计、优化设计,有效地控制工程造价。习惯在生产资料统一调拨价格条件下的静态工程造价管理,而不习惯与开放的生产资料市场、技术劳务市场、资金市场相适应的动态工程造价管理。

(3)投资估算、设计概算、设计预算、承包合同价、工程估算价、竣工决算分别由建设单位及其主管部门负责,设计单位和施工企业管理相互脱节,没有建立起前者控制后者,后者补充前者的工程管理系统。

(4)没有把竞争机制引入工程造价的管理中。在建设项目承包、建筑安装工程承包、设备材料采购、设计承包等方面实行的是指定承包而不是招标承包制。由于没有建立起一套有效的工程造价控制制度,投资主管部门、建设单位、设计单位、施工企业对工程造价的控制缺乏自我约束和相互约束的能力。所以,在投资决策阶段和设计阶段的工程造价控制是最薄弱的环节。

(5)定额的指令性过强、指导性不足,主要反映在施工手段消耗部分制定得过死,把企业的技术准备、施工手段、管理水平等竞争性内容固定化,不利于竞争机制的发挥。同时,量、价合一的定额表现形式不适应市场经济对工程造价实施动态的管理要求，难以就人工、材料、机械等价格的变化进行适时的调整。

(6) 缺乏全国统一的基础定额和计价方法，地区和部门自成体系，且地区间、部门间同样项目定额水平悬殊，不利于全国统一市场的形成。为了适应编制标底和报价要求的基础定额尚待制定，概算定额、概算指标只适用于初步设计阶段编制设计概算；预算定额，子目和各种系数过多，编制标底和报价，工作量大，进度迟缓。

(7) 各种取费计算烦琐，取费基础也不统一。1992 年为适应建设市场改革的要求，原建设部提出了"控制量、指导价、竞争费"的改革措施，将工程预算定额中的人工、材料、机械台班的消耗量和相应的单价分离，在我国实行市场经济初期起到了积极的作用。但随着建设市场化进程的加快，这种做法不能很好地改变工程预算定额中国家指令性的状况，不能准确反映各个企业的实际消耗量，不能全面体现企业技术准备水平、管理水平和劳动生产率。为了适应目前工程招投标竞争的需要，对现行工程计价方法和工程预算定额进行改革已势在必行。

实行国际通行的工程量清单计价能够反映工程成本的个别差异、有利于企业降低工程造价、有利于提高工程质量、有利于公平竞争。

1.2.2 工程造价管理体制改革的现状

(1) 管理体系：现行的建设工程造价管理仅能实现建设工程的局部管理，导致工程造价失控，"三超"现象严重。有些工程在立项阶段就工程投资估算不实，资金尚未落实就急于上项目，甚至编制虚假的工程概算；有些工程在投资估算时未考虑动态因素，导致市场价格变动形成投资缺口。

(2) 工程预算定额：现行工程预算定额尽管在不断补充和完善，但还跟不上价格变化与建筑材料更新换代的需求。在行业法规方面，建设工程造价领域的法制不健全，政策还不配套，缺乏强有力的监管机制，导致建筑工程造价管理的不规范操作现象严重，比如出现的压价承包、垫资施工、肢解发包、指定分包等违规现象，严重阻碍建设工程领域的健康发展。

(3) 建设方的管理：现阶段我国投资体制还不完善，责任机制还不健全。特别是市场供求关系失衡时业主在建筑市场中居于主导地位，造成建设各方各自为政，发生许多不规范行为，如不遵守有关建设工程中的规章制度、不严格履行合同条约、随意压缩工期、压低造价，影响了建设工程正常的建设进度、工程质量和工程造价的合理确定。

(4) 工程造价咨询机构：改革开放以来，从事工程造价咨询等工作的中介组织发展很快，但相应的管理制度却不配套，审批与认定中介组织过程不严谨；中介组织对承担的咨询服务不负经济责任，也没有完善的赔偿制度和回避制度等。很多中介组织带有明显的行政色彩，他们借助于行业主管部门的权力，不按规定办事，搞行业垄断；缺乏公正性，影响了造价咨询机构的声誉及管理水平的提高。

1.2.3 工程造价管理改革取得的成果

随着我国市场经济的发展，改革传统的"量价合一，固定费率"的工程造价管理模式的呼声一直很高。特别是我国加入 WTO 后，对我国的造价管理提出了新的更高的要求。造价管理工作从方法上应逐步向市场经济的法则靠拢，向国际惯例靠拢。2003 年 3 月有关部门颁布了《建设工程工程量清单计价规范》，2003 年 7 月起在部分省市推行，2005 年底在全国范围内执行。目前工程量清单计价模式刚刚开始推行，并逐步由定额计价向工程量清单计价过渡时期，体现在以下几方面：

（1）做到了统一项目编码、统一项目名称、统一计量单位、统一计算规则。在“四统一”的前提下，由国家主管部门统一编制《建设工程工程量清单计价规范》，作为强制性标准，在全国统一实施。

（2）指令性与指导性相结合，工程实体消耗量以预算定额为主；非实体消耗量采用企业自行确定与政府指导相结合的方式，人工、材料、机械价格全部市场化。

（3）将现行预算定额指令性的间接费改为在一定范围内浮动的指导性取费，实施动态调控，由施工企业自主确定。调整预算定额的人工费单价构成。

（4）改革管理费，制定了适应多种承包方式的管理费费率，并由指令性调整为指导性。由定期发布材料价格及调整系数，转为收集、整理、公布市场材料信息、投标工程报价、建材市场参考价等。

总之，在WTO的规则下，应看到工程造价领域面临着国外同行大举进入构成的挑战，为了适应这一要求，需要建立健全工程造价制定模式与管理制度，适应国内外新形势发展的需要。

1.2.4 实行工程量清单计价模式是市场经济的产物

（1）工程建设领域加入WTO后，对外承诺涉及建筑业、勘察设计咨询业、标准预算定额及其工程服务、房地产业、城市规划业等建设领域的相关行业。其中，对标准预算定额的承诺与我国工程造价管理有着密不可分的关系。我们的承诺如下：允许外国企业在我国设立合资、合作企业；进入我国的个人及企业必须是在本国从事该行业工作的注册造价工程师及注册企业；加入WTO后5年内开始允许外商成立独资企业。

（2）因此，工程造价领域必将受到来自国外同行的冲击，WTO规则对我国工程造价管理提出了新的发展方向。同时进入21世纪，工程造价管理改革已成为制约建设市场发育的瓶颈，工程建设领域各方面的改革均需要工程造价改革配合，现在已到了不改不行的地步。而建设市场的改革切入点是工程造价管理改革。建设领域里的有识之士一致认为：缺少工程造价管理改革的任何建设体制改革都是不成熟的改革。这是因为价格是市场的重要内容，价格机制是市场机制的重要组成部分。

（3）从以上分析中可以知道：工程造价管理改革已成为制约建设市场发展的瓶颈，已到了不改不行的地步。目前工程造价改革主要体现在以下几个方面：

1）工程价格应纳入国际经济一体化系统，加强法律、法规建设，与国际惯例接轨；

2）必须加强中国建设工程造价管理协会建设，采用实物工程量清单招投标，发挥企业的定价自主权；

3）工程造价管理应采用先进的管理手段，大力培养工程造价管理的专业人才。

综上所述，我国工程造价管理必须进行一系列的改革，其中最重要的改革为工程造价计价模式的改革。工程量清单计价是一种与市场经济相适应的、允许承包单位自主报价的、通过市场竞争确定价格的、与国际惯例接轨的计价模式，是符合市场规律和价值规律的最优计价模式，我国工程造价管理改革将逐步由定额计价模式向工程量清单计价模式过渡，并且完全实行国际化的工程量清单计价模式。所以，实行工程量清单计价模式是市场经济的产物。

2 工程量清单计价模式

2.1 工程量清单计价的组成模式

根据《中华人民共和国招标投标法》、原建设部令107号《建筑工程施工发包与承包计价管理办法》,2003年2月17日中华人民共和国建设部、中华人民共和国国家质量监督检验检疫总局联合颁发了《建设工程工程量清单计价规范》(GB 50500—2003),于2003年7月1日起开始施行。该规范的出台是我国造价改革的重要里程碑,正式提出了工程量清单计价模式,工程量清单计价模式是在建设工程招标中,由招标人或委托有资质的中介机构编制反映工程量实体消耗和措施性消耗的工程量清单,并作为招标文件的一部分提供投标人,由投标人依据工程量清单自主报价的计价模式。

2.1.1 实行工程量清单计价的意义

为适应社会主义市场经济发展的需要和加入WTO与国际接轨的要求，随着招投标制、合同制的逐步推行,我国工程造价管理作出了重要改革,建立了"国家宏观调控、市场竞争形成价格"的现行工程造价的确定原则。实行工程量清单计价模式是当今世界上大多数国家的通用模式,其主要意义如下:

(1)是工程造价改革的必由之路:对于我国工程造价的确定,长期来实行的是以预算定额为主要依据,人材机消耗量、人材机单价、费用的"量、价、费"相对固定的静态模式。1992年针对这一做法中存在的问题,提出了"控制量、指导价、竞争费"的动态模式,这一改革措施在我国实行社会主义市场经济初期起到了积极作用，但仍难以改变预算定额中国家指令性状态,难以满足招标投标和评标的要求。因为控制的量实质上是社会平均水平,无法体现各施工企业的实际消耗量,不利于施工企业管理水平和劳动生产率的提高,不能够充分体现市场的公平竞争。实行工程量清单计价,就能改变这些弊端。我国工程造价的改革见图2-1-1所示。

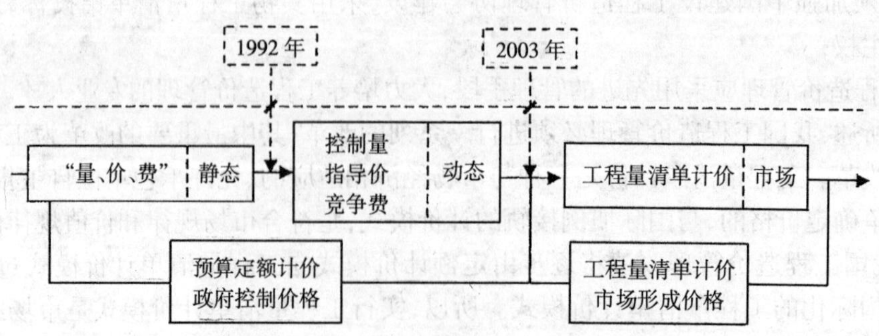

图2-1-1 我国工程造价的改革示意图

(2) 有利于工程造价的政府管理职能的转变:按照政府部门真正履行起“经济调节、市场监管、社会管理和公共服务”职能的要求,对工程造价实行政府管理的模式必须作出相应的改变,建设工程造价实行政府宏观调控、企业自主报价、市场竞争形成价格、社会全面监督管理办法。由过去政府直接干预转变为仅对工程造价依法监管。

(3) 是规范建设市场秩序,适应市场经济发展的需要:原采用预算定额计算建设工程造价的模式,实质上是计划经济的产物,在计划经济时期起到了积极的作用。随着社会主义市场经济的逐步深入,实行工程量清单计价,才能够真正体现公开、公正、公平的市场竞争原则;有利于规范业主在招标中的行为,避免招标单位在招标中盲目压价的不公正行为;有利于保证发承包双方的经济利益。在实行社会主义市场经济的今天,政府宏观调控,市场竞争形成价格,才能真正符合市场经济规律。

(4) 有利于促进建设市场有序竞争和企业健康发展:采用工程量清单计价模式,由于工程量清单是公开的,可避免招标中的暗箱操作、弄虚做假等不规范行为。对于发包方,由于工程量清单是招标文件的组成部分，招标单位必须编制出准确的工程量清单，并承担相应风险,促进招标单位提高管理水平。对于承包方,由于在投标中要以低价中标,必须认真分析工程成本和利润,精心选择施工方案,严格控制人工、材料、机械等,以及各种现场费用及技术措施费用的消耗,确定投标报价。所以,有利于促进建设市场有序竞争和企业健康发展。

(5) 是加入世界贸易组织,融入世界大市场的需要:随着我国改革开放进一步加快,中国经济日益融入世界市场,特别是我国加入世界贸易组织后,行业壁垒下降,建设市场进一步对外开放。国外的企业以及投资的项目越来越多地进入国内市场,我国建筑企业走出国门在国外投资和经营的项目也在增加。为适应这种对外开放建设市场的形势,计价做法就必须与国际接轨。在我国实行工程量清单计价,有利于提高国内建设各方主体参与国际化竞争的能力,有利于提高工程建设的管理水平。

2.1.2 工程量清单计价的基本概念

2.1.2.1 工程量清单计价

工程量清单计价是建设工程招标投标中，招标人按照国家统一的工程量计算规则提供工程数量，由投标人依据工程量清单自主报价，并按照经评审低价中标的工程造价计价模式。

(1) 工程量清单计价虽属招标投标范畴,但相应的建设工程施工合同的签定、工程竣工结算均应执行该计价相关规定。工程量清单由招标人提供,招标标底及投标标价均应据此编制。投标人不得改变工程量清单中的数量。工程量清单遵守“计价规范”中规定的规则。

(2) 根据“国家宏观调控,市场竞争形成价格”的价格确定原则,国家不再统一定价。只要投标人能保证工程质量和施工工期,工程造价则由投标人自主来确定。

(3) “低价中标”是核心。为了有效控制投资,制止哄抬标价。有的地区规定招标人应公布控制价或标底,凡是投标报价高于“拦标价”的,其投标应予拒绝。

(4) 低价中标的低价,是指经过评标委员会评定的合理低价,并非恶意低价。对于恶意低价中标造成不能正常履约的,法律上以履约保证金来制约。

2.1.2.2 计价的基本原则

工程量清单计价应遵循公平、合法、诚实信用的基本原则。

(1) 公平:市场经济活动的基本原则就是客观、公正、公平。在计价活动中要求计价活动有高度的透明度,工程量清单的编制要实事求是,不弄虚作假,招标要机会均等,公平地对待所有投标人。投标人要从本企业的实际情况出发,不能低于成本报价,不能串通报价。双方应本着互惠互利,双赢的原则进行招标投标活动,既要投资方在保证质量、工期等的前提下少投资,又要承包方有正常的利润。

(2) 合法:工程量清单计价活动是政策性、经济性、技术性很强的工作,涉及国家的法律、法规和标准规范比较广泛,所以工程量清单计价活动必须符合包括建筑法、招标投标法、合同法、价格法、《建筑工程施工发包与承包计价管理办法》以及工程造价的工程质量、安全、环境保护等方面的强制性标准规范。

(3) 诚实信用:不但在计价过程中遵守职业道德,做到计价公平合理,诚信于人。在合同签定、履行以及办理工程竣工结算过程中也应遵循诚信原则,恪守承诺,一诺千金。

2.1.2.3 招标标底及投标报价的编制

(1) 招标标底:设有标底的招标工程,标底由招标人或受其委托具有相应资质的工程造价咨询机构及招标代理机构编制。标底编制应按照当地建设行政主管部门发布的消耗量定额、工程造价管理机构发布的市场价格信息,依据工程量清单、施工图纸、施工现场实际情况、合理的施工手段和招标文件的有关规定等进行编制。

(2) 投标标价:投标标价由投标人或其委托的具有相应资质的工程造价咨询机构编制。投标标价由投标人依据招标文件中工程量清单,施工现场实际情况,结合投标人自身技术和管理水平、经营状况、机械配备以及制定的施工组织设计和招标文件的有关要求、本企业编制的企业定额、市场价格信息进行编制。最后,投标人的投标报价由投标企业自主进行确定。

2.1.3 工程量清单计价程序

市政工程的工程量计价一般程序可见图 2-1-2 所示。

(1) 了解施工现场、熟悉施工图纸及相关技术资料:为了正确地编制工程量清单,在编制工程量清单之前必须先到施工现场,了解现场的实际情况,再熟悉施工图纸,以及进行图纸答疑与地质勘察报告。同时需要熟悉相关资料,便于列制分部分项工程项目名称等。

(2) 编制工程量清单:市政工程量清单包括总说明、分部分项工程量清单、措施项目清单、其他项目清单四部分。市政工程量清单是由招标人或其委托人根据施工图纸、招标文件、计价规范,以及现场的实际情况经过精心计算编制而成。市政工程量是工程计价的基础,必须仔细、认真地进行计算。

(3) 组合综合单价:这是标底编制人(指招标人或其委托人)或标价编制人(指投标人)根据市政工程的工程量清单、招标文件、消耗量定额或企业定额、施工组织设计、施工图纸、材料预算价格等资料计算组合的分项工程单价。综合单价的主要内容包括:人工费、材料费、机械费、管理费、利润五部分。

(4) 计算分部分项工程费:当组合综合单价完成之后,根据工程量清单及综合单价,按单位工程计算分部分项工程费用,其计算公式:

$$计算分部分项工程费 = \Sigma(工程量 \times 综合单价) \tag{2-1-1}$$

(5) 计算措施项目费:主要包括模板费、脚手架费、垂直运输机械费、大型机械进出场及安拆费、临时设施费、安全施工费、文明施工费、夜间施工费、二次搬运费、施工排水降水费等内容，根据工程量清单提供的项目内容并结合本市政工程的实际进行具体计算。

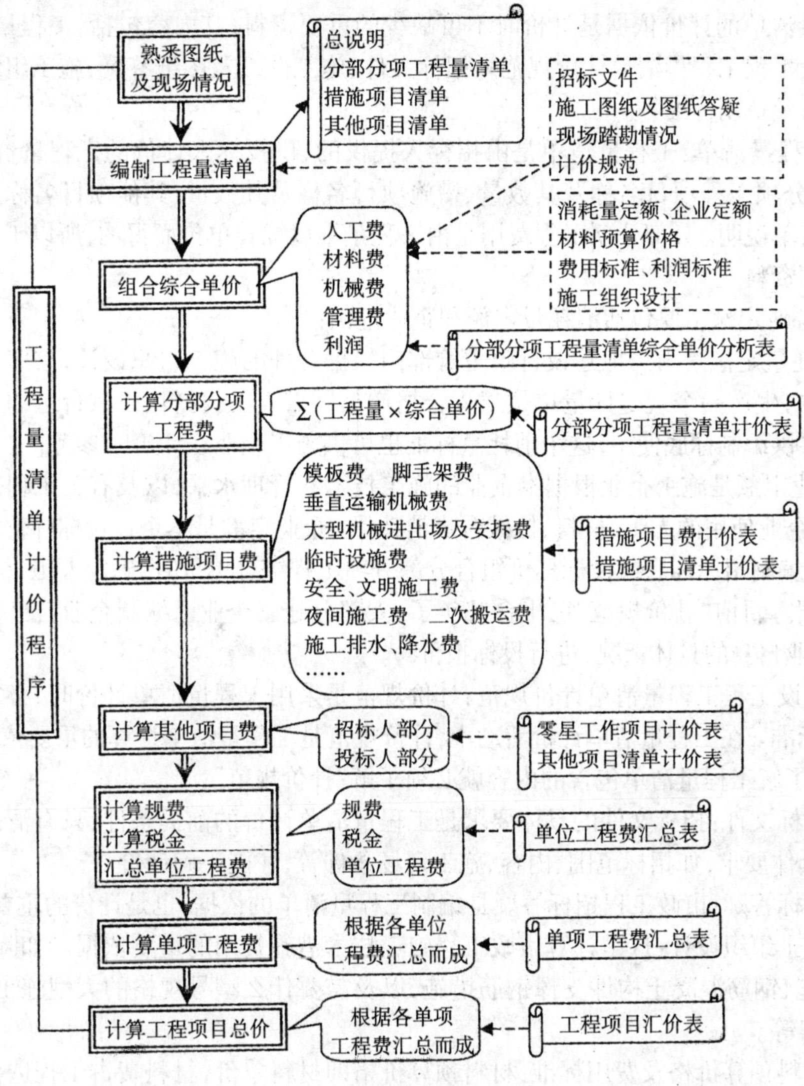

图 2-1-2　市政工程的工程量计价程序示意图

(6) 计算其他项目费：其他项目费主要由招标人部分和投标人部分两个部分的内容组成，根据工程量清单列出的内容计算。

(7) 计算单位工程费：当上述各项内容计算完成之后，把整个单位市政工程费包括的所有内容汇总起来，形成整个单位市政工程费。在汇总单位市政工程费之前，要计算各种规费及该单位市政工程的税金。

(8) 计算单项工程费：当各单位市政工程费计算完成之后，将属同一单项市政工程的各单位工程费汇总，形成该单项工程的总费用。

(9) 计算工程项目总价：各单项工程费计算完成之后，将各单项市政工程费汇总，形成整个项目的总价。

2.1.4 工程量清单计价依据

工程量清单的计价依据是计价时不可缺少的重要资料，其内容包括：工程量清单、消耗定额、《建设工程工程量清单计价规范》、招标文件、施工图纸及图纸答疑、施工组织设计及材料预算价格及费用标准等。

(1) 工程量清单：工程量清单是由招标人提供的，供投标人计价的工程量资料，其内容包括：分部分项工程项目名称及其数量、措施项目名称及其数量、其他项目名称及其数量以及工程量清单说明。分部分项工程费用是由工程量乘以综合单价而得的，所以工程量清单是计价的基础资料。

(2) 定额：定额主要包括消耗量定额和企业定额：

1) 消耗量定额是由当地建设行政主管部门根据合理的施工组织设计，按照正常施工条件下制定的，生产一个规定计量单位工程合格产品所需人工、材料、机械台班的社会平均消耗量。主要供编制标底使用，这个消耗量标准也可供施工企业在计价时参考；

2) 企业定额是施工企业根据本企业的施工技术和管理水平，以及有关工程造价资料制定的，供本企业使用的人工、材料、机械台班消耗量。企业定额是本企业投标计价时的重要依据。定额是编制招标标底或投标标价组合分部分项工程综合单价时，确定人工、材料、机械消耗量的依据。目前“计价规范”已出台几年了，大部分施工企业已编制企业自己的消耗量定额，结合企业自身的具体情况，进行投标报价。

(3) 建设工程工程量清单计价规范：计价规范是采用工程量清单计价时，必须遵照执行的强制性标准。在工程量清单计价活动中，计价规范是工程量清单计算的重要依据。在工程计价时，要了解工程量清单包含的内容就必须了解“计价规范”。

(4) 招标文件：招标文件的具体要求是工程量清单计价的前提条件，只有清楚地了解招标文件的具体要求，如招标范围、内容、施工现场条件等，才能正确计价。

(5) 招标答疑：市政工程招标答疑是编制工程量清单的依据，也是计价的重要依据。

(6) 施工组织设计：这是计算市政工程施工技术措施费用的重要依据。如降水措施、土方施工措施、钢筋混凝土构件支撑钢筋措施，以及需要什么型号规格的大型施工机械、什么样的脚手架等。

(7) 材料预算价格及费用标准：材料预算价格即材料单价，材料费占工程造价的比重高达60%左右，材料预算价格的确定非常重要，材料预算价格应在调查研究的基础上根据市场确定。费用包括其他直接费、管理费等，是根据直接费(指人工、材料和机械)乘以一定比例的系数计算的，所以费用比例系数的大小直接影响最终的工程造价。费用比例系数的测算应根据企业自身具体情况而定。

2.1.5 工程量清单计价方法

按《建筑工程施工发包与承包计价管理方法》规定，有综合单价法和工料单价法两种方法。

2.1.5.1 综合单价法

(1) 综合单价法的基本思路是：先计算出分项工程的综合单价，再用综合单价乘以工程量清单给出的工程量，得到分部分项工程费，再加措施项目费、其他项目费及规费，再用分部分项工程费、措施项目费、其他项目费、规费的合计，乘以税率得到税金，最后汇总得到单位工程费。用公式表示为：

$$单位工程造价 =[\Sigma(工程量 \times 综合单价)+ 措施项目费 + 其他项目费 + 规费] \times (1+ 税金率) \quad (2\text{-}1\text{-}2)$$

（2）综合单价法的重点是综合单价的计算。综合单价的内容包括：人工费、材料费、机械费、管理费及利润五个部分。措施项目费、其他项目费及规费是在单位工程费计算完成之后才计算的。

（3）"计价规范"明确规定综合单价法为工程量清单的计价方法，也是目前普遍采用的方法。

2.1.5.2　工料单价法

（1）工料单价法的基本思路是：先计算出分项工程的工料单价，再用工料单价乘以工程量清单给出的工程量，得到分部分项工程的直接费，再在直接费的基础上计算管理费、利润。再加措施项目费、其他项目费及规费，再用分部分项工程费、措施项目费、其他项目费、规费的合计，乘以税率得到税金，最后汇总得到单位工程费。

（2）显然工料单价法中工料单价是不完全单价，不如综合单价直观，因此"计价规范"未采用此方法。

2.1.6　工程量清单计价模式下费用的构成

工程量清单计价模式的费用构成包括分部分项工程费、措施费、其他项目费，以及规费和税金。

（1）分部分项工程费：是指完成在工程量清单列出的各分部分项清单工程量所需的费用。包括：人工费、材料费（消耗的材料费总和）、施工机械使用费、管理费、利润以及风险费。

（2）措施项目费：措施项目费是由表 2-1-1 所列确定的工程措施项目金额的总和，包括人工费、材料费、机械使用费、管理费、利润以及风险费。

措施项目费一览　　表 2-1-1

序　号	工程项目名称	序　号	工程项目名称
1　通用项目		1.11	施工排水、降水
1.1	环境保护	2　建筑工程	
1.2	文明施工	2.1	垂直运输机械
1.3	安全施工	3　装饰装修工程	
1.4	临时设施	3.1	垂直运输机械
1.5	夜间施工	3.2	室内空气污染测试
1.6	二次搬运	4　安装工程	
1.7	大型机械设备进出场及安装与拆除	4.1	组装平台
1.8	混凝土、钢筋混凝土模板及支架	4.2	设备、管道施工的安全防冻和焊接保护措施
1.9	脚手架	4.3	压力容器和高压管道的检测
1.10	已完工程及设备保护	4.4	管道安装后的充气保护措施

续表

序　号	工程项目名称	序　号	工程项目名称
4.5	隧道内施工的通风、供水、供气、供电、照明等	5.2	驻岛
4.6	现场施工围栏	5.3	现场施工围栏
4.7	长输管道跨越或穿越施工措施	5.4	便道
4.8	长输管道穿越地下建筑物的保护措施	5.5	便桥
5　市政工程		5.6	洞内施工的通风、供水、供电、供气、照明等
5.1	围堰	5.7	驳岸块石清理

(3) 其他项目:其他项目费是指分部分项工程费和措施项目费以外,该工程施工中可能发生的其他费用。包括预留金、材料购置费(指招标人购置材料费)、总承包服务费、零星工作项目费的估算金额等的总和。

(4) 规费:规费是指政府和有关部门规定必须缴纳的费用的总和。

(5) 税金:税金是指国家税法规定的应计入建筑安装工程造价内的营业税、城市维护建设税及教育附加费用等的总和。如图 2-1-3 所示。

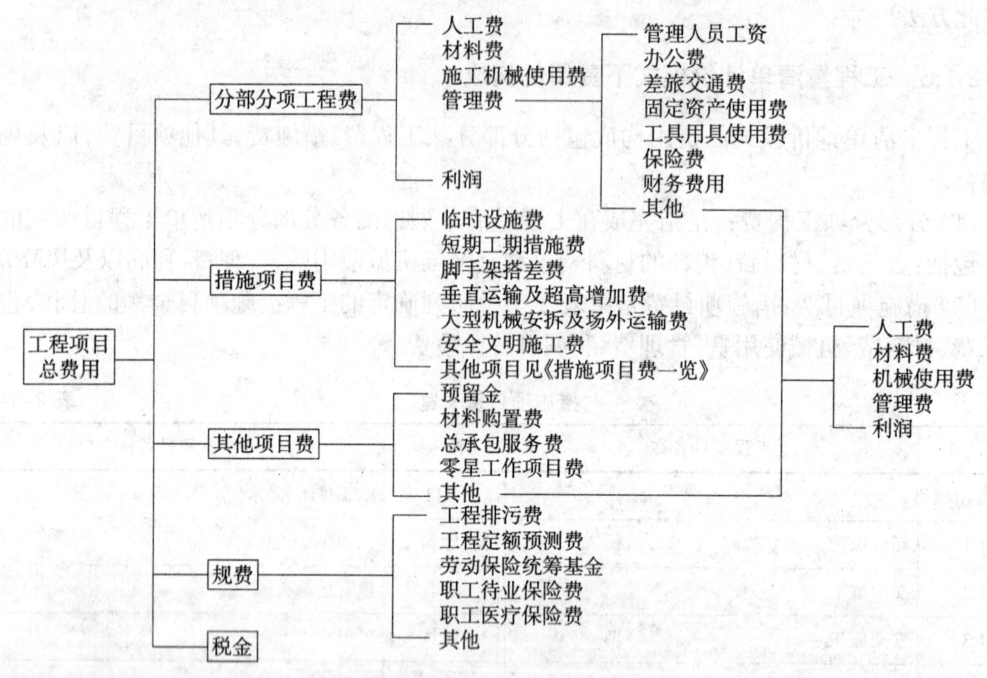

图 2-1-3　工程量清单计价模式下费用的构成

2.2　直接工程费的构成与计算

直接工程费是指在工程施工过程中直接耗费的构成工程实体和有助于工程实体形成的各项费用。它包括人工费、材料费和施工机械使用费。直接工程费是构成工程量清单中“分部分项工程费”的主体费用，以下分别介绍清单模式下人工费、材料费和施工机械使用费的计算方法与技巧。

2.2.1 人工费的计算

2.2.1.1 人工单价概念

（1）人工单价也称工资单价，是指从事市政工程施工的生产工人工作一个工作日应得的劳动报酬。它由基本工资、工资性补贴、辅助工资、职工福利费、劳动保护费等组成。

（2）工作日，是指一个工人工作一个工作天，按我国劳动法的规定，一个工作日的工作时间为8h，简称“工日”。

2.2.1.2 人工单价的组成

（1）基本工资：指发放给生产工人的基本工资。

（2）工资性补贴：指按规定标准发放的物价补贴，煤、燃气补贴，交通补贴，住房补贴，流动施工津贴等。

（3）生产工人辅助工资：指生产工人年有效施工天数以外非作业天数的工资，包括职工学习、培训期间的工资，调动工作、探亲、休假期间的工资，因气候影响的停工工资，女工哺乳时间的工资，病假在六个月以内的工资及产、婚、丧假期的工资。

（4）职工福利费：指按规定标准计提的职工福利费。如书报费、洗理费、防暑降温及取暖费。

（5）生产工人劳动保护费：指按规定标准发放的劳动保护用品的购置费及修理费，徒工服装补贴，防暑降温费，在有碍身体健康环境中施工的保健费用等。

2.2.1.3 人工单价的计算方法

（1）基本工资：

$$\text{基本工资}(E_1)=\text{生产工人平均月工资}/\text{年平均每月法定工作日} \quad (2\text{-}2\text{-}1)$$

（2）工资性补贴：

$$\text{工资性补贴}(E_2)=(\Sigma\ \text{年发放标准}/\text{全年日历日}-\text{法定假日})+(\Sigma\ \text{月发放标准}/\text{年平均每月法定工作日}+\text{每工作日发放标准}) \quad (2\text{-}2\text{-}2)$$

（3）生产工人辅助工资：

$$\text{生产工人辅助工资}(E_3)=\{\text{全年无效工作日}\times(E_1+E_2)\}/\text{全年日历日}-\text{法定假日} \quad (2\text{-}3\text{-}3)$$

（4）职工福利费：

$$\text{职工福利费}(E_4)=(E_1+E_2+E_3)\times\text{福利费计提比例}(\%) \quad (2\text{-}2\text{-}4)$$

（5）生产工人劳动保护费：

$$\text{生产工人劳动保护费}(E_5)=\text{生产工人平均支出劳动保护费}/\text{全年日历日}-\text{法定假日} \quad (2\text{-}2\text{-}5)$$

（6）人工费的基本构成计算式：

$$\text{人工费}=\Sigma(\text{工日消耗量}\times\text{日工资单价}) \quad (2\text{-}2\text{-}6)$$

2.2.1.4 人工费计算方法与技巧

（1）基于定额计价模式：根据清单提供的工程量，利用现行的概、预算定额，计算出完成各个分部分项工程量清单的人工费，然后根据本企业的实力及投标策略，对各个分部分项工程量清单的人工费进行调整，然后汇总计算出整个投标工程的人工费。计算公式为：

人工费 =Σ（概预算定额中人工工日消耗量×相应等级的日工资综合单价） (2-2-7)

这种方法是当前大多数企业采用的人工费计算方法，具有简单、操作性强、快速、有配套软件支持的特点。缺点是竞争力弱，不能充分发挥企业的特点。

(2) 清单模式计价模式：清单模式下人工费是一种动态的计价，计算方法是：首先根据工程量清单提供的清单工程量，结合本企业的人工效率和企业定额，计算出投标工程消耗的工日数；其次根据现阶段企业的经济、人力、资源状况和工程所在地的实际生活水平以及工程的特点，计算工日单价；然后根据劳动力来源及人员比例，计算综合工日单价；最后计算人工费。这种计价模式适用于实力雄厚、竞争力强的企业，也是国际上比较流行的一种报价模式。这种模式的计算公式为：

人工费 =Σ（人工工日消耗量×综合工日单价） (2-2-8)

2.2.2 材料费的计算

2.2.2.1 概述

市政工程直接费中的材料费是指施工过程中耗用的构成工程实体的各类原材料、零配件、产品及半成品等主要材料的费用，以及工程中耗费的虽然不构成工程实体，但有利于工程实体形成的各类消耗材料费用的总和。

2.2.2.2 材料费组成内容

材料费是由原价、运输费、运输损耗费、采购及保管费与检验试验费等五部分组成。

(1) 材料原价：是指材料的购买价格。根据购买环节的不同，材料原价有出厂价、市场批发价、零售价、进口材料的调拨价等。材料原价中还包括了材料厂的包装供应部门手续费(一般指在供应商购买的材料)。

(2) 材料运杂费：是指材料运输环节发生的各项费用的总和。内容包括材料的火车、汽车、轮船等车船运输费(含过路、过轿、过渡费)和材料装卸费两部分。

(3) 材料运输损耗费(途耗)：是指材料在运输途中及装卸过程中不可避免的损耗费用，又称途耗。不是所有的材料在运输途中都会发生损耗，如钢材在运输途中不会发生损耗。

(4) 材料采购及保管费：是指材料在采购、供应和保管过程中所需要的各项费用。包括材料的采购费用和材料的保管费用两部分。

1) 材料的采购费是材料采购过程中发生的各项费用。内容包括材料采购人员的工资(包括基本工资、工资性津贴、福利费、劳动保护费、劳动保险费)、车旅费、住勤补助费、通信讯联络费等；

2) 材料的保管费是指材料仓库保管过程中发生的各项费用。内容包括仓储费(仓库的折旧摊销或租赁费)、工地保管费、仓储损耗。材料采购及保管费的分配：如果材料属于发包供应，材料的采购费属于发包方，承包方只计算材料的保管费。

(5) 材料检验试验费：材料检验试验费是指对建筑材料、构件和建筑安装物进行一般鉴定、检查所发生的费用，包括自设试验室进行试验所耗用的材料和化学药品等费用。不包括新结构、新材料的试验费和建设单位对具有出厂合格证明的材料进行检验，对构件做破坏性试验及其他特殊要求检验试验的费用。

2.2.2.3 材料的计算方法

(1) 材料原价

1) 总金额法。即用购买材料的总金额除以总数量得到平均原价的方法。其公式是：

材料原价 =Σ(各购买地的材料数量 × 材料单价)/ 材料总数量 (2-2-9)

2) 权数比重法。用各原价乘以相应比重再求和的方法。其计算公式是：

材料原价 =Σ(各购买地的材料数量 × 材料单价 × 各购买地的材料比例) (2-2-10)

各购买地的材料比例 = 各购买地的材料数量 / 材料总数量

(2) 材料运杂费：

材料运杂费 =Σ(材料运输费 + 材料装卸费) (2-2-11)

材料运输费 =Σ(各购买地的材料运输距离 × 运输单价 × 各购买地的材料比例)

材料装卸费 =Σ(各购买地的材料装卸单价 × 各购买地的材料比例)

(3) 材料运输损耗费：

材料运输损耗费 =(材料原价 + 材料运杂费)× 运输损耗费率 (2-2-12)

(4) 材料采购保管费：

材料采购保管费 = 材料采购费 + 材料保管费

=(材料原价 + 材料运杂费 + 材料运输损耗费)× 材料采购保管费率

(2-2-13)

采购保管费率一般综合定为 2.5%左右，各地区可根据不同的情况确定其比率。如有的地区规定：钢材、木材、水泥为 2.5%，水电材料为 1.5%，其余材料为 3.0%。其中材料采购费占 70%，材料保管费占 30%。

(5) 材料检验试验费：

材料检验试验费 = 材料原价 × 检验试验费率 (2-2-14)

(6) 材料预算价格：

材料预算价格 = 材料原价 + 材料运输费 + 材料损耗费 + 材料采购保管费 +

材料检验试验费 − 包装品回收残值 (2-2-15)

2.2.3 施工机械台班费的计算

2.2.3.1 施工机械台班单价组成的内容

施工机械台班单价是指一台施工机械在正常运转条件下一个工作班中所发生的全部费用。具体内容包括：折旧费、大修理费、经常修理费、安拆费及场外运输费、维护保养费、机上人工费、燃料动力费、其他费用(养路费、车船使用税、保险费)等八个部分。

(1) 折旧费：是指施工机械在规定使用期限内，每一台班所摊的机械原值和支付贷款利息的费用，也就是机械在规定使用期限内，陆续收回其原始价值及贷款利息的费用。

(2) 大修理费：是指机械按规定大修理间隔台班必须进行的大修，以恢复其正常使用功能所需的费用。

(3) 经常修理费：是指施工机械除大修理以外的各级保养和临时故障排除所需的费用。包括为保障施工机械设备正常运转所需替换设备，随机使用的工具附具的摊销和维护费用，机械运转及日常保养所需的润滑、擦拭材料费用和机械停置期间的正常维护保养费用等。

(4) 安装拆卸及辅助设施费：是机械在工地进行安装、拆卸所需人工、材料、机具及试运转和安装机械所需的辅助设施等费用。

1）辅助设施：是指安置机械的基础及底座、操作台（架）、桅杆式起重机牵索的固定装置；塔式起重机的行走轨道（包括钢轨、枕木及配件）的折旧费；蒸汽打桩机所用的钢轨及垫木的折旧费。但不包括轨道平车和塔式起重机行走轨道和路基的铺设、拆除及大型机械行驶所必需的道木铺设费，可以在编制预算时另行计算；

2）机械场外运输费：是指机械整体或分件自停放场所至工地，或自一个工地至另一个工地的转移所需的场外运输费。中小型机械的场外运输费一般均包括在预算定额的机械台班费用定额内，但大型机械的场外运输费（如：推土机、挖掘机、铲运机、装载机、压路机、羊足碾、平地机、起重机、打桩机等），在编制概预算时应根据具体情况另行计算。

（5）维护保养费：是指机械管理部门保管机械的费用，包括机械管理部门停车库、停机棚的折旧维护和管理费以及机械在规定年工作台班以外的维护、保养费用。

这类费用常因施工地点和条件的不同而有较大的变化。

（6）机上人员工资：是指机上操作人员及随机人员所发生的费用（包括工资、津贴）。

（7）动力燃料费：是指施工机械在施工作业中所耗用的汽油、柴油、电力、煤炭等费用。油料过滤损耗及操作损耗一般应计入台班费用定额内。

（8）其他费用：是指养路费、车船使用税、保险费。

1）养路费及车船使用税：指按当地有关部部门规定交纳的养路费和车船使用税；

2）保险费：是指当地有关部门规定应缴纳的第三者责任险、车主保险费等。

2.2.3.2　施工机械台班单价确定依据

（1）折旧费的计算依据：主要包括机械预算价、残值率和贷款利息数。

1）机械预算价：机械预算价格按机械出厂（或抵岸完税）价格，及机械以交货地点或口岸运至使用单位机械管理部门的全部运杂费计算。

① 国产机械出厂价格（或销售价格）的收集途径：主要是全国施工机械展销会上各厂家的订货合同价、全国有关机械生产厂家函询或面询的价格、组织有关大中型施工企业提供当前购入机械的账面实际价格、建设部价格信息网络中的本期价格；

根据上述资料列表对比分析，合理取定。对于少量无法取到实际价格的机械，可用同类机械或相近机械的价格采用内插法和比例法取定；

② 进口机械价格是依据外贸、海关等部门的现行规定及企业购置机械设备发票中外币值乘以当期的外币汇率计算。关税及增值税、外贸部门手续费、银行财务费按现行规定的标准计算；

2）残值率：是指机械报废时回收的残值占机械原值（机械预算价格）的比率。残值率按有关文件规定：运输机械 2%、特大型机械 3%、中小型机械 4%、掘进机械 5%取定；

3）贷款利息数：为补偿企业贷款购置机械设备所支付的利息，从而合理反映资金的时间价值，以大于 1 的贷款利息系数，将贷款利息（单利）分摊在台班折旧费中。其公式如下：

$$\text{贷款利息数} = 1+(n+1)i/2 \tag{2-2-16}$$

式中　n——国家有关文件规定的此类机械折旧年限；

i——当年银行贷款利率。

4）耐用总台班：指机械在正常施工作业条件下，从投入使用直到报废为止，按规定应达到的使用总台班数。机械耐用总台班即机械使用寿命，一般可分为机械技术使用寿命、经济使用寿命。

① 机械技术使用寿命，是指机械在不更换总成的前提下，经修理仍无法达到规定性能指标的使用期限；

② 经济使用寿命，指从最佳经济效益的角度出发，机械使用投入费用（包括燃料动力费、润滑擦拭材料费、保养、修理费用等）最低时的使用期限。超过经济使用寿命的机械，虽仍可使用，但由于机械技术性能不良，完好率下降，燃料、润滑料消耗增加，生产效率降低，导致生产成本增高。

《全国统一施工机械台班费用定额》中的耐用总台班是以经济使用寿命为基础，并依据国家有关固定资产折旧年限规定，结合施工机械工作对象和环境以及 1 年内能达到的工作台班确定。

机械耐用总台班的计算公式为：

$$耐用总台班 = 折旧年限 \times 年工作台班 = 大修间隔台班 \times 大修周期 \tag{2-2-17}$$

① 年工作台班是根据有关部门对各类主要机械最近 3 年的统计资料分析确定；

② 大修间隔台班是指机械自投入使用起至下一次大修为止，应达到的使用台班数；

③ 大修周期是指机械正常的施工作业条件下，将其寿命期（即耐用总台班）按规定的大修理次数划分为若干个周期。其计算公式为：

$$大修周期 = 寿命期大修理次数 + 1 \tag{2-2-18}$$

（2）大修理费计算依据：每台班的大修理费是指机械设备按规定的大修间隔台班进行必要的大修理以恢复机械的正常功能时每台班所摊的费用，它取决于一次大修理费用、大修理次数和耐用总台班的数量。

1）一次大修理费：按机械设备规定的大修理范围和工作内容，进行一次全面修理所需消耗的工时、配件、辅助材料、油燃料以及送修运输等全部费用计算；

2）寿命期大修理次数：为恢复机械原功能按规定在寿命期内需要进行的大修理次数。

（3）经常修理费计算依据。

1）各级保养（一次）费用：指机械在各个使用周期内为保证机械处于完好状况，须按规定的各级保养间隔周期，保养范围和内容进行的 1～3 级保养或定期保养所消耗的工时、配件、辅料、油燃料等费用；

2）寿命期各级保养总次数：分别指 1～3 级保养或定期保养在寿命期内各个使用周期中保养次数之和；

3）机械临时故障排除费用、机械停置期间维护保养费：指机械除规定大修及各级保养以外，临时故障所需费用，及机械在工作日以外的保养维护所需润滑擦拭材料费，可按各级保养费用之和的 ±3%计算。即：

$$\begin{aligned}&机械临时故障排除费及机械停置期间维护保养费 = \sum(各级保养一次费用 \times \\&\quad 寿命期各级保养总次数) \times 3\%\end{aligned} \tag{2-2-19}$$

4）替换设备及工具附具台班摊销费：指轮胎、电缆、蓄电池、运输带、钢丝绳、胶皮管、履带板等消耗性设备和按规定随机配备的全套工具附具的台班摊销费用。其计算公式为：

$$\begin{aligned}&替换设备及工具附具台班摊销费 = \sum[(各类替换设备数量 \times 单价 / 耐用台班) + \\&\quad (各类随机工具附具数量 \times 单价 / 耐用台班)]\end{aligned} \tag{2-2-20}$$

5）例保辅料费：即机械日常保养所需润滑擦拭材料的费用。

（4）安拆费及场外运费计算依据：台班安拆费及场外运费分别按不同机械型号、重量、外形体积以及不同的安拆和运输方式测算其一次安拆费和一次场外运输费，及年平均安拆、运输次数，作为计算依据。

2.2.3.3　施工机械台班单价计算方法

(1) 折旧费计算公式：

台班折旧费 ={机械预算 ×（1− 预算残值率）× 贷款利息系数}/ 耐用总台班　(2-2-21)

(2) 大修理费计算公式：

台班大修理费 =（一次大修理费 × 寿命期内大修次数）/ 耐用总台班　(2-2-22)

(3) 经常修理费计算公式：

台班经常修理费 = 台班修理费 × F　(2-2-23)

其中，F 值为施工机械台班经常维修系数，它等于台班经常维修费与台班修理费的比值。

(4) 安拆费及场外运费计算公式：

台班安拆费 ={(机械一次安装费 × 年平均安拆次数)/ 年工作台班}+ 台班辅助设施费　(2-2-24)

台班辅助设施费 ={(一次运输及装卸费 + 辅助材料一次摊销费 + 一次架线费)× 年运输次数}/ 年工作台班　(2-2-25)

(5) 人工费计算公式：

台班人工费 = 定额机上人工工日 × 日工资单价　(2-2-26)

定额机上人工工日 = 机上定员工日 ×（1+ 增加工日系数）

增加工日系数 =（年日历天数 − 规定节假日与公休日 − 辅助工资中年非工作日 − 机械年工作台班）/ 机械年工作台班）

(6) 燃料动力费计算公式：

台班燃料动力费 = 台班燃料动力数量 × 燃料动力单价　(2-2-27)

(7) 其他费用计算公式：

1) 养路费及车船使用税计算公式：

台班养路费 =（核定吨位 × 每月每吨养路费 × 12 个月）/ 年工作台班数　(2-2-28)

2) 车船使用税计算公式：

车船使用税 = 每年车船使用税 / 年工作台班数　(2-2-29)

3) 保险费计算公式：

保险费 = 按规定年缴纳保险费 / 年工作台班数量　(2-2-30)

2.2.4　管理费的计算

2.2.4.1　管理费的构成

管理费是指组织施工生产和经营管理所需的费用，包含现场管理费和企业管理费两部分。现场管理费主要由以下几部分构成。

(1) 工作人员的工资：是指管理人员和辅助服务人员的工资。包括：基本工资、工资性补贴、职工福利费、劳动保护费、住房公积金、劳动保险费、危险作业意外伤害保险费、工会费、职工教育培训经费等。

(2) 办公费：是指施工企业办公的用品、设施、文具、纸张、账表、印刷、邮电、书报、会议、水电、烧水和采暖用煤等。

(3) 差旅交通费:是指企业管理人员因公出差期间的差旅费、后勤补助、市内交通和误餐补助费、职工探亲路费、劳动力招募费、职工离退休、退休一次性路费、工伤人员就医路费、工地转移费以及现场管理使用交通工具的燃料、油料、养路费及牌照费等。

(4) 工具用具使用费:是指非固定资产的工具、器具、家具、交通工具和检验、试验、测绘、消防用具等的购置、维修和摊销费用。

(5) 固定资产使用费:是指管理及试验部门使用的属于固定资产的设备、仪器等的折旧、大修、维修或租赁费用。

(6) 保险费:是指施工管理使用财产、车辆保险费。

(7) 税金:是指企业按规定缴纳的房产税、车船使用税、土地使用税、印花税等。

(8) 财务费用:指企业为筹集资金而发生的各种费用,包括企业经营期间发生的短期贷款利息支出、汇兑净损失、调剂外汇手续费、金融机构手续费,以及企业筹集资金而发生的其他财务费用。

(9) 其他费用:包括技术转让费、技术开发费、业务招待费、绿化费、广告费、公证费、法律顾问费、审计费、咨询费等。

管理费的高低取决于管理人员的多少和管理人员水平的高低。管理费开支的工作人员包括管理人员、辅助服务人员和现场保安人员。管理人员一般包括项目经理、施工队长、工程师、技术员、财会人员、预算人员、机械师等。辅助服务人员一般包括生活管理员、炊事员、医务员、翻译、小车司机和勤杂人员等。

为了有效控制管理费开支,降低管理费标准,增强企业的竞争力,在投标初期就应严格控制管理人员和辅助服务人员的数量,提高质量,合理确定其他管理费开支项目的水平。

2.2.4.2 管理费的计算公式

(1) 公式计算法:是经常采用的一种比较简单计算方法。其计算公式为:

$$管理费 = 计算基数 \times 施工管理费率(\%) \quad (2\text{-}2\text{-}31)$$

式中:管理费率的计算因计算基数的不同,分为以下三种情况:

1) 以直接工程费为计算基数:

$$间接费 = 直接工程费合计 \times 间接费费率(\%) \quad (2\text{-}2\text{-}32)$$

2) 以人工费和机械费合计为计算基础:

$$间接费 = 人工费和机械费合计 \times 间接费费率(\%) \quad (2\text{-}2\text{-}33)$$

$$间接费费率(\%) = 规费费率(\%) + 企业管理费费率(\%) \quad (2\text{-}2\text{-}34)$$

3) 以人工费为计算基础:

$$间接费 = 人工费合计 \times 间接费费率(\%) \quad (2\text{-}2\text{-}35)$$

(2) 费用分析法:费用分析法计算管理费就是根据管理费的构成,结合具体的工程项目,确定各项费用的发生额。其计算公式为:

$$\begin{aligned}管理费 &= 管理人员及辅助服务人员的工资 + 办公费 + 差旅交通费 + 固定资产使用费 \\ &\quad + 工具用具使用费 + 保险费 + 税金 + 财务费用 + 其他费用 \quad (2\text{-}2\text{-}36)\end{aligned}$$

式中:对于管理人员及辅助服务人员总数的确定,则需要根据工程规模、工程特点、生产工人人数、施工机械、器具的配置和数量,以及企业的管理水平等多方面因素来进行确定:

1) 管理人员及辅助服务人员的工资:其计算公式为:

管理人员及辅助服务人员工资 = 管理人员及辅助服务人员数 ×

综合人工工日单价 × 工期(日)　(2-2-37)

式中:综合人工工日单价可采用直接费中生产工人的综合工日单价,也可以参照其计算方法另行确定。

2)办公费:按每名管理人员每月办公费消耗标准乘以管理人员人数,再乘以施工工期(月),管理人员每月办公费消耗标准可以根据以往已完工程项目的财务报表中分析取得;

3)差旅交通费:主要考虑如下因素:

① 因公出差、调动工作的差旅费和住勤补助费、市内交通费和误餐补助费、探亲路费、劳动力招募费、离退休职工一次性路费、工伤人员就医路费、工地转移费的计算可按"办公费"的计算方法确定;

② 管理部门使用的交通工具的油料燃料费、养路费及牌照费的计算方法公式如下:

油料燃料费 = 机械台班动力消耗 × 动力单价 × 工期(日)× 综合利用率(%)　(2-2-38)

其中:养路费及牌照费按当地政府规定的月收费标准乘以施工工期(月)。

4)固定资产使用费:根据固定资产的性质、来源、资产原值、新旧程度以及工程结束后的处理方式确定固定资产使用费;

5)工具用具使用费公式:

工具用具使用费 = 年人均使用额 × 施工现场平均人数 × 工期(年)× 工具用具购置费　(2-2-39)

工具用具年人均使用额可以根据以往已完工程项目的财务报表中分析取得;

6)保险费:通过保险咨询,确定施工期间要投保的施工管理财产和车辆应缴纳的保险费用;

7)税金:指企业按规定缴纳的房产税、车船使用税、土地使用税、印花税等。税金的计算可以根据国家规定的有关税种和税率逐项计算;

8)财务费用:

财务费 = 计算基数 × 财务费费率(%)　(2-2-40)

财务费费率可按如下公式进行计算:

① 以直接工程费为基础的计算公式:

财务费费率(%)=(年均存贷款利息净支出 + 年均其他财务费用)/{全年产值 ×

直接工程费占工程总造价的比例(%)}　(2-2-41)

② 以人工费为基础的计算公式:

财务费费率(%)=(年均存贷款利息净支出 + 年均其他财务费用)/{全年产值 ×

人工费占工程总造价的比例(%)}　(2-2-42)

③ 以人工费和机械费合计为基础的计算公式:

财务费费率(%)=(年均存贷款利息净支出 + 年均其他财务费用)/{全年产值 ×

人工费与机械费之和占工程总造价的比例(%)}　(2-2-43)

2.2.5 利润的计算

(1)利润是指施工企业完成所承包工程应获得的酬金。企业全部劳动成员的劳动创造了一部分新增的价值,这部分价值凝固在工程产品之中,它的价格形态就是企业的利润。

（2）在工程量清单计价模式下，利润不单独体现，而是被分别计入分部分项工程费、措施项目费和其他项目费中。计算方法可以以“人工费”或“人工费与机械费之和”或“直接费”为基础乘以利润率。

（3）利润计算公式为：

利润 = 计算基础 × 利润率（%） （2-2-44）

（4）利润是企业最终追求目标，企业的一切生产经营活动都是围绕着创造利润进行的。利润是企业扩大再生产、增添机械设备的基础，也是企业实行经济核算，使企业成为独立经营、自负盈亏的市场竞争主体的前提和保证。因此，合理确定利润水平对企业的生存和发展是至关重要的。

（5）在投标报价时，应根据企业的实力、投标策略，以及发展的眼光来确定各种费用水平，包括利润水平，使本企业的投标报价既有竞争力，又能保证各方面利益的实现。

2.3 措施费的组成与计算

2.3.1 概述

（1）措施费是指市政工程的工程量清单中，除了工程量清单项目费用以外，为全面保证市政工程的顺利进行，按照国家现行的有关建设市政工程施工及验收规范、规程等要求，必须配套完成的市政工程内容所需的费用。

（2）市政工程专用措施费项目的计算方法由各地区或国务院有关主管部门工程造价管理机构自行制定。

2.3.2 措施费组成的具体内容与计算

（1）环境保护费计算公式：

环境保护费 = 直接工程费 × 环境保护费费率（%） （2-3-1）

环境保护费费率（%）=（本项费用年度平均支出 / 全年建安产值）× 直接工程费占工程总造价比例（%） （2-3-2）

（2）文明施工费计算公式：

文明施工费 = 直接工程费 × 文明施工费费率（%） （2-3-3）

文明施工费费率（%）=（本项费用年度平均支出 / 全年建安产值）× 直接工程费占工程总造价比例（%） （2-3-4）

（3）安全施工费计算公式：

安全施工费 = 直接工程费 × 安全施工费费率（%） （2-3-5）

安全施工费费率（%）=（本项费用年度平均支出 / 全年建安产值）× 直接工程费占工程总造价比例（%） （2-3-6）

（4）临时设施费计算公式：一般市政的临时设施主要由以下三部分组成：周转使用临建（如活动房屋）、一次性使用临建（如简易建筑）、其他临时设施（如临时管线）：

1）周转使用临建费计算公式：

周转使用临建费 =Σ{临时面积 × 每 m^2 造价 / 使用年限 ×365(天)×

利用率(%)× 工期(天)}+ 一次性拆除费 (2–3–7)

2)临时设施费计算公式：

临时设施费 =(周转使用临建费 + 一次性使用临建费)×

{1 + 其他临时设施所占比例(%)} (2–3–8)

3)一次性使用临建费计算公式：

一次性使用临建费 =Σ {临建面积 × 每 m^2 造价 ×(1 —残值率 (%))}+ 一次性拆除费 (2–3–9)

其他临时设施在临时设施费中所占比例，可由各地区造价管理部门依据典型市政施工企业的成本资料经分析后综合测定。

(5)夜间施工增加费计算公式：

夜间施工增加费 ={1–(合同工期 / 定额工期)}×(直接工程费中的人工费合计 / 平均

日工资单价 × 每工日夜间施工费开支 (2–3–10)

(6)二次搬运费计算公式：

二次搬运费 = 直接工程费 × 二次搬运费费率(%)

二次搬运费费率(%)=(年平均二次搬运费开支额 / 全年建安产值)×

直接工程费占工程总造价的比例 (2–3–11)

(7)大型机械进出场及安拆费计算公式：

大型机械进出场及安拆费 = 一次进出场及安拆费 × 年平均安拆次数 / 年工作台班 (2–3–12)

(8)混凝土、钢筋混凝土模板及支架计算公式：

模板及支架费 = 模板摊销量 × 模板价格 + 支、拆、运输费 (2–3–13)

摊销量 = 一次使用量 ×(1+ 施工损耗)×{1+(周转次数 –1)×

(补损率 / 周转次数)–(1– 补损率 / 周转次数) (2–3–14)

模板租赁费 = 模板使用量 × 使用日期 × 租赁价格 + 支、拆、运输费 (2–3–15)

(9)脚手架搭拆费：

脚手架搭拆费 = 脚手架摊销量 × 脚手架价格 + 搭、拆、运输费 (2–3–16)

脚手架摊销量 = 单位一次使用量 ×(1– 残值率)×(一次使用期 / 耐用期) (2–3–17)

脚手架租赁费 = 脚手架每日租金 × 搭设周期 + 搭、拆、运输费 (2–3–18)

(10)设备保护：

设备保护费 = 成品保护所需机械费 + 材料费 + 人工费 (2–3–19)

(11)施工排水降水费：

排水降水费 =Σ排水降水机械台班费 × 排水降水周期 +

排水降水使用材料费、人工费 (2–3–20)

2.4 其他项目费用的计算

2.4.1 概述

(1) 其他项目费是指预留金、材料购置费(指由招标人购置的材料费)、总承包费、零碎工作项目费用等估算金额的总和。主要包括:人工费、材料费、机械使用费、管理费、利润与风险费等。

(2) 其他项目清单主要由招标人部分与投标人部分组成。其项目清单计价表见表 2-4-1 所列。

其他项目清单计价表　　表 2-4-1

序号	项 目 名 称	金额(元)	序号	项 目 名 称	金额(元)
1 招标人部分			2 投标人部分		
1.1	预留金		2.1	总包服务费	
1.2	材料购置费		2.2	零碎工作项目费	
1.3	其 他		2.3	其 他	
	小 计			小 计	

2.4.2 招标人部分

2.4.2.1 预留金

(1) 招标人在考虑整个工程建设项目中,必须对工程量会发生变化而引起的费用增加,所以,需要对工程考虑预留金。目前,造成工程量变化和费用增加的原因是:

1) 设计的深度不够、设计质量较低造成的设计变更而引起的工程量增加;

2) 清单编制人员在统计工程量及变更工程量清单时发生的漏算、错算等引起的工程量增加;

3) 在施工过程中,根据业主的要求,并由设计或监理工程师出具的工程变更增加的工程量;

4) 当其他原因而引起的工程变更,则应由业主来承担的费用增加,例如风险费用、索赔费用、自然灾害引起的费用等不可预测的费用。

(2) 工程变更主要是指工程量清单漏项或者失误而引起的工程量的增加和施工过程中设计变更引起标准提高或工程量增加等。预留金由清单编制人员根据业主意图和拟建工程实际情况进行计算,并填制表格。

(3) 预留金的计算,主要是根据设计文件的深度、设计质量的高低、拟建工程的成熟程度与工程风险性质来确定。一般施工图设计阶段或扩大初步设计阶段,其设计的深度较深、质量较高,对已经成熟的工程,其工程总造价的 3% ~ 5%即可,在初步设计阶段时,工程设计不够成熟,最少要预留工程总造价的 10% ~ 15%。

(4) 预留金作为工程造价费用的组成部分计入工程造价,但预留金的支付与否、支付额度以及用途,都必须通过监理工程师的批准。

2.4.2.2 材料购置费

材料购置费是指业主出于特殊目的或要求,对工程消耗的某类或几类材料,在招标文件中规定,由招标人采购的拟建工程材料费。

2.4.2.3 其他费用

其他费用指招标人部分可能增加的新项目。例如指定的分包工程费,由于某分项工程或单位工程专业性较强,必须由专业队伍施工,即可增加这项费用,费用金额应通过向专业队伍询价或者招标取得。

2.4.3 投标人部分

(1)清单计价规范中列举了总承包服务费、零碎工作项目费两项内容。如招标文件对工程承包商的工作范围及其他要求,同样对其要求列项。例如设备的厂外运输,设备的接、保、检等,为业主代理培训技术工人等。

(2)投标人部分的清单内容设置,除总承包服务费仅需要单列项外,其余内容应该量化的必须有详细量化描述。如设备厂外运输,需要标明设备的台数、每台的规格重量、运输距离等,零碎工作项目表明各类人工、材料、机械的消耗量。

(3)零碎工作项目中的工、料、机量,必须根据工程的复杂程度、工程设计质量的优劣,以及工程项目设计的成熟程度等多方面的因素来确定其数量。一般工程以人工量为基础,按人工消耗总量的1%计取。材料消耗是辅助材料消耗,按不同专业类别列项,按工人日消耗量计入。机械列项和计取,除了考虑人工因素外,还要参考各单位工程机械消耗的种类,可按机械消耗总量的1%计取。

2.5 规费的构成及计算

2.5.1 概念

规费:是指按照国家或省、自治区、直辖市人民政府和有关权力部门规定必须缴纳的费用(简称规费)。主要包括以下内容:

(1)工程排污费:指施工现场按规定缴纳的工程排污费。

(2)工程定额测定费:指按规定支付工程造价(定额)管理部门的定额测定费。

(3)社会保障费、养老保险费:指企业按规定标准为职工缴纳的基本养老保险费;失业保险费:指企业按国家规定标准为职工缴纳的失业保险费;医疗保险费:指企业按规定标准为职工缴纳的医疗保险费。

(4)住房公积金:指企业按照规定标准为职工缴纳的住房公积金。

(5)危险作业意外伤害保险:指按照《建筑法》规定,企业为从事危险作业的建筑安装施工人员支付的意外伤害保险费。

2.5.2 规费费率

规费费率可根据本地区典型工程发承包价的资料分析后综合取定,一般考虑的因素有:

每万元发承包价中人工费含量和机械费含量；人工费占直接费的比例；每万元发承包价中所含规费缴纳标准的各项基数。

规费费率的计算公式如下：

（1）以直接工程费为基础的计算公式：

规费费率(%)={∑(规费缴纳标准×每万元发承包价计算基数)/每万元发承包价中的人工费和机械费含量}×人工费占直接工程费比例(%)　　（2-5-1）

（2）以人工费为基础的计算公式：

规费费率(%)={∑(规费缴纳标准×每万元发承包价计算基数)/每万元发承包价中的人工费含量}×100%　　（2-5-2）

（3）以人工费和机械费合计为基础的计算公式：

规费费率(%)={∑(规费缴纳标准×每万元发承包价计算基数)/每万元发承包价中的人工费和机械费含量}×100%　　（2-5-3）

规费费率一般以当地政府或有关部门制定的费率标准执行。投标人在投标报价时，规费的计算一般都是按国家及有关部门规定的计算公式及费率标准进行计算。

2.6 税金的构成及计算

税金是指国家税法规定的应计入建设工程造价内的营业税、城市维护建设税及教育费附加税等三种构成。税金计算公式为：

税金=(税前造价+利润)×税率　　（2-6-1）

（1）营业税的税率：按照国家有关规定，建设工程营业税为整个营业收入的3%计算。

（2）城市维护建设税率：按照国家有关规定，城市维护建设税的税率要根据纳税人所在地不同，有如下三种情况来确定：

1）所在地为市区者，其营业税的7%，即：3%×7%=0.21%　　（2-6-2）

2）所在地为县城、镇者，其营业税的5%，即：3%×5%=0.15%　　（2-6-3）

3）所在地为不在市区、县城、镇者，其营业税的1%，即：3%×1%=0.03%　　（2-6-4）

（3）教育费附加税：目前国家教育费附加税由1%提高到3%，即：3%×3%=0.09%　　（2-6-5）

（4）按照现行税法的规定，应缴税额的计算方法为：

1）所在地为市区：应纳税额=不含税工程造价×3.41%　　（2-6-6）

2）所在地为县城、镇者：应纳税额=不含税工程造价×3.34%　　（2-6-7）

3）所在地为不在市区、县城、镇者：应纳税额=不含税工程造价×3.22%　　（2-6-8）

投标人的投标报价时，税金的计算一般按国家及有关部门规定的计算公式与税率标准计算。

3 市政工程定额计价

3.1 市政工程分部分项

根据《全国统一市政工程预算定额》规定，市政工程主要包括道路工程、桥涵工程、隧道工程、给水工程、排水工程、燃气与集中供热工程、路灯工程、地铁工程、钢筋工程、园林绿化工程，以上各工程的通用部分统称为通用工程。

3.1.1 通用工程

市政工程的通用项目分部、分项工程的划分及项目名称见表 3-1-1 所列。

通用项目分部分项工程表　　表 3-1-1

<table>
<tr><th>序号</th><th>分部工程</th><th colspan="4">分 项 工 程 名 称</th></tr>
<tr><td>1</td><td>土石方工程(25)</td><td colspan="4">(1)人工挖土方；
(2)人工挖基坑土方；
(3)人工挖土堤台阶；
(4)人工挖沟、槽土方；
(5)人工挖运淤泥、流砂；
(6)人工平整场地、夯实、原土夯实；
(7)人工铺设草皮；
(8)人工装运土方；
(9)人工清理土堤基础；
(10)挖掘机挖土；
(11)抓铲挖掘机挖土；
(12)抓铲挖掘机挖淤泥、流砂；
(13)推土机推土；
(14)铲运机铲运土方；
(15)装载机装松散土；
(16)装载机装运土方；
(17)自卸汽车运土；
(18)机械平整场地、填土夯实；
(19)人工凿石；
(20)人工打眼爆破石方；
(21)机械打眼爆破石方；
(22)液压破碎机破碎岩石、混凝土和钢筋混凝土；
(23)明挖石方运输；
(24)挖掘机挖石渣；
(25)自卸汽车运石渣</td></tr>
<tr><td>2</td><td>打拔桩工程(9)</td><td colspan="4">(1)竖、拆简易打桩架；
(2)陆上卷扬机打拔圆木桩；
(3)陆上柴油打桩机打槽形钢桩；
(4)陆上柴油打桩机打圆木桩；
(5)陆上柴油打桩机打槽形钢板桩；
(6)水上卷扬机打拔圆木桩；
(7)水上卷扬机打拔槽形钢板桩；
(8)水上柴油打桩机打圆木桩；
(9)水上柴油打桩机打槽形钢板桩</td></tr>
<tr><td>3</td><td>围堰工程(7)</td><td colspan="4">(1)土草围堰；(2)钢板桩围堰；(3)土石混合围堰；(4)双层竹笼围堰；(5)圆木桩围堰；(6)筑岛填心；(7)钢桩围堰</td></tr>
<tr><td>4</td><td>支撑工程(4)</td><td colspan="4">(1)木挡土板；(2)竹挡土板；(3)钢制挡土板；(4)钢制挡土板支撑安拆</td></tr>
<tr><td>5</td><td>拆除工程(9)</td><td colspan="4">(1)拆除旧路；(2)拆除金属管道；(3)伐树、挖树根；(4)拆除人行道；(5)拆除镀锌管；(6)路面凿毛；(7)拆除侧缘石；(8)拆除砖石构筑物；(9)铣刨机铣刨沥青路面；(10)拆除混凝土管道；(11)拆除混凝土障碍物</td></tr>
<tr><td>6</td><td>脚手架及其他工程(10)</td><td colspan="4">(1)脚手架；(2)汽车运水；(3)井点降水；(4)浇筑混凝土脚手架；(5)机动翻斗车运输混凝土；(6)车场内运成型钢筋混凝土；(7)人力运输小型构件；(8)纤维布施工护栏；(9)汽车运输小型构件；(10)玻璃钢施工护栏</td></tr>
<tr><td>7</td><td>护坡与挡土墙(5)</td><td colspan="4">(1)砂石滤层、滤沟；(2)砌护坡、台阶；(3)压顶；(4)挡土墙；(5)勾缝</td></tr>
</table>

3.1.2 道路工程

市政工程的道路工程分部分项的划分及项目名称见表 3-1-2 所列。

道路工程分部分项工程表　　表 3-1-2

序号	分部工程	分项工程名称
1	路床(槽)整形(5)	(1)路床(槽)整形;(2)路基盲沟;(3)弹软土基处理;(4)砂底层;(5)铺筑垫层料
2	道路基层(18)	(1)石灰土基层;(2)石灰炉渣土基层;(3)石灰粉煤灰土基层;(4)石灰炉渣基层;(5)石灰粉煤灰碎石基层;(6)石灰粉煤灰砂砾基层;(7)石灰土碎石基层;(8)路拌粉煤灰三渣基层;(9)厂拌粉煤灰三渣基层;(10)顶层多合土养护;(11)砂砾石底层;(12)卵石底层;(13)碎石底层;(14)块石底层;(15)炉渣底层;(16)矿渣底层;(17)山皮石底层;(18)沥青稳定碎石
3	道路面层(12)	(1)简易路面;(2)沥青表面处置;(3)沥青贯入式路面;(4)喷洒沥青油料;(5)黑色碎石路面;(6)粗粒式沥青混凝土路面;(7)中粒式沥青混凝土路面;(8)细粒式沥青混凝土路面;(9)水泥混凝土路面;(10)伸缩缝;(11)水泥混凝土路面养护;(12)水泥混凝土路面钢筋
4	人行道侧缘石及其他(7)	(1)人行道板安砌;(2)异形彩色花砖安砌;(3)侧缘石安砌;(4)侧缘石垫层;(5)侧平台安砌;(6)砌筑树池;(7)消解石灰

3.1.3 桥梁工程

市政工程的桥梁工程分部分项的划分及项目名称见表 3-1-3 所列。

桥梁工程分部分项工程表　　表 3-1-3

序号	分部工程	分项工程名称
1	打桩工程(12)	(1)打基础圆木桩;(2)打木板桩;(3)打钢筋混凝土方桩;(4)打钢筋混凝土板桩;(5)打钢筋混凝土管桩;(6)打钢管桩;(7)接桩;(8)送桩;(9)钢管桩内切割;(10)钢管桩精割盖帽;(11)钢管桩管内钻孔取土;(12)钢管桩填心
2	钻孔灌注桩工程(7)	(1)埋设钢护筒;(2)人工挖桩孔;(3)回旋钻机钻孔;(4)冲击式钻机钻孔;(5)卷扬机带冲抓锥冲孔;(6)泥浆制作;(7)灌注桩混凝土
3	砌筑工程(5)	(1)浆砌块石;(2)浆砌料石;(3)浆砌混凝土预制块;(4)砖砌体;(5)拱圈底模
4	钢筋工程(4)	(1)钢筋制作安装;(2)铁件拉杆制作安装;(3)预应力钢筋制作与安装;(4)安装压浆管道和压浆
5	现浇混凝土工程(14)	(1)基础;(2)承台;(3)支撑梁与栋梁;(4)墩身、台身;(5)拱桥;(6)箱梁;(7)板;(8)板梁;(9)板拱;(10)挡墙;(11)小型构件;(12)桥面防水(13)混凝土接头及灌缝;(14)桥面混凝土铺装
6	预制混凝土工程(8)	(1)桩;(2)立柱;(3)板;(4)梁;(5)双曲拱构件;(6)桁架拱构件;(7)小型构件;(8)板拱
7	安装工程(13)	(1)安装;(2)安装柱式墩、台管节;(3)安装矩形板、空心板;(4)安装梁;(5)安装双曲拱构件;(6)安装桁架拱构件;(7)安装桥板;(8)安装小型构件;(9)安装伸缩缝;(10)安装支座;(11)安装泄水孔;(12)钢管栏杆及扶手安装;(13)安装沉降缝
8	立交箱涵工程(7)	(1)透水管铺设;(2)箱涵;(3)箱涵外壁及滑板面处理;(4)气垫安装;(5)箱涵顶进;(6)箱涵挖土;(7)箱涵接缝
9	临时工程(10)	(1)搭、拆桩基础支架平台;(2)搭、拆木垛;(3)拱、板涵拱盔支架;(4)桥梁支架;(5)组装、拆除船排;(6)组装、拆卸柴油打桩机;(7)组装、拆卸万能杆件;(8)挂篮安装、拆除、推移;(9)筑、拆胎、地模;(10)凿除桩顶钢筋混凝土
10	装饰工程(8)	(1)水泥砂浆抹面;(2)镶贴面层;(3)水刷石;(4)水质涂料;(5)剁斧石;(6)油漆;(7)拉毛;(8)水磨石

3.1.4 隧道工程

市政工程的隧道工程分部分项的划分及项目名称见表 3-1-4 所列。

隧道工程分部分项工程表　　表 3-1-4

序号	分部工程	分项工程名称
1	隧道开挖与出渣(6)	(1)平硐全断面开挖；(3)斜井全断面开挖；(5)竖井全断面开挖；(2)隧道内地沟开挖；(4)隧道平硐出渣；(6)隧道斜井、竖井出渣
2	临时工程(4)	(1)硐内通风筒安、拆年摊销；(3)硐内风、水管道安、拆年摊销；(2)硐内电路架设、拆除年摊销；(4)硐内外轻便轨道辅、拆年摊销
3	隧道内衬(9)	(1)混凝土及钢筋混凝土衬砌平硐拱部；(5)混凝土及钢筋混凝土衬砌平硐边墙；(2)竖井混凝土及钢筋混凝土衬砌；(6)斜井拱部混凝土及钢筋混凝土衬砌；(3)斜井边墙混凝土及钢筋混凝土衬砌；(7)钢筋制作、安装；(4)喷射混凝土支护、砂浆锚杆、喷射平台；(8)硐内材料运输；(9)石料衬砌
4	隧道沉井(15)	(1)沉井基坑垫层；(6)沉井制作；(11)金属脚手架、砖封预留孔洞；(2)吊车挖土下沉；(7)水力机械冲吸泥下沉；(12)不排水潜水员吸泥下沉；(3)钻吸法出土下沉；(8)混凝土封底；(13)砂石料填心(排水下沉)；(4)砂石料填心(不排水下沉)；(9)混凝土封底；(14)钢封门安装；(5)钢封门拆除；(10)触变泥浆制作和输送；(15)环氧沥青防水层
5	盾构法掘进(33)	(1) $\phi\leqslant4000$ 干式出土盾构掘进；(18) $\phi\leqslant11000$ 刀盘式泥水平衡盾构掘进；(2) $\phi\leqslant5000$ 干式出土盾沟掘进；(19)盾构吊装；(3) $\phi\leqslant6000$ 干式出土盾沟掘进；(20)盾构吊拆；(4) $\phi\leqslant7000$ 干式出土盾构掘进；(21)车架安装、拆除；(5) $\phi\leqslant4000$ 水力出土盾构掘进；(22)衬砌压浆；(6) $\phi\leqslant5000$ 水力出土盾构掘进；(23)柔性接缝环(施工阶段)；(7) $\phi\leqslant6000$ 水力出土盾构掘进；(24)柔性接缝环(正式阶段)；(8) $\phi\leqslant7000$ 水力出土盾构掘进；(25)洞口混凝土环圈；(9) $\phi\leqslant4000$ 刀盘式土压平衡盾构掘进；(26)预制钢筋混凝土管片；(10) $\phi\leqslant5000$ 刀盘式土压平衡盾构掘进；(27)预制管片成环水平拆装；(11) $\phi\leqslant6000$ 刀盘式上压平衡盾构掘进；(28)管片短驳运输；(12) $\phi\leqslant7000$ 刀盘式土压平衡盾构掘进；(29)管片设置密封条(氯丁橡胶条)；(13) $\phi\leqslant11000$ 刀盘式土压平衡盾构掘进；(30)管片嵌缝；(14) $\phi\leqslant4000$ 刀盘式泥水平衡盾构掘进；(31)负环管片拆除：(15) $\phi\leqslant5000$ 刀盘式泥水平衡盾构掘进；(32)隧道内管线路栎除；(16) $\phi\leqslant6000$ 刀盘式泥水平衡盾构掘进；(33)管片设置密封条(821 防水橡胶条)(17) $\phi\leqslant7000$ 刀盘式泥水平衡盾构掘进；
6	垂直顶升(6)	(1)顶升管节、覆片制作；(3)管节垂直顶升；(5)阴极保护安装；(2)垂直顶升设备安装、拆除；(4)止水框、联系梁安装；(6)滩地揭顶盖
7	地下连续墙(7)	(1)导墙；(3)挖土成槽；(5)钢筋笼制作,吊运就位；(7)锁口管吊设(2)浇捣混凝土连续墙；(4)大型支撑基坑土方；(6)大型支撑安装、拆除；
8	地下混凝土结构(11)	(1)基坑垫层；(5)钢筋混凝土平台、顶板；(9)钢筋混凝土楼梯、电缆沟、侧石；(2)钢筋混凝土墙；(6)钢筋混凝土柱、梁；(10)隧道内车道；(3)隧道内车道；(7)钢筋混凝土地梁、底板；(11)隧道内衬侧墙及顶内衬、行车槽形板安装(4)钢丝网水泥护坡；(8)钢筋混凝土内衬底板、支承墙；
9	地基加固、监测(7)	(1)分层注浆；(3)压密注浆；(5)双重管高压旋喷；(7)三重管高压旋喷(2)地表监测孔布置；(4)地下监测孔布置；(6)监控测试；
10	金属构件制作(8)	(1)顶升管节钢壳；(3)顶升止水框、联系梁、车架；(5)走道板、钢跑板；(7)钢管片；(2)钢轨枕、钢支架；(4)盾构基座、钢围令、钢闸墙；(6)钢扶梯、钢栏杆；(8)钢支撑钢封门

3.1.5 给水工程

市政工程的给水工程分部分项的划分及项目名称见表 3-1-5 所列。

给水工程分部分项工程表　　表 3-1-5

序号	分部工程	分项工程名称
1	管道安装(14)	(1)承插铸铁管安装(青铅接口)；(6)承插跡铁管安装(石棉水泥接口)；(11)管道消毒冲洗； (2)承插铸铁管安装(膨胀水泥接口)；(7)承插铸铁管安装(胶圈接口)；(12)塑料管安装(胶圈接口)； (3)球墨铸铁管安装(胶圈接口)；(8)塑料管安装(胶圈接口)；(13)管道试压； (4)预应力混凝土管安装(胶圈接口)；(9)钢管新旧管连接(焊接)；(14)塑料管安装(粘接) (5)铸铁管新旧管连接(青铅接口)；(10)铸铁管新旧管连接(膨胀水泥接口)；
2	管道内防腐(2)	(1)铸铁管(钢管)、地面离心机械内涂；(2)铸铁管(钢管)地面人工内涂
3	管件安装(12)	(1)铸铁管件安装(青铅接口)；(5)铸铁管件安装(石棉水泥接口)；(9)铸铁管件安装(膨胀水泥接口)； (2)铸铁管件安装(胶圈接口)；(6)二合三通安装(石棉水泥接口)；(10)塑料管件安装； (3)分水栓安装；(7)马鞍卡子安装；(11)铸铁穿墙管安装； (4)法兰式水表组成与安装；(8)承插式预应力混凝土转换件安装；(12)二合三通安装(青铅接口)
4	管道附属构筑物(6)	(1)砖砌圆形阀门井；(3)砖砌矩形卧式阀门井；(5)砖砌矩形水表井； (2)消火栓井；(4)圆形排泥湿井；(6)管道支墩(挡墩)
5	取水工程(4)	(1)大口井内套管安装；(2)辐射井管安装；(3)钢筋混凝土渗渠管制作安装；(6)渗渠滤料填充

3.1.6 排水工程

市政工程的排水工程分部分项的划分及项目名称见表 3-1-6 所列。

排水工程分部分项工程表　　表 3-1-6

序号	分部工程	分项工程名称
1	定型混凝土管道基础及铺设(5)	(1)定型混凝土管道基础；(3)排水管道接口；(5)排水管道出水口 (2)混凝土管铺设；(4)管道闭水试验；
2	定型井(22)	(1)砖砌矩形两侧交汇雨水检查井；(9)砖砌阶梯式跌水井；(16)砖砌跌水检查井； (2)砖砌矩形一侧交汇雨水检查井；(10)砖砌矩形直线污水检查井；(17)砖砌竖槽式跌水井； (3)砖砌矩形一侧交汇雨水检查井；(11)砖砌圆形雨水检查井；(18)砖砌污水闸槽井； (4)砖砌矩形直线雨水检查井；(12)砖砌 30°扇形雨水检查井；(19)砖砌连接井； (5)砖砌矩形一侧交汇污水检查井；(13)砖砌 45°扇形雨水检查井；(20)砖砌 30°扇形污水检查井； (6)砖砌矩形两侧交汇污水检查井；(14)砖砌 60°扇形雨水检查井；(21)砖砌 45°扇形污水检查井； (7)砖砌圆形污水检查井；(15)砖砌 90°扇形雨水检查井；(22)砖砌 90°扇形污水检查井 (8)砖砌雨水进水井；
3	非定型井、渠、管道基础及砌筑(11)	(1)非定型井垫层；(5)非定型井砌筑及抹灰；(9)非定型井盖(箅)制作、安装； (2)非定型渠(管)道垫层及基础；(6)非定型渠道砌筑；(10)非定型渠道抹灰与勾缝； (3)钢筋混凝土盖板、过梁的预制安装；(7)混凝土管截断；(11)检查井筒砌筑 (4)方沟闭水试验；(8)渠道沉降缝；
4	顶管工程(15)	(1)工作坑、交汇坑土方及支撑安拆；(5)中继间安拆；(9)顶进触变泥浆减阻；(13)封闭式顶进； (2)顶进后座及坑内平台安拆；(6)钢管顶进；(10)顶管钢板套环制作；(14)方(拱)涵顶进； (3)泥水切削机械及附属设施安拆；(7)挤压顶进；(11)顶管接口内套环；(15)顶管接口外套环； (4)混凝土管顶管平口管接口；(8)挤压顶进；(12)混凝土管顶管企口管接口

续表

序号	分部工程	分项工程名称
5	给排水构筑物(8)	(1)沉井；(3)现浇钢筋混凝土池；(5)防水工程；(7)井、池渗漏试验；(2)施工缝；(4)折板、壁板制作安装；(6)滤料铺设；(8)预制混凝土构件
6	给排水机械设备安装(7)	(1)拦污及提水设备；(3)投药、消毒处理设备；(5)水处理设备；(7)其他 (2)排泥、撇渣和除砂机械；(4)闸门及驱动装置；(6)污泥脱水机械；
7	井字架工程、模板、钢筋(4)	(1)现浇混凝土模板工程；(2)预制混凝土模板工程；(3)钢筋(铁件)；(4)井字架

3.1.7 燃气与集中供热工程

市政工程的燃气与集中供热工程分部分项的划分及项目名称见表3-1-7所列。

燃气与集中供热工程分部分项工程表　　表3-1-7

序号	分部工程	分项工程名称
1	管道安装(7)	(1)碳钢管安装；(3)直埋式预制保温管安装；(5)碳素钢板卷管安装；(7)活动法兰承插铸铁管安装 (2)塑料管安装；(4)套管内铺设钢板卷管；(6)套管内铺设铸铁管；
2	管件制作、安装(10)	(1)焊接弯头制作；(4)弯头(异径管)安装；(7)三通安装；(2)钢管煨弯；(5)钢塑过渡接头安装；(8)铸铁管件安装；(3)防雨环帽制作、安装；(6)盲(堵)板安装；(9)挖眼接管；(10)直埋式预制保温管管件安装
3	法兰阀门安装(6)	(1)低压阀门解体、检查、清洗、研磨；(3)法兰安装；(5)阀门安装；(2)中压阀门解体、检查、清洗、研磨；(4)阀门操纵装置安装；(6)阀门水压试验
4	燃气设备安装(6)	(1)凝水缸制作、安装；(3)调压器安装；(5)鬃毛过滤器安装；(2)安全水封、检漏管安装；(4)煤气调长器安装；(6)萘油分离器安装
5	管道试压、吹扫(5)	(1)强度试验；(3)管道吹扫；(5)牺牲阳极、测试桩安装 (2)气密性试验；(4)总试压及冲洗；

3.1.8 路灯工程

市政工程的路灯工程分部分项的划分及项目名称见表3-1-8所列。

路灯工程分部分项工程表　　表3-1-8

序号	分部工程	分项工程名称
1	变配设备工程(13)	(1)组合型成套箱式变电站安装；(6)电力电容器安装；(10)配电框箱制作安装；(2)铁构件制作安装及箱、盒制作；(7)成套配电箱安装；(11)控制器、启动器安装；(3)熔断器、限位开关安装；(8)盘柜配线；(12)控制台安装；(4)控制继电器保护屏安装；(9)变压器安装；(13)接线端子 (5)仪表、电器、小母线、分流器安装；
2	架空线路工程(12)	(1)底盘、卡盘、拉盘安装；(4)基础制作；(7)引下线支架安装；(10)导线架设；(2)1kV以下横担安装；(5)进户线横担安装；(8)拉线制作安装；(11)绝缘子安装；(3)10kV以下横担安装；(6)导线跨越架设；(9)路灯设施编号；(12)立杆
3	电缆工程(9)	(1)电缆沟铺砂铺盖板、揭盖板；(4)电缆保护管敷设；(7)顶管敷设；(2)电缆终端头制作安装；(5)铜芯电缆敷设；(8)铝芯电缆敷设；(3)电缆中间头制作安装；(6)控制电缆头制作安装；(9)电缆井设置

续表

序号	分部工程	分项工程名称
4	配管配线工程(12)	(1)带形母线引下线安装；(4)电线管敷设；(7)钢管敷设；(10)硬塑料管敷设；(2)母线与钢索拉紧装置制作安装；(5)接线箱安装；(8)钢索架设；(11)接线盒安装；(3)开关、按钮、插座安装；(6)带形母线安装；(9)管内穿线；(12)塑料护套线明敷设
5	照明器具安装工程(7)	(1)单臂悬挑灯架安装；(3)双臂悬挑灯架安装；(5)广场灯架安装；(7)杆座安装(2)其他灯具安装；(4)照明器件安装；(6)高杆灯架安装；
6	防雷接地装置(5)	(1)接地极(板)制作安装；(3)接地母线敷设；(5)避雷针安装(2)避雷引下线敷设；(4)接地跨接线安装；
7	路灯灯架制作安装工程(6)	(1)设备支架制作安装；(3)高杆灯架制作；(5)型钢煨制胎具；(2)钢管煨制灯架；(4)钢材卷材开卷与平直；(6)无损探伤检验
8	刷油防腐工程(4)	(1)手工除锈；(2)喷射除锈；(3)灯杆刷油；(4)一般钢结构刷油

3.1.9 地铁工程

市政工程的地铁工程分部分项的划分及项目名称见表 3-1-9 所列。

地铁工程分部分项工程表 表 3-1-9

序号	分部工程	分项工程名称
1	土建工程(4)	(1)土方与支护；(2)结构工程；(3)混凝土及混凝土构件工程；(4)其他工程
2	轨道工程(7)	(1)铺轨；(3)铺道岔；(5)铺道床；(7)安装轨道加强设备及护轮轨(2)线路其他工程；(4)接触轨安装；(6)轨料运输；
3	通信工程(9)	(1)电缆、光缆敷设及吊、托架安装；(4)无线设备安装；(7)专用设备安装；(2)电缆接焊、光缆接续与测试；(5)通信电源设备安装；(8)通信电话设备安装；(3)光传输、网管及附属设备安装；(6)时钟设备安装；(9)导线敷设
4	信号工程(9)	(1)室内设备安装；(4)电动道岔转辙装置安装；(7)信号机安装；(2)轨道电路安装；(5)室外电缆防护、箱盒安装；(8)基础；(3)车载设备调试；(6)系统调试；(9)其他

3.1.10 园林绿化工程

市政工程的园林绿化工程分部分项的划分及项目名称见表 3-1-10 所列。

园林绿化工程分部分项工程表 表 3-1-10

序号	分部工程	分项工程名称
1	绿化工程	(1)伐树、挖树根；(3)挖竹根；(5)清除草皮；(7)屋顶花园基底处理(2)砍挖灌木丛；(4)挖芦苇根；(6)整理绿化用地；
2	栽植花木	(1)栽植乔木；(4)栽植灌木；(7)栽植色带；(10)铺种草皮；(2)栽植竹类；(5)栽植绿篱；(8)栽植花卉；(11)喷播植草；(3)栽植棕榈类；(6)栽植攀缘植物；(9)栽植水生植物；(12)喷灌设施
3	园路桥工程	(1)园路；(3)树池围牙；(5)石桥基础；(7)拱磺石制作、安装；(2)路牙铺设；(4)嵌草砖铺装；(6)石桥墩、石桥台；(8)石磺脸制作、安装；

续表

序号	分部工程	分项工程名称
3	园路桥工程	(9)金刚墙砌筑；(11)石桥面檐板；(13)石望柱；(15)栏板、撑鼓；(10)石桥面铺筑；(12)仰天石、地伏石；(14)栏杆、扶手；(16)木制步桥
4	堆塑假山	(1)堆筑土山丘；(3)塑假山；(5)池石、盆景山；(7)山石护角；(2)堆砌石假山；(4)石笋；(6)点风景石；(8)山坡石台阶
5	驳　岸	(1)石砌驳岸；(2)原木桩驳岸；(3)散铺砂卵石护岸(自然护岸)
6	原木、竹构件	(1)原木(带树皮)柱、梁、檩、椽；(3)树枝吊挂楣子；(5)竹节编墙；(2)原木(带树皮)墙；(4)竹柱、梁、檩、椽；(6)竹吊挂楣子
7	亭廊屋面	(1)草屋面；(4)现浇混凝土斜屋面板；(7)就位预制混凝土穹顶；(2)竹屋面；(5)现浇混凝土攒尖亭屋面板；(8)彩色压型钢板(夹芯板)攒尖亭屋面板；(3)树皮屋面；(6)就位预制混凝土攒尖亭屋面板；(9)彩色压型钢板(夹芯板)穹顶
8	花　架	(1)现浇混凝土花架柱、梁；(2)预制混凝土花架柱、梁；(3)木花架柱、梁；(4)金属花架柱、梁
9	园林桌椅	(1)预制混凝土桌凳；(3)竹制飞来椅；(5)现浇混凝土桌凳；(7)塑树根桌凳；(9)石桌石凳；(2)钢筋混凝土飞来椅；(4)木制飞来椅；(6)塑树节椅；(8)塑料、铁艺、金属椅
10	喷泉安装	(1)喷泉管道；(2)喷泉电缆；(3)水下艺术装饰灯具；(4)电器控制柜

3.2 市政工程定额计价的方法

3.2.1 市政工程设计概算的编制及审查

3.2.1.1 市政工程设计概算的基本内容

(1) 市政工程的设计概算是初步设计概算的简称，即在初步设计阶段，由设计单位根据初步设计图纸、定额、指标、其他工程费用定额等，对工程投资进行的概略计算，它是初步设计文件的重要组成部分，也是确定工程设计阶段的投资的依据，经过批准的设计概算是控制工程建设投资的最高限额。

(2) 市政工程设计概算可分为三级概算，即单位工程概算、单项工程综合概算、建设项目总概算。

3.2.1.2 市政工程设计概算的作用

(1) 设计概算是确定建设项目、各单项工程及各单位工程投资的依据。按照规定报请有关部门或单位批准的初步设计及总概算，一经批准即作为建设项目静态总投资的最高限额，不得任意突破，必须突破时须报原审批部门(单位)批准。

(2) 设计概算是编制投资计划的依据。计划部门根据批准的设计概算编制建设项目年固定资产投资计划，并严格控制投资计划的实施。若建设项目实际投资数额超过了总概算，那么必须在原设计单位和建设单位共同提出追加投资的申请报告基础上，经上级计划部门审核批准后，方能追加投资。

(3) 设计概算是进行拨款和贷款的依据。建设银行根据批准的设计概算和年度投资计划，进行拨款和贷款，并严格实行监督控制。对超出概算的部分，未经计划部门批准，建行不得追加拨款和贷款。

(4) 设计概算是实行投资包干的依据。在进行概算包干时，单项工程综合概算及建设项目总概算是投资包干指标商定和确定的基础，尤其经上级主管部门批准的设计概算或修正概算，是主管单位和包干单位签订包干合同，控制包干数额的依据。

(5) 设计概算是考核设计方案的经济合理性和控制施工图预算的依据。设计单位根据设计概算进行技术经济分析和多方案评价，以提高设计质量和经济效果。同时保证施工图预算在设计概算的范围内。

(6) 设计概算是进行各种施工准备、设备供应指标、加工订货及落实各项技术经济责任制的依据。

(7) 设计概算是控制项目投资、考核建设成本、提高项目实施阶段工程管理和经济核算水平的必要手段。

3.2.1.3 市政工程设计概算的编制方法

(1) 单位工程概算的编制方法：市政工程设计概算，是利用国家现行颁发的概算定额、概算指标或综合预算定额等，按照设计要求进行概略地计算建筑物或构筑物的造价，以及确定人工、材料和机械等需要量的一种方法。所以，其特点是编制工作较简单，在精确度上达不到施工图预算那样准确。在一般情况下，施工图预算造价不允许超过设计概算造价，以便使设计概算能起着控制施工图预算的作用。市政工程概算的编制方法包括扩大单价法、概算指标法、类似工程预算法。

1) 扩大单价法：当初步设计达到一定深度、结构比较明确时，可采用该方法编制工程概算。采用该方法时，首先根据概算定额编制扩大单位估价表。概算定额是按一定计算单位规定的、扩大分部分项工程或扩大结构部门的劳动、材料和机械台班的消耗量标准。扩大单位估价表是确定单位工程中各扩大分部分项工程或完整的结构所需全部材料费、人工费、施工机械使用费之和的文件。计算公式为：

概算定额基价 = 概算定额单位材料费 + 概算定额单位人工费 + 施工机械使用费

施工机械使用费 = ∑(概算定额中材料消耗量 × 材料预算价格)+
∑(概算定额中人工工日消耗量 × 人工工资价格)+
∑(概算定额中施工机械台班消耗量 × 机械台班费用单价) (3-2-1)

然后用算出的扩大分部分项工程的工程量，乘以扩大单位估价，进行具体计算。完整的编制步骤如下：

① 根据初步设计图纸和说明书，按概算定额中划分的项目计算工程量。对于无法直接计算工程量的零星工程，如散水、台阶、厕所蹲台等，可根据概算定额的规定，按工程费用的百分比(约 5% ~ 8%)计算；

② 根据计算工程量套用相应的扩大单位估价，计算出材料费、人工费、机械使用费三者费用之和；

③ 根据有关取费标准计算措施费、间接费、利润和税金；

④ 将上述各项费用加在一起，其和为市政工程概算的造价。

2) 概算指标法：当初步设计深度不够，不能准确地计算工程量，但工程采用的技术比较成熟而又有类似概算指标可以利用时，可采用概算指标法来编制概算。概算指标是指按一定计量单位规定的，比概算定额更综合扩大的分部工程的劳动、材料和机械台班的消耗量标准和造价指标。它往往按完整的建筑物建筑面积(体积)、构筑物的体积或座等为计量单位。用概算指标编制概算的方法有以下两种：

① 直接套用概算指标编制概算：如果设计工程项目，在结构上与概算指标中某类型结构的建筑物相符，则可直接套用指标进行编制。此时即以指标中所规定的土建工程每 100m^2 或每 m^2（或每 m^3）的造价或人工、主要材料消耗量，乘以设计工程项目的概算相对应的工程量，就可得出该设计工程的全部直接费和材料消耗量。其计算公式如下：

每 m^2 建筑面积人工费 = 指标规定人工工日数 × 本地区日工资标准 (3-2-2)

每 m^2 建筑面积主要材料费 = Σ（指标规定主要材料数量 × 本地区材料预算价格） (3-2-3)

每 m^2 建筑面积直接费 = 人工费 + 主要材料费 + 其他材料费 + 施工机械使用费 (3-2-4)

每 m^2 建筑面积概算单价 = 直接费 + 间接费 + 材料差价 + 税金 (3-2-5)

设计工程概算价值 = 设计工程建筑面积 × 每 m^2 建筑面积概算单价 (3-2-6)

设计工程所需材料、人工数量 = 设计工程建筑面积 × 每 m^2 建筑面积材料、人工耗用量 (3-2-7)

② 用修正概算指标编制概算：当设计对象结构特征与概算指标的结构特征局部有差别时，可用修正概算指标，再根据已计算的建筑面积或建筑体积乘以修正后的概算指标及单位价值，算出工程概算价值。概算指标修正方法的基本步骤如下：

a）根据概算指标算出每 m^2 建筑面积或每 m^3 建筑体积的直接费（方法同前）；

b）换算与设计不符的结构构件价值，即：

换出（入）结构构件价值 = 换出（入）结构构件工程量 × 相应概算定额的地区单价 /100（或 1000）（元 /m^2 或元 /m^3） (3-2-8)

其中：构件工程量从工程量指标中查出；

c）求出修正后的单位直接费。

单位直接费修正值 = 原概算指标单位直接费 − 换出结构构件价值 + 换入结构构件价值 (3-2-9)

3）类似工程预算法：当工程设计对象与已建成或在建工程相类似，结构特征基本相同，或者概算定额和概算指标不全，就可以采用这种方法编制单位工程概算。

① 类似工程预算法就是以原有的相似工程的预算为基础，按编制概算指标方法，求出单位工程的概算指标，再按概算指标法编制建筑工程概算；

② 利用类似预算，应考虑以下条件：即：设计对象与类似预算的设计在结构上的差异、设计对象与类似预算的设计在建筑上的差异、地区工资的差异、材料预算价格的差异、施工机械使用费的差异、间接费用的差异；

③ 计算修正系数时，先求类似预算的人工工资、材料费、机械使用费、间接费在全部价值中所占比重，然后分别求其修正系数，最后求出总的修正系数。用总修正系数乘以类似预算的价值，就可以得概算价值。

（2）单项工程综合概算编制：这是以单项市政工程为编制对象，确定建成后可独立发挥作用的建筑物或构筑物所需全部建设费用的文件，由该单项工程内各单位工程概算书汇总而成。综合概算书是工程项目总概算书的组成部分，是编制总概算书的基础文件，一般由编制说明和综合概算表两个部分组成。

(3) 总概算的编制:总概算是确定整个建设项目从筹建到建成全部建设费用的文件,由组成建设项目的各单项工程综合概算及工程建设其他费用与预备费、固定资产投资方向调节税等汇总编制而成。总概算的编制方法如下:

1) 按总概算组成的顺序和各项费用的性质,将各个单项工程综合概算及其他工程和费用概算汇总列入总概算表。将工程项目和费用名称及各项数值填入相应各栏内,然后按各栏分别汇总;

2) 以汇总后总额为基础,按取费标准计算预备费用、建设期利息、固定资产投资方向调节税、铺底流动资金。计算回收金额。回收金额是指在整个基本建设过程中所获得的各种收入。如原有房屋拆除所回收的材料和旧设备等的变现收入;试车收入大于支出部分的价值等。回收金额的计算方法,应按地区主管部门的规定执行;

3) 计算总概算价值:

总概算价值 = 第 1 部分费用 + 第 2 部分费用 + 预备费 + 建设期利息 +
固定资产投资方向调节税 + 铺底流动资金 − 回收金额　　(3-3-10)

4) 计算技术经济指标:整个项目的技术经济指标应选择有代表性和能说明投资效果的指标填列;

5) 投资分析:为对基本建设投资分配、构成等情况进行分析,应在总概算表中计算出各项工程和费用投资占总投资比例,在表的末栏计算出每项费用的投资占总投资的比例。

3.2.1.4　市政工程设计概算的审查作用

(1) 审查市政工程设计概算,有利于合理分配投资资金,加强投资计划管理。设计概算编制得偏高或偏低,都会影响投资计划的真实性,影响投资资金的合理分配。所以审查设计概算是为了准确确定工程造价,使投资更能遵循客观经济规律。

(2) 审查设计概算,可以促进概算编制单位严格执行国家有关概算的编制规定和费用标准,从而提高概算的编制质量。审查设计概算,有助于促进设计的技术先进性与经济合理性。概算中的技术经济指标,是概算的综合反映,与同类工程对比,便可查出它的先进与合理程度。

(3) 审查设计概算,可以使建设项目总投资力求做到准确、完整,防止任意扩大投资规模或出现漏项,从而减少投资缺口,缩小概算与预算之间的差距,避免故意压低概算投资,搞钓鱼项目,最后导致实际造价大幅度地突破概算。审查后的概算,对建设项目投资的落实提供了可靠的依据。打足投资,不留缺口,提高建设项目的投资效益。

3.2.1.5　市政工程设计概算的审查内容

(1) 审查设计概算的编制依据。包括国家综合部门的文件,国务院主管部门和各省、市、自治区根据国家规定或授权制定的各种规定及办法,以及建设项目的设计文件等重点审查。

1) 审查编制依据的合法性:采用的各种编制依据必须经过国家或授权机关的批准,符合国家的编制规定,未经批准的不能采用。也不能强调情况特殊,擅自提高概算定额、指标或费用标准;

2) 审查编制依据的时效性:各种依据,如定额、指标、价格、取费标准等,都应根据国家有关部门的现行规定进行,注意有无调整和新的规定。有的虽然颁发时间较长,但不能全部适用;有的应按有关部门作的调整系数执行;

3) 审查编制依据的适用范围:

① 各种编制依据都有规定的适用范围，例如各主管部门所规定的各种专业定额及其取费标准，只适用于该部门的专业工程；

② 各地区规定的各种定额及其取费标准，只适用于该地区的范围以内；

③ 特别是地区的材料预算价格区域性更强，如某市有该市区的材料预算价格，又编制了郊区内一个矿区的材料预算价格，如在该市的矿区建设时，其概算采用的材料预算价格，则应用矿区的价格，而不能采用该市的价格。

(2) 审查概算编制深度：

1) 审查编制说明：审查编制说明可以检查概算的编制方法、深度和编制依据等重大原则问题；

2) 审查概算编制深度：一般大中型项目的设计概算，应有完整的编制说明和"三级概算"，并按有关规定的深度进行编制。审查是否有符合规定的"三级概算"，各级概算的编制、校对、审核是否按规定签署；

3) 审查概算的编制范围：审查概算编制范围及具体内容是否与主管部门批准的建设项目范围及具体工程内容一致；审查分期建设项目的建筑范围及具体工程内容有无重复交叉，是否重复计算或漏算；审查其他费用所列的项目是否都符合规定，静态投资、动态投资和经营性项目铺底流动资金是否分部列出等。

(3) 审查建设规模、标准：主要指审查概算的投资规模、生产能力、设计标准、建设用地、建筑面积、主要设备、配套工程、设计定员等是否符合原批准可行性研究报告或立项批文的标准。如概算总投资超过原批准投资估算 10%以上，应进一步审查超估算的原因。

(4) 审查设备规格、数量和配置：工业建设项目设备投资比重大，一般占总投资的 30%～50%，要认真审查。审查所选用的设备规格、台数是否与生产规模一致，材质、自动化程度有无提高标准，引进设备是否配套、合理，备用设备台数是否适当，消防、环保设备是否计算等等。还要重点审查价格是否合理、是否符合有关规定，如国产设备应按当时询价资料或有关部门发布的出厂价、信息价，引进设备应依据询价或合同价编制概算。

(5) 审查工程费：建筑安装工程投资是随工程量增加而增加的，要认真审查。主要是要根据初步设计图纸、概算定额及工程量计算规则、专业设备材料表、建构筑物和总图运输一览表进行审查，有无多算、重算或漏算。

(6) 审查计价指标：审查建筑工程采用工程所在地区的计价定额、费用定额、价格指数和有关人工、材料、机械台班单价是否符合现行规定；审查安装工程所采用的专业部门或地区定额是否符合工程所在地区的市场价格水平，概算指标调整系数、主要材料的价格、人工、机械台班和辅材调整系数是否按当地最新规定执行；审查引进设备安装费率或计取标准、部分行业专业设备安装费率是否按有关规定计算等。

(7) 审查其他费用：工程建设其他费用投资约占项目总投资 25%以上，必须认真逐项审查。审查费用项目是否按国家统一规定计列，具体费率或计取标准、部分行业专业设备安装费率是否按有关规定计算等。

3.2.1.6 市政工程设计概算的审查方法

(1) 全面审查法：是指按照全部施工图的要求，结合有关预算定额分项工程中的工程细目，认真、全部地进行审核的方法。其具体计算方法和审核过程与编制预算的计算方法和编制过程基本相同。这种方法的特点是全面细致、所审核过的工程预算质量高、差错比较少，但工作量太大。全面审查法一般适用于工程量较小、工艺比较简单、编制工程预算力量较薄弱的设计单位所承包的工程。

(2) 重点审查法:抓住工程预算中的重点进行审查的方法,称重点审查法,一般情况下,重点审查法的内容有:选择工程量大或造价较高的项目进行重点审查、对补充单价进行重点审查、对计取的各项费用的费用标准和计算方法进行重点审查。

(3) 经验审查法:是指监理工程师根据以前实践经验,审查容易发生差错的那些部分工程细目的方法。如土方工程中的平整场地和余土外运,土壤分类等;基础工程中的基础垫层,砌砖、砌石基础,暖沟挡土墙工程,钢筋混凝土组合柱,基础圈梁、室内暖沟盖板等,都是较容易出错的地方,应重点加以审查。

(4) 分解对比审查法:把一个单位工程,按直接费与间接费进行分解,然后再把直接费按工种工程和分部工程进行分解,分别与审定的标准图预算进行对比分析的方法,称为分解对比审查法。其方法是把拟审的预算造价与同类型的定型标准施工图或复用施工图的工程预算造价相比较,如果出入不大,就可以认为本工程预算问题不大,不再审查。如果出入较大,比如超过或少于已审定的标准设计施工图预算造价的1%或3%以上,再按分部分项工程进行分解、对比,哪里出入较大,就审查该部分工程项目的预算价格。

3.2.2 市政工程施工图预算的编制与审查

3.2.2.1 市政工程施工图预算编制依据

(1) 各工程设计的施工图、文字说明、工程的水文地质勘察等资料。

(2) 当地和主管部门颁布的现行市政工程和专业安装工程预算定额、单位估价表、地区资料、构配件预算价格、间接费用定额和有关费用规定等文件。

(3) 现行机械设备出厂价或市场价及运杂费率、现行的有关其他费用定额、指标和价格。

(4) 建设场地中的自然条件和施工条件,并据以确定的施工方案或施工组织设计。

3.2.2.2 市政工程施工图预算的编制方法

(1) 工料单价法:是指分部分项工程量的单价为直接费,直接费以人工、材料、机械的消耗量及其相应价格与措施费确定。间接费、利润、税金按照有关规定另行计算。

1) 传统施工图预算使用工料单价法,其计算步骤如下:

① 准备资料,熟悉施工图。准备的资料包括施工组织设计、预算定额、工程量计算标准、取费标准、地区材料预算价格等;

② 计算工程量:首先要根据工程内容和定额项目,列出分项工程目录;然后根据计算顺序和计算规划列出计算式;其次是根据图纸上的设计尺寸及有关数据,代入计算式进行计算;最后是对计算结果进行整理,使之与定额中要求的计量单位保持一致,并予以核对;

③ 套工料单价:要仔细核对计算结果后,按单位工程施工图预算直接费计算公式求得单位工程人工费、材料费和机械使用费之和;

同时应特别注意:分项工程的名称、规格、计量单位必须与预算定额工料单价或单位计价表中所列内容完全一致,以防重套、漏套或错套工料单价而产生偏差;进行局部换算或调整时,换算指定额中已计价的主要材料品种不同而进行的换价,一般不调量;调整指施工工艺条件不同而对人工、机械的数量增减,一般调量不换价;若分项工程不能直接套用定额、不能换算和调整时，应编制补充单位计价表；

④ 编制工料分析表：根据各分部分项工程项目实物工程量和预算定额中项目所列的用工及材料数量，计算各分部分项工程所需人工及材料数量，汇总后算出该单位工程所需各类人工、材料的数量；

⑤ 计算并汇总造价：根据规定的税、费率和相应的计取基础，分别计算措施费、间接费、利润、税金等。将上述费用累计后进行汇总，求出单位工程预算造价；

⑥ 复核：对项目填列、工程量计算公式、计算结果、套用的单价、采用的各项取费费率、数字计算、数据精确度等进行全面复核，以便及时发现差错，及时修改，提高预算的准确性；

⑦ 填写封面、编制说明：封面应写明工程编号、工程名称、工程量、预算总造价和单方造价、编制单位名称、负责人和编制日期以及审核单位的名称、负责人和审核日期等。编制说明主要应写明预算所包括的工程内容范围、依据的图纸编号、承包企业的等级和承包方式、有关部门现行的调价文件号、套用单价需要补充说明的问题及其他需说明的问题等；

2）现在编制施工图预算时特别要注意，所用的工程量和人工、材料量是统一的计算方法和基础定额；所用的单价是地区性的。由于在市场条件下价格是变动的，要特别重视定额价格的调整；

3）实物法编制施工图预算的步骤：实物法编制施工图预算是先算工程量、人工、材料量、机械台班，然后再计算费用和价格的方法。该法适应市场经济条件下编制施工图预算的需要，在改革中应当努力实现这种方法的普遍应用。其编制步骤如下：①准备资料，熟悉施工图纸；②计算工程量；③套基础定额，计算人工、材料、机械数量；④根据当时、当地的人工、材料、机械单价，计算并汇总人工费、材料费、机械使用费，得出单位工程直接工程费；⑤计算措施费、间接费、利润和税金，并进行汇总，得出单位工程造价；⑥复核；⑦填写封面、编写说明。

（2）综合单价法：是指分部分项工程量的单价为全费用单价，既包括直接费、间接费、利润（酬金）、税金，也包括合同约定的所有工料价格变化风险等一切费用，是一种国际上通行的计价方式。综合单价法按其所包含项目工作的内容及工程计量方法的不同，又可分为以下3种表达形式：

1）参照现行预算定额（或基础定额）对应子目所约定的工作内容、计算规则进行报价；

2）按市政工程招标文件约定的工程量计算规则以及按技术规范规定的每一分部分项工程所包括的工作内容进行报价；

3）由投标者依据招标图纸、技术规范，按其计价习惯，自主报价，即工程量的计算方法、投标价的确定，均由投标者根据自身情况决定。

按照《建筑工程施工发包承包管理办法》的规定，综合单价：是由分项工程的直接费、间接费、利润和税金组成的，而直接费是以人工、材料、机械的消耗量及相应价格与措施费确定的。因此计价顺序应当是：①准备资料，熟悉施工图纸；②划分项目，按统一规定计算工程量；③计算人工、材料和机械数量；④套综合单价，计算各分项工程造价；⑤汇总得分部工程造价；⑥各分部工程造价汇总得单位工程造价；⑦复核；⑧填写封面、编写说明。

3.2.2.3 市政工程施工图预算的审查

（1）施工图预算审查的作用：对降低工程造价具有现实意义、有利于节约工程建设资金、有利于发挥领导层、银行的监督作用、有利于积累和分析各项技术经济指标。

（2）施工图预算审查的内容：审查施工图预算的重点是：工程量计算是否准确；分部、分项单价套用是否正确；各项取费标准是否符合现行规定等要求：

1）工程量计算是否正确；

2）审查定额或单价的套用；

① 预算中所列各分项工程单价是否与预算定额的预算单价相符；其名称、规格、计量单位和所包括的工程内容是否与预算定额一致；

② 有单价换算时应审查换算的分项工程是否符合定额规定及换算是否正确；

③ 对补充定额和单位计价表的使用应审查补充定额是否符合编制原则、单位计价表计算是否正确。

3）审查其他有关费用：它包括的内容各地不同，具体审查时应注意是否符合当地规定和定额的要求：

① 是否按本项目的工程性质计取费用、有无高套取费标准；

② 间接费的计取基础是否符合规定，有无巧立名目、乱摊费用的情况；

③ 预算外调增的材料差价是否计取间接费；直接费或人工费增减后，有关费用是否做了相应调整；

④ 有无将不需安装的设备计取在安装工程的间接费中。

对于利润和税金的审查，重点应放在计取基础和费率是否符合当地有关部门的现行规定、有无多算或重算方面。

（3）施工图审查的方法：

1）逐项审查法：逐项审查法又称全面审查法，即按定额顺序或施工顺序，对各分项工程中的工程细目逐项全面详细审查的一种方法。其优点是全面、细致，审查质量高、效果好。缺点是工作量大，时间较长。这种方法适合于一些工程量较小、工艺比较简单的工程；

2）标准预算审查法：标准预算审查法就是对利用标准图纸或通用图纸施工的工程，先集中力量编制标准预算，以此为准来审查工程预算的一种方法。按标准设计图纸或通用图纸施工的工程，一般上部结构和做法相同，只是根据现场施工条件或地质情况不同，仅对基础部分做局部改变。凡这样的工程，以标准预算为准，对局部修改部分单独审查即可，不需逐一详细审查。该方法的优点是时间短、效果好、易定案。其缺点是适用范围小，仅适用于采用标准图纸的工程；

3）分组计算审查法：分组计算审查法就是把预算中有关项目按类别划分若干组，利用同组中的一组数据审查分项工程量的一种方法。这种方法首先将若干分部分项工程按相邻且有一定内在联系的项目进行编组，利用同组分项工程间具有相同或相近计算基数的关系，审查一个分项工程数量，由此判断同组中其他几个分项工程的准确程度。该方法特点是审查速度快、工作量小；

4）对比审查法：对比审查法是当工程条件相同时，用已完工程的预算或未完但已经过审查修正的工程预算对比审查拟建工程的同类工程预算的一种方法；

5）"筛选"审查法。"筛选法"是能较快发现问题的一种方法。建筑工程虽面积和高度不同，但其各分部分项工程的单位建筑面积指标变化却不大。将这样的分部分项工程加以汇集、优选，找出其单位建筑面积工程量、单价、用工的基本数值，归纳为工程量、价格、用工三个单方基本指标，并注明基本指标的适用范围。这些基本指标用来筛分各分部分项工程，对不符合条件的应进行详细审查，若审查对象的预算标准与基本指标的标准不符，就应对其进行调整。“筛选法”的优点是简单易懂,便于掌握,审查速度快,便于发现问题。该方法适用于审查住宅工程或不具备全面审查条件的工程;

6)重点审查法:就是抓住工程预算中的重点进行审核的方法。审查的重点是工程量大或者造价较高的各种工程、补充定额、计取的各项费用等。该法的优点是突出重点、审查时间短、效果好。

3.2.3 市政工程的竣工决算

3.2.3.1 概述

(1)市政工程竣工决算是建设工程经济效益的全面反映,是建设项目法人核定各类新增资产价值、办理其交付使用的依据。

(2)通过竣工决算,一方面能够正确反映建设工程的实际造价和投资结果;另一方面可以通过竣工决算与概算、预算的对比分析,考核投资控制的工作成效,总结经验教训,积累技术经济方面的基础资料,提高未来建设工程的投资效益。

3.2.3.2 市政竣工决算的内容

(1)竣工财务决算说明书:主要反映竣工工程建设成果和经验,是对竣工决算报表进行分析和补充说明的文件,是全面考核分析工程投资与造价的书面总结,其内容主要包括:

1)建设项目概况,对工程总的评价:一般从进度、质量、安全和造价、施工方面进行分析说明。

① 进度方面主要说明开工和竣工时间,对照合理工期和要求工期分析是提前还是延期;

② 质量方面主要根据竣工验收委员会或相当一级质量监督部门的验收评定等级、合格率和优良品率;

③ 安全方面主要根据劳动工资和施工部门的记录,对有无设备和人身事故进行说明;

④ 造价方面主要对照概算造价,说明节约还是超支,用金额和百分率进行分析说明。

2)资金来源及运用等财务分析:包括工程价款结算、会计账务的处理、财产物资情况及债权债务的清偿等情况;

3)基本建设收入、投资包干结余、竣工结余资金的上交分配情况:通过对基本建设投资包干情况的分析,说明投资包干数、实际支用数和节约额、投资包干节余的有机构成和包干节余的分配情况;

4)各项经济技术指标的分析:概算执行情况分析,根据实际投资完成额与概算进行对比分析;新增生产能力的效益分析,说明支付使用财产占总投资额的比例、占支付使用财产的比例,不增加固定资产的造价占投资总额的比例,分析有机构成和成果;

5)工程建设的经验及项目管理和财务管理工作以及竣工财务决算中有待解决的问题。

(2)竣工财务决算报表

建设项目竣工财务决算报表要根据大、中型建设项目和小型建设项目分别制定。大、中型建设项目竣工决算报表包括:建设项目竣工财务决算审批表,大、中型建设项目概况表,大、中型建设项目竣工财务决算表,大、中型建设项目交付使用资产总表;小型建设项目竣工财务决算报表包括:建设项目竣工财务决算审批表,竣工财务决算总表,建设项目交付使用资产明细表;

1）建设项目竣工财务决算审批表：该表作为竣工决算上报有关部门审批时使用，其格式按照中央级小型项目审批要求设计的，地方级项目可按审批要求做适当修改；

2）大、中型建设项目概况表：该表综合反映大、中型建设项目的基本概况，内容包括该项目总投资、建设起止时间、新增生产能力、主要材料消耗、建设成本、完成主要工程量和主要技术经济指标及基本建设支出情况，为全面考核和分析投资效果提供依据；

3）大、中型建设项目竣工财务决算表：该表反映竣工的大中型建设项目从开工到竣工为止全部资金来源和资金运用的情况，它是考核和分析投资效果，落实节余资金，并作为报告上级核销基本建设支出和基本建设拨款的依据。在编制该表前，应先编制出项目竣工年度财务决算，根据编制出的竣工年度财务决算和历年财务决算编制项目的竣工财务决算。此表采用平衡表形式，即资金来源合计等于资金支出合计；

4）大、中型建设项目交付使用资产总表：该表反映建设项目建成后新增固定资产、流动资产、无形资产和其他资产价值的情况和价值，作为财产交接、检查投资计划完成情况和分析投资效果的依据。小型项目不编制"交付使用资产总表"，直接编制"交付使用资产明细表"；大、中型项目在编制"交付使用资产总表"的同时，还需编制"交付使用资产明细表"；

5）建设项目交付使用资产明细表：该表反映交付使用的固定资产、流动资产、无形资产和其他资产及其价值的明细情况，是办理资产交接的依据和接收单位登记资产账目的研究，是使用单位建立资产明细账和登记新增资产价值的依据。大、中型和小型建设项目均需编制此表。编制时要做到齐全完整，数字准确，各栏目价值应与会计账目中相应科目的数据保持一致；

6）小型建设项目竣工财务决算总表：由于小型建设项目内容比较简单，因此可将工程概况与财务情况合并编制一张"竣工财务决算总表"，该表主要反映小型建设项目的全部工程和财务情况。

（3）竣工工程平面示意图：市政工程竣工的工程平面示意图是真实地记录各种地上、地下建筑物、构筑物等情况的技术文件，是工程进行交工验收、维护改建和扩建的依据，是国家的重要技术档案。国家规定：各项新建、扩建、改建的基本建设工程，特别是基础、地下建筑、管线、结构、井巷、桥梁、隧道、港口、水坝以及设备安装等隐蔽部位，都要编制竣工图。为确保竣工图质量，必须在施工过程中及时做好隐蔽工程检查记录，整理好设计变更文件。其具体要求有：

1）凡按图竣工没有变动的，由施工单位（包括总包和分包施工单位，不同）在原施工图上加盖"竣工图"标志后，即作为竣工图；

2）凡在施工过程中，虽有一般性设计变更，但能将原施工图加以修改补充作为竣工图的，可不重新绘制，由施工单位负责在原施工图（必须是新蓝图）上注明修改的部分，并附以设计变更通知单和施工说明，加盖"竣工图"标志后，作为竣工图；

3）凡结构形式改变、施工工艺改变、平面布置改变、项目改变以及有其他重大改变，不宜再在原施工图上修改、补充时，应重新绘制改变后的竣工图。由原设计原因造成的，由设计单位负责重新绘制；由施工原因造成的，由施工单位负责重新绘图；由其他原因造成的，由建设单位自行绘制或委托设计单位绘制。施工单位负责在新图上加盖"竣工图"标志，并附以有关记录和说明，作为竣工图；

4）为了满足竣工验收和竣工决算需要，还应绘制反映竣工工程全部内容的工程设计平面示意图。

(4)工程造价比较分析:是对控制工程造价所采取的措施、效果及其动态的变化进行认真的比较对比,总结经验教训。在实际工作中,应主要分析以下内容:

1)主要实物工程量。对于实物工程量出入比较大的情况,必须查明原因;

2)主要材料消耗量。考核主要材料消耗量,要按照竣工决算表中所列明的三大材料实际超概算的消耗量,查明是在工程的哪个环节超出量最大,再进一步查明超耗的原因;

3)考核建设单位管理费、建筑及安装工程措施费和间接费的取费标准。建设单位管理费、建筑及安装工程措施费和间接费的取费标准要按照国家和各地的有关规定,根据竣工决算报表中所列的建设单位管理费与概预算所列的建设单位管理费数额进行比较,依据规定查明是否多列或少列的费用项目,确定其节约超支的数额,并查明原因。

3.2.3.3 市政竣工决算的编制

(1)竣工决算的编制依据:

1)经批准的可行性研究报告及其投资估算;

2)经批准的初步设计或扩大初步设计及其概算或修正概算;

3)经批准的施工图设计及其施工图预算、设计交底或图纸会审纪要;

4)招投标的标底、承包合同、工程结算资料,竣工图及各种竣工验收资料;

5)施工记录或施工签证单,以及其他施工中发生的费用记录,如:索赔报告与记录、停(交)工报告等。

6)历年基建资料、历年财务决算及批复文件,设备、材料调价文件件和调价记录;

7)有关财务核算制度、办法和其他有关资料、文件等。

(2)竣工决算的编制步骤:

1)收集、整理、分析原始资料:从建设工程开始就按编制依据的要求,收集、清点、整理有关资料,主要包括建设工程档案资料,如设计文件、施工记录、上级批文、概(预)算文件、工程结算的归集整理,财务处理、财产物资的盘点核实及债权债务的清偿,做到账账、账证、账实、账表相符;

2)对照、核实工程变动情况,重新核实各单位工程、单项工程造价:将竣工资料与原设计图纸进行查对、核实,必要时可实地测量,确认实际变更情况;根据经审定的施工单位竣工结算等原始资料,按照有关规定对原概(预)算进行增减调整,重新核定工程造价;

3)将审定后的待摊投资、设备工器具投资、建筑安装工程投资、工程建设其他投资严格划分和核定后,分别计入相应的建设成本栏目内;

4)编制竣工财务决算说明书,力求内容全面、简明扼要、文字流畅、说明问题;

5)填报竣工财务决算报表,做好工程造价对比分析,清理、装订好竣工图;

6)按国家规定上报、审批、存档。

4 工程量清单的计价依据

4.1 市政工程清单下工程量计算规则

4.1.1 概述

(1) 城市的"市政工程"是"土木工程"中的一个大分支,主要是指城市道路工程、桥涵工程、给排水工程、污水处理与中水工程、城市防洪工程及照明等基础设施建设,是保障城市正常运转和经济发展的物质基础和基本条件。20世纪90年代中后期以来,随着国民经济的快速发展,我国的城市化进程也不断加快,国家和各地方政府都投入了大量人力、物力和财力进行市政工程等城市基础设施的建设。

(2) 未来20年,我国市政工程建设的投资规模将继续加大,将建成很多具有高质量生态环境的园林城市,逐步缩小城乡差别,实现城乡一体化,建成交通便捷、基础设施现代化、高效率的城市。如此大规模的建设投入,使得市政工程造价的确定与控制成为人们关注的焦点之一。工程量计算规则直接影响与间接决定市政工程造价的形成与确定,因此,首先必须明确工程量计算规则。

(3) 工程量计算是施工图预算编制的主要内容,同时也是进行工程估价的重要依据。准确地计算工程量,对编制施工计划、进行财务管理以及成本控制等都是十分重要的。下面依据建设部批准发布的《建设工程工程量清单计价规范》(以下简称《清单规范》),并参照《全国统一建筑工程预算工程量计算规则》的要求对一般市政工程的工程量计算加以介绍。

4.1.2 工程量计算的依据

工程量是确定工程量清单、建筑工程直接费、编制施工组织设计、安排工程施工进度、编制材料供应计划、进行统计工作和实现经济核算的重要依据。

4.1.2.1 计算工程量的资料

(1) 施工图纸及设计说明书、相关图集、设计变更资料、图纸答疑、会审记录等。

(2) 经审定的施工组织设计或施工方案。

(3) 工程施工合同、招标文件的商务条款。

(4) 工程量计算规则。

4.1.2.2 工程量计算的顺序

(1) 单位工程计算顺序:

1) 按施工顺序计算法。是按照工程施工顺序的先后次序来计算工程量;

2) 按清单顺序计算法。是按照清单计量规则中规定的分章或分部分项工程顺序来计算工程量。

(2) 单个分项工程计算顺序

1) 按照顺时针方向计算法。

2) 按"先横后竖、先上后下、先左后右"计算法。

3) 按图纸分项编号顺序计算法。

在计算工程量时,不论采用哪种顺序方法来计算,都不能有漏项少算或重复多算的现象发生。

4.1.2.3 工程量计算的步骤

(1) 根据工程内容和清单计量规则中规定的项目列出需计算工程量的分部分项工程。

(2) 根据一定的计算顺序和计算规则列出计算式。

(3) 根据施工图纸的要求确定有关数据代入计算式进行数值计算。

(4) 对计算结果的计量单位进行调整,使之与《建设工程工程量清单规范》中规定的相应分部分项工程的计量单位保持一致。

4.1.2.4 工程量计算的注意事项

(1) 必须口径一致。计算工程量必须熟悉《建设工程工程量清单规范》中每个工程项目所包括的内容和范围。必须按照工程量计算规则进行计算,必须按照图纸进行计算。

(2) 必须列出计算式。在列计算式时,必须部位清楚,详细列项标出计算式,注明计算结构构件的所处部位和轴线;并保留工程量计算书,作为复查依据。工程量计算式应力求简单明了,醒目易懂,并要按一定的次序排列,以便于审核和校对。

(3) 必须计算准确。工程量计算的精度将直接影响造价确定的精度,因此,数量计算要准确。一般规定工程量的精确度应按《清单规范》中的有关规定执行。

(4) 必须计量单位一致。必须与《清单规范》中规定的计量单位相一致。

(5) 必须注意计算顺序。例如对于具有单独设计图纸的构筑物等(池体结构、管件大样),可按如下的顺序计算全部工程量:首先,将独立的部分(如池体、大样部分)先计算完毕,以减少图纸数量;其次,计算整体工艺,用表格的形式汇总其工程量,以便在计算相应工程项目时运用这些计算结果;最后,按先水平面(如管道平面布置),后垂直面(如高程布置)的顺序进行计算。

(6) 力求分层分段计算。要结合市政工程施工图纸尽量做到道路工程分段计算,给排水工程按管道的实际直径与长度计算,桥梁工程按按主体工程与附属工程部分计算,或按施工方案的要求分段计算,或按使用的材料不同分别进行计算。这样,在计算工程量时既可避免漏项,又可为编制工料分析和安排施工进度计划提供数据。

(7) 必须注意统筹计算,以达到快速、高效之目的,必须自我检查复核。

4.1.3 用统筹法计算工程量

运用统筹法计算工程量的基本要点是:统筹程序、合理安排;利用基数、连续计算;一次算出、多次应用;结合实际、灵活机动。相关内容见有关参考书。

4.1.4 清单模式下工程量计算通用规则简述

4.1.4.1 工程量计算的项目设置

工程量清单的项目设置规则是为了统一工程量清单项目名称、项目编号、计量单位和工程量计算而制定的，是编制工程量清单的依据。在《清单规范》中，对工程量清单项目的设置做了明确的规定：

(1) 项目编码：项目编码以五级编码设置，用十二位阿拉伯数字表示。第一、二、三、四级编码统一；第五级编码由工程量清单编制人区分具体工程的清单项目特征而分别编码。各级编码代表的含义如下：

1) 第一级表示分类码(分二位)，建筑工程为01、装饰装修工程为02、安装工程为03、市政工程为04；园林绿化工程为05；

2) 第二级表示章顺序码(分二位)；

3) 第三级表示节顺序码(分二位)；

4) 第四级表示清单项目码(分三位)；

5) 第五级表示具体清单项目码（分三位)。例如项目编码03-02-08-004-×××中，03为第一级，为分类码，表示安装工程；02为第二级，为章顺序码，表示第二章电气设备安装工程；08为第三级，为节顺序码，表示第八节电缆安装；004为第四级，为清单项目名称码，表示电缆桥架；×××为第五级，为具体项目清单项目编码(由工程量清单编制人编制，从001开始)。

(2) 项目名称：项目名称原则上以形成工程实体而命名。项目名称如有缺项，招标人可按相应的原则进行补充，并报当地工程造价管理部门备案。

(3) 项目特征：项目特征是对项目的准确描述，是影响价格的因素，是设置具体清单项目的依据。项目特征按不同的工程部位、施工工艺或材料品种、规格等分别列项。凡项目特征中未描述到的其他独有特征，由清单编制认识项目具体情况确定，以准确描述清单项目为准。

(4) 计量单位：

1) 以质量计算的项目——吨或千克(t或kg)；

2) 以体积计算的项目——立方米(m^3)；

3) 以面积计算的项目——平方米(m^2)；

4) 以长度计算的项目——米(m)；

5) 以自然计量单位计算的项目——个、套、块、樘、组、台……；

6) 没有具体数量的项目——系统、项……。

各专业有特殊计量单位的，再另外加以说明。

(5) 工程内容：指完成该清单项目可能发生的具体工程，可供招标人确定清单项目和投标人投标报价参考。凡工程内容中未列全的其他具体工程，由投标人按招标文件或图纸要求编制，以完成清单项目为准，综合考虑到报价中。

4.1.4.2　工程数量的计算

工程数量的计算主要通过工程量计算规则计算得到。工程量计算规则是指对清单项目工程量的计算规定。除另有说明外，所有清单项目的工程量应以实体工程量为准，并以完成后的净值计算；投标人投标报价时，应在单价中考虑施工中的各种损耗和需要增加的工程量。

工程量的计算规则按专业划分。包括建筑工程、装饰装修工程、安装工程、市政工程四个专业部分。

(1) 建筑工程:包括土石方工程,地基与桩基础工程,砌筑工程,混凝土及钢筋混凝土工程,厂库房大门、特种门、木结构工程,金属结构工程,屋面及防水工程,防腐、隔热、保温工程等。

(2) 装饰装修工程:包括楼地面工程,墙柱面工程,天棚工程,门窗工程,油漆、涂料、裱糊工程,其他装饰工程等。

(3) 安装工程:主要包括各类机械设备的安装工程、电气设备安装工程、热力设备安装工程、炉窑砌筑工程、精致设备与工艺金属结构制作安装工程、工业管道工程,消防工程、给排水、采暖、燃气工程、通风空调工程、自动化控制仪表安装工程、通信设备及线路工程、建筑智能化系统设备安装工程、长距离输送管道工程等。

(4) 市政工程:包括土石方工程、道路工程、给排水工程、污水处理工程、桥涵护岸工程、隧道工程、市政管网工程、路灯工程、城市防洪、钢筋工程等。

(5) 园林绿化工程:包括绿化工程、园路、园桥、假山工程、园林景观工程等。

1) 狭义的市政工程在本科阶段是指道路工程、桥梁工程、给水排水工程,是土木工程的一个二级学科,研究生阶段专业名称为市政工程。给水排水系统是为人们的生活、生产和消防提供用水和排除废水的设施总称。它是人类文明进步和城市化聚集居住的产物,是现代化城市最重要的基础设施之一,是城市社会文明、经济发展和现代化水平的重要标志。狭义的市政工程的主要学习与研究方向有:给水工程(分为市政给水管网与净水处理)、排水工程(分为雨水、污水管网和污水处理)、建筑给水排水工程;

2) 广义的"大市政工程"是指包含城市道路、桥梁、给排水、园林绿化、燃气热力、城市防洪及照明等在内的基础设施建设工程。所以,根据以上工程量清单规范中的专业划分可以看出,广义"大市政工程"的内容涵盖和穿插了建筑工程、装饰装修工程、安装工程、市政工程和园林绿化工程等专业部分,与每个专业都密切相关。为了方便读者学习,本文按广义市政工程包含的内容,对各自相应的清单模式下有选择地对一些工程量计算规则进行介绍。

4.1.5 市政工程清单模式下工程量计算规则

4.1.5.1 土石方工程的工程量计算规则

(1) 土石方工程是土木工程施工的主要工种之一,主要包括场地平整、基坑和基槽的开挖、人防工程及地下建筑物的开挖、回填工程等。

(2) 土石方工程施工的特点是工程量大,施工条件复杂。市政道路与管线工程中的土石方工程量往往可以达到几十万甚至上百万立方米以上。

(3) 合理地计算土石方工程量对正确计算市政工程造价具有很重要价值和意义。

(4) 工程量清单规范中将土石方工程分为三部分,首先根据开挖地质的不同将挖土方分为挖土方和挖石方,其次是填方及土石方运输。工程量计算规则分别见表 4–1–1 ~ 表 4–1–3 所列。

4.1.5.2 道路工程的工程量计算规则

(1) 城市道路工程分为路基工程与路面工程。路基是城市道路的重要组成部分,是按照路线位置和一定技术要求修筑的带状构造物。

(2) 城市道路路基是道路线的主体,也是城市道路工程的骨架,贯穿道路全线,与沿线的桥梁、涵洞和隧道等相连接。同时路基是路面的基础,是路面的支撑结构物,与路面共同承受交通荷载的作用。

挖掘土方工程量计算规则(编码:040101)　　**表 4-1-1**

项目编码	项目名称	项目特征	计量单位	工程量计算规则	工程内容
040101001	挖一般土方	(1) 土壤类别； (2) 挖土深度	m^2	按设计图示开挖线路计算	(1) 土方开挖； (2) 场地找平； (3) 土方运输； (4) 排除地面水； (5) 挡土板支拆
040101002	挖沟槽土方			原地面线以下按构筑物量大水平投影面积乘以挖土深度以体积计算	
040101003	挖基坑土方			原地面线以下按构筑物量大水平投影面积乘以挖土深度以体积计算	
040101004	竖井挖土方			按设计图示尺寸以体积计算	土方开挖、围护、支撑、场内运输
040101005	暗挖土方	土壤类别		按设计图示断面每间以长度和体积计算	土方开挖、围护、支撑、洞内运输、场内运输

挖掘石方工程量计算规则(编码:040102)　　**表 4-1-2**

项目编码	项目名称	项目特征	计量单位	工程量计算规则	工程内容
040102001	挖一般土方	(1) 岩石类别； (2) 开凿深度	m^3	按设计图示开挖线以体积计算	(1) 石方开凿； (2) 围护、支撑； (3) 场内运输； (4) 修整底、边
040102002	挖沟槽土方			原地面线以下按构筑物量大水平投影面积乘以挖石深度（原地面平均标高至槽底高度)以体积计算	
040102003	挖基坑土方			按设计图示尺寸以体积计算	

填方及土石方运输工程量计算规则(编码:040103)　　**表 4-1-3**

项目编码	项目名称	项目特征	计量单位	工程量计算规则	工程内容
040103001	填　方	(1) 填方材料品种； (2) 密实度	m^3	(1) 按设计图示尺寸以体积计算 (2) 按挖方清单项目工程量减基础、构筑物埋入体积加原地面线至设计要求标高间的体积计算	(1) 填方； (2) 压实
040103002	余方弃置	(1) 废弃料品种； (2) 运距		按挖方清单项目工程量减利用回填方体积(正数)计算	余方点装料运输至弃置点
040103003	缺方内运			按挖方清单项目工程量减利用回填方体积(负数)计算	取料点装料运输至缺方点

(3) 城市道路路基工程的特点是:工艺较简单,工程数量大,耗费劳力多,涉及面广,占用投资大。以城市主干道为例,设计车速为 70km/h 时,每千米土石方数量约为 8000 ~ 16000m^3,设计车速为 30km/h 时,每千米土石方数量约为 2000 ~ 6000m^3,特殊路段可达十余万立方米。

(4) 路基工程的投资约占全部投资的 25% ~ 45%,个别山区公路可达 65%左右,路基处理、道路基层工程量计算规则见表 4-1-4、表 4-1-5 所列。

道路路基处理工程量计算规则(编码:040201)　　表 4-1-4

项目编码	项目名称	项目特征	计量单位	工程量计算规则	工程内容
040201001	强夯土方	密实度		按设计图示尺寸以面积计算	土方强夯
040201002	掺石灰	含灰量		按图示尺寸以体积计算	掺石灰
040201003	掺干土	(1) 密实度； (2) 掺土率	m^3	按图示尺寸以体积计算	掺干土
040201004	掺石块	(1) 材料； (2) 规格； (3) 掺石率		按图示尺寸以体积计算	掺石块
040201005	抛石挤淤	规格		按图示尺寸以体积计算	抛石挤淤
040201006	袋装砂井	(1) 直径； (2) 填充料品种		按图示尺寸以长度计算	成孔、装砂袋
040201007	塑料排水板	(1) 材料； (2) 规格		按图示尺寸以长度计算	成孔、打塑料排水板
040201008	石灰砂桩	(1) 材料配合比； (2) 桩径	m	按图示尺寸以长度计算	成孔、石灰、砂填充
040201009	碎石桩	(1) 材料配合比； (2) 桩径		按图示尺寸以长度计算	(1) 振冲器安、拆； (2) 碎石填充
040201010	喷粉桩			按图示尺寸以长度计算	成孔、喷粉固化
040201011	深层搅拌桩	(1) 桩径； (2) 水泥含量		按图示尺寸以长度计算	(1) 成孔； (2) 水泥浆搅拌； (3) 压浆、搅拌
040201012	土工布	(1) 材料品种； (2) 规格	m^2	按设计图示尺寸以面积计算	土工布铺设
040201013	排水沟、截水沟	(1) 材料品种； (2) 断面； (3) 混凝土强度等级； (4) 砂浆强度等级	m	按图示尺寸以长度计算	(1) 垫层铺筑； (2) 混凝土浇筑； (3) 砌筑； (4) 勾缝； (5) 抹面
040201014	盲沟	(1) 材料品种、规格； (2) 断面		按图示尺寸以长度计算	—

道路基层工程量计算规则(编码:040202)　　表 4-1-5

项目编码	项目名称	项目特征	计量单位	工程量计算规则	工程内容
040202001	垫层	(1) 厚度； (2) 材料品种； (3) 材料规格			
040202002	石灰稳定土	(1) 厚度； (2) 含灰量	m^2	按设计图示尺寸以面积计算，不扣除各种井所占面积	(1) 拌合； (2) 铺筑； (3) 找平； (4) 碾压； (5) 养护
040202003	水泥稳定土	(1) 水泥含量； (2) 厚度			
040202004	石灰、粉煤灰、土	(1) 厚度； (2) 配合比			

续表

项目编码	项目名称	项目特征	计量单位	工程量计算规则	工程内容
040202005	石灰、碎石、土	(1) 厚度； (2) 配合比； (3) 碎石规格	m²	按设计图示尺寸以面积计算，不扣除各种井所占面积	(1) 拌合； (2) 铺筑； (3) 找平； (4) 碾压； (5) 养护
040202006	石灰、粉煤灰、碎（砾）石	(1) 材料品种； (2) 厚度； (3) 碎(砾)石规格； (4) 配合比			
040202007	粉煤灰	厚度	m²	按设计图示尺寸以面积计算，不扣除各种井所占面积	(1) 拌合； (2) 铺筑； (3) 找平； (4) 碾压； (5) 养护
040202008	砂砾石	厚度			
040202009	卵石	厚度			
040202010	碎石	厚度			
040202011	块石	厚度			
040202012	炉渣	厚度			
040202013	粉煤灰三渣	(1) 厚度； (2) 配合比； (3) 石料规格	m²	按设计图示尺寸以面积计算，不扣除各种井所占面积	
040202014	水泥稳定碎（砾）石	(1) 厚度； (2) 水泥含量； (3) 石料规格			
040202015	沥青稳定碎石	(1) 厚度； (2) 沥青品种； (3) 石料规格			

（5）路面是用各种材料混合料铺筑在路基上供车辆行驶的层状结构物，其基本功能是为车辆提供快速、安全、舒适和经济的行使表面，对路面的要求是能够满足行车的使用要求，降低运输费用和延长路面的使用年限。

（6）按面层的使用品质，材料组成类型以及结构强度和稳定性，将路面分为高级、次高级、中级和低级四个等级，路面工程量计算规则见表 4–1–6 所列。人行道及其他工程量计算规则见表 4–1–7 所列，交通管理设施工程量计算规则见表 4–1–8 所列。

道路面层工程量计算规则（编码：040203） **表 4–1–6**

项目编码	项目名称	项目特征	计量单位	工程量计算规则	工程内容
040203001	沥青表面自治	(1) 沥青品种； (2) 层数	m²	按设计图示尺寸以面积计算，不扣除各种井所占面积	(1) 洒油； (2) 碾压
040203002	沥青贯人式	(1) 沥青品种； (2) 厚度			(1) 洒油； (2) 碾压
040203003	黑色碎石	(1) 沥青品种； (2) 厚度； (3) 石料最大粒径			(1) 洒铺底油； (2) 铺筑； (3) 碾压

续表

项目编码	项目名称	项目特征	计量单位	工程量计算规则	工程内容
040203004	沥青混凝土	(1) 沥青品种; (2) 石料最大粒径; (3) 厚度	m^2	按设计图示尺寸以面积计算，不扣除各种井所占面积	(1) 洒铺底油; (2) 铺筑; (3) 碾压
040203005	水泥混凝土	(1) 混凝土强度等级、石料最大粒径; (2) 厚度; (3) 掺合料; (4) 配合比	m^2	按设计图示尺寸以面积计算，不扣除各种井所占面积	(1) 传力杆及做套筒方案; (2) 混凝土浇筑; (3) 拉毛; (4) 伸缝; (5) 缩缝; (6) 锯缝; (7) 嵌缝
040203006	块料面层	(1) 材质及规格; (2) 垫块厚度; (3) 强度			(1) 铺筑垫层; (2) 铺砌块料; (3) 嵌缝、勾缝
040203007	橡胶塑料弹性面层	(1) 材料名称; (2) 厚度			(1) 配料; (2) 铺贴

人行道及其他工程量计算规则(编码:040204) 表 4-1-7

项目编码	项目名称	项目特征	计量单位	工程量计算规则	工程内容
040204001	人行道块料铺设	(1) 材质; (2) 尺寸; (3) 垫层材料品种、厚度、强度; (4) 图形	m^2	按设计图示尺寸以面积计算，不扣除各种井所占面积	(1) 整形碾压; (2) 垫层基础铺筑; (3) 块料铺设
040204002	现浇混凝土人行道及进口坡	(1) 混凝土强度、石料最大粒径; (2) 厚度; (3) 垫层、基础:材料品种、厚度、强度	m^2		(1) 整形碾压; (2) 垫层基础铺筑; (3) 混凝土浇筑
040204003	安砌侧(平、缘)石	(1) 材料; (2) 尺寸; (3) 形状; (4) 垫层、基础、材料品种、厚度、强度	m	按设计图示中心线长度计算	(1) 垫层、基础铺筑; (2) 侧石安砌
040204004	现浇侧(平、缘)石	(1) 材料品种; (2) 尺寸; (3) 形状; (4) 混凝土强度、石料最大粒径; (5) 垫层、基础:材料品种、厚度、强度	m		(1) 垫层铺筑; (2) 混凝土浇筑; (3) 养护
040204005	检查井升降	(1) 材料品种; (2) 规格; (3) 平均升降高度	座	按设计图路面标高与原有检查井数量计算	升降检查井
040204006	树池砌筑	(1) 材料品种、规格; (2) 树池尺寸; (3) 树池盖材料品种	个	按设计图示数量计算	(1) 树池砌筑; (2) 树池盖制作

交通管理设施工程量计算规则（编码：040205）　　表 4-1-8

项目编码	项目名称	项目特征	计量单位	工程量计算规则	工程内容
040205001	接线工作井	(1) 混凝土强度等级、石料最大粒径； (2) 规格	座	按设计图示数量计算	浇筑
040205002	电缆保护管铺设	(1) 材料品种； (2) 规格； (3) 基础材料品种、厚度、强度	m	按设计图示以长度计算	电缆保护管制作、安装
040205003	标杆	(1) 材料品种； (2) 规格； (3) 基础材料品种、厚度、强度	套	按设计图示数量计算	(1) 基础浇捣； (2) 标杆制作安装
040205004	标志板	(1) 材料品种； (2) 规格； (3) 基础材料品种、厚度、强度	块	按设计图示数量计算	标志板制作安装
040205005	视线诱导器	类型	只	按设计图示数量计算	安装
040205006	标线	(1) 油漆品种； (2) 工艺； (3) 线型	km	按设计图示以长度计算	画线
040205007	标记	(1) 类型、形式； (2) 垫层、基础	个	按设计图示数量计算	画线
040205008	横道线	形式	m^2	按设计图示尺寸以计算	画线
040205009	清除标线	清除方法	m^2	按设计图示尺寸以计算	清除
040205010	交通信号灯安装	型号	套	按设计图示数量计算	(1) 基础浇捣； (2) 安装
040205011	环形检测线安装	(1) 类型； (2) 垫层、基础； (3) 材料品种、厚度、强度	m	按设计图示长度计算	(1) 基础浇捣； (2) 安装
040205012	值警亭安装		座	按设计图示数量计算	
040205013	隔离护栏安装	(1) 部位； (2) 形式、规格； (3) 类型； (4) 材料品种； (5) 基础材料强度	m	按设计图示以长度计算	(1) 基础浇捣； (2) 安装
040205014	立电杆	(1) 类型、规格； (2) 材料品种、强度	根	按设计图示数量计算	(1) 基础浇捣； (2) 安装
040205015	信号灯架空走线	规格	km	按设计图示以长度计算	架线
040205016	信号机箱	(1) 形式； (2) 规格； (3) 基础材料品种、强度	只	按设计图示数量计算	(1) 基础浇筑； (2) 安装； (3) 系统调试
040205017	信号灯架	(1) 形式、规格； (2) 材料品种、强度	组	按设计图示数量计算	
040205018	管内穿线	(1) 规格； (2) 型号	km	按设计图示长度计算	穿线

4.1.5.3　给水管网工程的工程量计算规则

城市给水管网系统是给水排水工程设施的重要组成部分，是由不同材料的管道和附属设施构成的输水网络。城市给水管网系统承担供水的输送、分配、压力调节和水量调节任务，起到保障用户用水的作用。市政给水管网系统一般由输水管(渠)、配水管网、水压调节设施(泵站、减压阀)及水量调节设施(水塔、高位水池)等构成。

(1) 城市输水管(渠):是指在较长距离内输送水量的管道或渠道，一般不沿线向外供水。例如从水厂将清水输送至供水区域的管道(渠道)、从供水管网向某大用户供水的专用管道、区域给水系统中连接各区域管网的管道等。输水管道的常用材料有铸铁管、钢管、钢筋混凝土管、PVC-U 管等，输水渠道一般由砖、砂、石、混凝土等材料砌筑。这部分工程量计算主要是管道铺设，按《清单规范》附录 D 市政工程工程量清单项目计算规则进行，见表 4-1-9 和表 4-1-10 所列。

管道铺设工程量计算规则(编码:040501) **表 4-1-9**

项目编码	项目名称	项目特征	计量单位	工程量计算规则	工程内容
040501001	陶土管铺设	(1) 管材规格; (2) 埋设深度; (3) 垫层厚度、材料品种、强度; (4) 基础断面形式; (5) 混凝土强度等级、石料最大粒径	m	按设计图示中心线长度以延长米计算，不扣除井所占面积	(1) 垫层铺筑; (2) 混凝土基础浇筑; (3) 管道防腐; (4) 管道铺设; (5) 管道接口; (6) 混凝土管座浇筑; (7) 预制管枕安装; (8) 井壁凿洞; (9) 检测及试验
040501002	混凝土管道铺设	(1) 管有筋无筋; (2) 规格; (3) 埋设深度; (4) 接口形式、混凝土强度等级、石料最大粒径	m	按设计图示管道中心线长度以延长米计算，不扣除中间井及管件、阀门所占的长度	(1) 垫层铺筑; (2) 混凝土基础浇筑; (3) 管道防腐; (4) 管道铺设; (5) 管道接口; (6) 混凝土管座浇筑; (7) 预制管枕安装; (8) 井壁凿洞; (9) 检测及试验
040501003	镀锌管铺设	(1) 公称直径; (2) 接口形式; (3) 防腐、保温要求; (4) 埋设深度; (5) 基础材料品种、厚度	m	按设计图示管道中心线长度以延长米计算，不扣除管件、阀门、法兰所占的长度	(1) 基础铺筑; (2) 管道防腐、保温; (3) 管道铺设; (4) 接口; (5) 检测及试验; (6) 冲洗消毒或吹扫
040501004	铸铁管铺设	(1) 管材材质; (2) 管材规格; (3) 埋设深度; (4) 接口形式; (5) 防腐、保温要求; (6) 垫层厚度、材料品种、强度; (7) 基础断面形式、混凝土强度	m	按设计图示管道中心线长度以延长米计算，不扣除井、管件、阀门所占的长度	(1) 垫层铺筑; (2) 混凝土基础浇筑; (3) 管道防腐; (4) 管道铺设; (5) 管道接口; (6) 混凝土管座浇筑; (7) 井壁(墙)凿洞; (8) 检测及试验; (9) 冲洗消毒或吹扫

续表

项目编码	项目名称	项目特征	计量单位	工程量计算规则	工程内容
040501005	钢管铺设	(1) 管材材质; (2) 管材规格; (3) 埋设深度; (4) 防腐、保温要求; (5) 压力等级; (6) 垫层厚度、强度; (7) 基础断面形式、混凝土强度、石料最大粒径	m	按设计图示管道中心线长度以延长米计算,不扣除管件、阀门、法兰所占的长度。新旧管连接时,计算到碰头的阀门中心处	(1) 垫层铺筑; (2) 混凝土基础浇筑; (3) 混凝土管座浇筑; (4) 管道防腐、保温; (5) 管道铺设; (6) 管道接口; (7) 检测及试验; (8) 冲洗消毒或吹扫
040501006	塑料管铺设	(1) 管道材料名称; (2) 管材规格; (3) 埋设深度; (4) 接口形式; (5) 垫层厚度、材料品种、强度; (6) 基础断面形式、混凝土强度、石料最大粒径; (7) 探测线要求	m	按设计图示管道中心线长度以延长米计算,不扣除管件、阀门、法兰所占的长度。新旧管连接时,计算到碰头的阀门中心处	(1) 垫层铺筑; (2) 混凝土基础浇筑; (3) 管道防腐; (4) 管道铺设; (5) 探测线敷设; (6) 管道接口; (7) 混凝土管座浇筑; (8) 井壁(墙)凿洞; (9) 检测及试验; (10) 冲洗消毒或吹扫
040501007	砌筑渠道	(1) 渠道断面; (2) 渠道材料; (3) 砂浆强度等级; (4) 埋设深度; (5) 垫层厚度、材料品种、强度; (6) 基础断面形式、混凝土强度、石料最大粒径	m	按设计图示尺寸以长度计算	(1) 垫层铺筑; (2) 渠道基础; (3) 墙身砌筑; (4) 止水带安装; (5) 拱盖砌筑或盖板预制、安装; (6) 勾缝; (7) 抹面; (8) 防腐; (9) 渠道渗漏试验
040501008	混凝土渠道	(1) 渠道断面; (2) 埋设深度; (3) 垫层厚度、材料品种、强度; (4) 基础断面形式、混凝土强度、石料最大粒径	m	按设计图示尺寸以长度计算	(1) 垫层铺筑; (2) 渠道基础; (3) 墙身砌筑; (4) 止水带安装; (5) 渠盖浇筑、安装; (6) 抹面; (7) 防腐; (8) 渠道渗漏试验
040501009	套管内铺设管道	(1) 管材质量; (2) 管径、壁厚; (3) 接口形式; (4) 防腐要求; (5) 保温要求; (6) 压力等级	m	按设计图示管道中心线长度计算	(1) 基础铺筑; (2) 管道防腐; (3) 穿管铺设; (4) 接口; (5) 检测及试验; (6) 冲洗消毒或吹扫; (7) 管道保温; (8) 防护

续表

项目编码	项目名称	项目特征	计量单位	工程量计算规则	工程内容
040501010	管道架空跨越	(1) 管材材质; (2) 管径、壁厚; (3) 跨越跨度; (4) 支承形式; (5) 防腐要求; (6) 保温要求; (7) 压力等级	m	按设计图示管道中心线长度计算,不扣除中间井及管件、阀门所占的长度	(1) 支承结构制作安装; (2) 防腐; (3) 管道铺设; (4) 接口; (5) 检测及试验; (6) 冲洗消毒或吹扫; (7) 管道保温; (8) 防护
040501011	管道沉管路跨越	(1) 管材材质; (2) 管径、壁厚; (3) 跨越跨度; (4) 支承形式; (5) 防腐要求; (6) 压力等级; (7) 标志牌灯要求; (8) 基础厚度、材料品种、规格	m	按设计图示管道中心线长度以延长米计算,不扣除中间井及管件、阀门所占的长度	(1) 管沟开挖; (2) 管沟基础铺设; (3) 防腐; (4) 跨越拖管头制作; (5) 沉管敷设; (6) 检测及试验; (7) 冲洗消毒或吹扫; (8) 标志牌灯制作安装
040501012	管道焊口无损探伤	(1) 管材外径、壁厚; (2) 探伤要求	m	按设计图示要求探伤的数量计算	(1) 焊口无损探伤; (2) 编写报告

管件、钢支架制作安装及新旧管连接工程量计算规则(编码:040502)　　表 4-1-10

项目编码	项目名称	项目特征	计量单位	工程量计算规则	工程内容
040502001	预应力混凝土管转换件安装	转换件规格	个	按设计图示数量计算	安装
040502002	铸铁管件安装	(1) 类型; (2) 材质; (3) 规格; (4) 接口形式	个	按设计图示数量计算	安装
040502003	钢管件安装	(1) 管件类型; (2) 管径、壁厚; (3) 压力等级	个	按设计图示数量计算	(1) 制作; (2) 安装
040502004	法兰钢管件安装	(1) 管件类型; (2) 管径、壁厚; (3) 压力等级	个	按设计图示数量计算	(1) 法兰片焊接; (2) 法兰片管件安装
040502005	塑料管件安装	(1) 管件类型; (2) 材质; (3) 管径、壁厚; (4) 拧测线要求	个	按设计图示数量计算	(1) 塑料管件安装; (2) 探测线敷设
040502006	钢塑转转换件安装	转换件规格	个	按设计图示数量计算	安装
040502007	钢管道间法兰连接	(1) 平焊法兰; (2) 对焊法兰; (3) 绝缘法兰; (4) 公称直径; (5) 压力等级	处	按设计图示数量计算	(1) 法兰片焊接; (2) 法兰连接

续表

项目编码	项目名称	项目特征	计量单位	工程量计算规则	工程内容
040502008	分水栓安装	(1) 材质； (2) 规格	个	按设计图示数量计算	安装
040502009	盲(堵) 板安装	(1) 盲板规格； (2) 盲板材料	个	按设计图示数量计算	(1) 法兰片焊接； (2) 规格
040502010	防水套管制作安装	(1) 刚性套管； (2) 柔性套管； (3) 规格	个	按设计图示数量计算	(1) 制作； (2) 安装
040502011	除污器安装	(1) 压力要求； (2) 公称直径； (3) 接口形式	个	按设计图示数量计算	(1) 除污器级成安装； (2) 除污器安装
040502012	补偿器安装	(1) 压力要求； (2) 公称直径； (3) 接口形式	个	按设计图示数量计算	(1) 焊接钢套筒补偿器安装； (2) 焊接法兰式波纹补偿器安装
040502013	钢支架制作安装	类型	kg	按设计图示数量以质量计算	(1) 制作； (2) 安装
040502014	新旧管连接头	(1) 管材材质； (2) 管材管径； (3) 管材接口	处	按设计图示数量计算	(1) 新旧管连接； (2) 马鞍卡子安装； (3) 接管挖眼； (4) 钻眼攻丝
040502015	气体置换	管材内径	m	按设计图示管道中心线长计算	气体置换

(2) 城市配水管网：是指分布在城市供水区域内的配水管道网络。其功能是将来自于较集中点的水量分配输送到整个供水区域，使用户能从近处接管用水。配水管网由主干管、干管、支管、连接管、分配管等构成。城市配水管网中还需要安装消火栓、阀门和检测仪表等附属设施，以保证消防供水和满足生产调度、故障处理、维护保养等管理需要。上述各分项工程清单工程量计算规则分别见表 4-1-9 ~ 表 4-1-13 所列。

阀门、水表、消火栓安装工程量计算规则(编码:040503)　　**表 4-1-11**

项目编码	项目名称	项目特征	计量单位	工程量计算规则	工程内容
040503001	阀门安装	(1) 公称直径； (2) 压力要求； (3) 阀门类型	个	按设计图示数量计算	(1) 阀门解体、检查、清洗、研磨； (2) 法兰片焊接； (3) 操纵装置安装； (4) 阀门安装； (5) 阀门压力试验
040503002	水表安装	公称直径	个	按设计图示数量计算	(1) 丝扣水表安装； (2) 法兰水表安装
040503003	消火栓安装	(1) 部位； (2) 型号； (3) 规格	个		安装

(3) 加压泵站：泵站是输配水系统中的加压设施，一般由多台水泵并联组成。给水管网系统中的泵站有供水泵站和中途加压泵站两种形式。供水泵站一般位于水厂内部，将清水池中的水加压后送入输水管或配水管；加压泵站则对远离水厂的供水区域或地形较高的区域进行加压，即实行多级加压。

泵站一般从贮水池中吸水，也有部分加压泵站直接从管道中吸水。泵站内部以水泵机组为主体，由内部管道将其并联或串联起来，管道上设置阀门，以控制多台水泵灵活地组合运行，并便于水泵机组的拆装和检修；泵站内一般还设有水流止回阀，必要时安装水锤消除器、多功能阀等，以保证水泵机组安全运行。泵站的工程量计算可以划分为以下几个部分。

1) 水泵机组安装。水泵安装与电器控制系统安装，其中水泵安装工程量计算规则见表4-1-14 所列。

2) 管道及其附件安装。属于室内管道及其附件安装工程，工程量计算规则见表4-1-15 ~ 表 4-1-17 所列。

3) 设备基础。主要指水泵机组基础，工程量计算规则见表 4-1-12 所列。

井类、设备基础及出水口工程量计算规则（编码：040504）　　表 4-1-12

项目编码	项目名称	项目特征	计量单位	工程量计算规则	工程内容
040504001	砌筑检查井	(1) 材料； (2) 井深、尺寸； (3) 定型井名称、定型图号、尺寸及井深； (4) 垫层、基础厚度、材料品种、强度	座	按设计图示数量计算	(1) 垫层铺筑； (2) 混凝土浇筑、养护； (3) 砌筑； (4) 爬梯制作安装； (5) 勾缝； (6) 抹面； (7) 防腐； (8) 盖板、过梁制作安装； (9) 井盖、井座制作安装
040504002	混凝土检查井	(1) 井深、尺寸； (2) 混凝土强度等级、石料最大粒径； (3) 垫层厚度、材料品种、强度	座	按设计图示数量计算	(1) 垫层铺筑； (2) 混凝土浇筑、养护； (3) 爬梯制作安装； (4) 盖板、过梁制作安装； (5) 井盖、井座制作安装
040504003	雨水进水井	(1) 混凝土强度、石料最大粒径； (2) 雨水井型号； (3) 井深； (4) 垫层厚度、材料品种、强度； (5) 定型井名称、图号、尺寸及井深	座	按设计图示数量计算	(1) 垫层铺筑； (2) 混凝土浇筑、养护； (3) 砌筑； (4) 爬梯制作安装； (5) 勾缝； (6) 抹面； (7) 预制构件制作、安装； (8) 井箅安装
040504004	其他砌筑井	(1) 阀门井； (2) 水表井； (3) 消火栓井； (4) 排泥湿井； (5) 井的尺寸、尝试深度； (6) 井身材料； (7) 垫层、基础：厚度、材料品种、强度； (8) 定型井名称、图号、尺寸及井深	座	按设计图示以数量计算	(1) 垫层铺筑； (2) 混凝土浇筑、养护； (3) 砌支墩； (4) 砌筑井身； (5) 爬梯制作安装； (6) 盖板、过梁； (7) 勾缝(抹面)； (8) 井盖、井座制作与安装

续表

项目编码	项目名称	项目特征	计量单位	工程量计算规则	工程内容
040504005	设备基础	(1) 混凝土强度等级、石料最大粒径； (2) 垫层厚度、材料品种、强度	m^3	按设计图尺寸以体积计算	(1) 垫层铺筑； (2) 混凝土浇筑、养护； (3) 地脚螺栓灌浆； (4) 设备底座与基础间灌浆
040504006	出水口	(1) 出水口材料、形式； (2) 出水口尺寸、深度； (3) 出水口砌体强度； (4) 混凝土强度等级、石料最大粒径； (5) 砂浆配合比； (6) 垫层厚度、材料品种、强度	处	按设计图示数量计算	(1) 垫层铺筑； (2) 混凝土浇筑、养护； (3) 砌筑； (4) 砌筑； (5) 勾缝； (6) 抹面
040504007	支(挡) 墩	(1) 混凝土强度等级； (2) 石料最大粒径； (3) 垫层厚度、材料品种、强度	m^3	按设计图示尺寸以体积计算	(1) 垫层铺筑； (2) 混凝土浇筑、养护； (3) 砌筑； (4) 砌筑； (5) 抹面
040504008	混凝土工作井	(1) 土壤类别； (2) 断面； (3) 深度； (4) 垫层厚度、材料品种、强度	座	按设计图示数量计算	(1) 混凝土工作井制作； (2) 挖土下沉定位； (3) 土方场内运输； (4) 垫层铺设； (5) 混凝土浇筑、养护； (6) 回填夯实； (7) 余方弃置

加压泵站的是输配水系统中的加压设施，一般由多台水泵并联组成。给水管网系统中的泵站有供水泵站和中途加压泵站两种形式。

供水泵站一般位于水厂内部，将清水池中的水加压后送入输水管或配水管；加压泵站则对远离水厂的供水区域或地形较高的区域进行加压，即实行多级加压。

泵站一般从贮水池中吸水，也有部分加压泵站直接从管道中吸水。泵站内部以水泵机组为主体，由内部管道将其并联或串联起来，管道上设置阀门，以控制多台水泵灵活地组合运行，并便于水泵机组的拆装和检修；泵站内一般还设有水流止回阀，必要时安装水锤消除器、多功能阀等，以保证水泵机组安全运行。泵站的工程量计算可以划分为以下几个部分。

顶管工程量计算规则(编码:040505) **表 4-1-13**

项目编码	项目名称	项目特征	计量单位	工程量计算规则	工程内容
040505001	混凝土管道顶进	(1) 土壤类别； (2) 管径； (3) 深度； (4) 规格	m	按设计图示尺寸以长度计算	(1) 顶进后座及坑内工作平台搭拆； (2) 顶管设备安、拆； (3) 中继间安拆；

续表

项目编码	项目名称	项目特征	计量单位	工程量计算规则	工程内容
040505002	钢管顶进	(1) 土壤类别； (2) 材质； (3) 管径； (4) 深度	m	按设计图示尺寸以长度计算	(4) 触变泥浆减阻； (5) 套环安装； (6) 防腐涂刷； (7) 挖土、管道顶进； (8) 洞口止水处理； (9) 余方弃置
040505003	铸铁管顶进	(1) 土壤类别； (2) 管径； (3) 深度	m	按设计图示尺寸以长度计算	(1) 顶进后座及坑内工作平台搭拆； (2) 顶管设备安、拆； (3) 套环安装； (4) 管道顶进； (5) 洞口止水处理； (6) 余方弃置
040505004	硬塑料管顶进	(1) 土壤类别； (2) 管径； (3) 深度			
040505005	水平导向钻进	(1) 土壤类别； (2) 管径； (3) 管材材质	m	按设计图示尺寸以长度计算	(1) 钻进； (2) 泥浆制作； (3) 扩孔； (4) 穿管； (5) 余方弃置

给水系统中泵工程量计算规则(编码:030109) **表 4-1-14**

项目编码	项目名称	项目特征	计量单位	工程量计算规则	工程内容
030109001	离心式泵	(1) 名称、型号； (2) 质量； (3) 输送介质； (4) 压力； (5) 材质	台	按设计图示数量计算：直联式泵的质量包括本体、电机及底座的总质量；非直联式泵的质量不包括电机质量；深井泵的质量包括本体、电机、底座及设备扬水管的总质量	(1) 本体安装； (2) 泵拆装检查； (3) 电动机安装； (4) 二次灌浆
030109002	旋涡泵			按设计图示数量计算	
030109003	电动往复泵			按设计图示数量计算	
030109004	柱塞泵			按设计图示数量计算	
030109005	蒸汽往复泵			按设计图示数量计算	
030109006	计量泵			按设计图示数量计算	
030109007	螺杆泵			按设计图示数量计算	
030109008	齿轮油泵			按设计图示数量计算	
030109009	真空泵			按设计图示数量计算	
030109010	屏蔽泵			按设计图示数量计算	
030109011	简易移动潜水泵			按设计图示数量计算	

给排水、采暖、燃气管道工程量计算规则(编码:030801)　　表 4-1-15

项目编码	项目名称	项目特征	计量单位	工程量计算规则	工程内容
030801001	镀锌钢管	(1) 安装部位（室内外）； (2) 输送介质（给排水、热水、燃气、雨水）； (3) 材质； (4) 型号、规格； (5) 连接方式； (6) 套管形式、材质、规格； (7) 接口材料； (8) 除锈、刷油、防腐、绝热及保护层设计要求	m	(1) 按设计图示管道中心线长度延米计算，不扣除阀门、管件(包括减压器、疏水器、水表、伸缩器等组成安装)； (2) 各种类型井所占的长度； (3) 方形补偿器以及其所占长度按管道安装工程量计算	(1) 管道、管件及弯航空兵制作、安装； (2) 按件安装(指铜管管件、不锈钢管管件)； (3) 套管(包括防水套管)制作、安装； (4) 管道除锈、刷油防腐； (5) 管道绝热及保护层安装、除锈、刷油； (6) 给水管道消毒、冲洗； (7) 水压及泄漏试验
030801002	钢　管				
030801003	承插铸铁管		m		
030801004	柔性抗震铸铁管				
030801005	塑料管（PVC-U、PVC、PP-C、PP-R、EP 管等）		m		
030801006	橡胶连接管		m		
030801007	塑料复合管				
030801008	钢骨架塑料复合管		m		
030801009	不锈钢管				
030801010	铜　管		m		
030801011	承插罐瓦管				
030801012	承插水泥管		m		
030801013	承插陶土管				

管道支架制作安装工程量计算规则(编码:030802)　　表 4-1-16

项目编码	项目名称	项目特征	计量单位	工程量计算规则	工程内容
030802001	管道支架制作安装	(1) 形式； (2) 除锈标准、刷油设计要求	kg	按设计图示质量计算	(1) 制作、安装； (2) 除锈、刷油

管道附件工程量计算规则(编码:030803)　　表 4-1-17

项目编码	项目名称	项目特征	计量单位	工程量计算规则	工程内容
030803001	螺纹阀门	(1) 类型； (2) 材质； (3) 型号、规格	个	按设计图示数量计算(包括浮球阀、手动排气阀、液压式水位控制阀、不锈钢阀门、煤气减压阀、液相自动转换阀、过滤阀等)	安装
030803002	螺纹法兰阀门				
030803003	焊接法兰阀门		个		
030803004	带短管甲乙的法兰阀				
030803005	排气阀		个		
030803006	安全阀				
030803007	减压器	(1) 材质； (2) 型号、规格； (3) 连接方式	组	按设计图示数量计算	安装
030803008	疏水器				
030803009	法　兰		副		
030803010	水　表		组		

续表

项目编码	项目名称	项目特征	计量单位	工程量计算规则	工程内容
030803011	燃气表	(1) 公用、民用、工业用； (2) 型号、规格	块	按设计图示数量计算	(1) 安装； (2) 托架及表底基础制作、安装
030803012	塑料排水管消声器	型号、规格	个	按设计图示数量计算	安装
030803013	伸缩器	(1) 类型； (2) 材质； (3) 型号、规格； (4) 连接方式	个	按设计图示数量计算 注：方形伸缩器的两臂，按臂长的两倍合并在管道安装长度内计算	安装
030803014	浮标液面计	型号、规格	组	按设计图示数量计算	安装
030803015	浮漂水位标尺	(1) 用途； (2) 型号、规格	套		
030803016	抽水缸	(1) 材质； (2) 型号、规格	个		
030803017	燃气管道调长器	型号、规格	个	按设计图示数量计算	安装
030803018	调长器与阀门连接				

4.1.5.4　排水管网工程的工程量计算规则

排水管网系统一般由废水收集设施、排水管网、水量调节池、提升泵站、废水输水管(渠)和废水排放口等构成。

(1) 废水收集设施：是排水系统的起始点。用户排出的废水直接排到用户的室外窨井，通过簿连接窨井的排水支管将废水收集到排水管道系统中。雨水的收集是通过设在屋面或地面的雨水口将雨水收集到雨水排水支管。废水收集设施可以划分为窨井和排水支管、雨水口与雨水排水支管，工程量计算规则分别见表 4–1–9 ~ 表 4–1–12 所列。

(2) 排水管网：指分布于排水区域内的排水管道(渠道)网络，功能是将收集到的污水、废水和雨水等输送到处理地点或排放口，以便集中处理或排放。排水管网由支管、干管、主干管等构成，一般顺沿高程由高向低布置成树状网络。排水管网中设置雨水口、检查井、溢流井、水封井、换气井等附属构筑物及流量等检测设施，便于系统的运行与维护管理。因此，这部分工程量计算规则增见表 4–1–9、表 4–1–10、表 4–1–12 所列。

(3) 水量调节池：指具有一定容积的污水、废水或雨水贮存设施。用于调节排水管网流量与输水量或处理水量的差值。通过水量调节池可以降低其下游高峰排水流量，从而减小输水管或排水处理设施的设计规模，降低工程造价。水量调节池还可在系统事故时贮存短时间排水量，以降低造成环境污染的危险。水量调节池也能起到均和水质的作用，特别是工业废水，不同工厂或不同车间排水水质不同，不同时段排水的水质也会变化，不利于净化处理，调节池可以中和酸碱，均化水质。

(4) 提升泵站：指通过水泵提升排水的高程或使排水加压输送。排水在重力输送过程中，高程不断降低，当地面较平坦时，输送一定距离后管道的埋深会很大，建设费用很高，通过水泵提升可以降低管道埋深从而降低工程费用。另外，为了使排水能够进入处理构筑物或达到排放的高程，也需要进行提升或加压。提升泵站根据需要设置，较大规模的管网或需要长距离输送时，可能需要设置多座泵站。这部分工程量计算规则同给水管网泵站，详见给水管网泵站部分。

(5) 废水输水管(渠)：指长距离输送废水的压力管道或渠道。为了保护环境，排水处理设施往往建在离城市较远的地区，排放口也选在远离城市的水体下游，都需要长距离输送。该部分工程量计算规则同给水管网部分输水管道，详见表 4–1–9、表 4–1–10 所列。

(6) 废水排放口：排水管道的末端是废水排放口，与接纳废水的水体连接。为了保证排放口的稳定，或者使废水能够较均匀地与接纳水体混合，需要合理设置排放口。排放口有多种形式，例如岸边式排放口具有较好的防止冲刷能力，而分散式排放口可使废水与接纳水体均匀混合。排放口工程量计算规则见表 4–1–12 中第 040504006 项。

4.1.5.5　水处理工程的工程量计算规则

(1) 水处理工程根据处理原水水质和处理目的的不同，一般分为给水处理和污废水处理两类。给水系统由相互联系的一系列构筑物和输配水管网组成，任务是从水源取水，按照用户对水质的要求进行处理，然后将水输送到用水区，并向用户配水。给水处理工程是给水系统的一个重要组成部分，由各种水处理构筑物组成。水处理构筑物是将取水构筑物的来水进行处理，以符合用户对水质的要求。这些构筑物通常集中布置在水厂范围内。

(2) 给水处理方法和工艺流程的选择，应根据原水水质及设计生产能力等因素，通过认真调查研究、必要的试验，并参考相似条件下处理构筑物的运行经验，经技术经济比较后确定。典型的给水处理工艺流程有以下几种：

1) 以地表水为水源时，处理工艺流程中通常包括混合、絮凝，沉淀或澄清、过滤和消毒。工艺流程见图 4–1–1 所示。

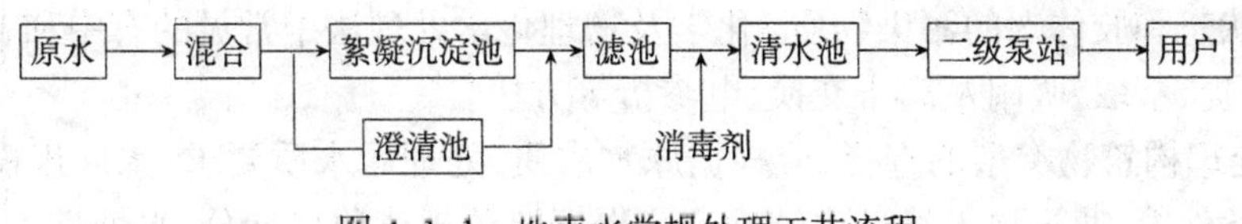

图 4–1–1　地表水常规处理工艺流程

2) 当原水浊度较低，一般在 50 度以下，没有受到工业废水污染且水质变化不大时，可以省略混凝沉淀(或)澄清构筑物，原水采用双层滤料或多层滤料直接过滤，也可以在过滤前设一微絮凝池，工艺流程见图 4–1–2 所示。

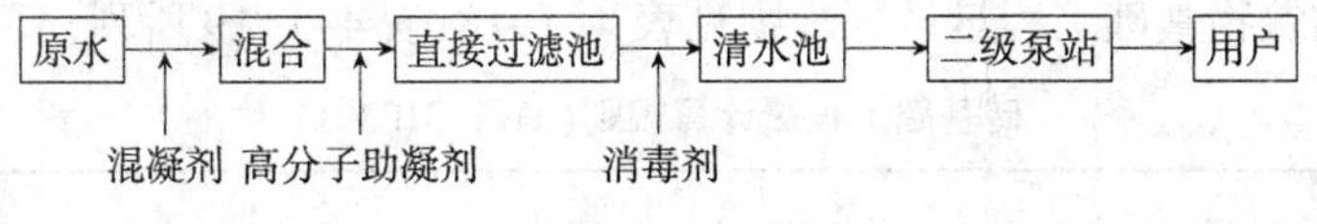

图 4–1–2　地表水一次净化工艺流程

3) 当原水浊度高、含砂量大时，为了达到预期的混凝沉淀(或澄清)效果，减少混凝剂用量，应增设预沉池，工艺流程见图 4–1–3 所示。

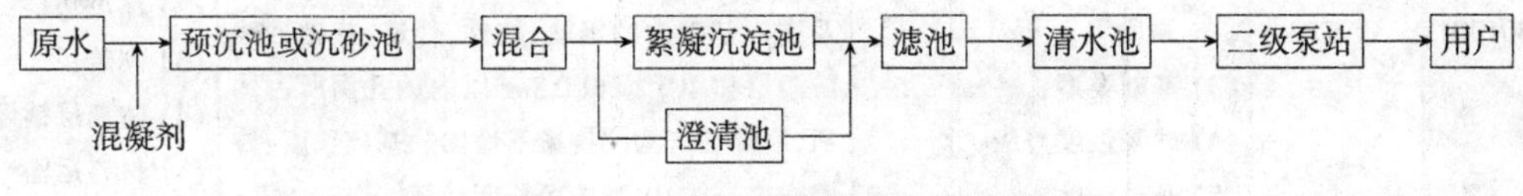

图 4–1–3　高浊度水处理工艺流程

4）若水源受到较严重的污染，可在砂滤池后再加设臭氧／活性炭处理，见图 4–1–4 所示。

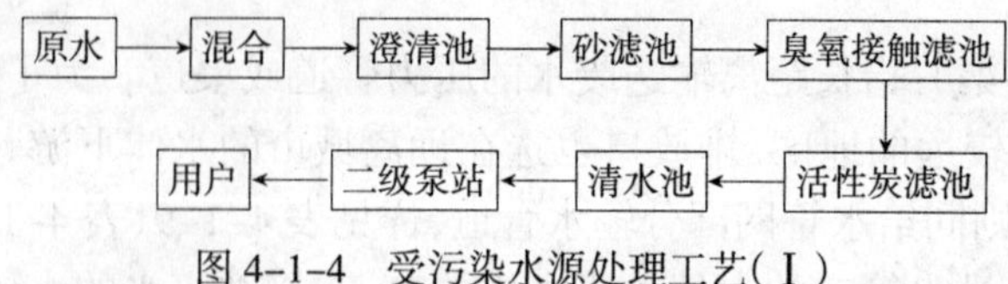

图 4–1–4　受污染水源处理工艺（Ⅰ）

5）受污染水源还有其他处理工艺，例如在常规处理工艺前增加生物预处理（预氧化、粉末活性炭吸附、生物处理等）和在常规处理工艺中投加粉末活性炭等，见图 4–1–5 所示。

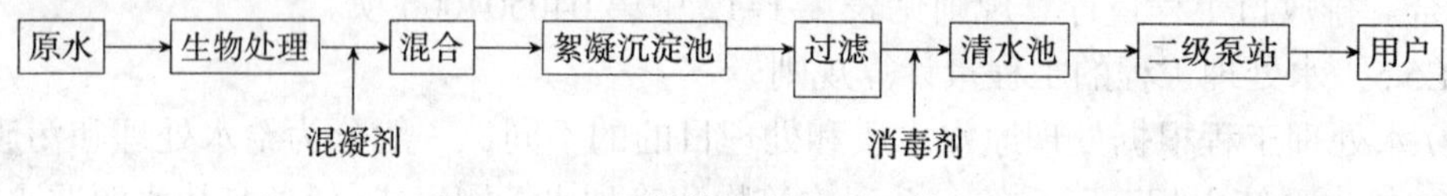

图 4–1–5　受污染水源处理工艺（Ⅱ）

（3）以地下水作为水源时，由于水质较好，通常不需任何处理，仅消毒即可，工艺简单。当地下水含铁锰量超过饮用水水质标准时，则应采取除铁锰措施。

（4）污废水处理实质上是采用各种手段和技术，将废水中的污染物质分离出来，或将其转化为无害的物质，从而将水净化。现代污废水处理技术，按作用原理，可分为物理法、化学法和生物法三大类。

1）废水的物理处理法，就是利用物理作用分离废水中主要呈悬浮状态的污染物质。常见的物理处理法有：筛滤、沉淀、气浮、过滤等方法；

2）废水的化学和物理化学处理法，是利用化学反应或物理化学作用来分离、回收废水中处于溶解状态和胶体态的污染物质。化学及物理化学处理法中常见的有中和、混凝、电解、氧化还原、汽提、萃取、吸附及离子交换、电渗析等方法。

（5）水处理构筑物类型的选择，应根据原水水质，处理后水质要求、水厂规模、水厂用地面积和地形条件等，通过技术经济比较确定。根据清单规范项目划分，水处理工程从工程量计算的角度可以划分为水处理构筑物、水处理设备、管道连接及附属建筑四大部分。

1）水处理构筑物：水处理构筑物可划分为构筑物本体建造，即基础、池柱、池梁、池盖、池板、池槽、导流壁等。按照采用的材料不同，又可以分为混凝土与钢筋混凝土、砖砌筑三类。以下分别进行详细介绍：

① 水处理构筑物基础工程量计算规则见表 4–1–18、表 4–1–19 所列；

砖基础工程量计算规则（编码：010301）　　**表 4–1–18**

项目编码	项目名称	项目特征	计量单位	工程量计算规则	工程内容
010301001	砖基础	(1) 垫层材料种类、厚度； (2) 砖品种、规格、强度等； (3) 基础类型； (4) 砂浆强度等级； (5) 基础深度	m^3	按设计图示尺寸以体积计算：包括附墙垛基础宽出部分体积，扣除地圈梁、构造柱占体积，不扣除基础放大 T 形接头处的重叠部分及嵌入基础内的钢筋、铁件、管道、基础砂浆防潮层和单个面积 $0.3m^2$ 以内的孔洞所占体积，靠墙暖气沟的挑檐不增加。基础长度：外墙按中心线，内墙按净长度计算	(1) 砂浆制作、运输； (2) 铺设垫层； (3) 砌砖； (4) 防潮层铺设； (5) 材料运输

现浇混凝土基础工程量计算规则(编码:010401)　　表 4-1-19

项目编码	项目名称	项目特征	计量单位	工程量计算规则	工程内容
010401001	带形基础	(1) 垫层材料种类、厚度; (2) 混凝土强度等级; (3) 混凝土拌合料要求; (4) 砂浆强度等级	m^3	按设计图示尺寸以体积计算:不扣除构件内钢筋、预埋铁件和伸入承台基础的桩头所占体积	(1) 铺设垫层; (2) 混凝土制作、运输、浇筑、振捣、养护; (3) 地脚螺栓二次灌浆
010401002	独立基础				
010401003	满堂基础				
010401004	设备基础				
010401005	桩承台基础				

② 砖构筑物工程量计算规则见表 4-20 所列。

砖构筑物工程量计算规则(编码:010303)　　表 4-1-20

项目编码	项目名称	项目特征	计量单位	工程量计算规则	工程内容
010303001	砖烟囱、水塔	(1) 筒身高度; (2) 砖品种、规格; (3) 耐火砖品种、规格; (4) 耐火泥品种; (5) 隔热材料种类; (6) 勾缝要求; (7) 砂浆强度等级、配合比	m^3	按设计图示筒壁平均中心线周长乘厚度乘高度以体积计算。扣除各种孔洞、钢筋混凝土圈梁、过梁等体积	(1) 砂浆制作、运输; (2) 砌砖; (3) 涂隔热层; (4) 装填充料; (5) 砌内; (6) 勾缝
010303002	砖烟道	(1) 烟道截面积形状、长度; (2) 砖品种、规格、强度等级; (3) 耐火砖品种规格; (4) 火泥品种; (5) 勾缝要求; (6) 砂浆强度等级、配合比	m^3	按设计图示尺寸以体积计算	(1) 砂浆制作、运输; (2) 砌砖; (3) 涂隔热层; (4) 装填充料; (5) 砌内; (6) 勾缝
010303003	砖窨井、检查井	(1) 井截面; (2) 垫层厚度; (3) 底板厚度; (4) 勾缝要求; (5) 混凝土强度等级; (6) 砂浆强度等级、配合比; (7) 垫层材料种类; (8) 防潮层材料种类	座	按设计图示尺寸以体积计算	(1) 土方挖运; (2) 砂浆制作、运输; (3) 垫层铺筑、夯实; (4) 底板混凝土制作、运输、浇筑、振捣、养护; (5) 砌砖; (6) 勾缝; (7) 井池底、壁抹灰; (8) 抹防潮层; (9) 回填
010303004	砖水池、化粪池	(1) 池截板厚度; (2) 垫层厚度; (3) 底板厚度; (4) 勾缝要求; (5) 混凝土强度等级; (6) 砂浆强度等级、配合比; (7) 垫层材料种类	座	按设计图示尺寸以体积计算	(1) 土方挖运; (2) 砂浆制作、运输; (3) 垫层铺筑、夯实; (4) 底板混凝土制作、运输、浇筑、振捣、养护; (5) 砌砖; (6) 勾缝; (7) 井池底、壁抹灰; (8) 抹防潮层; (9) 回填

2）水处理设备安装：水处理设备可以分为水处理专用设备和标准、定型设备两大类，水处理专用设备工程量计算规则见表 4-1-21 所列。

设备安装工程量计算规则（编码：040507）　　表 4-1-21

项目编码	项目名称	项目特征	计量单位	工程量计算规则	工程内容
040507001	管道仪表	(1) 规格、型号； (2) 仪表名称	个	按设计图示数量计算	(1) 取原部件安装； (2) 支架制作安装； (3) 套管安装； (4) 表弯制作安装； (5) 仪表脱脂； (6) 仪表安装
040507002	格栅制作	(1) 材质； (2) 规格、型号	kg	按设计图示尺寸以质量计算	(1) 制作； (2) 安装
040507003	格栅除污机	规格、型号	台	按设计图示数量计算	(1) 安装； (2) 无负荷试运转
040507004	滤网清污机				
040507005	螺旋泵	规格、型号	套		(1) 安装； (2) 无负荷试运转
040507006	加氯机				
040507007	水射器	公称直径	个		(1) 安装； (2) 无负荷试运转
040507008	管式混合器				
040507009	搅拌机械	(1) 规格、型号； (2) 重量	台		(1) 安装； (2) 无负荷试运转
0405070010	曝气器	规格、型号	个		
0405070011	布气管	(1) 材料品种； (2) 直径	m	按设计图示以长度计算	(1) 安装； (2) 无负荷试运转
040507012	曝气机	规格、型号	台	按设计图示数量计算	(1) 安装； (2) 无负荷试运转
040507013	生物转盘	规格	台		
040507014	吸泥机	规格、型号	台	按设计图示数量计算	(1) 安装； (2) 无负荷试运转
040507015	刮泥机	规格、型号	台		
040507016	吸泥脱水机	规格、型号	台	按设计图示数量计算	(1) 安装； (2) 无负荷试运转
040507017	带式压滤机	设备质量	台		
040507018	污泥造粒脱水机	转鼓直径	台		
040507019	阀门	(1) 材料品种； (2) 直径	座	按设计图示数量计算	安装
040507020	旋转门	(1) 材质； (2) 规格、型号	座		安装
040507021	堰门	(1) 材质； (2) 规格	座	按设计图示数量计算	安装
040507022	升杆式铸铁泥阀	公称直径	座	按设计图示数量计算	安装
040507023	平底盖闸	公称直径	座	按设计图示数量计算	安装

续表

项目编码	项目名称	项目特征	计量单位	工程量计算规则	工程内容
040507024	启闭机械	规格、型号	台	按设计图示数量计算	安装
040507025	集水槽制作	(1) 材质; (2) 厚度	m^2	按设计图示尺寸以面积计算	(1) 制作; (2) 安装
040507026	堰板制作	(1) 堰板材质; (2) 堰板厚度; (3) 堰板形式	m^2	按设计图示尺寸以面积计算	(1) 制作; (2) 安装
040507027	斜 板	(1) 材料品种; (2) 厚度	m^2		安装
040507028	斜 管	(1) 斜管材料品种; (2) 斜管规格	m	按设计图示数量计算	安装
040507029	凝水缸	(1) 材料品种; (2) 压力要求; (3) 型号、规格; (4) 接口	组	按设计图示数量计算	制作
040507030	调压器	规格、型号	组	按设计图示数量计算	安装
040507031	过滤器	规格、型号	组		
040507032	分离器	规格、型号	组	按设计图示数量计算	安装
040507033	安全水封	公称直径	组		
040507034	检漏管	规格	组	按设计图示数量计算	安装
040507035	调长器	公称直径	个		
040507036	牺牲阳极、测试桩	(1) 牺牲阳极安装; (2) 测试桩安装; (3) 组合及要求	组	按设计图示数量计算	(1) 安装; (2) 测试

3) 管道及附件安装：将各个水处理构筑物连接起来的进出水管道及控制阀门安装工程是构成水处理工程的重要组成部分，这部分管道大部分在室外，可以按市政管网及其附件敷设安装进行工程量的计算，详细规则见表 4–1–9 ~ 表 4–1–11 所列。

4) 水厂辅助建筑物：可分为生产辅助建筑物和生活辅助建筑物两种。前者包括化验室、修理部门、仓库、车库及值班宿舍等；后者包括办公楼、食堂、浴室、职工宿舍等。这部分工程属于建筑工程范畴，在这里不予介绍。

4.1.5.6　桥涵工程的工程量计算规则

(1) 桩基：桩基共设 7 个清单项目，工程量清单项目设置及工程量计算规则，应按《计价规范》中表 D.3.1 的规定执行，其具体内容见表 4–1–22 所列。

(2) 现浇混凝土：该项共设置 20 个清单项目，工程量清单设置及工程量计算规则，应按《计价规范》中表 D.3.2 的规定执行。其具体内容见表 4–1–23 所列。

(3) 预制混凝土：该项共设置 5 个清单项目，工程量清单设置及工程量计算规则，应按《计价规范》中表 D.3.3 的规定执行。其具体内容见表 4–24 所列。

(4) 砌筑：该项共设置 4 个清单项目，工程量清单设置及工程量计算规则，应按《计价规范》中表 D.3.4 的有关规定执行。其具体内容见表 4–1–25 所列。

（5）挡墙、护坡：该项共设置 5 个清单项目，工程量清单设置及工程量计算规则，应按《计价规范》中表 D.3.5 的有关规定执行。其具体内容见表 4–1–26 所列。

（6）立交箱涵：该项共设置 6 个清单项目，工程量清单设置及工程量计算规则，应按《计价规范》中表 D.3.6 的有关规定执行。其具体内容见表 4–1–27 所列。

（7）钢结构：该项共设置 9 个清单项目，工程量清单设置及工程量计算规则，应按《计价规范》中表 D.3.7 的有关规定执行。其具体内容见表 4–1–28 所列。

（8）装饰：该项共设置 8 个清单项目，工程量清单设置及工程量计算规则，应按《计价规范》中表 D.3.8 的有关规定执行。其具体内容见表 4–1–29 所列。

桩基工程量计算规则（编码：040301） **表 4–1–22**

项目编码	项目名称	项目特征	计量单位	工程量计算规则	工程内容
040301001	圆木桩	(1) 材质； (2) 尾径； (3) 斜率	m	按设计图示以桩长（包括桩尖）计算	(1) 工作平台搭拆； (2) 桩机竖拆； (3) 运桩； (4) 桩靴安装； (5) 沉桩； (6) 截桩头； (7) 废料弃置
040301002	钢筋混凝土板桩	(1) 混凝土强度等级、石料最大粒径； (2) 部位	m^3	按设计图示以桩长（包括桩尖）乘以桩的断面积以体积计算	(1) 工作平台搭拆； (2) 桩机竖拆； (3) 场内外运桩； (4) 沉桩； (5) 送桩； (6) 凿除桩头； (7) 废料弃置； (8) 混凝土浇筑
040301003	钢筋混凝土方桩（管桩）	(1) 形式； (2) 混凝土等级、石料最大粒径； (3) 断面； (4) 斜率； (5) 部位	m	按设计图示以桩长（包括桩尖）计算	(1) 工作平台搭拆； (2) 桩机竖拆； (3) 混凝土浇筑； (4) 运桩； (5) 沉桩； (6) 接桩； (7) 送桩； (8) 凿除桩头； (9) 桩心混凝土充填； (10) 废料弃置
040301004	钢管桩	(1) 材质； (2) 加工工艺； (3) 管径、壁厚； (4) 斜率； (5) 强度	m	按设计图示以桩长（包括桩尖）计算	(1) 工作平台搭拆； (2) 桩机竖拆； (3) 钢管制作； (4) 场内外运桩； (5) 沉桩； (6) 接桩； (7) 送桩； (8) 切割盖帽； (9) 精割盖帽； (10) 管内取土； (11) 余土弃； (12) 管内填心； (13) 废料弃置

续表

项目编码	项目名称	项 目 特 征	计量单位	工程量计算规则	工 程 内 容
040301005	钢管成孔灌注桩	(1) 桩径； (2) 深度； (3) 材料品种； (4) 混凝土等级、石料最大粒径	m	按设计图示以桩长(包括桩尖)计算	(1) 工作平台搭拆； (2) 桩机竖拆； (3) 沉桩及灌注、拔管； (4) 凿除桩头； (5) 废料弃置
040301006	挖孔灌注桩	(1) 桩径； (2) 深度； (3) 岩土类别； (4) 混凝土等级、石料最大粒径	m	按设计图示以长度计算	(1) 挖桩成孔； (2) 护壁制作、安装、浇捣； (3) 土方运输； (4) 灌注混凝土； (5) 凿除桩头； (6) 废料弃置； (7) 余方弃置
040301007	机械成孔灌注桩		m	按设计图示以长度计算	(1) 工作平台搭拆； (2) 成孔机械竖拆； (3) 护筒埋设； (4) 泥浆制作； (5) 钻、冲成孔； (6) 余方弃置； (7) 灌注混凝土； (8) 凿除桩头； (9) 废料弃置

现浇混凝土工程量计算规则(编码:040302) 表 4-1-23

项目编码	项目名称	项 目 特 征	计量单位	工程量计算规则	工 程 内 容
040302001	混凝土基础	(1) 混凝土强度等级、石料最大粒径； (2) 嵌料(毛石)比例； (3) 垫层厚度、材料品种、强度	m^3	按设计图示尺寸以体积计算	(1) 垫层铺筑； (2) 混凝土浇筑； (3) 养护
040302002	混凝土承台	(1) 部位； (2) 混凝土强度等级、石料最大粒径	m^3	按设计图示尺寸以体积计算	(1) 混凝土浇筑； (2) 养护
040302003	墩(台)帽		m^3		
040302004	墩(台)身		m^3	按设计图示尺寸以体积计算	(1) 混凝土浇筑； (2) 养护
040302005	撑梁及横梁		m^3		
040302006	墩(台)盖梁		m^3	按设计图示尺寸以体积计算	(1) 混凝土浇筑； (2) 养护
040302007	拱桥拱座	混凝土强度等级、石料最大粒径	m^3		
040302008	拱桥拱肋		m^3	按设计图示尺寸以体积计算	(1) 混凝土浇筑； (2) 养护
040302009	拱上构件	(1) 部位； (2) 混凝土强度等级、石料最大粒径	m^3		
0403020010	混凝土箱梁		m^3		

续表

项目编码	项目名称	项 目 特 征	计量单位	工程量计算规则	工 程 内 容
0403020011	混凝土连续板	(1) 部位; (2) 强度; (3) 形式	m^3	按设计图示尺寸以体积计算	(1) 混凝土浇筑; (2) 养护
0403020012	混凝土板梁	(1) 部位; (2) 形式; (3) 混凝土强度等级、石料最大粒径	m^3	按设计图示尺寸以体积计算	(1) 混凝土浇筑; (2) 养护
0403020013	拱 板	(1) 部位; (2) 混凝土强度等级、石料最大粒径	m^3	按设计图示尺寸以体积计算	(1) 混凝土浇筑; (2) 养护
0403020014	混凝土楼梯	(1) 形式; (2) 混凝土强度等级、石料最大粒径	m^3	按设计图示尺寸以体积计算	(1) 混凝土浇筑; (2) 养护
0403020015	混凝土防撞护栏	(1) 断面; (2) 混凝土强度等级、石料最大粒径	m^3	按设计图示尺寸以长度计算	(1) 混凝土浇筑; (2) 养护
0403020016	混凝土小型构件	(1) 部位; (2) 混凝土强度等级、石料最大粒径	m^3	按设计图示尺寸以体积计算	(1) 混凝土浇筑; (2) 养护
0403020017	桥面铺装	(1) 部位; (2) 混凝土强度等级、石料最大粒径; (3) 沥青品种; (4) 厚度	m^2	按设计图示尺寸以面积计算	(1) 混凝土浇筑; (2) 养护; (3) 沥青混凝土铺装; (4) 碾压
0403020018	桥头搭板	混凝土强度等级、石料最大粒径	m^3	按设计图示尺寸以体积计算	(1) 混凝土浇筑; (2) 养护
0403020019	桥塔身	(1) 形式; (2) 混凝土强度等级、石料最大粒径	m^3	按设计图示尺寸以体积计算	(1) 混凝土浇筑; (2) 养护
0403020020	连系梁		m^3		

预制混凝土工程量计算规则(编码:040303) **表 4-1-24**

项目编码	项目名称	项 目 特 征	计量单位	工程量计算规则	工 程 内 容
040303001	预制混凝土立柱	(1) 形状、尺寸; (2) 混凝土强度等级、石料最大粒径; (3) 预应力、非预应力; (4) 张拉方式	m^3	按设计图示尺寸以体积计算	(1) 混凝土浇筑; (2) 养护; (3) 构件运输; (4) 立柱安装; (5) 构件连接
040303002	预制混凝土板				
040303003	预制混凝土梁				
040303004	预制混凝土桁架拱构件	(1) 部位; (2) 混凝土强度等级、石料最大粒径	m^3	按设计图示尺寸以体积计算	(1) 混凝土浇筑; (2) 养护; (3) 构件运输; (4) 立柱安装; (5) 构件连接
040303005	预制混凝土小型构件				

砌筑工程量计算规则(编码:040304)　　表 4-1-25

项目编码	项目名称	项 目 特 征	计量单位	工程量计算规则	工 程 内 容
040304001	干砌块料	(1) 部位; (2) 材料品种、规格	m^3	按设计图示尺寸以体积计算	(1) 砌筑; (2) 勾缝
040304002	浆砌块料	(1) 部位; (2) 材料品种; (3) 规格; (4) 砂浆强度等级	m^3	按设计图示尺寸以体积计算	(1) 砌筑; (2) 砌体勾缝; (3) 砌体抹面; (4) 泄水孔制作、安装; (5) 滤层铺设
040304003	浆砌拱圈	(1) 材料品种; (2) 规格; (3) 砂浆强度	m^3	按设计图示尺寸以体积计算	(1) 砌筑; (2) 砌体勾缝; (3) 砌体抹面
040304004	抛 石	(1) 要求; (2) 品种规格	m^3	按设计图示尺寸以体积计算	抛石

挡墙、护坡工程量计算规则(编码:040305)　　表 4-1-26

项目编码	项目名称	项 目 特 征	计量单位	工程量计算规则	工 程 内 容
040305001	挡墙基础	(1) 材料品种; (2) 混凝土强度等级、石料最大粒径; (3) 垫层厚度、材料品种、材料品种、强度	m^3	按设计图示尺寸以体积计算	(1) 垫层铺筑; (2) 混凝土浇筑
040305002	现浇混凝土挡墙墙身	(1) 混凝土强度等级、石料最大粒径; (2) 泄水孔材料品种、规格; (3) 滤水层要求	m^3	按设计图示尺寸以体积计算	(1) 混凝土浇筑; (2) 养护; (3) 抹灰; (4) 泄水孔制作、安装
040305003	预制混凝土挡墙墙身	(1) 混凝土强度等级、石料最大粒径; (2) 泄水孔材料品种、规格; (3) 滤水层要求	m^3	按设计图示尺寸以体积计算	(1) 混凝土浇筑; (2) 养护; (3) 构件运输、安装; (4) 泄水孔制作、安装; (5) 滤水层铺筑
040305004	挡墙混凝土压顶	混凝土强度等级、石料最大粒径	m^3	按设计图示尺寸以体积计算	(1) 混凝土浇筑; (2) 养护
040305005	护 坡	(1) 材料品种; (2) 结构形式; (3) 厚度	m^2	按设计图示尺寸以面积计算	(1) 修整边坡; (2) 砌筑

立交箱涵工程量计算规则(编码:040306)　　表 4-1-27

项目编码	项目名称	项 目 特 征	计量单位	工程量计算规则	工 程 内 容
040306001	滑 板	(1) 透水管材品种、规格; (2) 垫层厚度、材料品种、强度; (3) 混凝土强度等级、石料最大粒径	m^2	按设计图示尺寸以体积计算	(1) 透水管铺设; (2) 垫层铺筑; (3) 混凝土浇筑; (4) 养护

续表

项目编码	项目名称	项 目 特 征	计量单位	工程量计算规则	工 程 内 容
040306002	箱涵底板	(1) 透水管材品种、规格； (2) 垫层厚度、材料品种、强度； (3) 混凝土强度等级、石料最大粒径； (4) 石蜡层要求； (5) 塑料薄膜品种、规格	m^2	按设计图示尺寸以体积计算	(1) 石蜡层； (2) 塑料薄膜； (3) 混凝土浇筑； (4) 养生
040306003	箱涵侧墙	(1) 混凝土强度等级、石料最大粒径； (2) 防水层工艺要求	m^2	按设计图示尺寸以体积计算	(1) 混凝土浇筑； (2) 养护； (3) 防水砂浆； (4) 防水层铺涂
040306004	箱涵顶板		m^2		
040306005	箱涵顶进	(1) 断面； (2) 长度	kt·m	按设计图示尺寸以被顶箱涵的质量乘以箱涵的位移距离分节累计计算	(1) 顶进设备安装、拆除； (2) 气垫使用、安装、拆除； (3) 钢刃角制作、安装、拆除； (4) 挖土实顶； (5) 场内外运输； (6) 中继间安装、拆除
040306006	箱涵接缝	(1) 材质； (2) 工艺要求	m	按设计图示止水带长度计算	接 缝

钢结构工程量计算规则(编码:040307) 表 4-1-28

项目编码	项目名称	项 目 特 征	计量单位	工程量计算规则	工 程 内 容
040307001	钢箱梁	(1) 材质； (2) 部位； (3) 油漆品种、色彩、工艺要求	t	按设计图示尺寸以质量计算（不包括螺栓、焊缝质量）	(1) 制作； (2) 运输； (3) 试拼； (4) 安装； (5) 连接； (6) 除锈、油漆
040307002	钢板梁		t		
040307003	钢桁梁	(1) 材质； (2) 部位； (3) 油漆品种、色彩、工艺要求	t	按设计图示尺寸以质量计算（不包括螺栓、焊缝质量）	(1) 制作； (2) 运输； (3) 试拼 (4) 安装； (5) 连接； (6) 除锈、油漆
040307004	钢 拱		t		
040307005	钢构件	(1) 材质； (2) 部位； (3) 油漆品种、色彩、工艺要求	t	按设计图示尺寸以质量计算（不包括螺栓、焊缝质量）	(1) 制作； (2) 运输； (3) 试拼； (4) 安装； (5) 连接； (6) 除锈、油漆
040307006	劲性钢结构		t		
040307007	钢结构叠合梁		t		

续表

项目编码	项目名称	项目特征	计量单位	工程量计算规则	工程内容
040307008	钢拉索	(1) 材质； (2) 直径； (3) 防护方式	t	按设计图示尺寸以质量计算	(1) 拉索安装； (2) 张拉； (3) 锚具； (4) 防护壳制作、安装
040307009	钢拉杆		t		(1) 连接、紧锁、件安装； (2) 钢拉杆安装； (3) 钢拉杆防腐； (4) 钢拉杆防护壳制作、安装

装饰工程量计算规则(编码:040308)　　表 4-1-29

项目编码	项目名称	项目特征	计量单位	工程量计算规则	工程内容
040308001	水泥砂浆抹面	(1) 砂浆配合比； (2) 部位； (3) 厚度	m^2	按设计图示以面积计算	砂浆抹面
040308002	水刷石饰面	(1) 材料； (2) 部位； (3) 砂浆配合比； (4) 形式、厚度	m^2	按设计图示以面积计算	饰面
040308003	剁斧石饰面	(1) 材料； (2) 部位； (3) 形式； (4) 厚度	m^2	按设计图示以面积计算	饰面
040308004	拉　毛	(1) 材料； (2) 部位； (3) 砂浆配合比； (4) 厚度	m^2	按设计图示以面积计算	砂浆、水泥浆拉毛
040308005	消磨石饰面	(1) 规格； (2) 砂浆配合比； (3) 材料品种； (4) 部位	m^2	按设计图示以面积计算	饰面
040308006	镶贴面层	(1) 材料； (2) 规格； (3) 厚度； (4) 部位	m^2	按设计图示以面积计算	镶贴面层
040308007	水质涂料	(1) 材料品种； (2) 部位	m^2	按设计图示以面积计算	涂料涂刷
040308008	油　漆	(1) 材料品种； (2) 部位； (3) 工艺要求	m^2	按设计图示以面积计算	除锈、刷油漆

4.1.5.7 隧道工程的工程量计算规则

隧道工程是城市建设中常见到的工程之一，主要包括隧道岩石方开挖施工、岩石隧道衬砌施工、盾构掘进施工、管节顶升与旁通道施工、隧道沉井施工、地下连续墙施工、混凝土结构施工、沉管隧道施工等内容（表 4–1–30 ~ 表 4–1–37）。

（1）隧道岩石开挖工程量计算规则说明：清单模式下隧道土石方工程的工程量计算规则见表 4–1–30 所列，具体说明如下：

隧道土岩石开挖工程量计算规则（编码：040401） 表 4–1–30

项目编码	项目名称	项目特征	计量单位	工程量计算规则	工程内容
040401001	平洞开挖	(1) 岩石类别； (2) 开挖断面； (3) 爆破要求	m^3	按设计图示结构断面尺寸乘以长度以体积计算	(1) 爆破或机械开挖； (2) 临时支护； (3) 施工排水； (4) 弃渣运输； (5) 弃渣外运
040401002	斜洞开挖	(1) 岩石类别； (2) 开挖断面； (3) 爆破要求	m^3	按设计图示结构断面尺寸乘以长度以体积计算	(1) 爆破或机械开挖； (2) 临时支护； (3) 施工排水； (4) 洞内运输； (5) 弃渣外运
040401003	竖井开挖	(1) 岩石类别； (2) 开挖断面； (3) 爆破要求	m^3	按设计图示结构断面尺寸乘以长度以体积计算	(1) 爆破或机械开挖； (2) 施工排水； (3) 弃渣运输； (4) 弃渣外运
040401004	地沟开挖	(1) 岩石类别； (2) 开挖断面； (3) 爆破要求	m^3	按设计图示结构断面尺寸乘以长度以体积计算	(1) 爆破或机械开挖； (2) 临时支护； (3) 施工排水； (4) 弃渣外运

（2）岩石隧道衬砌工程量计算规则说明：清单模式下隧道土石方工程的工程量计算规则见表 4–1–31 所列，具体说明如下：

1）隧道（含斜井洞身）暗挖土方按设计结构断面尺寸乘以相应设计长度，以 m^3 计算；竖井土方按设计结构外围尺寸乘以竖井槽深，以 m^3 计算，其槽深为自然地面标高至竖井底板下表面或垫层下表面标高之差；

2）竖井（斜井）提升土方按洞内暗挖土方总量，以 m^3 计算；

3）对于石方隧道的平洞、斜井和竖井开挖与出渣工程量，必须按照设计图开挖断面尺寸，另加允许超挖量，再进行以 m^3 计算；

岩石隧道衬砌工程量计算规则（编码：040402） 表 4–1–31

项目编码	项目名称	项目特征	计量单位	工程量计算规则	工程内容
040402001	混凝土拱部衬砌	(1) 断面尺寸； (2) 混凝土强度等级、石料最大粒径	m^3	按设计图纸尺寸以体积计算	(1) 混凝土浇筑； (2) 养护
040402002	混凝土边墙衬砌	(1) 断面尺寸； (2) 混凝土强度等级、石料最大粒径	m^3		(1) 混凝土浇筑； (2) 养护

续表

项目编码	项目名称	项　目　特　征	计量单位	工程量计算规则	工　程　内　容
040402003	混凝土竖井衬砌	(1) 断面尺寸； (2) 混凝土强度等级、石料最大粒径	m^3	按设计图纸尺寸以体积计算	(1) 混凝土浇筑； (2) 养护
040402004	混凝土沟道	(1) 断面尺寸； (2) 混凝土强度等级、石料最大粒径	m^3		(1) 混凝土浇筑； (2) 养护
040402005	拱部喷射混凝土	(1) 厚度； (2) 混凝土强度等级、石料最大粒径	m^3	按设计图纸尺寸以体积计算	(1) 清洗岩石； (2) 喷射混凝土
040402006	边墙喷射混凝土	(1) 厚度； (2) 混凝土强度等级、石料最大粒径	m^2		
040402007	拱圈砌筑	(1) 断面尺寸； (2) 材料品种； (3) 规格； (4) 砂浆强度等级	m^3	按设计图纸尺寸以体积计算	(1) 砌筑； (2) 勾缝； (3) 抹灰
040402008	边墙砌筑	(1) 厚度； (2) 材料品种； (3) 规格； (4) 砂浆强度等级	m^3		(1) 砌筑； (2) 勾缝； (3) 抹灰
040402009	砌筑沟道	(1) 断面尺寸； (2) 材料品种； (3) 规格； (4) 砂浆强度	m^3	按设计图纸尺寸以体积计算	(1) 砌筑； (2) 勾缝； (3) 抹灰
040402010	洞门砌筑	(1) 形状； (2) 材料； (3) 规格； (4) 砂浆强度等级	m^3	按设计图纸尺寸以体积计算	(1) 砌筑； (2) 勾缝； (3) 抹灰
040402011	锚杆	(1) 直径； (2) 长度； (3) 类型	t	按设计图纸尺寸以体积计算	(1) 钻孔； (2) 锚杆制作安装
040402012	充填压浆	(1) 部位； (2) 浆液成分强度	m^3	按设计图纸尺寸以体积计算	(1) 打孔、安管； (2) 压浆
040402013	浆砌块石	(1) 部位； (2) 材料； (3) 规格； (4) 砂浆强度等级	m^3	按设计图纸回填尺寸以体积计算	(1) 调制砂浆； (2) 砌筑； (3) 勾缝
040402014	十砌块石	(1) 部位； (2) 材料； (3) 规格； (4) 砂浆强度等级	m^3	按设计图纸回填尺寸以体积计算	(1) 砌筑； (2) 勾缝
040402015	柔性防水层	(1) 材料； (2) 规格	m^2	按设计图纸尺寸以体积计算	防水层铺设

4）隧道内地沟的开挖和出渣工程量，按设计断面尺寸，以 m^3 计算，不得另行计算允许超挖量；

5）平洞出渣的运距，按装渣重心至卸渣中心的直线距离计算，若平洞的轴线为曲线时，洞内段的运距按相应的轴线长度计算；

6）斜井出渣的运距，按装渣重心至斜井口摘钩点的斜距离计算；竖井的提升运距，按装渣重心至地表面的垂直距离计算。

（3）盾构掘进工程量计算规则说明：清单模式下隧道土石方工程的工程量计算规则见表 4–1–32 所示，具体说明如下：

1）盾构掘进的分段：负环段—从拼装后靠管片起至盾尾离开洞井内壁止；出洞段—从盾尾离开洞井内壁至盾尾离开洞井内壁 40m 止；常段—从出洞段掘进结束至进洞段掘进开始的全段掘进；洞段—按盾构切口距进洞井壁 5 倍盾构直径的长度计算；

2）衬砌压浆量按盾尾间隙的体积计算，包括超压量；

3）柔性接缝环适合于盾构工作井与圆隧道接缝处理，长度按管片中心圆周长计算；

4）混凝土管片预制工程量按实体积，盾构掘进时混凝土管片施工损耗量按预制工程量的 1%计算，管片试拼装以每 100 环管片拼装 1 组（三环计算）。

盾构掘进工程量计算规则（编码：040403） **表 4–1–32**

项目编码	项目名称	项目特征	计量单位	工程量计算规则	工程内容
040403001	盾构吊装、吊拆	(1) 直径； (2) 规格、型号	台次	按设计数量计算	(1) 整体吊装； (2) 分体吊装； (3) 车架安装
040403002	隧道盾构掘进	(1) 直径； (2) 规格； (3) 形式	m	按设计图示掘进长度计算	(1) 负环段掘进； (2) 出洞段掘进； (3) 进洞段掘进； (4) 正常段掘进； (5) 负环管片拆除； (6) 隧道内管线路拆除； (7) 土方外运
040403003	衬砌压浆	(1) 材料品种； (2) 配合比； (3) 砂浆强度等级； (4) 石料最大粒径	m^3	按管片外径和盾构壳体外径所形成的充填体积计算	(1) 同步压浆； (2) 分块压浆
040403004	预制钢筋混凝土管片	(1) 直径； (2) 厚度； (3) 宽度； (4) 混凝土等级、石料最大粒径	m^3	按设计图示尺寸以体积计算	(1) 钢筋混凝土管片制作； (2) 管片成环试拼：每 100 环试拼一组； (3) 管片安装； (4) 管片场内运输； (5) 管片场外运输
040403005	钢管片	材质	t	按设计图示尺寸以质量计算	(1) 钢管片制作； (2) 钢管片安装； (3) 管片场内、外运输
040403006	钢筋混凝土复合管片	(1) 材质； (2) 混凝土等级、石料最大粒径	m^3	按设计图示尺寸以体积计算	(1) 复合管片钢壳制作； (2) 复合管片混凝土浇筑； (3) 养生； (4) 复合管片安装； (5) 管片场内、外运输

续表

项目编码	项目名称	项　目　特　征	计量单位	工程量计算规则	工　程　内　容
040403007	管片设置密封条	(1) 直径; (2) 材料; (3) 规格	环	按设计图示数量计算	密封条安装
040403008	隧道洞口柔性接缝环	(1) 直径; (2) 规格	m	按设计图示以隧道管片外径周长计算	(1) 拆临时防水环板; (2) 安拆临时止水带; (3) 拆除洞口环管片; (4) 安装钢环板; (5) 柔性接缝环; (6) 洞口混凝土环圈
040403009	管片嵌缝	(1) 直径; (2) 材料; (3) 规格	环	按设计图示数量计算	(1) 管片嵌; (2) 管片手孔封堵

(4) 管节顶升、旁通道工程量计算规则说明:清单模式下隧道土石方工程的工程量计算规则见表 4-1-33 所列,具体说明如下:

管节顶升、旁通道工程量计算规则(编码:040404)　　表 4-1-33

项目编码	项目名称	项　目　特　征	计量单位	工程量计算规则	工　程　内　容
040404001	管节垂直顶升	(1) 断面; (2) 强度; (3) 材质	m	按设计图示以顶升长度计算	(1) 钢壳制作; (2) 混凝土; (3) 管理工作节试拼装; (4) 管节顶升
040404002	安装止水框、连系梁	材质	t	按设计图示尺寸以质量计算	(1) 止水框制作安装; (2) 连系梁制作安装
040404003	阴极保护装置	(1) 型号; (2) 规格	组	按设计图示数量计算	(1) 恒电位仪安装; (2) 阳极安装; (3) 阴极安装; (4) 参变电极安装; (5) 电缆敷设; (6) 接线愈合盒安装
040404004	安装取排水头	(1) 部位:水中、陆上; (2) 尺寸	个	按设计图示数量计算	(1) 顶升口揭顶盖; (2) 安装取排水头部
040404005	隧道内旁道开挖	土壤类别	m^3	按设计图示尺寸以体积计算	(1) 地基加固; (2) 管片拆除; (3) 支护; (4) 土方暗挖与土方运输
040404006	旁道结构混凝土	(1) 断面; (2) 混凝土强度等级、石料最大粒径	m^3	按设计图示尺寸以体积计算	(1) 混凝土; (2) 洞门接口防水
040404007	隧道内集水井	(1) 部位; (2) 材料; (3) 形式	座	按设计图示数量计算	(1) 拆除管片建集水井; (2) 不拆管片建集水井
040404008	防爆门	(1) 形式; (2) 断面	扇	按设计图示数量计算	(1) 防爆门制作; (2) 安装防爆门

（5）隧道沉井工程的工程量计算规则：见表 4-1-34 所示，具体说明如下：

1）沉井工程的井点布置及工程量，按批准的施工组织设计计算，按市政工程土方开挖计算工程量。基坑开挖按市政工程土方开挖计算工程量；

2）刃脚的计算高度，从刃脚踏面至井壁外凸口计算，如沉井井壁没有外凸口时，则从刃脚踏面至底板顶面为准。底板下的地梁并入底板计算。框架梁的工程量包括切入井壁部分的体积。井壁、隔墙或底板混凝土中，不扣除 $0.3m^2$ 以内的孔洞所占体积；

3）沉井制作的脚手架安拆，不论分几次下沉，其工程量均按井壁中心线周长之和乘以井高计算；

4）沉井下沉的土方工程量，按沉井外壁所围的面积乘以下沉深度（预制时刃脚底面至下沉后设计刃脚底面的高度），并分别乘以土方回淤系数计算。排水下沉深度大于 10m 时回淤系数为 1.05，不排水下沉深度大于 15m 为 1.02；

5）沉井触变泥浆的工程量，按刃脚外凸口的水平面积乘以高度计算；沉井砂石料填心、混凝土封底的工程量，按设计图纸计算；另外，沉井制作不包括预埋铁件；

6）钢封门安、拆工程量，按施工图用量计算。钢封门制作另外计算，拆除后应回收 70% 的主材。

隧道沉井工程量计算规则（编码：040405）　　表 4-1-34

项目编码	项目名称	项目特征	计量单位	工程量计算规则	工程内容
040405001	沉井井壁混凝土	（1）形状； （2）混凝土强度等级、石料最大粒径	m^3	按设计尺寸以井筒混凝土体积计算	（1）沉井砂垫层； （2）刃脚混凝土垫层； （3）混凝土浇筑； （4）养生
040405002	沉井下沉	深度	m^3	按设计图示井壁外围面积下沉深度以体积计算	（1）排水挖土下沉； （2）不排水下沉； （3）土方场外运输
040405003	沉井混凝土封底	混凝土强度等级、石料最大粒径	m^3	按设计图示尺寸以体积计算	（1）混凝土干封底； （2）混凝土水下封底
040405004	沉井混凝土底板		m^3		（1）混凝土浇筑； （2）养生
040405005	沉井填心	材料品种	m^3		（1）排水沉井填心； （2）不排水沉井填心
040405006	钢封门	（1）材质； （2）尺寸	t	按设计图示尺寸以质量计算	（1）钢封门安装； （2）钢封门拆除

（6）地下连续墙工程量计算规则说明：清单模式下隧道土石方工程的工程量计算规则见表 4-1-35 所列。

（7）混凝土结构工程量计算规则说明：清单模式下隧道土石方工程的工程量计算规则见表 4-1-36 所列，具体说明如下：

1）混凝土：隧道区间混凝土按设计结构断面面积乘以设计长度，以 m^3 计算。不扣除构件内钢筋、预埋件及墙板中 $0.3m^3$ 的孔洞所占体积。混凝土垫层按设计图纸垫层的体积，以 m^3 计算；

2）模板工程：模板工程按模板与混凝土的实际接触面积，以 m³ 计算；

3）钢筋工程：格栅、网片、钢筋按设计图纸，以 t 计算；

4）石料衬砌及石料洞门工程：按设计结构断面面积乘以设计长度，以 m³ 计算。

5）洞内通风按隧道的施工长度减 30m 计算，洞内照明按隧道的施工长度以延长 m 计算；

6）洞内动力线路按隧道的施工长度加 50m 计算，洞内轨道按隧道的施工长度加 60m 计算；

7）洞内通风、照明、动力、线路轨道的时间长短预算时按甲方要求工期，结算按合同工期计算。

地下连续墙工程量计算规则（编码：040406）　　表 4–1–35

项目编码	项目名称	项目特征	计量单位	工程量计算规则	工程内容
040406001	地下连续墙	(1) 深度； (2) 宽度； (3) 混凝土强度等级、石料最大粒径	m³	按设计图示长度乘以深度以体积计算	(1) 导墙制作、拆除； (2) 挖土成槽； (3) 锁口管吊拔； (4) 混凝土浇筑； (5) 养护； (6) 土石方场外运输
040406002	深层搅拌桩成墙	(1) 深度； (2) 孔径； (3) 水泥掺量； (4) 型钢材质； (5) 型钢规格	m³	按设计图示尺寸以体积计算	(1) 深层搅拌桩空搅； (2) 深层搅拌桩二喷四搅； (3) 型钢制作； (4) 插拔型钢
040406003	桩顶混凝土圈梁	混凝土强度等级、石料最大粒径	m³		(1) 混凝土浇筑； (2) 养护； (3) 圈梁拆除
040406004	基坑挖土	(1) 土质； (2) 深度； (3) 宽度	m³	按设计图示地下连续墙或围护桩围成的面积乘基坑的深度以体积计算	(1) 基坑挖土； (2) 基坑排水

混凝土结构工程量计算规则（编码：040407）　　表 4–1–36

项目编码	项目名称	项目特征	计量单位	工程量计算规则	工程内容
040407001	混凝土地梁	(1) 垫层厚度、材料品种、强度； (2) 混凝土强度等级、石料最大粒径	m³	按设计图示尺寸以体积计算	(1) 垫层铺； (2) 混凝土浇筑； (3) 养护
040407002	钢筋混凝土底板				
040407003	钢筋混凝土墙	混凝土强度等级、石料最大粒径	m³	按设计图示尺寸以体积计算	(1) 混凝土浇筑； (2) 养护
040407004	混凝土衬墙				
040407005	混凝土柱				
040407006	混凝土梁	(1) 部位； (2) 强度等级、石料最大粒径	m³	按设计图示尺寸以体积计算	(1) 混凝土浇筑； (2) 养护

续表

项目编码	项目名称	项 目 特 征	计量单位	工程量计算规则	工 程 内 容
040407007	混凝土平台、顶板	(1) 混凝土强度等级； (2) 石料最大粒径	m^3	按设计图示尺寸以体积计算	(1) 混凝土浇筑； (2) 养护
040407008	隧道内衬弓形底板				
040407009	隧道内衬侧墙				
040407010	隧道内衬顶板	(1) 形式； (2) 规格	m^3	按设计图示尺寸以面积计算	(1) 龙骨制作安装； (2) 顶板安装
040407011	隧道内支承墙	(1) 强度； (2) 石料最大粒径	m^3	按设计图示尺寸以体积计算	(1) 混凝土浇筑； (2) 养护
040407012	隧道内混凝土路面	(1) 厚度； (2) 强度等级； (3) 石料最大粒径	m^3	按设计图示尺寸以面积计算	(1) 混凝土浇筑； (2) 养护
040407013	圆隧道内架空路面				
040407014	隧道内附属结构混凝土	(1) 不同项目名称如：楼梯、电缆沟、车道侧石等； (2) 混凝土等级、石料最大粒径	m^3	按设计图示尺寸以体积计算	(1) 混凝土浇筑； (2) 养护

（8）沉管隧道工程量计算规则说明：清单模式下沉工程的工程量计算规则见表 4-1-37 所列。

沉管隧道工程量计算规则（编码：040408） 表 4-1-37

项目编码	项目名称	项 目 特 征	计量单位	工程量计算规则	工 程 内 容
040408001	预制沉管底垫层	(1) 规格； (2) 材料； (3) 厚度	m^3	按设计图示尺寸以沉管底面积乘厚度以体积计算	(1) 场地平整； (2) 垫层铺设
040403002	预制沉管钢底板	(1) 材质； (2) 厚度	m^2	按设计图示尺寸以质量计算	钢底板铺设
040408003	预制沉管混凝土	混凝土强度等级、石料量大粒径	m^3	按设计图示尺寸以体积计算	(1) 混凝土浇筑； (2) 养护； (3) 底板预埋注浆管
040408004			m^3		(1) 混凝土浇筑； (2) 养护
040408005			m^3		
040408006	沉管外壁防锚层	(1) 材质品种； (2) 规格	m^2	按设计图示尺寸以面积计算	铺设沉管外壁防锚层
040408007	鼻托垂直剪力键	材质	t	按设计图示尺寸以质量计算	(1) 钢剪力键制作； (2) 剪力键安装
040408008	端头钢壳	(1) 材质、规格； (2) 强度； (3) 石料最大粒径	t		(1) 端头钢壳制作； (2) 端头钢壳安装； (3) 混凝土浇筑
040408009	端头钢封门	(1) 材质； (2) 尺寸	t		(1) 端头钢封门制作； (2) 端头钢封门安装； (3) 端头钢封门拆除

续表

项目编码	项目名称	项 目 特 征	计量单位	工程量计算规则	工 程 内 容
040408010	沉管管段浮运临时供电系统	按规格处理	套	按设计图示管段数量计算	(1) 发电机安拆； (2) 配电箱安拆； (3) 电缆安拆； (4) 灯具安拆
040408011	沉管管段浮运临时供排水系统				(1) 泵阀安拆； (2) 管路安拆
040408012	沉管管段浮运临时通风系统				(1) 进排风机安年度计划； (2) 风管路安拆
040408013	航道疏浚	(1) 河床土质； (2) 工况等级； (3) 疏浚深度	m^3	按河床原断面与管段浮运时设计断面之差计算	(1) 挖泥船开收工； (2) 航道疏浚挖泥； (3) 土方驳运、卸泥
040408014	沉管河床基槽开挖	(1) 河床土质； (2) 工况等级； (3) 挖土深度	m^3	按河床原断面与管槽设计断面之差以体积计算	(1) 挖泥船开收工； (2) 沉管基槽挖泥； (3) 沉管基槽清淤； (4) 土方驳运、卸泥
040408015	钢筋混凝土块沉石	(1) 工况等级； (2) 沉石深度	m^3	按设计图示尺寸以体积计算	(1) 预制钢筋混凝土块； (2) 装船、驳运、定位沉石； (3) 水下铺平石块
040408016	基槽抛铺碎石	(1) 工况等级； (2) 石料； (3) 料铺石深度	m^3		(1) 石料装运； (2) 定位抛石； (3) 水下铺平石块
040408017	沉管管节浮运	(1) 单节管段质量； (2) 管段浮运距离	kt·m	按设计图示尺寸和要求以沉管管节质量和浮运距离的复合单位计算	(1) 干坞放水； (2) 管段起浮定； (3) 管段浮运； (4) 加载水箱制作安装拆除； (5) 系缆柱制作安装拆除
040408018	管段沉放连接	(1) 单节管段质量； (2) 管段下沉深度	节	按设计图示数量计算	(1) 管段定位； (2) 管段压水下沉； (3) 管段端面对接； (4) 管节拉合
040408019	砂肋软体排覆盖	(1) 材料品种； (2) 规格	m^2	按设计图示尺寸以沉管顶面积加侧面外表面计算成本	水下覆盖软体排
040408020	沉管水下压石		m^3	按设计图示尺寸以顶、侧压石的体积计算	(1) 装石船开放收工； (2) 定位抛石、卸石； (3) 水下铺石
040408021	沉管接缝处理	(1) 接缝连接形式； (2) 接缝长度	条	按设计图示数量计算	(1) 接缝拉合； (2) 安装止水带； (3) 安装止水钢板； (4) 混凝土浇筑
040408022	沉管底部压浆固封充填	(1) 压浆材料； (2) 压浆要求	m^3	按设计图示尺寸以体积计算	(1) 制浆； (2) 管底压浆； (3) 封孔

4.1.5.8　地铁工程的工程量计算规则

地铁工程是大、特大城市建设中常见到的工程之一，主要包括结构工程、轨道工程、信号工程、电力牵引工程等内容，见表 4–1–38 ~ 表 4–1–41 所列。

(1) 结构工程的工程量计算规则说明：清单模式下结构工程的工程量计算规则见表 4–1–38 所列，具体说明如下：

结构工程量计算规则（编码：040601）　　　　表 4–1–38

项目编码	项目名称	项 目 特 征	计量单位	工程量计算规则	工 程 内 容
040601001	混凝土圈梁	(1) 部位； (2) 混凝土强度等级、石料最大粒径	m^3	按设计图示意尺寸以体积计算	(1) 混凝土浇筑； (2) 养护
040601002	竖井内衬混凝土	(1) 部位； (2) 混凝土强度等级、石料最大粒径	m^3	按设计图示意尺寸以体积计算	(1) 混凝土浇筑； (2) 养护
040601003	小导管	(1) 管径； (2) 材料	m	按设计图示意尺寸以长度计算	导管制作、安装
040601004	注 浆	(1) 材料品种； (2) 配合比； (3) 规格	m^3	按设计注浆量以体积计算	(1) 浆液制作； (2) 注浆
040601005	喷射混凝土	(1) 部位； (2) 混凝土强度等级、石料最大粒径	m^3	按设计图示尺寸以体积计算	(1) 岩石、混凝土面清洗； (2) 喷射混凝土
040601006	混凝土底板	(1) 混凝土强度等级、石料最大粒径； (2) 垫层厚度材料品种、强度	m^3	按设计图示尺寸以体积计算	(1) 垫层铺设； (2) 混凝土浇筑； (3) 养护
040601007	混凝土内衬墙	混凝土强度等级、石料最大粒径	m^3	按设计图示尺寸以体积计算	(1) 混凝土浇筑； (2) 养护
040601008	混凝土中层板	混凝土强度等级、石料最大粒径	m^3	按设计图示尺寸以体积计算	(1) 混凝土浇筑； (2) 养护
040601009	混凝土顶板	混凝土强度等级、石料最大粒径	m^3	按设计图示尺寸以体积计算	(1) 混凝土浇筑； (2) 养护
040601010	混凝土柱	混凝土强度等级、石料最大粒径	m^3	按设计图示尺寸以体积计算	(1) 混凝土浇筑； (2) 养护
040601011	混凝土梁	混凝土强度等级、石料最大粒径	m^3	按设计图示尺寸以体积计算	(1) 混凝土浇筑； (2) 养护
040601012	混凝土柱基	混凝土强度等级、石料最大粒径	m^3	按设计图示尺寸以体积计算	(1) 混凝土浇筑； (2) 养护
040601013	混凝土现浇站台板	混凝土强度等级、石料最大粒径	m^3	按设计图示尺寸以体积计算	(1) 混凝土浇筑； (2) 养护
040601014	预制站台板	混凝土强度等级、石料最大粒径	m^3	按设计图示尺寸以体积计算	(1) 制作； (2) 安装
040601015	混凝土楼梯	混凝土强度等级、石料最大粒径	m^3	按设计图示尺寸以水平投影面积计算	(1) 混凝土浇筑； (2) 养护
040601016	混凝土中隔墙	混凝土强度等级、石料最大粒径	m^3	按设计图示尺寸以体积计算	(1) 混凝土浇筑； (2) 养护

续表

项目编码	项目名称	项 目 特 征	计量单位	工程量计算规则	工 程 内 容
040601017	隧道内衬混凝土	混凝土强度等级、石料最大粒径	m^3	按设计图示尺寸以体积计算	(1) 混凝土浇筑；(2) 养护
040601018	混凝土检查沟	混凝土强度等级、石料最大粒径	m^3	按设计图示尺寸以体积计算	(1) 混凝土浇筑；(2) 养护
040601019	砌 筑	(1) 材料；(2) 规格；(3) 砂浆强度等级	m^3	按设计图示尺寸以体积计算	(1) 砂浆运输、制作；(2) 砌筑、勾缝；(3) 抹灰、养护
040601020	锚杆支护	(1) 材料；(2) 规格；(3) 砂浆强度等级	m	按设计图示尺寸以长度计算	(1) 钻孔；(2) 锚杆制作、安装；(3) 砂浆灌注
040601021	变形缝（诱导缝）	(1) 材料；(2) 规格；(3) 工艺要求	m	按设计图示尺寸以长度计算	变形缝安装
040601022	刚性防水层	(1) 材料；(2) 规格；(3) 工艺要求	m^2	按设计图示尺寸以面积计算	(1) 找平层铺筑；(2) 防水层铺设
040601023	柔性防水层	(1) 材料；(2) 部位；(3) 工艺要求	m^2	按设计图示尺寸以面积计算	防水层铺设

(2) 轨道工程的工程量计算规则说明：清单模式下轨道工程的工程量计算规则见表4-1-39所列，具体说明如下：

轨道工程量计算规则（编码：040602） 表 4-1-39

项目编码	项目名称	项 目 特 征	计量单位	工程量计算规则	工 程 内 容
040602001	地下一般段道床	(1) 类型；(2) 混凝土强度等级、石料最大粒径	m^3	按设计图尺寸（含道岔道床）以体积计算	(1) 支承块预制、安装；(2) 整体道床浇筑
040602002	高架一般段道床	(1) 类型；(2) 混凝土强度等级、石料最大粒径	m^3	按设计图尺寸（含道岔道床）以体积计算	(1) 支承块预制、安装；(2) 整体道床浇筑；(3) 铺碎石道床
040602003	地下减震段道床	(1) 类型；(2) 混凝土强度等级、石料最大粒径	m^3	按设计图尺寸（含道岔道床）以体积计算	(1) 预制支承块预制、安装；(2) 整体道床浇筑
040602004	高架减震段道床	(1) 类型；(2) 混凝土强度等级、石料最大粒径	m^3	按设计图尺寸（含道岔道床）以体积计算	(1) 支承块预制、安装；(2) 整体道床浇筑
040602005	地面段正线道床	(1) 类型；(2) 混凝土强度等级、石料最大粒径	m^3	按设计图尺寸（含道岔道床）以体积计算	铺碎石道床

续表

项目编码	项目名称	项 目 特 征	计量单位	工程量计算规则	工 程 内 容
040602006	车辆段、停车场道床	(1) 类型; (2) 混凝土强度等级、石料最大粒径	m^3	按设计图尺寸（含道岔道床）以体积计算	(1) 支承块预制、安装; (2) 整体道床浇筑; (3) 铺碎石道床
040602007	地下一般段轨道	(1) 类型; (2) 混凝土强度等级、石料最大粒径	m^3	按设计图尺寸（不含岔道床）以长度计算	(1) 铺轨; (2) 焊轨
040602008	高架一般段轨道	(1) 类型; (2) 规格	铺轨km	按设计图尺寸（不含岔道床）以长度计算	(1) 铺轨; (2) 焊轨
040602009	地下减震段轨道	(1) 类型; (2) 规格	铺轨km	按设计图尺寸以长度计算	(1) 铺轨; (2) 焊轨
040602010	高架减震段轨道	(1) 类型; (2) 规格	铺轨km	按设计图尺寸以长度计算	(1) 铺轨; (2) 焊轨
040602011	地面段正线轨道	(1) 类型; (2) 规格	铺轨km	按设计图尺寸（不含岔道床）以长度计算	(1) 铺轨; (2) 焊轨
040602012	车辆段、停车场轨道	(1) 类型; (2) 规格	铺轨km	按设计图尺寸（不含岔道床）以长度计算	(1) 铺轨; (2) 焊轨
040602013	道岔	(1) 区段; (2) 类型; (3) 规格	组	按设计图示以组计算	铺设
040602014	护轮轨	(1) 类型; (2) 规格	单侧km	按设计图示以长度计算	铺设
040602015	轨距杆	(1) 类型; (2) 规格	1000根	按设计图示以根计算	安装
040602016	防爬设备	类型	1000个	按设计图示以数量计算	(1) 防爬器安装; (2) 防爬支撑制作、安装
040602017	钢轨伸缩调节器	类型	对	按设计图示以数量计算	安装
040602018	线路及信号标志	类型	铺轨km	按设计图示以长度计算	(1) 洞内安装; (2) 洞外埋设 (3) 桥上安装
040602019	车挡	(1) 类型; (2) 规格	处	按设计图示以数量计算	安装

（3）信号工程的工程量计算规则说明：清单模式下信号工程的工程量计算规则见表4-1-40所列，具体说明如下：

信号工程量计算规则（编码：040603） **表 4-1-40**

项目编码	项目名称	项 目 特 征	计量单位	工程量计算规则	工 程 内 容
040603001	信号机	(1) 类型; (2) 规格	架	按设计图示数量计算	(1) 基础制作; (2) 安装与调试
040603002	电动转辙装置	(1) 类型; (2) 规格	组	按设计图示数量计算	安装与调试

续表

项目编码	项目名称	项 目 特 征	计量单位	工程量计算规则	工 程 内 容
040603003	轨道电路	(1) 类型; (2) 规格	区段	按设计图示数量计算	(1) 箱、盒基础制作; (2) 安装与调试
040603004	轨道绝缘	(1) 类型; (2) 规格	组	按设计图示数量计算	安装
040603005	钢轨接续线	(1) 类型; (2) 规格	组	按设计图示数量计算	安装
040603006	道岔跳线	(1) 类型; (2) 规格	组	按设计图示数量计算	安装
040603007	极性叉回流线	(1) 类型; (2) 规格	组	按设计图示数量计算	安装
040603008	道岔段传输环路	(1) 类型; (2) 规格	个	按设计图示数量计算	(1) 安装; (2) 调试
040603009	信号电缆柜	(1) 类型; (2) 规格	架	按设计图示数量计算	安装
040603010	电气集中分线柜	(1) 类型; (2) 规格	架	按设计图示数量计算	(1) 安装; (2) 调试
040603011	电气集中走线架	(1) 类型; (2) 规格	架	按设计图示数量计算	安装
040603012	电气集中组合柜	(1) 类型; (2) 规格	架	按设计图示数量计算	(1) 继电器等安装与调试; (2) 电缆绝缘测试盘安装与调试; (3) 轨道电路测试盘安装与调试; (4) 报警装置安装与调试; (5) 防雷组合安装与调试
040603013	电气集中控制柜	(1) 类型; (2) 规格	台	按设计图示数量计算	(1) 安装; (2) 调试
040603014	微机联锁控制台	(1) 类型; (2) 规格	台	按设计图示数量计算	(1) 安装; (2) 调试
040603015	人工解锁按钮台	(1) 类型; (2) 规格	台	按设计图示数量计算	(1) 安装; (2) 调试
040603016	调度集中控制柜	(1) 类型; (2) 规格	台	按设计图示数量计算	(1) 安装; (2) 调试
040603017	调度集中总机柜	(1) 类型; (2) 规格	台	按设计图示数量计算	(1) 安装; (2) 调试
040603018	调度集中分机柜	(1) 类型; (2) 规格	台	按设计图示数量计算	(1) 安装; (2) 调试
040603019	列车自动防护(ATP)中心模拟盘	(1) 类型; (2) 规格	面	按设计图示数量计算	(1) 安装; (2) 调试
040603020	列车自动防护(ATP)架	类型	架	按设计图示数量计算	(1) 轨道架安装与调试; (2) 码发生器架安装与调试
040603021	列车自动运行(ATO)中心模拟盘	类型	架	按设计图示数量计算	(1) 安装; (2) 调试

续表

项目编码	项目名称	项 目 特 征	计量单位	工程量计算规则	工 程 内 容
040603022	列车自动控制(ATS)架	类型	架	按设计图示数量计算	(1) DPU 柜安装与调试; (2) RTU 架安装与调试; (3) LPU 柜安装与调试
040603023	信号电源设备	(1) 类型; (2) 规格	台	按设计图示数量计算	(1) 电源屏安装与调试; (2) 电源防雷箱安装与调试; (3) 电源切换箱安装与调试; (4) 电源开关柜安装与调试; (5) 其他电源设备安装与调试
040603024	信号设备接地装置	(1) 位置; (2) 类型; (3) 规格	处	按设计列车配备数量计算	(1) 接地装置安装; (2) 标志桩埋设
040603025	车辆设备	类型	车组	按设计列车配备数量计算	(1) 列车自动防护(ATP) 车载设备安装与调试; (2) 列车自动运行 (ATO) 车载设备安装与调试; (3) 列车识别装置 (ATI) 车载设备安装与调试;
040603026	车站联锁系统调试	类型	站	按设计图示数量计算	(1) 继电联锁调试; (2) 微机联锁调试
040603027	全线信号设备系统调试	类型	系统	按设计图示数量计算	(1) 调度集中系统调度; (2) 列车自动防护(ATP) 系统调试; (3) 列车自动运行(ATO) 系统调试; (4) 列车自动监控(ATO) 系统调试; (5) 列车自动控制(ATC) 系统调试

(4) 电力牵引工程的工程量计算规则说明:清单模式下电力牵引工程的工程量计算规则见表 4-1-41 所示,具体说明如下:

电力牵引工程量计算规则(编码:040604) 表 4-1-41

项目编码	项目名称	项 目 特 征	计量单位	工程量计算规则	工 程 内 容
040604001	接触轨	(1) 区段; (2) 道床类型; (3) 防护材料; (4) 规格	km	按单根设计长度扣除接触轨弯头所占长度计算	(1) 接触轨安装; (2) 焊轨; (3) 断轨
040604002	接触轨设备	(1) 设备类型; (2) 规格	台	按设计图示数量计算	安装与调度
040604003	接触轨试运行	区段名称	km	按设计图示以长度计算	试运行
040604004	地下段接触网节点	(1) 类型; (2) 悬挂方式	处	按设计图示数量计算	(1) 钻孔; (2) 预埋件安装; (3) 混凝土浇筑

续表

项目编码	项　目　名　称	项目特征	计量单位	工程量计算规则	工　程　内　容
040604005	地下段接触网悬挂	(1) 类型； (2) 悬挂方式； (3) 材料； (4) 规格	处	按设计图示数量计算	悬挂安装
040604006	地下段接触网架线及调整	(1) 类型； (2) 悬挂方式； (3) 材料； (4) 规格	条 km	按设计图示以长度计算	(1) 接触网架设； (2) 附加导线安装； (3) 悬挂调整
040604007	地面段、高架段接触网支柱	(1) 类型； (2) 材料品种； (3) 规格	根	按设计图示数量计算	(1) 基础制作； (2) 立柱
040604008	地面段、高架段接触网悬挂	(1) 类型； (2) 悬挂方式； (3) 材料； (2) 规格	处	按设计图示数量计算	悬挂安装
040604009	地面段、高架段接触网要线及调整	(1) 类型； (2) 悬挂方式； (3) 材料； (2) 规格	条 km	按设计图示数量以长度计算	(1) 接触网架设 (2) 附加导线安装； (3) 悬挂调整
040604010	接触网设备	(1) 类型； (2) 设备； (3) 规格	台	按设计图示数量计算	安装与调度
040604011	接触网附属设施	(1) 区段； (2) 类型	处	按设计图示数量计算	(1) 牌类安装； (2) 限界门
040604012	接触网试运行	区段名称	条 km	按设计图示以长度计算	试运行

4.1.5.9　钢筋工程的工程量计算规则

钢筋工程是大城市建设中常见到的工程之一，主要包括预埋铁件、非预应钢筋、先张法预应力钢筋、后张法预应力钢筋等内容，见表4-1-42所列。“钢筋工程”所列型钢项目是指劲性骨架的型钢部分。

凡型钢与钢筋组合(除预埋铁件外)的钢格栅，应分别列项。钢筋、型钢工程量计算中，设计注明搭接时，应计算搭接长度，设计未注明搭接时；不计算搭接时，不计算搭接长度。

钢筋工程量计算规则(编码：040701)　　**表 4-1-42**

项目编码	项目名称	项　目　特　征	计量单位	工程量计算规则	工　程　内　容
040701001	预埋铁件	(1) 材质； (2) 规格	km	按设计图示尺寸以质量计算	(1) 制作安装：桥梁工程、管网工程； (2) 铁件运输：人力车、汽车
040701002	非预应力钢筋	(1) 材质； (2) 部位； (3) 规格； (4) 预制或现浇	t	按设计图示尺寸以质量计算	(1) 制作安装：桥梁工程、管风工程、道路工程、隧道工程； (2) 钢筋运输：双轮车、机动车

续表

项目编码	项目名称	项目特征	计量单位	工程量计算规则	工程内容
040701003	先张法预应力钢筋	(1) 材质; (2) 部位; (3) 直径	t	按设计图示尺寸以质量计算	(1) 制作安装:桥梁工程、管网工程; (2) 钢筋运输:双轮车、机动车
040701004	后张法预应力钢筋	(1) 材质; (2) 部位; (3) 直径	t	按设计图示尺寸以质量计算	(1) 制作安装:桥梁工程、管网工程; (2) 钢筋运输:双轮车、机动车; (3) 临时钢丝束拆除:临时钢丝束; (4) 孔道制作安装:制作、安装压浆管道; (5) 压浆
040701005	型钢	(1) 材质; (2) 部位; (3) 直径	t	按设计图示尺寸以质量计算	(1) 制作; (2) 运输; (3) 安装、定位

4.1.5.10 拆除工程的工程量计算规则

拆除工程是大、中城市建设中常见工程之一,主要包括拆除路面、拆除基层、拆除人行道、拆除侧缘石、拆除管道、拆除砖石结构、拆除混凝土结构、伐树与挖树根、砍挖乔灌木等内容,见表 4-1-43 所列。

(1) 各拆除项目中一般分人工拆除和机械拆除,但机械拆除中包括必要的人工配合作业。

(2) 弃渣运输的工程量,凡以体积计量的项目应按结构的实体积工程量计算;运距指作业现场的堆积点至指定弃置点。

拆除工程量计算规则(编码:040801) **表 4-1-43**

项目编码	项目名称	项目特征	计量单位	工程量计算规则	工程内容
040801001	拆除路面	(1) 路面材料种类; (2) 厚度	m^2	按施工组织设计或设计图示尺寸以面积计算	(1) 拆除沥青混凝土路面:人工拆除、机械拆除; (2) 拆除水泥混凝土路面:人工拆除、机械拆除; (3) 路面凿毛、铣刨:凿毛、铣刨; (4) 切缝:路面切缝; (5) 运渣:人力车、装载机、自卸汽车
040801002	拆除基层	(1) 路面材料种类; (2) 厚度	m^2	按施工组织设计或设计图示尺寸以面积计算	(1) 人工拆除; (2) 机械拆除; (3) 运土(石)渣:人力车、装载机、自卸汽车
040801003	拆除人行道	(1) 路面材料种类; (2) 厚度	m^2	按施工组织设计或设计图示尺寸以面积计算	(1) 拆除人行道:混凝土预制板、现浇混凝土面层、普通黏土砖; (2) 运输:人力车、装载机、自卸汽车
040801004	拆除侧缘石	(1) 路面材料种类; (2) 名称	m	按施工组织设计或设计图示尺寸以延长米计算	(1) 拆除侧缘石:侧石、缘石、L 形侧缘石; (2) 运输:人力车、装载机、自卸汽车

续表

项目编码	项目名称	项 目 特 征	计量单位	工程量计算规则	工 程 内 容
040801005	拆除管道	(1) 结构类型; (2) 材质; (3) 运距	m^3	按施工组织设计或设计图示尺寸以体积计算	(1) 拆除管道:人工拆除、机械拆除; (2) 旧料运输:汽车、拖车
040801006	拆除砖石结构	(1) 结构类型; (2) 材质; (3) 运距	m^3	按施工组织设计或设计图示尺寸以体积计算	(1) 拆除砖石砌构筑物:砖砌检查井、砖砌雨水斗、其他砖结构、干砌块石、浆砌块石; (2) 运输:人力车、装载机、自卸汽车
040801007	拆除混凝土结构	(1) 结构; (2) 强度	m^3	按施工组织设计或设计图示尺寸以体积计算	(1) 拆除混凝土结构:人工拆除、机械拆除; (2) 运输:人力车、装载机、自卸汽车
040801008	伐树、挖树根	胸径	棵	按施工组织设计或设计图示尺寸以数量计算	伐树、挖树根:伐树或、人工伐树及推土机推树根、挖树根
040801009	砍挖乔灌木	(1) 胸径; (2) 运距	m^2	按施工组织设计或设计图示尺寸以面积计算	(1) 砍挖乔灌木; (2) 清挖草皮:人工清挖; (3) 运输

4.1.5.11 路灯工程的工程量计算规则

路灯工程也是每座大城市建设中常见的工程之一,共分 8 个分部,62 个分项工程项目,主要包括变配电设备、架空线路、电缆敷设、配管配线、照明器具、防雷接地装置、路灯灯架制作安装及刷油防腐等内容,见表 4-1-44 ~ 表 4-1-51 所列。

(1) 路灯工程与安装工程的界限划分:安装道路路灯、广场灯、高杆灯、桥栏杆灯、地道涵洞灯等按本节相关项目编码列项。

(2) 变压器设备工程说明:

1) 变压器安装仅适用于路灯工程所采用的各类变压器安装;

2) 各分项所需接地装置见“防雷接地装置”;台基础制作见“架空线路工程”;

3) 控制开关安装中已含接地端子。

(3) 本节所列的“顶管敷设”指 *DN*100 以下的细管顶进,若遇粗管顶进应按“市政管网工程”中的相应项目编码列项。

(4) 无损伤检验,应单项独编码列项。

(5) 刮腻子所需价款,应计入油漆价款中。

变配电设备工程量计算规则(编码:040901) **表 4-1-44**

项目编码	项目名称	项 目 特 征	计量单位	工程量计算规则	工 程 内 容
040901001	变压器	(1) 安装形式; (2) 容量(kv-A)	台	按设计图示数量计算	(1) 变压器安装及台架制作:杆上变压器安装;台上变压器安装; (2) 变压器过滤; (3) 变压干燥、安装; (4) 变压器护栏制作与安装
040901002	箱式变电站安装	(1) 安装形式; (2) 容量(kv-A)	台	按设计图示数量计算	组合型成套箱式变电站:不带高压开关柜;带高压开关柜

续表

项目编码	项目名称	项 目 特 征	计量单位	工程量计算规则	工 程 内 容
040901003	配电装置安装	(1) 名称； (2) 质量	个（台、组）	按设计图示数量计算	(1) 电力电容器安装； (2) 复合开关、熔断器、避雷器安装；户内隔离负荷开关；熔断器；避雷器
040901004	配电箱制作安装	(1) 名称； (2) 规格； (3) 母线设置方式； (4) 回路	台（组、套、个、块）	按设计图示数量计算	(1) 高压成套配电柜安装； (2) 成套低压路灯柜安装； (3) 落地式控制箱安装； (4) 杆上控制箱安装； (5) 控制箱柜附件安装； (6) 配电板制作安装； (7) 杆上配电设备安装
040901005	铁构件制作安装及箱、盒制作	(1) 名称； (2) 规格； (3) 材质	T (m^2)	按设计图示数量计算	(1) 铁构件制作安装； (2) 箱、盒制作安装
040901006	成套配电箱装置	(1) 安装形式； (2) 规格	台	按设计图示数量计算	成套配线
040901007	熔断器、开关安装	(1) 名称； (2) 形式	个	按设计图示数量计算	(1) 熔断器； (2) 限位开关； (3) 控制开关
040901008	控制器、启动器安装	名称	台	按设计图示数量计算	(1) 控制器； (2) 接触器
040901009	盘柜配线	(1) 规格； (2) 型号	m	按设计图示以单线延长米计算	盘柜配线
040901010	接线端子	(1) 名称； (2) 规格； (3) 材质	个	按设计图示数量计算	(1) 焊铜接线端子； (2) 压铜接线端子； (3) 压铝接线端子
040901011	控制继电器保护屏安装	名称	台	按设计图示数量计算	控制继电器保护屏安装
040901012	控制台安装	(1) 名称； (2) 规格	台	按设计图示数量计算	(1) 控制台； (2) 集中控制台
040901013	仪表、电器、小母线安装	(1) 名称； (2) 规格	个（台、块）	按设计图示数量计算	(1) 仪表、电器、小母线； (2) 分流器； (3) 电表箱
040901014	系统调试	(1) 名称； (2) 容量（kV-A）或电压等级	系统	按规范规定调试系统数量计算	(1) 变压器、电容器、避雷器； (2) 交流供电； (3) 自动重合闸

架空线路工程量计算规则(编码:040902) 表 4-1-45

项目编码	项目名称	项目特征	计量单位	工程量计算规则	工程内容
040902001	立 杆	(1) 材质； (2) 规格	根	按设计图示数量计算	(1) 单杆； (2) 接腿杆； (3) 金属杆； (4) 工地运输； (5) 土石方； (6) 工地运输； (7) 盘类安装及电杆焊接、防腐

续表

项目编码	项目名称	项 目 特 征	计量单位	工程量计算规则	工 程 内 容
040902002	引下线支架	(1) 材质; (2) 规格; (3) 距地面高度	副	按设计图示数量计算	引下线支架安装;距地面高度
040902003	横 担	(1) 材质; (2) 规格; (3) 形式	组(根)	按设计图示数量计算	(1) 10kV 以下横担安装; (2) 1kV 以下横担安装; (3) 进户横担安装
040902004	拉 线	(1) 材质; (2) 规格; (3) 形式	组	按设计图示数量计算	拉线制作安装:普通拉线截面;水平弓形拉线截面;VY 形拉线截面
040902005	导线架设	(1) 材质; (2) 规格; (3) 型号	km/单线	按设计图示延线米计算	(1) 裸铝绞线; (2) 钢芯铝绞线; (3) 铜绞线、绝缘铝绞线
040902006	导线跨越架设	(1) 材质; (2) 规格; (3) 型号; (4) 地形	处	按设计图示延线米计算	导线跨越:公路、铁路、河流
040902007	基础制作	混凝土强度等级	m^2	按设计图示尺寸以体积计算	混凝土浇筑
040902008	架空线路其他项目	(1) 材质; (2) 规格; (3) 型号; (4) 位置	个	按设计图示或施工组织设计数量计算	(1) 绝缘子安装; (2) 编号牌

电缆敷设工程量计算规则(编码:040903) 表 4-1-46

项目编码	项目名称	项 目 特 征	计量单位	工程量计算规则	工 程 内 容
040903001	电缆保护及保护管敷设	(1) 材质; (2) 规格	m	按设计图示尺寸以长度计算	(1) 铺砂; (2) 护管; (3) 顶管
040903002	铝心电缆敷设	(1) 规格; (2) 型号; (3) 敷设方式	m	按设计图示尺寸以长度计算	(1) 水平敷设; (2) 竖直敷设
040903003	铜芯电缆敷设	(1) 规格; (2) 型号; (3) 敷设方式	m	按设计图示尺寸以长度计算	(1) 水平敷设; (2) 竖直敷设
040903004	电缆终端头制作	(1) 规格; (2) 工艺形式	个	按设计图示终端数量计算	(1) 干包式; (2) 浇注式; (3) 热缩式
040903005	电缆中间头制作安装	(1) 规格; (2) 工艺形式	个	被电缆厂定尺寸及工程所需长度计算	(1) 干包式; (2) 浇注式; (3) 热缩式
040903006	控制电缆头制作安装	(1) 芯数; (2) 电缆截面	个	按设计图示终端头数量计算	(1) 终端头; (2) 中间头

续表

项目编码	项目名称	项 目 特 征	计量单位	工程量计算规则	工 程 内 容
040903007	电缆井设置	(1) 材质; (2) 规格; (3) 混凝土、砂浆强度等级	座	按设计图示尺寸以数量计算	(1) 混凝土井; (2) 砖井

配管配线工程量计算规则(编码:040904) **表 4-1-47**

项目编码	项目名称	项 目 特 征	计量单位	工程量计算规则	工 程 内 容
040904001	电缆管敷设	(1) 材质; (2) 规格; (3) 配置形式及部位	m	按设计图示尺寸以延长米计算。不扣除管路中间的接线箱、灯头盒、开关盒所占长度	(1) 敷设在砖、混凝土结构内; (2) 钢结构支架、钢索配管
040904002	钢管敷设	(1) 材质; (2) 规格; (3) 配置形式及部位	m	按设计图示尺寸以延长米计算。不扣除管路中间的接线箱、灯头盒、开关盒所占长度	(1) 敷设在砖、混凝土结构内; (2) 钢结构支架、钢索配管 (3) 埋地敷设; (4) 控制柜箱进出线管安装
040904003	硬塑料管敷设	(1) 材质; (2) 规格; (3) 配置形式及部位	m	按设计图示尺寸以延长米计算。不扣除管路中间的接线箱、灯头盒、开关盒所占长度	(1) 敷设在砖、混凝土结构内; (2) 钢索配套; (3) 埋地敷设
040904004	管内穿线	(1) 导线材质; (2) 导线规格; (3) 导线型号; (4) 敷设部位、线制	m	按设计图示尺寸以单线延长米计算	管内穿线
040904005	塑料护套线明敷设	(1) 导线材质; (2) 导线规格; (3) 导线型号; (4) 敷设部位、线制	m	按设计图示尺寸以延长米计算	(1) 木结构上敷设; (2) 砖、混凝土结构上敷设; (3) 沿钢索上敷设; (4) 砖、混凝土结构上粘接
040904006	钢索架设	(1) 材质; (2) 构造形式	m	按设计图示尺寸以延长米计算	钢索架设:圆钢、钢丝绳
040904007	母线及钢索拉紧装置	(1) 材质; (2) 母线或索线规格	套	按设计图示以套计算	(1) 母线拉紧装置; (2) 钢索(或) 钢绞线拉紧装置
040904008	接线箱安装	(1) 规格; (2) 型号; (3) 安装形式	个	按设计图示数量计算	接线箱安装:明装、暗装
040904009	接线盒安装	(1) 规格; (2) 型号; (3) 安装形式	个	按设计图示数量计算	接线箱安装:明装、暗装
040904010	开馆、按钮、插座安装	(1) 规格; (2) 型号; (3) 安装形式	套	按设计图示数量计算	(1) 开关; (2) 按钮; (3) 插座
040904011	带形母线安装	(1) 规格; (2) 型号; (3) 材质	m	按设计图示尺寸以单线延长米计算	(1) 带形母线水平安装; (2) 带形母线引上引下
040904012	琏母线调试	电压等级	段	按设计图示数量计算	带形母线调试

照明器具安装工程量计算规则(编码:040905) 表 4-1-48

项目编码	项目名称	项 目 特 征	计量单位	工程量计算规则	工 程 内 容
040905001	单臂悬挑灯、架安装	(1) 灯杆材质及高度; (2) 灯架形式及臂长; (3) 灯头火数	套	按设计图示数量计算	(1) 抱箍式; (2) 顶套式
040905002	双臂悬挑灯、架安装	(1) 灯杆材质及高度; (2) 灯架形式及臂长; (3) 灯头火数	套	按设计图示数量计算	(1) 成套型; (2) 组装型
040905003	广场灯安装	(1) 灯杆材质及高度; (2) 灯架、灯座形式; (3) 灯头火数	套	按设计图示数量计算	(1) 成套型; (2) 组装型
040905004	高杆灯安装	(1) 灯杆材质及高度; (2) 灯架、灯座形式; (3) 灯头火数	套	按设计图示数量计算	(1) 成套型; (2) 组装型
040905005	其他灯具安装	(1) 安装位置; (2) 灯具形式	套	按设计图示数量计算	(1) 桥栏杆灯; (2) 地道涵洞灯
040905006	照明器材安装	(1) 名称; (2) 规格; (3) 型号; (4) 安装形式	套	按设计图示数量计算	(1) 照明灯具; (2) 照明器材
040905007	杆座安装	(1) 材质; (2) 安装方式	只	按设计图示数量计算	(1) 成套型; (2) 组装型

防雷接地装置工程量计算规则(编码:040906) 表 4-1-49

项目编码	项目名称	项 目 特 征	计量单位	工程量计算规则	工 程 内 容
040906001	接地极(板)制作安装	(1) 材质; (2) 规格	根(块)	按设计图示的根数计算	接地极(板)制作安装:钢管、角钢、接地极(板)
040906002	接地母线敷设	(1) 材质; (2) 规格	m	按设计图示尺寸以长度计算	接地母线敷设
040906003	接地跨接线安装	(1) 材质; (2) 规格; (3) 型号; (4) 安装部位	处	按设计图示的处数计算	接地跨接线安装
040906004	避雷针安装	(1) 高度; (2) 安装部位	套	按设计图示的套数计算	避雷针安装
040906005	避雷引下线敷设	(1) 高度; (2) 安装部位	m	按设计图示的长度计算	避雷引下线敷设
040906006	接地装置调试	类别	系统	按设计图示的系统计算	接地电阻测试

路灯灯架制作安装工程量计算规则(编码:040907) 表 4-1-50

项目编码	项目名称	项 目 特 征	计量单位	工程量计算规则	工 程 内 容
040907001	设备支架制作安装	支架质量	t	按设计图示尺寸以质量计算	设备支架制作安装

续表

项目编码	项目名称	项目特征	计量单位	工程量计算规则	工程内容
040907002	高杆灯架制作	(1) 材质； (2) 规格； (3) 直径	t	按设计图示尺寸以质量计算	(1) 角钢架制作； (2) 扁钢架制作
040907003	型钢煨制胎具	(1) 材质； (2) 规格； (3) 直径	个	按设计图示数量计算	(1) 角钢、扁钢煨制胎具； (2) 槽钢、工字钢煨制胎具
040907004	钢管煨制灯架	(1) 材质； (2) 规格； (3) 长度	t	按设计图示尺寸以质量计算	钢管煨制灯架
040907005	钢板卷材与平直	厚度	t	按设计图示尺寸以质量计算	钢板展开
040907006	无损探伤检验	(1) 板厚； (2) 探伤要求标准	m^2	按探伤物体需要探伤的实体计算	(1) X光透视； (2) 超声波擦伤； (3) 超探

刷油防腐工程量计算规则(编码:040908)　　**表 4–1–51**

项目编码	项目名称	项目特征	计量单位	工程量计算规则	工程内容
040908001	除锈	除锈标准	m^2	根据金属构件实际需要，按面积计算	(1) 手工除锈； (2) 喷射除锈
040908002	油漆	(1) 品种； (2) 部位、遍数	m^2 (kg)	按图示表面尺寸以面积或重量计算	(1) 灯杆刷油； (2) 一般钢结构刷油

4.1.5.12　园林绿化工程的工程量计算规则

园林绿化工程也是每座城市建设中最常见的工程之一，共分 12 个分部，87 个分项工程项目，主要包括绿化工程；园路、园桥、假山工程；园林景观工程等内容，见表 4–1–52 ~ 表 4–1–63 所列。

(1) 绿化工程的工程量计算规则说明：清单模式下绿化工程的工程量计算规则见表 4–1–52 ~ 表 4–1–54 所列，主要包括：绿地整理、栽植花木、绿地喷灌等。具体说明如下：

1) 挖土外运、借土回填、挖(凿)土(石)方应包括在相关项目内；

2) 苗木计量应符合下列规定：

① 胸径(或干径)应为地表面向上 1.2m 高处树干的直径，株高应为地表面至树顶端的高度；

② 冠丛高应为地表面至乔(灌)木顶端的高度，篱高应为地表面至绿篱顶端的高度；

③ 生长期应为苗木种植至起苗的时间，养护期应为招标文件中要求苗木栽植后承包人负责养护的时间。

3) “整理绿化地”是指土石方的挖方、凿石、回填、运输、找平、找坡、耙细，工程量按设计图示尺寸以面积计算；

4) “伐树、挖树根、砍挖灌木林、挖树根、挖芦苇根、清除草皮”包括的工作内容：砍、锯、挖、剔枝、截断、废弃物装、运、卸、集中堆放、清理现场等伞部工序，工程量按估算数量计算；

5）“屋顶花园基底处理”包括的工作内容：铺没找平层、粘贴防水层、闭水试验、透水管、排水口埋设、填排水材料、过滤材料剪切及粘接、填轻质土、材料水平、垂直运输等全部工序。工程量按设计图示尺寸以面积计算；

6）“栽植苗木”项目包括的工作内容：起挖苗木、临时假植、苗木包装、装卸运输、回土填满、挖穴假植、栽植、支撑、回土踏实、筑水堰浇水、覆土保墒、养护等全部工序。工程量按估算数量计算；

7）“喷播植草”项目包括的工作内容：人工细整坡地、阴坡、草籽配制、洒黏结剂、保水剂、喷播草籽、铺覆盖、钉固定钉、施肥浇水、养护及材料运输等全部工序。工程量按设计图示尺寸以面积计算；

8）“喷灌设施”项目包括的工作内容：阀门井砌筑或浇注、井盖安装、管道检查、清扫、切割、焊接（粘接）、套丝、调直和阀门、管件、喷头安装、感应电控装置安装、管道固筑，管道水压实验调试、管沟回填等全部工序。工程量应分不同管径从供水主管接口处算至喷头各支管（不扣除阀门所占长度、喷头长度不计算）的总长度计算；

9）苗木栽植项目，如苗木由市场购入，投标人则不计起挖苗木、临时假植、苗木包装、装卸运输、回土填满等工作内容的费用，以苗木购入价及相关费用进行报价。

绿地整理工程量计算规则（编码：050101）　　表 4-1-52

项目编码	项目名称	项目特征	计量单位	工程量计算规则	工程内容
050101001	伐树、挖树根	树干胸径	株	按估算数量计算	(1) 伐树、挖树根； (2) 废弃物运输； (3) 场地清理
050101002	砍挖港口木丛	丛高	株（株丛）	按估算数量计算	(1) 灌木砍挖； (2) 废弃物运输； (3) 场地清理
050101003	挖竹根	丛高	株（株丛）	按估算数量计算	(1) 砍挖竹根； (2) 废弃物运输； (3) 场地清理
050101004	挖芦苇根	丛高	m^2	按估算面积计算	(1) 苇根砍挖； (2) 废弃物运输； (3) 场地清理
050101005	清除草皮	丛高	m^2	按估算面积计算	(1) 除草； (2) 废弃物运输； (3) 场地清理
050101006	整理绿化用地	(1) 土壤类别； (2) 土质要求； (3) 取土运距； (4) 回填厚度； (5) 弃渣运距	m^2	按设计图示尺寸以面积计算	(1) 排地表水； (2) 土方挖、运； (3) 耙细、过筛； (4) 找平、找坡； (5) 回填、拍实
050101007	屋顶花园基底处理	(1) 找平层厚度、砂浆种类、强度等级； (2) 防水层种类、做法； (3) 排水层与过滤层的厚度、材质； (4) 回填轻质土厚度、种类； (5) 屋顶高度； (6) 垂直运输方式	m^2	按设计图示尺寸以面积计算	(1) 抹找平层； (2) 防水层铺设； (3) 排水层铺设； (4) 过滤层铺设； (5) 填轻质土壤； (6) 运输

栽植花木工程量计算规则(编码:050102)　表 4-1-53

项目编码	项目名称	项目特征	计量单位	工程量计算规则	工程内容
050102001	栽植乔木	(1) 乔木种类; (2) 乔木胸径; (3) 养护期	株 (株丛)	按设计图示数量计算	(1) 起挖; (2) 运输; (3) 栽植; (4) 养护
050102002	栽植竹类	(1) 竹种类; (2) 竹胸径; (3) 养护期	株 (株丛)	按设计图示数量计算	(1) 起挖; (2) 运输; (3) 栽植; (4) 养护
050102003	栽植棕榈类	(1) 棕榈种类; (2) 株高; (3) 养护期	株	按设计图示数量计算	(1) 起挖; (2) 运输; (3) 栽植; (4) 养护
050102004	栽植灌木	(1) 灌木种类; (2) 冠丛高; (3) 养护期	株	按设计图示数量计算	(1) 起挖; (2) 运输; (3) 栽植; (4) 养护
050102005	栽植绿篱	(1) 绿篱种类; (2) 篱高; (3) 行数; (4) 养护期	m	按设计图示长度计算	(1) 起挖; (2) 运输; (3) 栽植; (4) 养护
050102006	栽植攀缘植物	(1) 植物种类; (2) 养护期	株	按设计图示数量计算	(1) 起挖; (2) 运输; (3) 栽植; (4) 养护
050102007	栽植色带	(1) 苗木种类; (2) 苗木株高; (3) 养护期	m^2	按设计图示尺寸以面积计算	(1) 坡地细整; (2) 阴坡; (3) 草籽喷种植; (4) 覆盖; (5) 养护
050102008	栽植花卉	(1) 花卉种类; (2) 养护期	株	按设计图示数量计算	(1) 起挖; (2) 运输; (3) 栽植; (4) 养护
050102009	栽植水生植物	(1) 植物种类; (2) 养护期	丛	按设计图示数量计算	(1) 起挖; (2) 运输; (3) 栽植; (4) 养护
050102010	铺种铺种草皮	(1) 草皮种类; (2) 铺种方式; (3)养护期	m^2	按设计图示尺寸以面积计算	(1) 起挖; (2) 运输; (3) 栽植; (4) 养护
050102011	喷播植草	(1) 草籽种类; (2) 养护期	m^2	按设计图示尺寸以面积计算	(1) 坡地细整; (2) 阴坡; (3) 草籽喷播; (4) 覆盖; (5) 养护

绿地喷灌工程量计算规则（编码：050103）　　表 4-1-54

项目编码	项目名称	项 目 特 征	计量单位	工程量计算规则	工 程 内 容
050103001	喷灌设施	(1) 土石方类别； (2) 阀门井材料种类、规格； (3) 管道品种、规格、长度； (4) 管件、阀门、喷头品种、规格、数量； (5) 感应电控装置品种、规格、品牌； (6) 管道固定方式； (7) 防护材料种类； (8) 油漆品种、刷漆遍数	m	按设计图示尺寸以长度计算	(1) 挖土石方； (2) 阀门井砌筑； (3) 管道铺设； (4) 管道固筑； (5) 感应电控设施安装； (6) 水压试验； (7) 刷防护材料、油漆； (8) 回填

(2) 园路、园桥、假山工程的工程量计算规则说明：清单模式下园路、园桥、假山工程的工程量计算规则见表 4-1-54 ~ 表 4-1-56 所列，主要包括园路桥工程、堆塑假山、驳岸等。本节共设 3 个分部 27 个分项工程。具体说明如下：

1) 园路、园桥、假山（堆筑土山丘除外）、驳岸工程等的挖土方、开凿石方、回填等应按"土（石）方工程"相关项目编码列项；如遇某些构配件使用钢筋混凝土或金属构件时，应按"房屋建筑工程"或"市政工程"相关项目编码列项；

2) 园路、园桥、假山（堆筑土山丘除外）、驳岸工程项目等需要的挖土方、开凿石方、土石方运输、回填土石方等工程项目按"建筑工程工程量清单计价"有关项目单独编码列项；

3) 园桥分为石桥、木桥项目，石桥由石基础、石桥台、石桥墩、石桥面及石栏杆等组成；木桥由木桩基础、木梁、木桥面及木栏杆等组成，如有某些构件采用钢筋混凝土或金属构件时，应按"建筑工程工程量清单计价"有关项目单独编码列项；

4) 山石护角项目是指土山或堆石山的山角堆砌的山石，起挡土石和点缀的作用；混凝土园路设置伸缩缝时，预留或切割伸缩缝及嵌缝材料应包括在该项目的综合单价内；

5) 山坡石台阶指随山坡而砌，多使用不规整的块石，无严格统一的每步台阶高度限制，踏步和踢脚无需石表面加工或少许加工；

6) 路牙、盖板的制作或购置费应包括在综合单价内；草砖的制作或购置费需包括在单价内，嵌草砖露空部分填土有施肥要求时，费用应在工程量清单措施项目费内计算；

7) 石桥基础施工时，根据施工方案需要筑围堰时，筑拆围堰的费用，应列在工程量清单项目措施费内；

8) 石桥面铺筑，设计规定需回填或做垫层时，可将回填土或垫层包括在石桥面铺筑报价内，相关的回填土或混凝土垫层项目不再计算费用。

园路桥工程量计算规则（编码：050201）　　表 4-1-55

项目编码	项目名称	项 目 特 征	计量单位	工程量计算规则	工 程 内 容
050201001	园 路	(1) 垫层厚度、宽度、材料种类； (2) 路面厚度、宽度、材料种类； (3) 混凝土强度等级； (4) 砂浆强度等级	m^2	按设计图示尺寸以面积计算，不包括路牙	(1) 园路路基、路床整理； (2) 垫层铺筑； (3) 路面铺筑； (4) 路面养护

续表

项目编码	项目名称	项目特征	计量单位	工程量计算规则	工程内容
050201002	路牙铺设	(1) 垫层厚度、材料种类； (2) 路牙材料种类、规格； (3) 混凝土强度等级； (4) 砂浆强度等级	m	按设计图示尺寸以长度计算	(1) 基层清理； (2) 垫层铺筑； (3) 路牙铺设
050201003	树池围牙	(1) 围牙材料种类、规格； (2) 铺设方式； (3) 盖板材料种类、规格	m^2	按设计图示尺寸以面积计算	(1) 基层清理； (2) 垫层铺筑； (3) 路牙铺设
050201004	嵌草砖铺装	(1) 垫层厚度； (2) 铺设方式； (3) 嵌草砖品种、规格、颜色； (4) 漏空部分填土要求	m	按设计图示尺寸以长度计算	(1) 原土夯实； (2) 垫层铺设； (3) 铺砖； (4) 填土
050201005	石桥基础	(1) 基础类型； (2) 石料种类、规格； (3) 混凝土强度等级； (4) 砂浆强度等级	m^3	按设计图示尺寸以体积计算	(1) 垫层铺设； (2) 基础砌筑、浇筑； (3) 砌石
050201006	石桥墩、石桥台	(1) 石料种类、规格； (2) 勾缝要求； (3) 砂浆强度等级	m^3	按设计图示尺寸以体积计算	(1) 石料加工； (2) 起重架塔、拆； (3) 墩、台、旋石、旋脸砌筑； (4) 勾缝
050201007	拱旋石制作、安装	(1) 石料种类、规格； (2) 旋石雕刻要求； (3) 勾缝要求； (4) 砂浆强度等级	m^3	按设计图示尺寸以体积计算	(1) 石料加工； (2) 起重架塔、拆； (3) 墩、台、旋石、旋脸砌筑； (4) 勾缝
050201008	石旋脸制作、安装	(1) 石料种类、规格； (2) 旋脸雕刻要求； (3) 勾缝要求； (4) 砂浆强度等级	m^2	按设计图示尺寸以体积计算	(1) 石料加工； (2) 起重架塔、拆； (3) 墩、台、旋石、旋脸砌筑； (4) 勾缝
050201009	金刚墙砌筑	(1) 石料种类、规格； (2) 旋脸雕刻要求； (3) 勾缝要求； (4) 砂浆强度等级	m^3	按设计图示尺寸以体积计算	(1) 石料加工； (2) 起重架塔、拆； (3) 砌石； (4) 填土夯
050201010	石桥面铺筑	(1) 石料种类、规格； (2) 找陕层厚度、材料种类； (3) 勾缝要求； (4) 砂浆强度等级 (5) 混凝土强度等级	m^2	按设计图示尺寸以面积计算	(1) 石料加工； (2) 抹找平层； (3) 起重架塔、拆； (4) 桥面、桥面踏步铺设； (5) 勾缝
050201011	石桥面檐板	(1) 石料种类、规格； (2) 勾缝要求； (3) 砂浆强度等级、配合比	m^2	按设计图示尺寸以面积计算	(1) 石料加工； (2) 檐板、仰天石、地伏石铺设； (3) 铁锔、银锭安装
050201012	仰天石、地伏石	(1) 石料种类、规格； (2) 勾缝要求； (3) 砂浆强度等级、配合比	m	按设计图示尺寸以长度计算	(1) 石料加工； (2) 檐板、仰天石、地伏石铺设； (3) 铁锔、银锭安装

续表

项目编码	项目名称	项目特征	计量单位	工程量计算规则	工程内容
050201013	石望柱	(1) 石料种类、规格； (2) 柱高、截面； (3) 柱身雕刻要求； (4) 柱头雕饰要求； (5) 勾缝要求； (6) 砂浆配合比	根	按设计图示数量计算	(1) 石料加工； (2) 柱身、柱头雕刻； (3) 望柱安装； (4) 勾缝
050201014	栏杆、扶手	(1) 石料种类、规格； (2) 栏杆、扶手截面； (3) 勾缝要求； (4) 砂浆配合比	m	按设计图示尺寸以长度计算	(1) 石料加工； (2) 栏杆、扶手安装； (3) 铁锔、银锭安装； (4) 勾缝
050201015	栏板、撑鼓	(1) 石料种类、规格； (2) 栏板、撑鼓雕刻要求； (3) 勾缝要求； (4) 砂浆配合比	块	按设计图示数量计算	(1) 石料加工； (2) 栏板、撑鼓雕刻； (3) 栏板、撑鼓安装； (4) 勾缝
050201016	木制步桥	(1) 桥宽度； (2) 桥长度； (3) 木材种类； (4) 各部件截面长度； (5) 防护材料种类	m^2	按设计图示尺寸以桥面板长乘桥面板宽以面积计算	(1) 木桩加工； (2) 打木桩基； (3) 木梁、木桥板、木桥栏杆、木扶制作、安装； (4) 连接铁、螺栓安装； (5) 刷防护材料

堆塑假山工程量计算规则（编码：050202） **表 4-1-56**

项目编码	项目名称	项目特征	计量单位	工程量计算规则	工程内容
050202001	堆筑假山	(1) 土丘高度； (2) 土丘坡度要求； (3) 土丘底外接矩形面积	m^3	按设计图示山丘水平投影外接矩形面积乘以高度的 1/3 以体积计算	(1) 取土； (2) 运土； (3) 堆砌、夯实； (4) 修整
050202002	堆砌石假山	(1) 堆砌高度； (2) 石料种类、单块重量； (3) 混凝土强度等级； (4) 砂浆强度等级配合比	t	按设计图示尺寸以估处质量计算	(1) 选料； (2) 起重架、拆； (3) 堆砌、修整
050202003	塑假山	(1) 假山 (2) 假山骨架材料、规格； (3) 混凝土强度等级； (4) 山皮料种类； (5) 砂浆强度等级配合比； (6) 防护材料种类	m^2	按设计图示尺寸以估处质量计算	(1) 骨架制作； (2) 假山胎模制作； (3) 塑假山； (4) 山皮料安装； (5) 刷防护材料
050202004	石 笋	(1) 石笋高度； (2) 石笋材料种类； (3) 砂浆强度等级、配合比	支	按设计图示数量计算	(1) 选石料； (2) 石笋安装

续表

项目编码	项目名称	项 目 特 征	计量单位	工程量计算规则	工 程 内 容
050202005	点风景石	(1) 石料种类; (2) 砂浆配合比; (3) 石料规格、重量	块	按设计图示数量计算	(1) 选石料; (2) 起重架搭、拆; (3) 点石
050202006	池石、盆景山	(1) 底盘种类; (2) 山石种类; (3) 山石高度; (4) 混凝土砂浆强度等级; (5) 砂浆强度等级、配合比	座(个)	按设计图示数量计算	(1) 底盘制作、安装; (2) 池石、盆景山石安装、砌筑
050202007	山石护角	(1) 石料种类、规格; (2) 砂浆配合比	m^3	按设计图示尺寸以体积计算	(1) 石料; (2) 砌石
050202008	山坡石台阶	(1) 石料种类、规格; (2) 台阶坡度; (3) 砂浆强度等级	m^2	按设计图示尺寸以水平投影面积计算	(1) 选石料; (2) 台阶砌筑

驳岸工程量计算规则(编码:050203) **表 4-1-57**

项目编码	项目名称	项 目 特 征	计量单位	工程量计算规则	工 程 内 容
050203001	石砌驳岸	(1) 石料种类、规格; (2) 驳岸截面、长度; (3) 勾缝要求; (4) 砂浆强度等级、配合比	m^3	按设计图示尺寸以体积计算	(1) 石料加工; (2) 砌石; (3) 勾缝
050203002	原木桩驳岸	(1) 木材种类; (2) 桩直径; (3) 桩单根长度; (4) 防护材料种类	m	按设计图示尺寸以桩长(包括桩尖)计算	(1) 木桩加工; (2) 打木桩; (3) 刷防护材料
050203003	散铺砂卵石护岸(自然护岸)	(1) 护岸平均宽度; (2) 粗细砂比例; (3) 卵石粒度; (4) 大卵石粒径、数量	m^2	按设计图示平均护岸宽度乘以护岸长度以面积计算	(1) 修边坡; (2) 铺卵石、点布大卵石

(3) 园林景观工程的工程量计算规则说明：清单模式下园林景观工程的工程量计算规则见表 4-1-58 ~ 表 4-1-63 所列,本节共设 6 个分部 41 个分项工程。包括:原木、竹构件、亭廊屋面、花架、园林桌椅、喷泉安装、杂项等。具体说明如下:

1) 柱顶石(磉蹬石)、木柱、木屋架、钢柱、钢屋架、屋面木基层和防水层等,应按“房屋建筑工程”相关项目编码列项。

2) 木构件连接方式应包括:开榫连接、铁件连接、扒钉连接、铁钉连接;竹构件连接方式应包括:竹钉固定、竹篾绑扎、铁丝绑扎;膜结构的亭、廊,应按“房屋建筑工程”相关项目编码列项。

3) 喷泉水池应按“房屋建筑工程”相关项目编码列项,石镌字种类应是指阴文和阴包阳。砌筑果皮箱、放置盆景的须弥座等,应按“砖石砌小摆设”项目编码列项。

4) 所列原木构件指不剥树皮的原木,原木(带树皮)墙项目也可用于在墙体上铺钉树皮项目。

5）竹编墙项目也可用于在墙体上铺钉竹板的墙体项目，树枝、竹编制的花牙子按树枝吊挂楣子和竹挂楣子项目编码列项。花架项目中的“梁”包括盖梁和连系梁。

6）草屋面、竹、树皮屋面的木基层按“房屋建筑工程”中有关木结构的屋面基层(包括檩子、椽子、屋面板等)项目单独编码列项。标志牌项目适用于各种材料的指示牌、指路牌、警示牌等。

7）混凝土斜屋面板、亭屋面板上盖瓦，盖瓦按“房屋建筑工程”中有关瓦屋面项目编码列项。

8）石桌、石凳项目可用于经人工雕凿的石桌、石凳，也可用于选自然石料的石桌、石凳。标志牌项目适用于各种材料的指示牌、指路牌、警示牌等。

9）混凝土构件的钢筋、铁件制作安装应按“房屋建筑工程”中相关项目编码列项。原木、树枝和竹构件需加热煨弯或校直时，加热费用应包括在综合单价内。屋面需捆把的竹片和篾条应包括在报价内。

10）就位预制亭屋面和穹顶使用土胎模时，应计算挖土、过筛、夯筑、抹灰以及构件出槽后的回填凳，也可将土胎膜发生的费用应列在工程量清单项目措施费内。

原木、竹构件工程量计算规则(编码:050301) 表 4-1-58

项目编码	项目名称	项目特征	计量单位	工程量计算规则	工程内容
050301001	原木（带树皮）柱、梁、檩、椽	(1) 原木种类; (2) 原木稍径(不含树皮厚度); (3) 墙龙骨材料种类、规格; (4) 墙底层材料种类、规格; (5) 构件联接方式; (6) 防护材料种类	m	按设计图示尺寸以长度计算(包括榫长)	(1) 构件制作; (2) 构件安装 (3) 刷防护材料
050301002	原木（带树皮)墙	(1) 原木种类; (2) 原木稍径(不含树皮厚度); (3) 墙龙骨材料种类、规格; (4) 墙底层材料种类、规格; (5) 构件联接方式; (6) 防护材料种类	m^2	按设计图示尺寸以面积计算(不包括柱、梁)	(1) 构件制作; (2) 构件安装 (3) 刷防护材料
050301003	树枝吊挂楣子	(1) 原木种类; (2) 原木稍径(不含树皮厚度); (3) 墙龙骨材料种类、规格; (4) 墙底层材料种类、规格; (5) 构件联接方式; (6) 防护材料种类	m^2	按设计图示尺寸以框外围面积计算（不包括柱、梁)	(1) 构件制作; (2) 构件安装 (3) 刷防护材料
050301004	竹柱、梁、檩、椽	(1) 竹种类; (2) 竹稍径; (3) 连接方式; (4) 防护材料种类	m	按设计图示尺寸以长度计算	(1) 构件制作; (2) 构件安装 (3) 刷防护材料

续表

项目编码	项目名称	项 目 特 征	计量单位	工程量计算规则	工 程 内 容
050301005	竹编墙	(1) 竹种类; (2) 墙龙骨材料种类、规格; (3) 墙底层材料种类、规格; (4) 防护材料种类	m^2	按设计图示尺寸以面积计算(不包括柱、梁)	(1) 构件制作; (2) 构件安装 (3) 刷防护材料
050301006	竹吊挂楣子	(1) 竹种类; (2) 竹稍径; (3) 防护材料种类	m^2	按设计图示尺寸以框外围面积计算	(1) 构件制作; (2) 构件安装 (3) 刷防护材料

亭廊屋面工程量计算规则(编码:050302) 表 4-1-59

项目编码	项目名称	项 目 特 征	计量单位	工程量计算规则	工 程 内 容
050302001	草屋面	(1) 屋面坡度; (2) 铺草种类; (3) 竹材种类; (4) 防护材料种类	m^2	按设计图示以斜面面积计算	(1) 整理、选料; (2) 屋面铺设; (3) 刷防护材料
050302002	竹屋面	(1) 屋面坡度; (2) 铺草种类; (3) 竹材种类; (4) 防护材料种类	m^2	按设计图示以斜面面积计算	(1) 整理、选料; (2) 屋面铺设; (3) 刷防护材料
050302003	树皮屋面	(1) 屋面坡度; (2) 铺草种类; (3) 竹材种类; (4) 防护材料种类	m^2	按设计图示以斜面面积计算	(1) 整理、选料; (2) 屋面铺设; (3) 刷防护材料
050302004	现浇混凝土斜屋面板	(1) 檐口高度; (2) 屋面坡度; (3) 板厚; (4) 椽子截面; (5) 老角梁、子角梁截面; (6) 脊截面; (7) 混凝土强度	m^3	按设计图示尺寸以体积计算成本，混凝土脊和基梁并入屋面体积内	混凝土制作、运输、浇筑、振捣、养护
050302005	现浇混凝土攒尖亭屋面板	(1) 檐口高度; (2) 屋面坡度; (3) 板厚; (4) 椽子截面; (5) 老角梁、子角梁截面; (6) 脊截面; (7) 混凝土强度	m^3	按设计图示尺寸以体积计算成本，混凝土脊和基梁并入屋面体积内	混凝土制作、运输、浇筑、振捣、养护

续表

项目编码	项目名称	项 目 特 征	计量单位	工程量计算规则	工 程 内 容
050302006	就位预制混凝土攒尖亭屋面板	(1) 亭屋面坡度; (2) 穹顶弧长、直径; (3) 肋截面尺寸; (4) 板厚; (5) 椽子截面; (6) 老角梁、子角梁截面; (7) 脊截面; (8) 混凝土强度	m^3	按设计图示尺寸以体积计算成本，混凝土脊和穹顶的肋、基梁并入屋面体积内	(1) 混凝土制作、运输、浇筑、振捣、养护; (2) 预埋铁件、拉杆安装; (3) 构件出槽、养护、安装; (4) 接头灌缝
050302007	就位预制混凝土穹顶	(1) 亭屋面坡度; (2) 穹顶弧长、直径; (3) 肋截面尺寸; (4) 板厚; (5) 椽子截面; (6) 老角梁、子角梁截面; (7) 脊截面; (8) 混凝土强度	m^3	按设计图示尺寸以体积计算成本，混凝土脊和穹顶的肋、基梁并入屋面体积内	(1) 混凝土制作、运输、浇筑、振捣、养护; (2) 预埋铁件、拉杆安装; (3) 构件出槽、养护、安装; (4) 接头灌缝
050302008	彩色压型钢板（夹芯板）攒尖亭屋面板	(1) 屋面坡度; (2) 穹顶弧长、直径; (3) 彩色压型钢板（夹芯板）品种、规格、品牌、颜色; (4) 拉杆材质、规格; (5) 嵌缝材料种类; (6) 防护材料种类	m^2	按设计图示尺寸以面积计算	(1) 压型板安装; (2) 护角、包角、泛水安装; (3) 嵌缝; (4) 刷防护材料
050302009	彩色压型钢板（夹芯板）穹顶	(1) 屋面坡度; (2) 穹顶弧长、直径; (3) 彩色压型钢板(夹芯板)品种、规格、品牌、颜色; (4) 拉杆材质、规格; (5) 嵌缝材料种类; (6) 防护材料种类	m^2	按设计图示尺寸以面积计算	(1) 压型板安装; (2) 护角、包角、泛水安装; (3) 嵌缝; (4) 刷防护材料

花架工程量计算规则(编码:050303) 表 4-1-60

项目编码	项目名称	项 目 特 征	计量单位	工程量计算规则	工 程 内 容
050303001	现浇混凝土花架柱、梁	(1) 柱截面、高度、根数; (2) 盖梁截面、高度、根数; (3) 连系梁截面、高度、根数; (4) 混凝土强度等级	m^3	按设计图示尺寸以体积计算	(1) 土(石) 方挖运; (2) 混凝土制作、运输、浇筑、振捣、养护
050303002	预制混凝土花架柱、梁	(1) 柱截面、高度、根数; (2) 盖梁截面、高度、根数; (3) 连系梁截面、高度、根数; (4) 混凝土强度等级; (5) 砂浆配合比	m^3	按设计图示尺寸以体积计算	(1) 土(石) 方挖运; (2) 混凝土制作、运输、浇筑、振捣、养护; (3) 构件制作、运输、安装; (4) 砂浆制作、运输; (5) 接头灌缝、养护

续表

项目编码	项目名称	项目特征	计量单位	工程量计算规则	工程内容
050303003	木花架柱、梁	(1) 木材种类; (2) 柱、梁截面; (3) 连接方式; (4) 防护材料种类	m^3	按设计图示截面乘长度(包括榫长)以体积计算	(1) 土(石)方挖运; (2) 混凝土制作、运输、浇筑、振捣、养护; (3) 构件制作、运输、安装; (4) 刷防护材料、油漆
050303004	金属架柱、梁	(1) 木材种类; (2) 柱、梁截面; (3) 连接方式; (4) 防护材料种类	t	按设计图示以质量计算	(1) 土(石)方挖运; (2) 混凝土制作、运输、浇筑、振捣、养护; (3) 构件制作、运输、安装; (4) 刷防护材料、油漆

园林桌椅工程量计算规则(编码:050304) **表 4-1-61**

项目编码	项目名称	项目特征	计量单位	工程量计算规则	工程内容
050304001	木制飞来椅	(1) 木材种类; (2) 座凳面厚度、宽度; (3) 靠背扶手截面; (4) 靠背截面; (5) 座凳楣子形状、尺寸; (6) 铁件尺子、厚度; (7) 油漆品种、刷油遍数	m	按设计图示尺寸以座凳面中心线长计算	(1) 座凳面、靠背扶手、靠背、楣子制作、安装; (2) 铁件安装; (3) 刷油漆
050304002	钢筋混凝土飞来椅	(1) 座凳面厚度、宽度; (2) 靠背扶手截面、靠背截面; (3) 座凳楣子形状、尺寸; (4) 混凝土强度等级; (5) 砂浆配合比; (6) 油漆品种、刷油遍数	m	按设计图示尺寸以座凳面中心线长计算	(1) 混凝土制作、运输浇筑、振捣、养护; (2) 预制件运输、安装; (3) 座凳制作; (4) 刷油漆
050304003	竹制飞来椅	(1) 竹材种类; (2) 座凳面厚度、宽度; (3) 靠背扶手截面; (4) 靠背截面; (5) 座凳楣子形状、尺寸; (6) 铁件尺子、厚度	m	按设计图示尺寸以座凳面中心线长计算	(1) 座凳面、靠背扶手、靠背、楣子制作、安装; (2) 铁件安装; (3) 刷防护材料
050304004	现浇混凝土桌凳	(1) 桌凳形状; (2) 基础尺寸、埋设深度; (3) 桌面尺寸、支墩高度; (4) 凳面尺寸、支墩高度; (5) 混凝土强度等级、砂浆配合比	个	按设计图示数量计算	(1) 土方挖运; (2) 混凝土制作、运输浇筑、振捣、养护; (3) 桌凳制作; (4) 砂浆制作、运输; (5) 桌凳安装

续表

项目编码	项目名称	项 目 特 征	计量单位	工程量计算规则	工 程 内 容
050304005	预制混凝土桌凳	(1) 桌凳形状; (2) 基础尺寸、埋设深度; (3) 桌面尺寸、支墩高度; (4) 凳面尺寸、支墩高度; (5) 混凝土强度等级、砂浆配合比	个	按设计图示数量计算	(1) 混凝土制作、运输浇筑、振捣、养护; (2) 预制件制作、运输、安装; (3) 砂浆制作、运输; (4) 接头灌缝、养护
050304006	石桌石凳	(1) 石材种类; (2) 基础尺寸、埋设深度; (3) 桌面尺寸、支墩高度; (4) 凳面尺寸、支墩高度; (5) 混凝土强度等级、砂浆配合比	个	按设计图示数量计算	(1) 土方挖运; (2) 混凝土制作、运输浇筑、振捣、养护; (3) 桌凳制作; (4) 砂浆制作、运输
050304007	塑树根桌凳	(1) 桌凳直径; (2) 桌凳高度; (3) 砖石种类; (4) 砂浆强度等级、配合比; (5) 颜料品种、颜色	个	按设计图示数量计算	(1) 土(石) 方挖运; (2) 砂浆制作、运输; (3) 砖石砌筑; (4) 塑树皮; (5) 绘制木纹
050304008	塑树节椅	(1) 桌凳直径; (2) 桌凳高度; (3) 砖石种类; (4) 砂浆强度等级、配合比; (5) 颜料品种、颜色	个	按设计图示数量计算	(1) 土(石) 方挖运; (2) 砂浆制作、运输; (3) 砖石砌筑; (4) 塑树皮; (5) 绘制木纹
050304009	塑料、铁艺、金属椅	(1) 木座板面截面; (2) 塑料、铁艺、金属椅规格、颜色; (3) 混凝土强度等级; (4) 防护材料种类	个	按设计图示数量计算	(1) 土(石) 方挖运; (2) 砂浆制作、运输、浇筑、振捣、养护; (3) 座椅安装; (4) 木座板制作、安装; (5) 刷防护材料

喷泉安装工程量计算规则(编码:050305) **表 4-1-62**

项目编码	项目名称	项目特征	计量单位	工程量计算规则	工程内容
050305001	喷泉管道	(1) 管材、管件、水泵、阀门、喷头品种、规格、品种; (2) 管道固定方式; (3) 防护材料种类	m	按设计图示尺寸以长度计算	(1) 土(石) 方挖运; (2) 管道、管件、水泵、阀门、喷头安装; (3) 刷防护材料; (4) 回填
050305002	喷泉电缆	(1) 保护管品种、规格; (2) 电缆品种、规格	m	按设计图示尺寸以长度计算	(1) 土(石) 方挖运; (2) 电缆保护管安装; (3) 电缆敷设; (4) 回填
050305003	水下艺术装饰灯具	(1) 灯具品种、规格、品种; (2) 灯光颜色	套	按设计图示数量计算	(1) 灯具安装; (2) 支架制作、运输、安装

续表

项目编码	项目名称	项 目 特 征	计量单位	工程量计算规则	工 程 内 容
050305004	电器控制	(1) 规格、型号; (2) 规格安装方式	台	按设计图示数量计算	(1) 电器控制柜(箱) 安装; (2) 系统调试

杂项工程量计算规则(编码:050306) 表 4-1-63

项目编码	项目名称	项 目 特 征	计量单位	工程量计算规则	工 程 内 容
050306001	石 灯	(1) 石灯种类; (2) 石灯最大截面、高度; (3) 混凝土强度等级; (4) 砂浆配合比	个	按设计图示数量计算	(1) 土(石) 方挖运; (2) 砂浆制作、运输、浇筑、振捣、养护; (3) 石灯制作、安装
050306002	塑仿石音箱	(1) 音箱石内空尺寸; (2) 铁丝型号; (3) 砂浆配合比; (4) 水泥漆品牌、颜色	个	按设计图示数量计算	(1) 胎模制作、安装; (2) 铁丝网制作、安装; (3) 砂浆制作、运输、养护; (4) 喷水泥漆
050306003	塑树皮、梁、柱	(1) 塑树种类; (2) 砂浆配合比; (3) 颜料品种、颜色	m^2 (m)	按设计图示尺寸以梁柱外表面积计算或以构件长度计算	(1) 灰塑; (2) 刷涂颜料
050306004	塑竹梁、柱	(1) 塑竹种类; (2) 砂浆配合比; (3) 颜料品种、颜色	m^2 (m)	按设计图示尺寸以梁柱外表面积计算或以构件长度计算	(1) 灰塑; (2) 刷涂颜料
050306005	花坛铁艺栏杆	(1) 铁艺栏杆高度; (2) 铁艺栏杆单位长度重量; (3) 防护材料种类	m	按设计图示尺寸以长度计算	(1) 铁艺栏杆高度; (2) 刷防护材料
050306006	标志牌	(1) 材料种类、规格; (2) 镌字规格、种类; (3) 喷字规格、颜色; (4) 油漆品种、颜色	个	按设计图示数量计算	(1) 选料、标志牍制作; (2) 雕凿、镌字、喷字; (3) 运输、安装; (4) 刷油漆
050306007	石浮雕	(1) 石料种类; (2) 浮雕种类; (3) 防护材料种类	m^2	按设计图示尺寸以雕刻部分外接矩形面积计算	(1) 放样; (2) 雕琢; (3) 刷防护材料
050306008	石镌字	(1) 石料种类; (2) 镌字规格、种类; (3) 防护材料种类	个	按设计图示数量计算	(1) 放样; (2) 雕琢; (3) 刷防护材料
050306009	砖石砌小摆设	(1) 砖(石) 种类、规格; (2) 砂浆强度等级、配合比; (3) 石表面加工要求; (4) 勾缝要求	m^3 (个)	按设计图示尺寸以体积计算或以数量计算	(1) 砂浆制作、运输、养护; (2) 砌砖、石; (3) 抹面、养护; (4) 勾缝; (5) 石表面加工

4.2 工程量清单下定额的应用

4.2.1 概述

4.2.1.1 工程建设定额的产生与发展

定额是一种规定的标准、数量、额度，广义地说，是处理特定事物的数量界限。在现代社会经济生活中，定额几乎是无处不在。就生产领域来说，工时定额、原材料消耗定额、原材料和成品半成品储备定额、流动资金定额等，都是企业管理的重要基础。在工程建设领域中存在多种定额，它是工程计价的重要依据。更为重要的是，在市场经济条件下，从市场价格机制角度，如何看待现行工程建设定额在工程价格形成中的作用。因此，在研究工程计价依据和计价方式时，有必要对定额和工程建设定额的原理有个初步认识。

(1) 定额的产生及其发展

1) 生产和生产消费

① 工程建设是物质资料的生产活动。物质资料的生产过程，必然也是生产的消费过程。在工程项目建设过程中，要消耗大量的人力、物力和资金。原材料作为劳动对象，在工程建设中改变了性质、形态或者发生了位移，工具或机器在原材料加工的过程中受到磨损，而生产者则消耗了自己的体力、精力和时间；

② 生产和生产消费之间具体关系的确定，是一定时期内的生产力、生产关系、上层建筑三方面诸多因素综合作用的结果；

③ 从发展的角度来看，上述三方面的影响因素都是动态因素，他们总是处于不断的发展变化之中。但是从一段时期来说，生产一定产品，包括施工产品在内，需要消耗或磨损哪些原材料、机械和工具以及需要消耗哪些工人和技术人员的劳动，消耗量是多少都有一定的规律性。

2) 定额的产生及发展

① 所谓定额，是进行生产经营活动时，在人力、物力、财力消耗方面所应遵守或达到的数量标准。19 世纪末，20 世纪初，在技术最发达、资本主义发展最快的美国，形成了系统的经济管理理论。定额的产生就是与管理科学的形成和发展紧密的联系在一起的，它的代表人物有美国人泰勒和吉尔布雷斯夫妇等；

② 定额和企业管理成为科学是从泰勒制开始的，它的创始人是美国工程师泰勒。泰勒制的核心内容包括两方面。第一，科学的工时定额。较高的定额直接体现了泰勒制的主要目标，即提高工人的劳动生产率，降低产品成本，增加企业盈利，而其他方面内容则是为了达到这一主要目标而制定的措施。第二，工时定额与有差别的计件工资制度相结合。这使其本身也成为提高劳动效率的有力措施。泰勒制的产生和推行，在提高劳动生产率方面取得了显著的效果，也给资本主义企业管理带来了根本性的改革和深远的影响；

③ 1920 年出现的行为科学，从社会学和心理学的角度，对工人在生产中的行为以及这些行为产生的原因进行分析研究，强调重视社会环境、人际关系对人的行为的影响。行为科学认为人的行为受动机支配，只要能给他创造一定的条件，他就会希望取得工作的成就，努

力去达到目标；

④ 在 1940 年前后，一些新的技术方法在制定定额中得到运用；制定定额的范围大大突破了工时定额的内容。所以，1945 年出现了事前工时定额制定标准，即以新工艺投产之前就已经选择好的工艺设计和最有效的操作办法为制定基础编制出工时定额，其目的是降低和控制单位产品上的工时消耗。这样就把工时定额的制定提前到工艺和操作方法的设计过程之中，以加强预先控制。

（2）定额在现代管理中的地位：定额是管理科学的基础，也是现代管理科学中的重要内容和基本环节。我国要实现工业化和生产的社会化、现代化，就必须积极地吸收和借鉴世界上发达国家的先进管理方法，必须充分认识定额在社会主义经济管理中的地位，主要表现在以下几个方面：

1）定额是节约社会劳动、提高劳动生产率的重要手段。降低劳动消耗，提高劳动生产率，是人类社会发展的普遍要求和基本条件。节约劳动时间是最大的节约。定额为生产者和经营管理人员建立了评价劳动成果和经营效益的标准尺度，同时也使广大职工明确了自己在工作中应该达到的具体目标。从而增加责任感和自我完善意识，自觉地节约社会劳动和消耗，努力提高劳动生产率和经济效益；

2）定额是组织和协调社会化大生产的工具。“一切规模较大的直接社会劳动或共同劳动，都或多或少地需要指挥，以协调个人活动，并执行生产总体的运动所产生的各种一般职能。”随着生产力的发展，分工越来越细，生产社会化程度不断提高。任何一件产品都可以说是许多企业、许多劳动者共同完成的社会产品。因此必须借助定额实现生产要素的合理配置；以定额作为组织、指挥和协调社会生产的科学依据和有效手段，从而保证社会生产持续、顺利地发展；

3）定额是宏观调控的依据。我国社会主义经济是以公有制为主体的，它既要充分发展市场经济，又要有计划地调节。这就需要利用一系列定额为预测、计划、调节和控制经济发展提供有技术根据的参数，提供出可靠的计量标准；

4）定额在实现分配、兼顾效率与社会公平方面有巨大的作用。定额作为评价劳动成果和经营效益的尺度，也就成为资源分配和个人消费品分配的依据。

（3）工程建设定额的分类

1）工程建设定额

① 工程建设定额是指工程建设中单位产品的人工、材料、机械、资金消耗的规定额度。这种规定的额度反映的是在一定的社会生产力发展水平的条件下，完成工程建设中的某项产品与各种生产消费之间的特定的数量关系，体现在正常施工条件下人工、材料、机械等消耗的社会平均水平。

② 由于工程建设产品具有构造复杂，产品规模庞大，种类繁多，生产周期长等技术经济特点，造成了工程建设产品外延的不确定性。因此，工程建设产品可以指工程建设的最终产品，也可以是构成工程项目的某些完整的产品，也可以是完整产品中的某些较大组成部分，还可以是较大组成部分中的较小部分，或更为细小的部分。这些特点使定额在工程建设管理中占有重要的地位，同时也决定了工程建设定额的多种类、多层次。

③ 工程建设定额是根据国家一定时期的管理体制和管理制度，根据不同定额的用途和适用范围，由专门的机构按照一定的程序制定并按照规定的程序审批和办法执行。工程建设

定额反映了工程建设和各种资源消耗之间的客观规律。

2）工程建设定额的分类：工程建设定额是工程建设中各类定额的总称。它包括许多种类的定额。为了对工程建设定额能有一个全面的了解，可以按照不同的原则和方法对它进行科学的分类。

按定额反映的生产要素消耗内容分类，可以把工程建设定额划分为劳动消耗定额、机械消耗定额和材料消耗定额三种：

① 劳动消耗定额，简称劳动定额，是指完成一定的合格产品规定活劳动消耗的数量标准。为了便于综合和核算，劳动定额大多采用工作时间消耗量来计算劳动消耗的数量；

② 机械消耗定额，我国机械消耗定额是以一台机械一个工作班为计量单位，所以又称为机械台班定额。机械消耗定额是指为完成一定合格产品所规定的施工机械消耗的数量标准；

③ 材料消耗定额，简称材料定额，是指完成一定合格产品所需消耗材料的数量标准。材料是工程建设中使用的原材料、成品、半成品、构配件、燃料以及水、电等动力资源的统称。材料作为劳动对象构成工程的实体，需用数量大、种类多。所以材料消耗量多少，消耗是否合理，不仅关系到资源的有效利用，影响市场供求状况，而且对建设工程的项目投资、建筑产品的成本控制都起着决定性的影响；

3）按定额的编制程序和用途分类：我们将工程建设定额分为施工定额、预算定额、概算定额、概算指标、投资估算指标等五种：

① 施工定额：这是以同一性质的施工过程——工序，作为研究对象，表示生产产品数量与时间消耗综合关系编制的定额。施工定额是施工企业组织生产和加强管理在企业内部使用的一种定额，属于企业定额的性质。为了适应组织生产和管理的需要，施工定额的项目划分很细，是工程建设定额中分项最细、定额子目最多的一种定额，也是工程建设定额中的基础性定额。施工定额本身由劳动定额、机械定额和材料定额三个相对独立的部分组成；

② 预算定额：这是以建筑物或构筑物各个分部分项工程为对象编制的定额。预算定额是以施工定额为基础综合扩大编制的，同时它也是编制概算定额的基础。预算定额是在编制施工图预算阶段，计算工程造价和计算工程中的人工、机械台班、材料需要量时使用，它是编制审查工程造价的重要基础；

③ 概算定额：这是以扩大的分部分项工程为对象编制的。概算定额是编制扩大初步设计概算、确定建设项目投资额的依据。概算定额的项目划分粗细，与扩大初步设计的深度相适应，一般是在预算定额的基础上综合扩大而成的，每一综合分项概算定额都包含了数项预算定额；

④ 概算指标：这是概算定额的扩大与合并，它是以整个建筑物和构筑物为对象，以更为扩大的计量单位来编制的。概算指标的设定和初步设计的深度相适应；

⑤ 投资估算指标：它是在项目建议书和可行性研究阶段编制投资估算、计算投资需要量时使用的一种定额。它非常概略，往往以独立的单项工程或完整的工程项目为计算对象，编制内容是所有项目费用之和。它的概略程度与可行性研究阶段相适应。投资估算指标往往根据历史的预、决算资料和价格变动等资料编制，但其编制基础仍然离不开预算定额、概算定额；

4）按照投资的费用性质分类：可以把工程建设定额分为建筑工程定额、设备安装工程定额、建筑安装工程费用定额、工器具定额以及工程建设其他费用定额等：

① 建筑工程定额。这是建筑工程的施工定额、预算定额、概算定额和概算指标的统称。建筑工程一般理解为房屋和构筑物工程，具体包括一般土建工程、电气工程（动力、照明、弱电）、卫生技术（水、暖、通风）工程、工业管道工程等。建筑工程定额在整个工程建设定额中占有突出的地位；

② 设备安装工程定额。这是安装工程施工定额、预算定额、概算定额和概算指标的统称。设备安装工程是对需要安装的设备进行定位、组合、校正、调试等工作的工程。在工业项目中，机械设备安装和电气设备安装工程占有重要的地位；

③ 建筑安装工程费用定额。一般包括两部分内容：措施费定额和间接费定额；

④ 工、器具定额。是为新建或扩建项目投产运转首次配置的工具、器具数量标准。工具和器具，是指按照有关规定不够固定资产标准但起劳动手段作用的工具、器具和生产用家具；

⑤ 工程建设其他费用定额。是独立于建筑安装工程、设备和工器具购置之外的其他费用开支的标准。工程建设的其他费用的发生和整个项目的建设密切相关。它一般要占项目总投资的10%左右。其他费用定额是按各项独立费用分别制定的，以便合理控制这些费用的开支；

5）按照专业性质划分：工程建设定额分为全国通用定额、行业通用定额和专业专用定额三种。全国通用定额是指在部门间和地区间都可以使用的定额；行业通用定额是指具有专业特点在行业部门内可以通用的定额；专业专用定额是特殊专业的定额，只能在规定的范围内使用；

6）按主编单位和管理权限分类：工程建设定额可以分为全国统一定额、行业统一定额、地区统一定额、企业定额、补充定额5种：

① 全国统一定额。这是由国家建设行政主管部门，综合全国工程建设中技术和施工组织管理的情况编制，并在全国范围内执行的定额；

② 行业统一定额。这是由行业建设行政主管部门，考虑到各行业部门专业工程技术特点，以及施工生产和管理水平编制的。一般只在本行业和相同专业性质的范围内使用；

③ 地区统一定额。这是由地区建设行政主管部门，考虑地区性特点和全国统一定额水平作适当调整和补充编制的，仅在本地区范围内使用；

④ 企业定额。这是指由施工企业考虑本企业具体情况，参照国家、部门或地区定额的水平制定的定额。企业定额只在企业内部使用，是企业素质的一个标志。企业定额水平一般应高于国家现行规定，才能满足生产技术发展、企业管理和市场竞争的需要；

⑤ 补充定额。这是指随着设计、施工技术的发展，现行定额不能满足需要的情况下，为了补充缺陷所编制的定额。补充定额只能在指定的范围内使用，可以作为以后修订定额的基础。

（4）工程建设定额的特点

1）科学性：工程建设定额的科学性包括两重含义。一重含义是指工程建设定额和生产力发展水平相适应，反映出工程建设中生产消费的客观规律。另一重含义是指工程建设定额管理在理论、方法和手段上适应现代科学技术和信息社会发展的需要；

工程建设定额的科学性，首先表现在用科学的态度制定定额，尊重客观实际，力求定额水平合理;其次表现在制定定额的技术方法上,利用现代科学管理的成就,形成一套系统的、完整的、在实践中行之有效的方法;第三表现在定额制定和贯彻的一体化。制定是为了提供贯彻的依据,贯彻是为了实现管理的目标,也是对定额的信息反馈。

2)系统性:工程建设定额是相对独立的系统。它是由多种定额结合而成的有机的整体。它的结构复杂,有鲜明的层次,有明确的目标。

工程建设定额的系统性是由工程建设的特点决定的。按照系统论的观点,工程建设就是庞大的实体系统。工程建设定额是为这个实体系统服务的。因而工程建设本身的多种类、多层次就决定了以它为服务对象的工程建设定额的多种类、多层次。这些工程的建设都有严格的项目划分,如建设项目、单项工程、单位工程、分部分项工程;在计划和实施过程中有严密的逻辑阶段,如规划、可行性研究、设计、施工、竣工交付使用,以及投入使用后的维修。与此相适应必然形成工程建设定额的多种类、多层次。

3)统一性:工程建设定额的统一性,主要是由国家对经济发展的有计划的宏观调控职能决定的,为了使国民经济按照既定的目标发展,就需要借助于某些标准、定额、参数等,对工程建设进行规划、组织、调节、控制。而这些标准、定额、参数必须在一定的范围内是一种统一的尺度,才能实现上述职能,才能利用它对项目的决策、设计方案、投标报价、成本控制进行比选和评价。

工程建设定额的统一性按照其影响力和执行范围来看,有全国统一定额,地区统一定额和行业统一定额等;按照定额的制定、颁布和贯彻使用来看,有统一的程序、统一的原则、统一的要求和统一的用途。

4)权威性:工程建设定额具有很大权威。这种权威在一些情况下具有经济法规性质。权威性反映统一的意志和统一的要求,也反映信誉和信赖程度以及反映定额的严肃性;

工程建设定额的权威性的客观基础是定额的科学性,只有科学的定额才具有权威。但是在社会主义市场经济条件下,它必然涉及到各有关方面的经济关系和利益关系。赋予工程建设定额以一定的权威性,就意味着在规定的范围内,对于定额的使用者和执行者来说,不论主观上愿意不愿意,都必须按定额的规定执行。在当前市场不规范的情况下,赋予工程建设定额以权威性是十分重要的。

5)稳定性与时效性:工程建设定额中的任何一种都是一定时期技术发展和管理水平的反映,因而在一段时间内都表现出稳定的状态,稳定的时间有长有短,一般在5年至10年之间。保持定额的稳定性是维护定额的权威性所必须的,更是有效的贯彻定额所必要的。

但是工程建设定额的稳定性是相对的。当生产力向前发展了,定额就会与已经发展了的生产力不相适应。这样,它原有的作用就会逐步减弱以至消失,需要重新编制或修订。

4.2.2 定额制定的方法

4.2.2.1 技术测定法

技术测定法是根据对施工过程的生产技术、组织条件和施工方法进行分析研究,在充分挖掘生产潜力的基础上,应用计时观察和观测试验方法获得有关的数据资料,经过科学的分析和整理,制定定额的一种方法。根据用途的不同,技术测定法大体可划分为两大类:计时观察法和观测试验法。

(1)计时观察法:该方法是以研究工时消耗为对象,以观察测时为手段,通过抽样等技术进行直接的时间研究。包括测时法、工作日写实法、写实记录法和简易计时观察法等。该法主要用于研究工时消耗的性质和数景，查明和确定各种因素对工时消耗数量的影响，找出工时损失的原因和研究缩短工时、减少损失的可能性，从而制定劳动定额、机械台班使用定额和与时间有关的材料(零件、燃料)消耗定额。

(2) 观测试验法：它是以材料消耗为对象，以观测试验为手段，在施工现场、实验室或者其他接近施工实际的非施工现场的情况下，进行观测试验研究施工过程中材料消耗的方法。包括施工观测法和试验法两种。这类方法主要用于研究施工过程的组织和技术、操作方法，材料运输条件和方法，材料贮存地点和方法，材料消耗和损耗的原因、性质和数量，各种影响因素对材料消耗量的影响程度，从而制定材料、动力和工器具等的消耗定额。

4.2.2.2　比较类推法

(1) 比较类推法是以精确测定好的同类型工序或产品的定额，经过对比分析，类推出同类中相邻工序或产品定额的方法。

(2) 采用这种方法制定定额简单易行、工作量小，缺点是往往会因对定额的时间组成分析不够，对影响因素估计不足或所选典型定额不当而影响定额的质量。

(3) 本法适用于制定同类产品品种多、批量小的劳动定额和材料消耗定额。

4.2.2.3　经验估测法

(1) 经验估测法又称经验估计法，是在没有统计资料的条件下，根据定额人员、工程技术人员和工人的实践经验，经现场调查、观测，考虑材料、工具、设备、组织条件和操作方法并结合有关的技术资料直接估算定额的方法。

(2) 该方法的优点是简便易行，量小快速；缺点是由于缺乏技术资料，水平不易平衡，准确性差，易出现偏高或偏低的现象。

4.2.2.4　统计分析法

(1) 统计分析法是对同类工程或产品，根据过去施工中有关工时、材料消耗等的记录和统计资料，考虑当前及今后施工生产条件的变化，利用统计学的原理，进行科学的分析研究后制定定额的一种方法。

(2) 统计分析法的优点是简便易行，工作量小，省时省力，比经验估计法有较多的统计资料，能反映生产实际情况。采用本法必须具备包括原始记录、统计台账和经过初步整理的完整而可靠的历史统计资料。

(3) 由于它是以过去的记录和统计资料为依据，对其中存在不合理的虚假因素、施工技术和管理水平今后的改进和发展估计不足，其准确性和可靠性较差。统计分析法适用于工程量大，生产周期长的定额项目的制定，特别对采用第一种方法难以制定的定额项目，采用本法更为适宜。

4.2.3　施工企业定额

4.2.3.1　概述

(1) 在清单模式计价的招标投标活动中，确定价格应遵循两个基本原则，一个是合理低价中标，另一个是不低于成本价。合理低价就是工期合理且最短，施工组织设计的方案足以保证工程质量，施工措施先进、合理、可靠且最佳，投标报价在合理的前提下能够保证工程的顺利完成且最低。

（2）所谓“不低于成本价”，应该是不低于由报标企业自身消耗所决定的“个别成本价”，而不是反映社会平均消耗的“预算成本价”。投标人应参加评标委员会对投标人拟采取实现低报价的措施进行评审答辩，评委认为是合理的，是可以实现的，则可认为其低报价是不低于其投标人的个别成本，评标时才认为有效。显然，企业定额不仅是工程量清单投标报价真正具有可操作性的关键，而且也是落实《招标投标法》“合理低价中标，并且不低于成本价”的关键。

（3）《清单规范》中没有人工、材料、机械台班的消耗量，客观上要求施工企业要根据自身施工水平、技术及机械装备力量、管理水平、设备材料的进货渠道等因素来编制内部定额，以确定本企业为完成各分部分项工程所构成工程实体而需要消耗的人工、材料、机械的最低标准，还需确定为合理地正常施工所需的各项措施性消耗和管理费用的最低标准。

（4）企业内部定额是企业对自身生产水平的正确认识，是对所承揽建设项目实际成本预测的重要依据，它反映企业的个别成本，有了企业的内部定额，在投标报价时就能做到心中有数，使报价不再盲目，避免了一味地降价或过高报价所形成的亏损或废标。

（5）为加强成本分析与控制，承包商要有独立的私人估价信息，这个私人估价信息反映的是建筑产品的个别成本，体现了企业的实际水平。企业定额反映了一个企业自身的劳动生产率、成本降低率、机械使用率、管理费用节约率与主要材料进价水平，采用企业定额进行工程报价，才能真正体现出市场的竞争性。

（6）根据企业定额编制出来的报价，才是企业完成某项工程任务的成本底线；而以不低于成本底线的价格投标，承包商才能期望赢得利润，才能为保质保量完成施工任务提供足够的经济保证，才有可能形成有力和有效的竞争机制。

（7）随着工程造价体制改革步伐的加快，企业如何形成有特色的报价体系，是建筑企业必须面对的问题。实行工程量清单计价之前，因各项费用在定额中已有规定，使得施工企业不在研究市场价格方面下工夫，因而无法形成具有本企业特色的报价体系，造成了企业资源的巨大浪费，珍贵的经济技术数据也随着工程项目的竣工而消失，使企业在施工成本利润管理方面始终在低水平徘徊。

（8）实行清单计价后，建筑企业为了生存与发展，通过提高企业经营管理水平来降低工程成本，并在这个基础上降低投标报价，提高了竞争能力，从而可最大限度地创造最佳经济效益。

4.2.3.2 企业定额的作用

（1）企业定额的概况：这是指由施工企业根据本企业的人员素质、机械装备程度和企业管理水平，参照国家或地区定额进行编制的一种定额。它反映了企业的劳动生产率、技术装备及管理水平。因此，企业定额是施工企业进行施工管理和投标报价的基础和依据，是企业参与市场竞争的核心竞争能力的具体表现。

企业定额可以表现为消耗量定额和计价定额两种形式，本手册所提到的企业定额，是指在反映社会生产力发展水平方面有别于现行预算定额的计价定额。

（2）企业定额的作用：企业定额的作用主要包括以下几方面内容：

1）企业定额是工程量清单计价的需要。工程量清单计价是一种充分体现公开、公平、公正竞争的科学计价方法，它最实际地反映了符合市场行情的工程实体消耗量及相关费用。采用清单计价编制的企业投标报价代表的是各施工企业的个别生产成本，是各施工企业通过

自主报价参与市场竞争、技术水平与管理水平的综合体现。所以清单计价要求以企业额定为基础,实现个别成本计价;

2）企业定额是工程造价决策的基础,是投标报价的依据。目前我国建筑市场供求关系严重失衡,业主希望以最低的价格选择优秀企业、获得优质工程。而报价作为一个经济指标,是投标企业技术力量和管理水平的综合体现,如果报价不能反映出投标企业的实际能力,选择优秀的施工企业也就无从谈起。这就要求施工企业根据企业定额制定自身的目标控制值,从而在竞标中掌握主动权、减少风险,并保证"合理低价"中标,赢得市场;

3）企业定额是施工企业进行过程控制的基础。项目实施过程中灵活运用企业定额可控制实际用量,优化施工方案,合理控制单价。控制实际用量,就是以企业定额含量为基础,随时对实际用量进行审核,及时消除可能导致的浪费;定期对实际使用量进行分析,发现异常偏差,及时采取纠正措施;优化施工方案,就是在项目部编制的分部分项施工方案实施过程中,依据企业定额对措施性费用跟踪考核;

4）企业定额的建立和运用可以提高企业管理水平。企业要提高管理水平还要加强和重视企业成本核算。作为建筑企业,工程项目是企业利润的源泉,降低工程成本就成了增加利润的主要渠道,用企业定额对直接影响成本的资金因素、工期因素、质量因素、环境因素、技术因素、投标人对市场占有率因素等做准确地测算、分析和评判是提高企业管理水平的重要工作,是企业科学地进行经营决策的依据。它对加强成本管理、挖掘出降低企业成本的潜力,提高经济效益具有重大意义。

4.2.3.3　企业定额的编制

（1）企业定额的编制原则:企业定额是以科学的态度,按照正常的施工条件、统一的计量单位和工程质量的要求制定的。在编制企业定额时,要坚持以下原则:

1）独立自主编制的原则:应根据本企业的具体情况,按照国家规定的工程量计算规则,项目划分标准和计量单位等,自行确定定额水平、划分定额项目。根据实际需要增加新的定额子项,将企业的新技术、新材料、新工艺项目编入定额,以满足实际施工的需要;

2）定额水平的先进性原则:编制企业定额要充分考虑本企业达到定额水平的客观条件和主观因素。通过运用可促进新技术在企业内部不断推广和施工管理的日益完善,以保证企业在市场竞争中取胜;

3）定额划项的适用性原则:企业定额作为参与市场经济竞争和承发包计价的依据,在编制划项总体思路上,应与《清单规范》中各分项的项目名称保持一致,但不进行综合。企业定额综合考虑了企业的管理体制、项目施工组织设计、先进施工技术以及其他的降低成本措施,使其更加贴近本企业实际情况;

4）动态管理的原则:对形成工程实体的项目,均以量价合一的完全价格形式表现并实行限定量、浮动价和变动费的动态管理计价方式。对市政工程施工的措施性费用项目,如脚手架、模板工程、垂直运输等实行固定量、不计价的不完全价格形式表现。在实际应用时,根据工程不同特点,具体施工方案,确定一次投入量和使用期进行计价,能反映企业施工管理水平和技术先进水平,以适应建筑市场竞争的需要。

（2）企业定额的编制依据:定额的编制依据主要有现行的建筑安装工程施工及验收规范、安全技术操作规程、《清单规范》、当地现行的预算定额、《全国统一建筑工程基础定额》、企业多年的成本台账分析、工程竣工后的实际工料消耗分析、量差和价差分析、各种费用分析和经济活动费用支出以及采用新工艺、新技术、新材料、新方法的情况等。

(3) 企业定额的编制方法:编制企业定额常用方法有现场观察测定法、经验统计法和定额换算法三种:

1) 现场观察测定法:该法是我国多年来专业测定定额的主要方法,其主要特点是能够把现场工时消耗情况和施工组织技术条件联系起来加以观察、测时、计量和分析,以获得该施工过程的技术组织条件和工时消耗的有技术根据的基础资料。它不仅能为制定定额提供基础数据,而且也能为改善施工组织管理、改善工艺过程和操作方法、消除不合理的工时损失和进一步挖掘生产潜力提供依据。此方法技术简便、应用面广、资料全面,适用于影响工程造价大的主要项目及新技术、新工艺、新施工方法的劳动力消耗和机械台班水平的测定;

2) 经验统计法:该法是运用抽样统计的方法,从以往类似工程竣工结算资料、典型设计图纸和成本核算资料中抽取若干项目,进行分析、测算及定量的方法。运用这种方法,首先要建立一系列数学模型,对以往不同类型的样本工程项目成本降低情况进行统计、分析,然后得出同类型工程成本的平均值或是平均先进值。随着典型工程的经验数据权重不断增加,其统计数据资料也会越来越完善、真实、可靠;

3) 定额换算法:预算定额和企业定额间存在着密切联系,预算定额可以在企业定额的基础上编制而成,但它们之间也有很大的不同:主要是项目划分粗细程度不同,企业定额项目的步距要小一些;其次是定额水平不同,预算定额是平均水平,而企业定额则是平均先进水平。这种方法是在预算定额的基础上,将其人工、材料及机械的消耗量进行调整而实现的,既简单易行,又相对准确,是补充企业一般工程项目人、材、机的较好方法之一。不过这种方法制定的定额水平要在实践中得到检验和完善。

(4) 企业定额的编制模式

1) 在清单计价开始实施的初期,要充分利用现行预算定额来指导计价,分析投标报价的合理性。现行预算定额是在《全国统一建筑工程预算定额》基础上编制的,其人、材、机的消耗量与工艺水平的取定是国家及各地多年工程建设实践经验的积累,各专业定额子目齐全且划分合理。现行《清单规范》的编制原则也是以现行《全国统一建筑工程基础定额》为基础,与《全国统一建筑工程基础定额》保持了衔接;

2) 较为科学实用的途径是,在各级造价管理机构的指导下,以现行预算定额为基础,根据各企业的实际情况适当修改、调整定额含量及价格,通过各类典型工程的成本分析,确定企业工程实体消耗与预算定额之间的幅度差,为清单计价各分部分项工程综合单价的合理确定与投标竞价提供准确的计价依据;

3) 然后通过不断的工程计价实践与系统的技术资料积累,各施工企业在建立完善了自己的成本分析与经营预算管理体系后,再逐步建立起各企业自己的定额体系;

4) 按照上述编制原则和方法,可以建立如图 4-2-1 所示的企业定额编制模式。

(5) 企业定额的编制步骤

按上述编制模式,具体步骤及操作方法如下:

1) 编制前的准备:应由各企业公司总经济师牵头,从各基层单位抽调业务骨干组成定额编制小组,收集并熟悉相关资料,如《清单规范》,现行的预算定额,《全国统一建筑工程基础定额》,企业多年的成本台账分析,工程竣工后的实际工料消耗分析,各种费用分析和经济活动费用支出情况等;

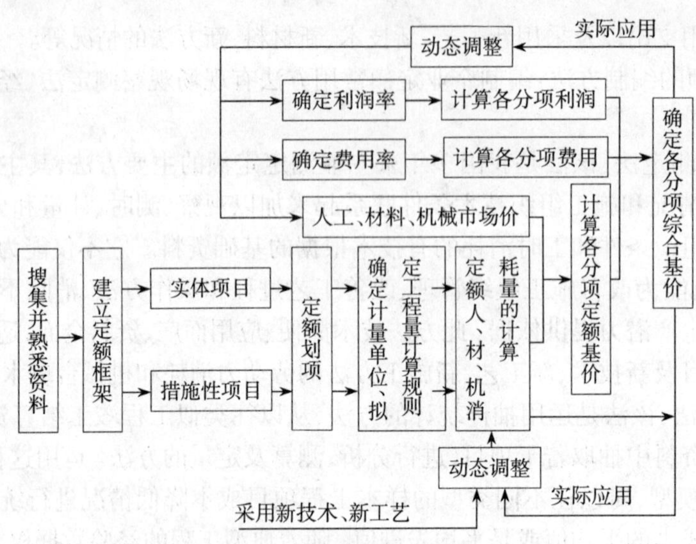

图 4-2-1　企业定额编制模式示意图

2）建立定额框架并进行定额划项。依据《全国统一工程量清单计价办法》中"实体与措施相分离，促进市场竞争，体现工程计价的公平、公正，合理确定造价"的原则。因此，企业定额应由工程实体项目和措施性项目两大部分组成。而对于实体项目和措施性项目应按前述定额划项的适用性原则进行项目划分；

3）确定计量单位，拟定工程量计算规则：在进行这个环节时，同时要考虑计算的方便合理和便于工程量清单组价两个方面；

4）计算各分项定额基价：对于实体项目，还要在施工企业提供的人工工日单价、材料单价和施工机械单价的基础上和对应的人工、材料和机械台班消耗量相乘计算出人工费、材料费和机械费，进而得出定额基价。因大多数施工企业都有自己的材料采购部门，这里的材料单价应由他们及时向预算部门提供，人工工日单价和施工机械单价也由相应部门提供。如果当地的造价信息网比较完善，可参照网上的一些数据；

5）确定费用率：在确定费用率时可以有两种方法：

① 根据上年的会计记录（财务台账分析）进行确定。根据上年施工企业的财务台账分析，计算出全年实际发生的实体项目和措施性项目中的人工费、材料费和机械费以及所发生的各项费用（包括管理费、财务费用、社会劳动保险费等）金额，计算出费用率；

② 先对拟报价工程所发生的各项费用进行测算，再反摊费率。具体步骤是：在接到某工程后，首先按施工图计算出各分项工程量，包括实体和措施性项目。根据已建立的企业定额及当时人材机单价计算出实体、措施性项目的人工费、材料费和机械费，以及相应的人工费、机械费的和；其次，根据企业对工程制定的施工方案、施工组织措施及招标方的要求，确定工程的工期；再据企业在施工现场和所配给的企业管理人员的数目、职称及工资等情况，计算出在建设期内应付出的工资，并对建设期内所发生的办公费、差旅交通费、保险费、固定资产折旧费和财务费用等进行测算，得出工程所发生的各项费用金额；

6）确定利润率：主要根据建筑物的类别和当时的投标环境，来确定利润率的大小；

7）确定各分项综合基价：在确定的费用率和利润率的基础上，计算出各分项工程的费用和利润，与定额基价相加，即可计算出各分项综合基价。

4.2.3.4　编制企业定额的注意事项

(1)对企业定额要进行动态管理：企业定额应该是随着企业水平而不断更新的动态定额。因为它的编制是在一定时期一定的条件下进行的，当编制时考虑的各种因素发生变化时,应及时针对工作内容对定额进行修改、补充与完善。因此,编制定额固然重要,更重要的是要建立一套有效的更新机制。

(2)建立工程造价资料积累制度:目前不少企业虽然参与了大量工程项目的施工,但所积累的工程造价资料却极其有限,即使收集了一些资料,也是零散在个人手中,互不相通。由于缺乏基础资料,企业定额的动态管理也就无从谈起。因此必须从企业长期发展的根本大计上强制推行工程造价资料积累制度,但由于工程造价资料涉及面广,而且需要长期的收集,要求企业各部门的大力协作、相应政策和资金的支持。

(3)企业定额必须在统一的工程量计算规则、统一的分项工程划分、统一的分项工程内容的指导下进行编制：必须在现行施工及验收规范、质量评定标准和安全操作规程的基础上,使企业定额的人工、材料和机械消耗量及其单价真实反映企业的个别生产力水平。

(4)允分发挥计算机在计价领域的作用:施工企业所涉及的施工领域、施工区域都较广泛,而不同领域和区域内的工程项目都有着各自不同的特点。其工程造价数据成千上万,靠人工处理,无论是速度还是质量都难以保证。而定额的贯彻执行、信息的反馈、工程造价资料的收集和利用等均需要高效快捷的管理方式。因此,在编制企业定额时,应深入市场调查研究,结合企业实际情况,以人工工日单价、材料预算基价、周转性材料租赁价、机械台班基价及内部租赁价等为基础,建立灵活多变、切实可行、科学合理的企业定额数据基价平台;在定额计算过程中,应同充分发挥计算机运算速度快、存储量大、数据计算准确等优势,并根据企业定额动态管理的特点,建立科学合理的数据结构,及时用于定额单价的计算合成。

4.2.4　定额人、材、机消耗量确定

4.2.4.1　施工过程

(1)施工过程的概述

1)一般来说就是在建筑工地范围内所进行的各种生产活动。其最终目的是建造、恢复、改建、移动或拆除工业、民用建筑物的伞部或一部分。所以,施工过程也就是基本建设中建筑安装工程的生产过程;

2)施工过程是由不同工种、不同技术等级的建筑安装工人完成的,并且必须有一定的劳动对象——建筑材料、半成品、配件、预制品等和一定的劳动工具——手动工具、小型机具和机械等;

3)每个施工过程的结果,都获一定的产品。该产品可能是改变了劳动对象的外观形状、内部结构或性质(由于制作加工的结果)。也可能是改变了劳动对象的空间位置(由于运输和安装的结果)。参与施工过程的工人、劳动对象、劳动工具及其产品等所在的活动空间,称为施工过程的工作地点。每一施工过程都有其自己的工作地点。

(2)施工过程分类:对施工过程分类的目的,是通过对施工过程组成部分进行分解,并按其不同的劳动分工、不同的工艺特点、不同的复杂程度来区别和认识施工过程的性质和内容,以便在技术上采用不同的现场观察方法,研究工时和材料消耗的特点,从而取得编制定额所必需的精确资料,进一步研究节省工时的方法。主要有如下几种:

1）按施工过程的性质不同，施工过程可以分为：建筑过程——指工业、民用建筑物的新建、恢复、改建、移动或拆除的施工过程；安装过程——指安装工业、企业、工艺和科学实验设备及民用建筑物设备的施工过程；建筑安装过程——由于现代建筑技术的发展，各种工厂预制的装配式结构在建筑施工中比例越来越大，建筑、安装工程往往交错进行，难以区别，这种情况下进行的施工过程称为建筑安装过程；

2）根据使用的工具设备的机械化程度不同，施工过程可以分为：手工操作过程和机械化操作过程；

3）按施工过程组织上的复杂程度不同还可以分为：工序、工作过程和综合工作过程。

工序是组织上分不开和技术上相同的施工过程。工序的主要特征是：工人、工作地点、施工工具和材料均不发生变化。如果其中有一个条件发生变化，就意味着从一个工序转入另一个工序。从施工的技术操作和组织的观点看，工序是工艺方面最简单的施工过程。从劳动过程的观点看，工序又可以分解为操作和动作。施工操作是一个施工动作接一个施工动作的综合。施工动作是施工工序中最小的可以测算的部分。每一个施工动作和操作都是完成施工工序的一部分。

在编制施工定额时，工序是主要的研究对象。工序可以由一个人来完成，也可以由小组或施工队的几名工人来协同完成，也可以由机械完成。

4.2.4.2　工作时间

工作时间是指工作延续时间（不包括午休）。完成任何施工过程，都必然消耗一定的工作时间。工作时间消耗，分为工人工作时间的消耗和工人所使用机器工作时间的消耗。

（1）工人工作时间消耗的分类：按其消耗的性质，可以分为两大类：必需消耗的时间（定额时间）和损失时间（非定额时间），工人工作时间分类如图 4–2–2 所示：

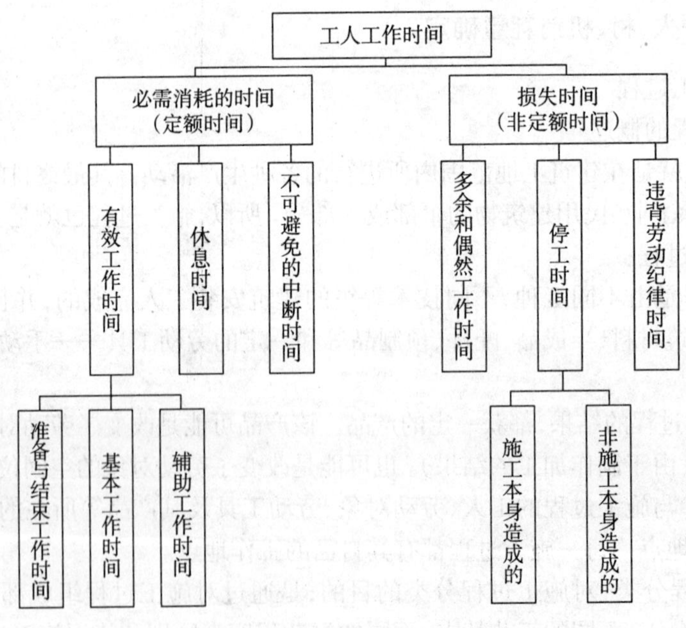

图 4–2–2　工人工作时间分类

1）必需消耗的时间：是指工人在正常施工条件下，为完成一定产品（工作任务）所消耗的时间。它是制定定额的主要根据，包括有效工作时间、休息时间和不可避免中断时间的消耗；

2）有效工作时间：是指从生产效果来看与产品生产直接有关的时间消耗。包括基本工作时间、辅助工作时间、准备与结束工作时间；

3）基本工作时间：是指工人完成基本工作所消耗的时间，即完成一定产品的施工过程所消耗的时间。

4）辅助工作时间：是指为保证基本工作能顺利完成所做的辅助性工作所消耗的时间；

5）准备与结束工作时间：这是指执行任务前的准备工作或任务完成后的整理工作所消耗的工作时间；

6）不可避免的中断所消耗的时间：这是指施工工艺、特点而引起的工作中断所必需要的时间，主要包括在定额时间内；

7）休息时间：是指工人在工作过程中为恢复体力所必需的短暂休息和生理需要的时间消耗。休息时间的长短与劳动条件和劳动强度有关；

8）损失时间：是指与产品生产无关，而与施工组织和技术上的缺点有关，与工人在施工过程中的个人过失或某些因素有关的时间消耗。包括多余和偶然工作、停工和违背劳动纪律所造成的工时损失；

9）多余和偶然工作的时间损失：多余工作，通常是指工人进行了任务以外的工作而又不能增加产品数量的工作。一般为由于工程技术人员和工人的差错而引起的修整废品和多余加工造成的，此项时间损失不应计入定额时间；

10）停工时间：是工作班内停止工作造成的工时损失。施工本身造成的停工时间，是由于施工组织不善，材料供应不及时、工作面准备工作不好。工作地点组织不良等情况引起的停工时间。非施工造成的停工时间，是由于气候条件以及水源、电源中断引起的停工时间。前者不应计算，后者在定额中应合理考虑。

11）违背劳动纪律造成的工作时间损失：是指在工作班内迟到、早退、擅自离开工作岗位、工作时间内聊天、办私事造成的工时损失以及因个别工人违背劳动纪律而影响其他工人工作的时间损失。

（2）机器工作时间消耗的分类：机器工作时间可分为必需消耗时间和损失时间两大类，如图 4-2-3 所示。

1）在必须消耗的时间里，包括有效工作、不可避免的无负荷工作和不可避免的中断三项时间消耗：而在有效工作的时间消耗中又包括正常负荷下，有根据地降低负荷下工作的工时消耗；

① 正常负荷下的工作时间，是机器在与机器说明书规定的计算负荷相符的情况下进行工作的时间；

② 有根据地降低负荷下的工作时间，是在个别情况下由于技术上的原因，机器在低于其计算负荷下工作的时间。不可避免无负荷工作时间，是由施工过程的特点和机械结构的特点造成的机械无负荷工作时间；

③ 不可避免的中断工作时间，是与工艺过程的特点、机器的使用和保养、工人休息有关，所以它又可以分为三种：

a. 与工艺过程的特点有关的不可避免中断时间，有循环的和定期的两种；

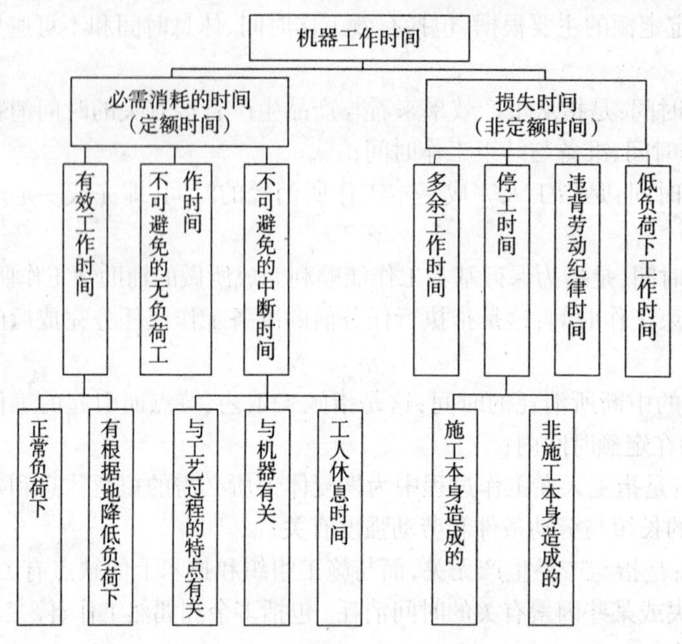

图 4-2-3　机器工作时间分类

b. 与机器有关的不可避免中断时间，是由于工人进行准备与结束工作或辅助工作时，机器停止工作而引起的中断工作时间。它是与机器的使用与保养有关的不可避免中断时间；

c. 工人休息时间前面已作了说明。这里要注意的是，应尽量利用与工艺过程有关的和与机器有关的不可避免中断时间进行休息，以充分利用工作时间；

2）损失的时间中，包括多余工作、停工、违背劳动纪律和低负荷下工作所消耗的工作时间：

① 违反劳动纪律引起的机器的时间损失，指因工人迟到早退或擅离岗位等原因引起的机器停工时间；

② 低负荷下的工作时间，是由于工人或技术人员的过错所造成的施工机械在降低负荷的情况下工作的时间。此项时间不能作为计算时间定额的基础；

③ 机器的多余工作时间，是机器进行任务内和工艺过程内未包括的工作而延续的时间；

④ 机器的停工时间，按其性质也可分为施工本身造成和非施工本身造成的停工。前者是由于施工组织得不好而引起的停工现象，后者是由于气候条件所引起的停工现象。

4.2.4.3　确定人工定额消耗量的方法

时间定额和产量定额是人工定额的两种表现形式。拟订出时间定额，也就可以计算出产量定额。时间定额是在拟订基本工作时间、辅助工作时间、不可避免中断时间、准备与结束的工作时间，以及休息时间的基础上制定的。

（1）拟订基本工作时间：基本工作时间在必需消耗的工作时间中占的比重最大。在确定基本工作时间时，必须细致、精确。基本工作时间消耗一般应根据计时观察资料来确定。其做法是，首先确定工作过程每一组成部分的工时消耗，然后再综合出工作过程的工时消耗。

（2）拟订辅助工作时间和准备与结束工作时间：这与基本工作时间相同，如若这两项工作时间在整个工作班工作时间消耗中所占比重不超过 5%～6%，则可归纳为一项，以工作过程的计量单位表示，确定出工作过程的工时消耗。

(3) 拟订不可避免的中断时间：在确定不可避免中断时间的定额时，必须注意由工艺特点所引起的不可避免中断才可列人工作过程的时间定额。不可避免中断时间也需要根据测时资料通过整理分析获得，也可以根据经验数据或工时规范，以占工作日的百分比表示此项工时消耗的时间定额。

(4) 拟订休息时间：休息时间应根据工作班作息制度、经验资料、计时观察资料，以及对工作的疲劳程度作全面分析来确定。同时，应考虑尽可能利用不可避免中断时间作为休息时间。从事不同工种、不同工作的工人，疲劳程度有很大差别，所以需要合理规定休息需要的时间。

(5) 拟订定额时间：确定的基本工作时间、辅助工作时间、准备与结束工作时间、不可避免中断时间和休息时间之和就是劳动定额的时间定额。根据时间定额可计算出产量定额，时间定额和产量定额互成倒数。利用工时规范，可以计算劳动定额的时间定额。计算公式是：

定额时间 = 基本工作时间 + 辅助工作时间 + 准备与结束工作时间 + 不可避免的中断时间 + 休息时间 (4-2-1)

时间定额与产量定额互为倒数关系。

即： 时间定额 =1/ 产量定额 (4-2-2)

产量定额 =1/ 时间定额 (4-2-3)

4.2.4.4 确定机械台班定额消耗量的方法

(1) 拟订机械工作的正常作业条件：拟订机械工作的正常作业条件，主要是拟订工作地点的合理组织和拟订合理的工人编制。工作地点的合理组织，就是对施工地点机械和材料的放置位置、工人从事操作的场所，作出科学合理的平面安置和空间安排，最大限度发挥机械的效能，减少工人的手工操作。拟订合理的工人编制，即根据施工机械的性能和设计能力，工人的专业分工和劳动工效，合理确定操作机械的工人和直接参加机械化施工过程工人的编制人数。

(2) 机械台班定额时间构成：为便于编制机械台班定额，可将机械施工过程的定额时间归纳以下两类：

1) 纯工作时间，是指人—机用于完成基本操作所消耗的时间，包括机械消耗的有效工作时间、不可避免的无负荷运转时间、与操作有关的不可避免的中断时间；

2) 其他工作时间，指除了机械纯工作时间以外的定额时间。主要包括操纵机械及配合机械施工的工人所做的准备与结束工作，引起机械的不可避免的中断时间；机械保养、需休息等所造成的机械不可避免的中断时间。

(3) 台班产量定额与时间定额的计算方法：工人操纵一台施工机械工作一个工作班，称为一个台班。它包括操纵和配合该机械的工人工作量。编制时通常以确定和计算台班产量定额为准。表现形式也以产量定额为主，实际应用可以依据倒数关系换算为时间定额。

1) 施工机械正常利用系数的计算公式：

机械正常利用系数 = 工作班内机械的纯工作时间 / 工作班延续时间 (4-2-4)

2) 施工机械纯工作 1h 正常生产率的计算公式：

机械纯工作 1h 正常生产率 = 机械纯工作 1h 的正常循环次数 × 一次循环生产的产品数量 (4-2-5)

3）机械台班产量定额的计算公式：

施工机械台班产量定额 = 机械纯工作 1h 正常生产率 × 工作班延续时间 ×
机械正常利用系数 （4–2–6）

根据施工机械台班产量定额，可以计算出施工机械时间定额，即：

施工机械时间定额 = 1/ 施工机械台班产量定额 （4–2–7）

4.2.4.5 确定材料定额消耗量的方法

建筑材料在市政工程施工过程中的用量是很大的，能合理的编制施工材料定额，可以促使施工企业降低材料消耗，降低施工成本。

（1）施工中消耗的材料可以分为必须的材料消耗和不可避免的损失材料消耗两类。所以，材料消耗定额由材料消耗净用量和材料损耗量两部分构成。

（2）材料消耗净用量，是指在合理使用材料的前提下，为生产单位合格产品所必需的材料。

（3）材料损耗量，是指在合理使用材料的前提下，为生产单位合格产品产生的不可避免的材料损耗量。包括材料的合理损耗及不可避免的施工废料。材料损耗率，指材料损耗量与材料净用量之比。净用量与损耗量相加，即等于材料的消耗总量。

（4）施工周转材料的计算。在编制材料消耗定额时，某些定额项目涉及到周转材料的确定和计算。如架子工程、模板工程等。施工中使用的周转材料，是指在施工中工程上多次周转使用的材料，亦称工具型材料。如钢、木脚手架、模板、挡土板、支撑、活动支架等材料。

（5）在编制材料消耗定额时，应按多次使用，分次摊销的办法确定。为了更合理地确定周转材料的周转次数，应根据工程类型和使用条件，采用各种测定手段进行实地观察，结合有关的原始记录、经验数据加以综合取定。

（6）影响周转次数的主要因素有：材质及功能对周转次数的影响；施工速度快慢的影响；周转材料保管、保养和维修的影响等。材料消耗量中应计算材料摊销量。

材料摊销量 = 一次使用量 × 摊销系数 （4–2–8）

4.2.5 预算定额

4.2.5.1 预算定额的概述及分类

（1）预算定额概述：

1）预算定额，是规定消耗在合格质量的单位工程基本构造要素上的人工、材料和机械台班的数量标准，是计算建筑安装产品价格的基础；

2）所谓基本构造要素，即通常所说的分项工程和结构构件。预算定额按工程基本构造要素规定劳动力、材料和机械的消耗数量，以满足编制施工图预算、规划和控制工程造价的要求；

3）预算定额是工程建设中的一项重要的技术经济文件，它的各项指标，反映了在完成规定计量单位符合设计标准和施工及验收规范要求的分项工程消耗的劳动和物化劳动的数量限度。这种限度最终决定着单项工程和单位工程的成本和造价；

4）招标单位在编制施工图预算时，需要按照施工图纸和工程量计算规则计算工程量，还需要借助于某些可靠的参数计算人工、材料、机械（台班）的耗用量，并在此基础上计算出资金的需要量，计算出建筑安装工程的价格；

5) 在我国，现行的工程建设概、预算制度，规定了通过编制概算和预算确定造价，概算定额、概算指标、预算定额等则为计算人工、材料、机械(台班)耗用量，提供统一的可靠参数。同时，现行制度还赋予了概、预算定额相应的权威性，使之成为建设单位和施工企业之间建立经济关系的重要基础。

(2) 预算定额的分类

1) 按专业性质分，预算定额有建筑工程预算定额和安装工程预算定额两大类：

① 建筑工程预算定额按专业对象又分为建筑工程预算定额、市政工程预算定额、铁路工程预算定额、公路工程预算定额、房屋修缮工程预算定额、矿山井巷预算定额等；

② 安装工程预算定额按专业对象又分为电气安装工程预算定额、机械设备安装工程预算定额、通信设备安装工程预算定额、化学工业设备安装工程预算定额、工业管道安装工程预算定额、工艺金属结构安装工程预算定额、热力设备安装工程预算定额等；

2) 从管理权限和执行范围分，预算定额可分为全国统一定额、行业统一定额和地区统一定额等；

3) 预算定额按物资要素区分为劳动定额、机械台班使用定额和材料消耗定额，但它们相互依存形成一个整体，作为编制预算定额依据，各自不具有独立性。

4.2.5.2 预算定额的作用

(1) 预算定额是施工单化进行经济活动分析的依据：预算定额决定着施工单位的收入，施工单位就必须以预算定额作为评价企业工作的重要标准。施工单位可根据预算定额对施工中的劳动、材料、机械的消耗情况进行具体的分析，以便找出并克服低功效、高消耗的薄弱环节，提高竞争能力。

(2) 预算定额是编制概算定额的基础：利用预算定额作为编制依据，可节省编制工作的大量人力、物力和时间，使概算定额在水平上与预算定额保持一致，以免造成执行中的不一致。

(3) 预算定额是合理编制招标标底、投标报价的基础：预算定额作为编制标底的依据和施工企业报价的基础性作用仍将存在，这也是由于预算定额本身的科学性和权威性决定的。

(4) 预算定额是编制施工图预算、确定建筑安装工程造价的基础：预算定额起着控制劳动消耗、材料消耗和机械台班使用的作用，进而起着控制建筑产品价格的作用。

(5) 预算定额是编制施工组织设计的依据：施工组织设计的重要任务之一，是确定施工中所需人力、物力的供求量，并作出最佳安排。施工单位在缺乏本企业的施工定额的情况下，根据预算定额，亦能够比较精确地计算出施工中各项资源的需要量。

(6) 预算定额是工程结算的依据：按进度支付工程款，需要根据预算定额将已完分项工程的造价算出。单位工程验收后，再按竣工工程量、预算定额和施工合同规定进行结算，以保证建设单位建设资金的合理使用和施工单位的经济收入。

4.2.5.3 预算定额的编制原则

为保证预算定额的质量，充分发挥预算定额的作用，实际使用简便，在编制工作中应遵循以下原则：

(1) 按社会平均水平确定预算定额的原则：预算定额必须遵照价值规律的客观要求，按生产过程中所消耗的社会必要劳动时间确定定额水平。即在正常的施工条件下，合理的施工组织和工艺条件、平均劳动熟练程度和劳动强度下，完成单位分项工程基本构造要素所需要的劳动时间。

(2) 简明适用的原则:简明适用是指在编制预算定额时,对于那些主要的、常用的、价值量大的项目,分项工程划分宜细;次要的、不常用的、价值量相对较小的项目则可以放粗一些。预算定额要项目齐全,要注意补充那些因采用新技术、新结构、新材料而出现的新的定额项目。

(3) 坚持统一性和差别性相结合的原则:

1) 统一性,是计价定额制定规划和组织实施由国务院建设行政主管部门归口,负责全国统一定额的制定或修订,使建筑安装工程具有一个统一的计价依据,使考核设计和施工的经济效果具有一个统一尺度;

2) 差别性,是在统一性的基础上,各部门和省、自治区、直辖市主管部门可以在自己的管辖范围内,根据本部门和地区的具体情况,制定部门和地区性定额、补充性定额和管理办法,以适应我国幅员辽阔,地区间部门发展不平衡和差异大的实际情况。

4.2.5.4　预算定额的编制依据

预算定额编制的主要依据如下:

(1) 国家现行的施工定额。

(2) 国家现行设计规范、施工及验收规范、质量评定标准和安全操作规程。

(3) 具有代表性的典型工程施工图及有关标准图。

(4) 新技术、新结构、新材料和先进的施工方法等。

(5) 有关科学试验、技术测定和统计、经验资料及国家的有关文件规定等。

4.2.5.5　预算定额的编制步骤

(1) 准备工作阶段:拟订编制方案,抽调人员根据专业需要划分编制小组和综合组。

(2) 收集资料阶段:在已确定的编制范围内,采用表格化收集定额编制基础资料,并邀请建设单位、设计单位、施工单位及其他有关单位有经验的专业人员开座谈会,就以往定额存在的问题提出意见和建议,以便在编制新定额时改进。同时要收集现行规定、规范和政策法规资料以及定额管理部门积累的资料。

(3) 定额编制阶段:确定编制细则,如要统一编制表格及编制方法,统一计算口径、计量单位和小数点位数的要求等,文字要简练明确;确定定额的项目划分和工程量计算规则;并对定额人工、材料、机械台班耗用量进行计算、复核和测算。

(4) 定额报批阶段:新定额编制成稿,必须与原定额进行对比测算,分析水平升降原因。一般新编定额的水平应该不低于历史上已经达到过的水平,并略有提高。在定额水平测算前,必须编出同一人工工资、材料价格、机械台班费的新旧两套定额的工程单价。

(5) 修改定稿、整理资料阶段:定额初稿编制完成以后,需要征求各有关方面意见和组织讨论,反馈意见。在统一意见的基础上整理分类,制定修改方案;然后将初稿按照定额的顺序进行修改,并经审核无误形成报批稿,经批准后交付印刷。

4.2.5.6　预算定额的编制方法

(1) 预算定额编制中的主要工作:

1) 按典型设计图纸和资料计算工程数量:计算工程量的目的,是为了通过分别计算典型设计图纸所包括的施工过程的工程量,以便在编制预算定额时,有可能利用施工定额或劳动定额的人工、材料和机械台班消耗指标确定预算定额所含的消耗量;

2）确定预算定额各项目人工、材料和机械台班消耗指标：确定预算定额人工、材料和机械台班消耗指标时，必须先按施工定额的分项逐项计算出消耗指标，然后，再按预算定额的项目加以综合；

3）确定预算定额的计量单位：预算定额和施工定额计量单位往往不同。施工定额的计量单位一般按工序或工作过程；而预算定额的计量单位，主要是根据分部分项工程的形体和结构构件特征及其变化确定。如采用 m^3、m^2、延长米作为计量单位，还可以按 t、kg 等作为计量单位；

4）编制定额表和拟订有关说明：定额项目表的一般格式是横向排列为各分项工程的项目名称，竖向排列为分项工程的人工、材料和施工机械消耗量标准。有的项目表下部还有附注以说明设计有特殊要求时，怎样进行调整和换算。预算定额的说明包括定额总说明、册说明和各章、节说明。涉及各分部共性的问题列入总说明，属某一分部需说明的事项列入各章节说明，说明要求简明扼要。

（2）人工工日消耗量的计算方法：是指在正常施工条件下，生产单位合格产品所必须消耗的人工工日数量，是由分项工程所综合的各个工序劳动定额包括的基本用工、其他用工两部分组成：

1）基本用工：指完成单位合格产品所必须消耗的技术工种用工。按技术工种相应劳动定额工时定额计算，以不同工种列出定额工日；

2）其他用工：其他用工通常包括超运距用工、辅助用工和人工幅度差；

① 超运距用工：指预算定额的平均水平运距超过劳动定额规定水平运距部分；

超运距 = 预算定额取定运距—劳动定额已包括的运距　　（4-2-9）

② 辅助用工：指不在技术工种劳动定额内，而在预算定额内又必须考虑的用工。如机械土方工程配合用工等；

③ 人工幅度差：指在劳动定额作业时间之外而预算定额应考虑的在正常施工条件下所发生的各种工时损失。内容包括：各工种间的工序搭接及交叉作业互相配合所发生的停歇用工；施工机械在单位工程之间转移及临时水电线路移动所造成的停工；质量检查和隐蔽工程验收工作的影响；班组操作地点转移用工；工序交接时对前一工序不可避免的修整用工；施工中不可避免的其他零星用工。人工幅度差计算公式如下：

人工幅度差 =（基本用工 + 辅助用工 + 超运距用工）× 人工幅度差系数　　（4-2-10）

则人工消耗量计算公式如下：

人工消耗量 =（基本用工 + 辅助用工 + 超运距用工）×（1+ 人工幅度差系数）　（4-2-11）

（3）材料消耗量的计算方法：材料消耗量是完成单位合格产品所必须消耗的材料数量。

1）材料按用途划分：①主要材料——指直接构成市政工程实体的材料，其中包括水泥、钢筋、木材及成品与半成品等；②辅助材料——是构成工程实体除主要材料外的其他材料。如垫木、钉子、钢丝等；③周转性材料——指脚手架、模板等多次周转使用的不构成工程实体的摊销性材料；④其他材料——指用量较少，难以计量的零星用料。如：棉砂、砂纸、编号用的油漆等；

2）材料消耗量计算方法：①凡有标准规格的材料，按规范要求计算定额计量单位耗用量，如钢筋、水泥、木材、砖、块料面层等；②凡设计图纸标注尺寸及有下料要求的，按设计图纸尺寸计算材料净用量，如板料等；③换算法——各种胶结、涂料等材料的配合比用料，可以根据要求条件换算，得出材料用量；④测定法——包括试验室试验法和现场观察法；

材料损耗量，指在正常施工条件下不可避免的材料损耗，如在现场材料运输损耗及施工操作过程的损耗等。其关系式如下：

材料损耗率 =（损耗量 / 净用量）× 100%　　(4–2–12)

材料消耗量 = 材料净用量 + 损耗量 = 材料净用量 ×（1+ 损耗率）　　(4–2–13)

（4）机械台班消耗量的确定方法：

1）施工定额确定机械台班消耗量的计算，是指施工定额中机械台班量加机械幅度差计算预算定额的机械台班消耗量。包括：①正常施工组织条件下不可避免的机械空转时间；②施工技术原因的中断及合理停滞时间；③因供电供水故障及水电线路移动检修而发生的运转中断时间；④因气候变化或机械本身故障影响工时利用的时间；⑤施工机械转移及配套机械相互影响损失的时间；⑥配合机械施工的工人因与其他工种交叉造成的间歇时间；⑦因检查工程质量造成的机械停歇时间；⑧工程收尾和工作量不饱满造成的机械停歇时间等；

一般情况下，预算定额的机械台班消耗量可按下式进行计算：

预算定额机械耗用台班 = 施工定额机械耗用台班 ×（1+ 机械幅度差系数）　　(4–2–14)

2）以现场测定资料为基础确定机械台班消耗量。如遇施工定额缺项时，需依单位时间完成的产量测定。

4.2.6　概算定额

4.2.6.1　概算定额的概述

（1）概算定额是在预算定额基础上以主要分项工程为准综合相关分项的扩大定额，是按主要分项工程规定的计量单位及综合相关工序的劳动、材料和机械台班的消耗标准。比如在概算定额的“开槽埋管工程”项目中，综合了沟槽挖土及支撑、铺筑垫层及基础、铺设管道、砌筑一般窨井、土方场内运输、沟槽回填土及施工期间沟槽排水费用等各分项工程。

（2）概算定额的作用：

1）概算定额是编制概算指标的依据；

2）概算定额是初步设计阶段编制建设项目概算的主要依据：建设程序规定，采用两阶段设计时，其初步设计必须编制概算；采用三阶段设计时，其技术设计必须编制修正概算，对拟建项目进行总评估；

3）概算定额是设计方案比较的依据：设计方案比较的目的是选择出技术先进可靠、经济合理的方案，在满足使用功能的条件下，达到降低造价和资源消耗；

4）概算定额是编制材料需要量的计算基础：根据概算定额所列材料消耗指标计算工程用料数量可在施工图设计之前提出供应计划，为材料的采购、供应做好施工准备。

4.2.6.2　概算定额的编制原则和依据

（1）概算定额的编制原则：必须认真贯彻社会平均水平和简明适用的原则。因为概算定额和预算定额都是工程计价的依据，所以应符合价值规律和反映现阶段生产力水平。在概预算定额水平之间应保留必要的幅度差，并在概算定额的编制过程中严格控制。

（2）概算定额的编制依据：由于概算定额的适用范围不同，其编制依据也略有不同。一般有如下几种：

1）现行的设计标准规范、现行的预算定额；

2）国务院各有关部门和各省、自治区、直辖市批准颁发的标准设计图集和有代表性的图纸等；

3）现行的概算定额及其编制资料，编制期人工工资标准、材料价格、机械台班费用等。

4.2.6.3　概算定额的编制步骤

（1）准备阶段：首先是确定编制机构和人员组成，然后掌握国家的法律、政策、标准，再进行调查研究，及时了解现行概算定额执行情况与存在问题、编制范围。在此基础上，认真制定概算定额的编制细则和概算定额项目划分。

（2）编制阶段：根据已制定的编制细则、定额项目划分和工程量计算规则，调查研究，对收集到的设计图纸、资料进行细致的测算和分析，编出概算定额初稿。并将概算定额的分项定额总水平与预算定额水平相比控制在允许的幅度之内，一般在5%以内，以保证二者在水平上的一致性。如果概算定额与预算定额水平差距较大时，则需对概算定额水平进行必要的调整。

（3）审查报批阶段：在征求意见修改之后形成报批稿，经批准之后交付印刷。

4.2.7　工程量清单计价与定额计价的区别

4.2.7.1　单位工程造价构成形式不同

（1）定额计价时单位工程造价由直接工程费、间接费、利润、税金构成，计价时先计算直接费，再以直接费（或其中的人工费）为基数计算各项费用、利润、税金，汇总为单位工程造价。

（2）工程量清单计价时，造价由工程量清单费用（=清单工程量×项目综合单价）、措施项目清单费用、其他项目清单费用、规费、税金五部分构成。

（3）做这种划分的考虑是将施工过程中的实体性消耗和措施性消耗分开，对于措施性消耗费用只列出工程项目名称，由投标人根据招标文件的具体要求和施工现场的实际情况、施工方案自行确定，以体现出以施工方案为基础的工程造价竞争。

（4）对于实体性消耗费用，则列出具体的工程数量，投标人要报出每个清单项目的综合单价。

4.2.7.2　分项工程单价构成不同

（1）定额计价时分项工程的单价是工料单价，即只包括人工费、材料费、机械费，工程量清单计价分项工程单价一般为综合单价，除了人工费、材料费、机械费，还要包括管理费、利润和必要的风险费。

（2）如若采用综合单价方式，便于工程款的支付、工程造价的调整和工程的结算，也避免了因为“取费”而产生的一些无谓的各种纠纷。

（3）综合单价中的直接费、费用、利润由投标人根据本企业实际支出及利润预期、投标策略确定，是施工企业实际成本费用的反映，是工程的个别价格。

（4）综合单价的报出是一个个别单价、市场竞争的过程。

4.2.7.3　单位工程项目划分不同

（1）定额计价的工程项目划分即预算定额中的项目划分，一般土建定额有几千个项目，其划分原则是按工程的不同部位、不同材料、不同工艺、不同施工机械、不同施工方法和材料规格型号，划分十分详细。

(2) 工程量清单计价的工程项目划分较之定额项目的划分有较大的综合性，新的规范中土建工程只有177个项目，它考虑了工程部位、材料、施工工艺、特征，但不考虑具体的施工方法或措施，如人工或机械施工、机械的不同型号等。

(3) 对于同一项目不再按阶段或过程分为几项，而是综合到一起，如混凝土，可以将同工项目的混凝土搅拌、运输、安装、接头灌缝等综合为一项，门窗也可以将制作、运输、安装、刷油、五金等综合到一起，这样能够减少原来定额对于施工企业工艺方法选择的限制，报价时有更多的自主性。

(4) 工程量清单中的量应该是综合的工程量，而不是按定额计算的"预算工程量"。综合的量有利于企业自主选择施工方法并以之为基础竞价，也能使企业摆脱对定额的依赖，建立起企业内部报价及管理的定额和价格体系。

4.2.7.4 计价依据不同

(1) 计价依据不同，是清单计价和按定额计价的最根本区别。

(2) 定额计价的惟一依据就是定额，而工程量清单计价的主要依据是企业定额，包括企业生产要素消耗量标准、材料价格、施工机械配备及管理状况、各项管理费支出标准等。

(3) 目前可能多数企业没有企业定额，但随着工程量清单计价形式的推广和报价实践的增加，企业将逐步建立起自身的定额和相应的项目单价，当企业都能根据自身状况和市场供求关系报出综合单价时，企业自主报价、市场竞争定价的计价格局也将形成，这也正是工程量清单所要促成的目标。

(4) 工程量清单计价的本质是要改变政府定价模式，建立起市场形成造价机制，只有计价依据个别化，这一目标才能实现。

4.2.8 工程量清单计价原则

(1) 招标文件中列出拟建工程的工程量表，即工程量清单。工程量清单应按清单项目划分和计算规则计算，具有一定的综合性，表现为项目较少，同时要列出措施项目清单、其他项目清单，为投标人提供共同的报价基础。

(2) 企业自主报价。企业自主报价即企业根据招标文件、工程量表、工程现场情况、施工方案、有关计价依据自行报价。企业报价包括两部分：

1) 是措施项目和其他项目费用，按招标文件列出的项目、施工现场条件、工期要求和企业自身情况报出一笔金额，如招标文件项目不全可以自行补充列项；

2) 是各分项工程的综合单价，综合单价一定要认真填报，考虑各分项应包括的内容，因为报出的单价被视为包括了应有的内容。企业报价是一个重要的计价环节，是形成个别工程造价的过程。

(3) 合理低报价中标。招标投标法规定评标有综合评标价法、经评审的最低评标价法两种，实行工程量清单招标工程应采用后一种办法，即经评审的最低标价中标，但这一最低标价应该是经说明不低于企业成本的。报价是否低于成本按建设部89号令、原国家计委等七部委联合12号令规定由评标委员会认定，如果投标人能够对较低的报价说明理由，即可认为其报价有效。低价中标是清单招标计价的一个重要原则。

(4) 签订工程承包合同。确定中标人后，"招标人和中标人应按招标文件和中标人的投标文件订立书面合同"，这是《招标投标法》的要求。合同中当然包括造价条款，合同一般使用示范文本,示范文本未尽之处可以另行约定。

(5) 施工过程中一般调量不调价。招标文件中列出的工程量表是招标人报价的共同基础,如工程量有误或施工中发生变化,工程量可以按实调整,但综合单价和施工措施费一般不予调整。如果工程变更项目在清单中未包括,双方可以协商一个变更项目的综合单价。

(6) 业主按完成工程量支付工程款。由于约定了项目单价,工程款支付及调整比较简单,只要业主对已完成工程量及调整工程量认定后,按中标单价支付即可。

(7) 工程结算价等于合同价加索赔。这里将所有的工程造价变更、调整、费用补偿都视为索赔,那么工程结算等于合同价加索赔。工程量清单计价使工程款支付、造价调整、工程结算都变得相对简单。

(8) 以相关保函制度作为实施条件。实行工程量清单计价要建立相应的保函制度,这里主要指履约保函,包括中标人的履约保函和业主的工程款支付保函,重点应是业主的工程款支付保函,否则现阶段不规范的建筑市场中低价中标可能会成为业主压价的理由,如果工程款再没有保证,会造成一定混乱。

(9)《全国统一清单工程量计算规则》与预算定额工程量计算规则的联系主要表现在:《全国统一清单工程量计算规则》是在《预算定额工程量计算规则》的基础上发展起来的,它大部分保留了预算定额工程量计算规则的内容和特点,是预算定额工程量计算规则的继承和发展。

4.2.9 工程量计价与定额计价规则的区别

清单工程量计算规则是对清单项目主项工程的计量设置的规则,而不对主项工程以外的其他工程的计量进行叙述。同时,对定额工程量计算规则中不适用于清单工程量计算以及不能满足工程量清单项目设置要求的部分进行了修改和调整。主要表现在以下几方面:

(1) 计量单位的变动:工程量清单项目的计量单位一般采用基本计量单位,如 m、kg、t 等。预算定额中的计量单位则有时出现不规范的复合单位,如 1000m、100m、10m、100 kg 等。但是大部分计量单位与相应定额子项的计量单位相一致。

(2) 计算口径及综合内容的变动:《全国统一清单工程量计算规则》与《预算定额工程量计算规则》的区别,主要反映在计算口径及综合内容的变动上。工程量清单对分部分项工程是按工程净量计量,定额分部分项工程则是按实际发生量计量。

工程量清单的工程内容是参考列项目,按实际完成完整实体项目所需工程内容列项,并以主体工程的名称作为工程量清单项目的名称。《预算定额工程量计算规则》未对工程内容进行组合,仅是单一的工程内容,其组合的是单一工程内容的各个工序。

《全国统一清单工程量计算规则》是根据清单的特点,针对主体工程项目设置的。但其计算口径涵盖了主体工程项目及主体工程项目以外的其他工程项目的全部工程内容。现就工程量清单项目及计算规则,选其有代表性的一些项目进行说明:

1) 土方工程:挖基础土方按计价规范规定,清单计量是按图示尺寸数量计算的净重计量。预算定额计量则是按实际开挖量计量(包括放坡及工作面等的开挖量)。《清单规范》给出了工程内容参考项。清单的工程内容综合了排地表水、土方开挖、挡土板支拆、截柱头、钎探、运输等内容。定额计量则将上述的工程内容都作为单独的定额子目处理;

2) 混凝土及钢筋混凝土工程:带形基础梁《清单规范》规定,现浇混凝土基础工程量计量，按设计图示尺寸以体积计算，不扣除构件内钢筋、预埋铁件所占体积。此项定额计量亦是按上述规则计量，没有区别。《清单规范》给出了工程内容参考项。清单的工程内容综合了敷设垫层，混凝土制作、运输、浇筑、振捣、养护，地脚螺栓二次灌浆三项内容。定额子目表现的则仅仅是其中的第二项内容，而敷设垫层、地脚螺栓二次灌浆，都作为单独的定额子目处理。

(3) 计算方法的改变：是指在对工程实体项目工程量的计算方法和有关规定方面的改变。主要表现在清单项目工程量均以工程实体的净值为准，这不同于以往定额工程量计算规则要求对工程量按净值加规定预留及裕量来计算。如建筑工程量清单中，土石方工程在提取工程量时，是按净量提取的，不包括放坡及操作面的工程量；而按定额计量的处理办法则是根据不同的土质和开挖深度按定额计量规定的放坡系数计算实际开挖工程量。

4.3 市政工程清单模式下的价格信息化简述

4.3.1 概述

(1) 推行工程量清单后大部分的人工、材料、机械设备价格将随着市场行情定价，建设各方主体由于受人力、经费、渠道的限制，需要这方面的最新信息引导计价活动。

(2) 应利用网络等现代化的传媒手段，建立起工程造价信息系统，以最新的价格信息迅速传递到社会有关各方，为工程计价各方服务。

(3) 此外应进一步研究和推广工程量清单计价系统软件，解决编制标底和报价中的繁杂运算问题，降低计价人员的劳动量，为推行工程量清单计价提供方便。

(4) 可利用网络，进行异地招投标和工程项目管理，降低工程造价。

4.3.2 市政工程造价信息的分类

(1) 按市政与环境工程造价信息的应用情况划分，工程造价信息可以分为静态工程造价信息和动态工程造价信息。

(2) 静态工程造价也叫定额信息，特征是相对稳定性，在一定时间内可以在各项工程造价管理任务中反复使用，并且有相对的稳定渠道进行传递。

(3) 静态工程造价是施工企业、建设单位、设计部门进行计划和组织工作的重要依据。

(4) 动态工程造价信息，及时地反映了不同时期工程造价管理活动中各个环节的实际进程、完成情况和生产的各种问题。

(5) 我们都十分清楚，当前的动态信息是不断变更的，时效性强，一般只具有一次使用价值。

4.3.3 市政工程造价信息的特点

4.3.3.1 专业性

(1) 市政工程造价信息的专业性集中反映在建设工程的专业化上，例如建筑、矿山、机场、水利、水电、公路、铁路、港口、邮电、通信等工程的施工与安装工程。

(2) 各专业之间具有其共同的信息资源，但还有它们各自的特征性，与本专业工程相关的信息资源，对它们有很高的使用价值。

4.3.3.2 系统性

（1）市政工程造价信息是由若干具有特定内容和同类性质的、在一定时间和空间内形成的一连串信息。

（2）一切工程造价的管理活动和变化总是在一定条件下受各种因素的制约和影响。

（3）市政工程造价管理工作也同样是多种因素相互作用的结果，并且从多方面被反映出来，因而，从工程造价信息源发出来的信息都不是孤立、紊乱的，而是大量的、有系统的，从各方面来反映市政工程造价管理活动变化和特征。

4.3.3.3 区域性

（1）市政工程造价信息的区域性主要反映在材料上。市政工程建设中的材料大多重量大、体积大、产地远离消费地点。因而运输量大。费用也较高。

（2）尤其不少基本材料（如砖、砂、石、石灰等）本身的价值或生产价格并不高，但所需要的运输费用绝对值或相对值却很高，这都在客观上要求尽可能就近使用材料。

（3）材料生产厂大多并不需要特别复杂、先进的技术和设备。总体上采用生产资料相对分散的生产方式，能够适应就近使用材料的要求。因此，这类工程造价信息的交流和流通往往限制在一定的区域内。

4.3.3.4 多样性

（1）我国社会主义市场经济体制正处在探索发展阶段，各种市场均未达到规范化要求，要使市政工程造价管理的信息资料满足这一发展阶段的需求，在信息的内容和形式上应具有多样性的特点。

（2）现行的造价资料除预算定额外，造价主管部门还对市政工程造价指数、人工、材料价格的变动进行测定，供报价时参考，并根据新材料出现和应用情况适时地编发补充定额。

（3）信息资料不但合理地控制了市政工程造价，而且反映了市政工程造价信息多样性这一特点。

4.3.3.5 动态性与季节性

（1）市政工程造价管理活动是一个永不停止的运动过程。工程造价信息也总是处在不断生产、积累的过程之中，并呈现出不断更新、不断丰富、不断增长的趋势，真实地反映了工程造价信息的动态性的特点。

（2）市政工程造价信息也和其他信息一样要保持新鲜度，需要经常不断地收集和补充新的工程造价信息，进行信息更新，真实反映市政工程造价地动态变化。

（3）由于建筑生产受自然条件影响大，施工内容地安排必须充分考虑季节因素，因此市政工程造价的信息也不能完全避免季节性的影响。

4.3.4 市政工程造价信息的内容

4.3.4.1 各类价格信息

（1）人工价格信息系统：建立人工价格信息系统的目的是通过了解市场人工成本费用行情，以及人工价格的变动，为人工单价的确定提供科学依据。在竞标过程中，人工费成本的竞争是非常重要的一个。通过预测竞争对手的人工价格水平，合理确定自己的人工价格水平，进而击败对手并使自己能够获得较大的收益。人工价格信息系统的建立，基础是不同地区市政工程企业各工种人工价格水平和劳务价格水平。

(2) 工程材料、设备价格信息库的建立：

1) 工程材料、设备价格是市场最活跃的因素，其品种繁多，生产厂家和经销商众多，信息量巨大。如何对市政工程材料、设备的价格信息进行采集和编辑关系到市政工程造价信息系统建设的成败；

2) 在采集生产厂商价格信息时，应对生产厂商的分布情况、产品出厂价、挂牌价及上下浮动幅度进行调查，并按生产规模及市场占有份额进行测算与汇总；

3) 对一些知名厂商或供货商，在进行材料、设备价格调查时，还应调查其一次性供货能力；

4) 收集了价格信息后，还要计算各类指标、指数，以及对价格的变化趋势和幅度进行分析预测。

(3) 工程机械租赁价格信息库的建立：机械租赁价格信息的收集方式与材料价格信息的方式基本相同。

4.3.4.2 工程造价指数

(1) 随着我国经济体制改革，特别是价格体制改革的不断深化，设备、材料价格和人工费的变化对工程造价的影响日益增大。

(2) 在建筑市场供求和价格水平发生经常波动的情况下，建设工程造价及其各组成部分也处于不断变化之中，这不仅使不同时期的市政工程在"量"与"价"两方面都失去可比性，也给合理确定和有效控制市政工程造价而造成了较大的困难。

(3) 根据工程建设的特点，编制工程造价指数是解决这些问题的最佳途径。以合理方法编制的工程造价指数，不仅能够较好地反映工程造价的变动趋势和变化幅度，而且可用以剔除价格水平变化对造价的影响，正确反映建筑市场的供求关系和生产力发展水平。

(4) 工程造价指数是反映某一时期因价格变化对工程造价影响程度的一种指标，它是调整工程造价价差的依据。工程造价指数反映了报告期与基期相比的价格变动趋势，利用它来研究实际工作具有如下意义：

1) 可以利用工程造价分析价格变动趋势及其原因；

2) 可以利用工程造价指数估计工程造价变化对宏观经济的影响；

3) 工程造价指数是工程承发包双方进行工程估价和结算的重要依据。

(5) 工程造价指数的分类：

1) 按照工程范围、类别、用途分类：

① 单项价格指数：是分别反映各类工程的人工、材料、施工机械及主要设备报告期价格对基期价格的变化程度的指标。可利用它研究主要单项价格变化的情况及其发展变化的趋势。如人工费价格指数、主要材料价格指数、施工机械台班价格指数、主要设备价格指数等。

② 综合造价指数：是综合反映各类项目或单项工程人工费、材料费、施工机械使用费和设备费等报告期价格对基期价格变化而影响工程造价程度的指标，是研究造价总水平变动趋势和程度的主要依据。如建筑安装工程造价指数、建设项目或单项工程造价指数、建筑安装工程直接费造价指数、其他直接费及间接费造价指数、工程建设其他费用造价指数等。

2) 按造价资料期限长短分类：① 时点造价指数——是不同时点价格对比计算的相对数；② 月指数——是不同月份价格对比计算的相对数；③ 季指数——是不同季度价格对比

计算的相对数。④ 年指数——是不同年度价格对比计算的相对数；

3)按不同基期分类：① 定基指数——是各时期价格与某固定时期的价格对比后编制的指数；② 环比指数——是各时期价格都以其前一期价格为基础计算的造价指数。

4.3.4.3 已完成的工程信息

(1) 工程造价资料是指已建成竣工和在建的有使用价值和有代表性的工程设计概算、施工预算、工程竣工结算、竣工决算、单位工程施工成本以及新材料、新结构、新设备、新施工工艺等建筑安装工程分部分项的单价分析等资料。

(2) 工程造价资料是工程造价宏观管理、决策的基础；是制定修订投资估算指标，概预算定额和其他技术经济指标以及研究工程造价变化规律的基础；是编制、审查、评估项目建议书、可行性研究报告投资估算，进行设计方案比较，编制设计概算，投标报价的重要参考。

(3) 积累工程造价资料是为了使不同的用户都可以使用这些资料，从而达到控制工程造价的目的。工程造价资料积累的范围，一方面要包括工程建设各阶段的造价资料，反映建设工程造价的全过程，另一方面要体现建设项目组成的特点。

(4) 工程造价资料的分类：

1) 工程造价资料按照其不同工程类型进行划分，并分别列出其包含的单项工程和单位工程；

2) 工程造价资料按照其不同阶段，一般分为项目可行性研究、投资估算、初步设计概算、施工图预算、竣工结算、竣工决算等；

3) 工程造价资料按照其组成特点，一般分为建设项目、单项工程和单位工程造价资料，同时也包括有关新材料、新工艺、新设备、新技术的分部分项工程造价资料。

(3) 工程造价资料积累的内容：工程造价资料积累的范围包括：可行性研究报告、投资估算、初步设计概算、修正概算；经有关单位审定或签订的施工图预算、合同价、结算价和竣工决算。按照建设项目的组成，一般包括建设项目总造价、单项工程造价和单位工程造价资料。工程造价资料积累的内容应包括"量"(如主要工程量、材料量、设备量等)和"价"，还要包括对造价确定有重要影响的技术经济条件，如工程的概况、建设条件、建设环境等。

1) 建设项目和单项工程造价资料：对造价有主要影响的技术经济条件。如项目建设标准、建设工期、建设地点等；主要工程量、材料量和设备名称、型号、规格、数量等；投资估算、概算、预算、竣工决算及造价指数等。

2) 单位工程造价资料：单位工程造价资料包括工程的内容、建筑结构特征、主要工程量、主要材料的用量和单价、人工工日和人工费以及相应的造价；

3) 其他造价资料：还应积累新材料、新工艺、新技术所在分部分项工程的人工工日和人工费、主要材料和单价、主要机械台班和单价以及相应的分部分项工程造价资料。

5　工程量清单招标标底的编制

5.1　概　　述

5.1.1　市政工程量清单的编制

5.1.1.1　分部分项工程量清单的编制

(1) 市政工程分部分项工程量清单为不可调整的闭口清单，投标人对招标文件提供的分部分项工程量清单必须逐一计价，对清单所列内容不允许做任何更改变动。

(2) 对于投标人如若认为清单内容有不妥或遗漏，只能通过质疑的方式由清单编制人做统一的修改更正，并将修正后的工程量清单发给所有投标人。

5.1.1.2　措施项目清单的编制

(1) 措施项目清单为可调整的清单，投标人对招标文件中所列项目，可根据企业自身特点做适当的变更增减。投标人要对拟建工程可能发生的措施项目和措施费用做通盘考虑，清单计价一经报出，即被认为是包括了所有应该发生的措施项目的全部费用。

(2) 如若报出的清单中没有列项，且在施工中又必须会发生的项目，业主有权认为，其已经综合在分部分项工程量清单的综合单价中。将来措施项目发生时，投标人不得以任何借口提出索赔与调整。

(3) 对于措施项目清单的设置，首先要参考拟建工程的施工组织设计，以确定工程项目周围环境、文明安全施工、材料的二次搬运等项目。

(4) 然后要参阅所实施的施工技术方案，以确定夜间施工、大型机械设备进出场及安拆、混凝土模板及支架、脚手架、施工排水降水、垂直运输机械等项目。

(5) 参阅相关的施工规范与工程验收规范，可以确定施工技术方案没有表达的但是为了实现施工规范与工程验收规范要求而必须发生的技术措施、招标文件中提出的某些必须通过一定的技术措施才能实现的要求、设计文件中一些不足以写进技术方案的但是要通过一定的技术措施才能实现的内容。

5.1.1.3　其他项目清单的编制

(1) 招标人部分：

1) 预留金主要考虑可能发生的工程量变更而预留的金额。此处提出的工程量变更主要是指工程量清单漏项、或有误引起的工程量的增加和施工中的设计变更引起的标准提高或工程量的增加；

2) 材料购置费是指在招标文件中规定的由招标人采购的拟建工程材料费；

3) 这两项费用均应由清单编制人根据业主意图和拟建工程实际情况计算出金额填制表格。

(2) 投标人部分：

1) 计价规范中列举了总承包服务费、零星工作项目费等两项内容。如果招标文件对承包商的工作范围还有其他要求，也应将其列项。例如，设备的厂外运输、设备的接、保、检、为业主代培技术工人等；

2) 投标人部分的清单内容设置，除总承包服务费仅需简单列项外，其他内容应该量化的必须量化描述。如设备厂外运输，需要标明设备的台数、每台的规格重量、运距等；

3) 零星工作项目表要标明各类人工、材料、机械的消耗量。

5.1.2 工程量清单的编制依据与编制规则

5.1.2.1 工程量清单编制的依据

市政工程项目的工程量清单的编制的主要依据：

(1) 必须执行《建设工程工程量清单计价规范》。

(2) 认真执行招标文件中的有关内容。

(3) 市政工程具体的设计文件。

(4) 国家有关的工程施工规范与工程验收规范。

(5) 拟采用的市政工程施工组织设计和施工技术方案。

5.1.2.2 工程量清单编制的规则

按照《建设工程工程量清单规范》的相关规定，作为编制市政工程量清单的主要规则。具体内容如下：

(1) 熟悉、掌握各类工程结构、施工操作规程及验收规范。各专业工程的工程结构和施工操作技术都不相同。就市政工程中的道路、排水管道、桥涵及护岸、排水构筑物和隧道工程等，这些工程的工程结构都相差很大，施工技术也不尽相同。

(2) 就同一类的工程，道路工程有不同基层和路面的道路，还有高速公路；排水管道工程有开槽埋管、顶管和现浇方管；桥梁工程有不同的下部结构和上部结构，就钢筋混凝土梁有预应力和非预应力 T 形梁、工字梁、板梁，还有箱型梁、槽型梁等形式，预应力梁的预制有先张法和后张法的施工工艺，桥梁工程还有立交箱涵，用于城市道路、公路和铁路的立交箱涵顶进工程；排水构筑物工程有泵站下部结构的大开挖施工和沉井施工方法，污水处理厂中不同结构的构筑物，还有各种专用非标的机械设备安装等；隧道工程有大型沉井、盾构掘进、垂直顶升、大型基坑开挖、地下连续墙、地基监测和地基加固等工程。

(3) 对市政工程计算、审核必须熟悉和掌握以上所列工程的结构和施工技术，不然就难以对工程造价计算中的列项，工程量的计算和按不同的施工方法套用相应定额的项目，也无法提出正确、合理的计算及审核结论。

(4) 掌握和结合市政工程的《施工组织设计》内容，因为《施工组织设计》和工程量清单报价（施工图预算）是相互依存、相互影响的，确切地说，市政工程度清单报价的编制过程也是施工组织设计的过程，《施工组织设计》中的施工计划决定着工程量清单报价，反过来，工程量清单报价又制约着施工组织设计，两者是辩证统一的关系，是相辅相成的。

(5) 工程量清单报价的计价、报价除了要考虑招标工程本身的内容、范围、技术特点和要求、招标文件的有关规定及业主的答复问题的补充文件、经过现场勘查全面了解工程现场情况、计算和复核工程量、询价及市场调查等因素外，不定期受许多其他因素影响。

(6) 市政工程的分部分项工程量清单的编制程序：市政工程招标文件→确定项目名称、编号→确定计量单位→按照招标文件、施工组织设计、施工规范、工程验收规范→计算市政工程→确定工程量内容→完成清单编制任务。

5.1.3 提高工程量清单编制质量的措施

5.1.3.1 学好《清单规范》，避免出现重项与漏项

(1) 在工程量计算过程中，首先认真学习好《建设工程工程量清单规范》，尽可能地做到不重项、不漏项，因为重项和漏项会加大招标人的工程量风险使工程造价难以得到控制，使整个工程预算与决算之间的距离较大。

(2) 由于《建设工程工程量清单规范》中清单项目的综合性很强，有些项目综合了好几个子目的内容，如木装饰墙面综合了龙骨、基层、面层、压条、防护、油漆等的内容，因此编制人在编制清单时要根据设计要求仔细分项。

(3) 在列项计算工程量之前应先熟悉《建设工程工程量清单规范》中各项目的工程内容，同时应熟悉图纸内容，根据《建设工程工程量清单规范》和图纸及施工方案快速、准确列项，使清单项目名称具体化、项目划分清晰，以便于投标人报价。

5.1.3.2 掌握工程量清单的编制原则

(1) 工程量清单应当依据招标文件、施工组织设计、施工图纸、施工现场条件、各种操作规范、标准和《建设工程工程量清单规范》进行编制，编制过程应当遵循“四统一”原则。

(2)《建设工程工程量清单规范》规定：工程量清单应由具有编制招标文件能力的招标人，或受其委托具有响应资质的终结机构进行编制。编制原则和编制人的规定主要目的是为所有的投标人提供一个公平竞争的条件，切不可让投标人自己编清单来报价。

5.1.3.3 认真、准确计算工程量

(1) 目前，我国实行工程量清单计价后，工程量清单中的工程量只是报价的基础，而结算时以实际完成的工程量为准。因此，有部分清单编制人员以为工程量计算准确性方面要求降低了，在具体计算时会出现计算粗略、甚至出现较多错误，这是当前工程量清单编制中经常见到的问题。所以，必须认真、准确地计算工程量。

(2) 正确计算市政工程的工程量是确保工程量清单质量的一个重要内容，可以从以下几方面提高工程量计算的准确性。

1) 熟悉工程量计算规则。这里的规则是指《建设工程工程量清单规范》上的规则即清单工程量的规则，而不是选定的定额上的规则即计价工程量的规则，由于受传统计价方式的影响，造价人员容易混淆两种规则，这就要求造价人员熟悉两种不同的工程量及两种不同规则的区别，以保证准确计算清单工程量；

2) 必须熟练掌握工程量计算原则、方法。为了加快计算速度，避免重复计算或漏算，在计算工程量时除了要遵循一定的计算方法外，还应根据图纸、计算的内容选择合适的计算顺序；

3) 可以先计算标底工程量，然后根据清单项目的综合性将标底项目进行整合。标底工程量计算规则与清单工程量计算规则一样的，就将标底工程量作为清单工程量，但必须记住一个清单只能有一个工程量；标底工程量计算规则与清单工程量计算规则是不一样的，通过调整工程量的方法计算清单工程量。通过这种方法，可以减少招标人编制清单和标底的工作

量，提高工作效率；

4）认真校核工程量清单。工程量清单编制完成后，除编制人要反复校核外，还必须由其他人审核。工程量清单校核的内容有：清单项目是否重项、漏项，项目特征描述是否清楚，工程量计算是否有误；

5）提高设计文件深度。图纸设计深度是影响工程量清单编制质量的一个重要原因，因此，要提高清单编制质量，还应从提高设计文件的质量方面人手，设计文件应能满足工程量清单计价的需要；

6）编制工程量清单是一项涉及面广、环节多、政策性强、对技术和知识都有很高要求的技术工作。造价人员必须精通《建设工程工程量清单规范》，认真分析拟建工程的项目构成和各项影响因素，多方面接触工程实际，才能编制出高质量、高水平的工程量清单。

5.2 编写招标文件的注意事项

5.2.1 招标文件

招标文件一般包括工程情况综合说明、招标范围和要求、设计文件和图纸、主要合同条款、评标办法等主要内容。除了常规内容，业主在编制招标文件时应该重点注意以下几个方面的问题。

5.2.1.1 需求分析

（1）对要招标的市政工程特点进行分析，例如市政工程的规模、结构、施工难度、地理位置、周边环境等都需要分析，这是做好招标文件的第一步。

（2）对业主自身和对建筑物的需求进行分析，这里主要分析时间要求、功能要求、质量要求等。

（3）业主自身的能力分析，例如，是否具有该建设工程项目的管理能力等。

5.2.1.2 发包形式

（1）招标方首先要考虑是与一个承包商签订总的施工承包合同，还是将部分专业工程划出，分别与各个专业承包商签订合同。

（2）如若是一个投资项目很大，其中有许多复杂的专业项目，而自身的专业管理能力又不够强，则应该考虑选择总承包的形式。这样做，可能会使总投资难以压下来，但是可以避免各专业之间协调配合不当，造成返工浪费，工期延误等风险。

（3）反之，若专业不多且多为常规项目，则可以考虑由招标方直接与各专业承包商签订分包合同。这样有利于业主控制总投资。也还可以考虑以补偿给主要承包商一笔管理费的形式，将协调配合的责任转移给主要承包商。

（4）招标方在需要对大型工程项目划分标段时要注意，标段划分不宜太小，这样会增加业主的管理成本。标段大小应与承包商大小成正比的关系。

5.2.1.3 合同价格形式

（1）固定总价合同：

1）固定总价合同就是按照商定的总价签订的承包合同。它的特点是以图纸和工程说明书为依据，明确承包内容和计算标价，并一笔包死。在合同执行过程中，除非业主要求变更原定承包内容或者设计图纸，承包单位一般不得要求变更承包价；

2）固定总价合同发包方式，对于发展商而言，由于操作较为简单，因而是受欢迎的。对于承包商而言，如果设计图纸和技术说明书相当详细，市场上材料价格稳定，并能据此比较精确地推算造价，则这种承包方式也是可以接受的；

3）但是，如果图纸和说明书不够详细，未知因素较多，或者遇到材料突然涨价以及恶劣气候的影响，承包商必须承担应变的风险。为此，承包商会加大不可预见费用来消除这些变动因素带来的风险，从而提高了工程报价，这最终对业主是不利的；

4）针对这种情况，可行的办法是在固定总价合同中增加一些必要的条款，由业主分担建设期的部分风险，从而降低承包商的不可预见费用，使总报价的风险下降。这样做对于业主与建设工程承包商双方都是非常有利的；

（2）固定单价合同

1）在没有施工详图就需要开工，或虽有施工图而对工程的某些条件尚不完全清楚的情况下，既不能比较精确地计算工程量，又要避免凭运气而使发展商与承包商任何一方承担过大的风险，此时采用固定单价合同是比较合适的；

2）固定单价的优势就是在情况对双方都存在未知因素时，可以按照工程的具体情况进行支付和结算，在双方各自承担一定风险的前提下，保证对合同双方相对的公平；

3）相对来说，也比较商业化，类似于我们常说的"干多少活，拿多少钱"。

（3）可调合同价

1）如果预计在项目施工周期内会出现物价（特别是建筑材料和安装设备）较大幅度的涨跌，则只能采用可调合同价的形式；

2）采用固定价合同时，如果在建设期间，各种资源的价格涨幅太大，承包商将不能承受，致使其在施工过程中偷工减料，致使建筑质量低劣，使用安全得不到保证；或者拖延工期，使建设项目不能如期建成投入使用，以此来迫使业主追加合同价款；

3）跌幅太大，承包商将获得太多的超额利润，业主不愿意接受。此时，也可以采用固定合同价加调价指数的形式。

从实际应用的需求和国内目前的情况来看，以上三种合同的应用方式不用严格区分。一份考虑完整的合同往往可以看到以上三种合同的影子。结合目前的工程量清单报价形式，一般都采用固定总价合同与固定单价合同相结合的方式。这里所讲的结合不是把两种合同重叠在一起，而是指在一个工程中，一般都会规定在招标文件的描述范围内有可能发生的情况，承包人应当考虑其风险的问题，在报价中体现，后续实施过程中，只要在合同范围内的情况，合同总价不作调整。

5.2.1.4　保函或保证金的应用

（1）保函或保证金是为了保证投标人能够认真投标和忠实履行合同而设置的保证措施，业主应该很好地加以利用。比较常用的有投标保函（或保证金）、履约保函（或保证金）、质量担保保函（或保证金）、材料设备供应保函（或保证金）等。

（2）当然，根据有关规定，投标方也有权利要求招标方提供相应的工程款支付担保。但是，招标方也要注意，大量的或者高额的保函或保证金的使用，将会提高投标方的投标门槛，对投标方造成很大的资金压力，从而限制了许多中小承包商的投标，也就有可能抬高中标的价格。

(3) 因此，招标方应当根据工程项目的性质，例如是否超高、超大型建筑，工期要求紧迫，大量采用新技术、新工艺、新材料，自身的资金情况等因素，确定如何设置各种保函或保证金。

5.2.1.5 选择报价形式

(1) 工程量清单报价

1) 由招标方提供工程的全部工程量清单，由承包商根据自身实力、市场条件和竞争对手的情况等因素，确定各个施工项目的清单项报价，并计算措施项目费用及其他项目费用，最终形成投标报价；

2) 建设部在全国范围内实行《全国统一工程量清单计价规范》，规范执行后，国有投资都将采用这种形式。更多的涉外投资采用国际通用的 FIDIC 合同条款。《全国统一工程量清单计价规范》规定了统一的项目编码、统一的项目划分、统一的工程量计算规则和统一的计量单位，为投标方进行投标统一的相同环境；

3) 采用这种报价形式，最大的好处就是通过清单报价方式所创造出来的市场化竞争环境，便于业主在评标时分析比较各投标报价之间的差异，可以为业主节约投资成本，也可以节约招标时间，同时也节约了承包商的投标成本。对于那些项目投资巨大、建设周期长、管理难度大、施工图纸设计深度不够而业主又希望能够尽早开工的项目特别适用；

4) 要注意，采用这种报价形式，也一定要向承包商提供施工图纸。这样承包商才能够编制出有针对性的施工组织设计和技术方案，同时避免出现对工程量清单某些项目理解上的歧义，从而造成清单项目报价偏低或偏高，或对施工项目的技术难度估计不足；

5) 采用工程量清单报价模式，关键的内容在于对业主的造价能力要求提高。因为在工程量清单环境下，招标方也要承担风险，主要指的是招标方要对自己提供的招标书的内容承担风险，而清单环境下，工程量清单本身如果出现问题而被投标方钻了空子，将给业主带来不利的影响；

6) 如若业主本身不具备较高的造价能力或者没有造价能力，必须要雇佣有经验的中介咨询机构来帮助业主制作清单，或者代理招标。

(2) 施工图报价

业主提供发包工程的设计文件和施工图纸等资料，并在招标文件中给出明确的施工范围和报价口径，由投标人自行计算全部施工项目的工程量，确定单价，综合考虑各种可能出现的情况，计算出全部费用，形成投标报价。本书主要介绍工程量清单招投标形式，因此施工图报价不再详述。

5.2.1.6 招标方需要对工程量承担的责任

(1) 在工程量清单环境下招投标，招、投标双方分别承担工程中的风险。招标方承担工程量的风险，投标方承担价格的风险。在招标方计算工程量清单的时候，如果没有在招标文件中注明处理方式，则所有的后果由招标方来承担。

(2) 目前国外比较流行的是固定总价模式，即将清单工程量与招标图纸实际工程量之间的误差风险由承包商来承担。但是此种方式的先决条件是他们有专业测量师已做了大量工程量测算工作，工程量基本在准确的前提下，风险已被控制在最小范围内。

(3) 国内比较流行的是投标单位应该计算图纸，对于工程量的错误应该提出，招标人给以确认,按照新的工程量报价,如果不予调整投标人应当综合考虑。

(4) 因此，招标方在编制招标文件的时候，一定要注意对工程量错误的处理方式的说明,规定投标方应审核工程量,在何种情况可以在单项报价中综合考虑,在何种情况下应该向招标方提出修改。

5.2.1.7　材料设备的采购供应

(1) 一般来讲,除了业主擅长的专业范围内的材料和设备,或者为了保证某些材料和设备的质量或使用效果,可以由业主提供部分材料、设备外,其他材料、设备均应由承包商自行采购供应。

(2) 因为在大多数情况下,业主不可能得到比承包商更低的价格,还不如把这部分利润留给承包商。这样还可以减少采购、卸货、交接、仓储等麻烦,更可以防止材料的超定额含量浪费问题,避免出现想节约反而浪费的情况发生。

(3) 业主可以通过在合同中设置约束性条款,如材料、设备的采购需经业主方认可质量和价格,要有合格证、质保书等要求,以此来对承包商使用的材料、设备进行控制。

5.2.1.8　对质量、工期的要求和奖罚

(1) 业主应该根据项目的使用要求,合理确定施工质量等级和施工工期,以免增加造价,造成浪费。

(2) 业主要在合同中根据确定的质量等级和工期要求,设置相应的惩罚或(奖励)条款,用以约束承包商。

5.2.1.9　其他费用及问题

(1) 为了控制造价,减少在施工过程中,以及竣工结算时发生额外的费用和索赔,业主要在招标文件中明确要求投标人应通过设计文件、施工图纸、现场踏勘,以及对周围环境的自行调查等资料,充分了解可能发生的所有情况和一切费用,包括市政、市容、环保、交通、治安、绿化、消防、土方外运,以及水文、地质、气候、地下障碍物清除等各种影响因素和费用,分项各单列报价,并汇入总报价。

(2) 对于有关工程质量、工期、费用结算办法等主要的合同条款一定要列在招标文件中。中标后再谈,容易引起争议和反复。另外,业主在招标文件中确定的招标有效期要留有一定的余量,以免因为意外事件延期而给招标工作造成被动。

5.2.2　评标办法

5.2.2.1　概述

(1) 在招标文件中通常要写入评标办法,但要注意评标办法的选择与工程项目之间的匹配,以免投标人有针对性地投其所好,提供虚假的资料,从而误导评标。

(2) 业主在确定投标人数量时要注意,人数不宜少于五家。太少,就可能竞争性不足,找不到最佳承包商;也容易发生由于投标人的疏忽而出现意外情况导致废标,造成本次招标工作失败。当然,如果投标人太多,则会大大增加招标和评标工作量。

(3) 评标办法是招标文件不可缺少的一部分,而评标办法对业主选择最终的承包商起着很大的作用。招标方要制定合理的对自己有利的评标办法,投标方也要很仔细地研究评标办法,合理地利用规则。

5.2.2.2　经评审最低投标价法

(1) 经评审最低投标价法一般采用两阶段评审。第一阶段技术标评审为通过性评审，投标人只有通过技术部分评审后，才能进入第二阶段商务部分的评审。总体来讲，最低投标价法的原则是在技术标评审通过的前提下，总报价最低为最终中标人。

(2) 经评审最低报价中标法的主要优点是：首先是能最大程度的降低市政工程造价，节约建设投资；然后是符合我国市场竞争规律、优胜劣汰，更有利于促使施工企业加强管理、注重技术进步和淘汰落后技术；其次是可最大程度的减少招标过程中的腐败行为，将人为的干扰降低至最低，使招标过程更加公开、公正、公平，节省了评标的时间，减少了评标的工作量。

(3) 但是利用经评审最低投标价法进行评标的风险相对比较大，低的工程造价固然可以节省业主的成本，但是有可能使投标时投标单位盲目的压价，施工过程中没有采取有效的措施降低造价，而是以用劣质的材料、低劣的施工技术等方法压低成本，造成工程质量低劣，违背了最低报价法的初衷。

(4) 当工程项目较大，工程技术比较复杂的时候，不适宜采用此种评标办法。当工程项目较小，施工技术要求一般时，则用此种评标办法可以简化评标过程，降低工程造价。

5.2.2.3 综合评估法

(1) 采用综合评估法评标，应先对商务部分和技术部分分别按照百分制方法打分后，再按下列公式计算出投标人的最后得分：

$$Z = a \cdot E + (1 - a \cdot T) \tag{5-2-1}$$

式中 Z——指投标人的最后得分；

E——指商务部分投标人的得分；

T——指技术部分投标人的得分；

a——指商务部分的权重数。该权重数按下列原则，招标人或招标代理机构根据实际情况确定。

(2) 综合评估法的商务标部分采用的办法为，先确定评标基准价：

$$\text{评标基准价} = \text{有效投标报价之和} / \text{投标单位数量} \tag{5-2-2}$$

(3) 所有投标单位的报价与基准价作比较，按分值扣减。这里需要注意的是，要防止几家投标单位串标，从而提高中标价格。

(4) 综合评估法的技术标部分要对施工技术方案、施工进度计划、人、材、机投入计划、施工现场平面布置、安全文明施工及环保措施、新技术的应用、项目经理及管理班子的配备和特殊情况下的施工措施等分别进行评分。

(5) 当工程项目较大，造价较高并且施工技术相对较复杂时，要综合考虑造价和施工技术以保证工程的质量，此时应采用综合评估法进行评标，要严格审核技术标部分对商务标的影响。

5.3 市政工程量清单招标标底的编制

5.3.1 概述

5.3.1.1 工程标底价格的作用

（1）市政工程标底价格是业主为了掌握工程造价，控制工程投资的一个基础数据，并以此为依据评价各投标单位工程报价的准确性。

（2）在定额计价模式下，标底价格在评标过程中曾经起到了不可替代的作用。在清单计价模式下，由招标人按照国家统一的工程量计算规则计算工程数量，由投标人自主报价，经评审低价中标。

（3）市政工程标底价格的作用在招标投标中的重要性逐渐弱化，符合工程造价管理与国际接轨的趋势。经评审低价中标的工程造价管理模式，会引导我国工程建设领域形成国际上一般的无标底价格的工程招投标模式。

5.3.1.2　市政工程标底价格的编制原则

（1）遵循四统一的原则：根据《建设工程工程量清单计价规范》的要求，工程量清单编制与计价必须遵循四统一的原则：即项目编码统一、项目名称统一、计量单位统一、工程量计算规则统一。

（2）遵循市场形成价格的原则。市场形成价格是市场经济条件的必然产物。以前的招投标标底价格的制定受工程预算定额的制约，不能表现个别企业的实际消耗量，也不能全面反映企业的技术装备水平、管理水平和劳动生产率，不利于市场经济条件下企业间的公平竞争。工程量清单模式下的标底价格反映的是由市场形成的具有社会先进水平的生产力要素市场价格。

（3）体现公开、公平、公正的原则。工程造价是工程建设的核心内容，也是建设市场运行的核心。工程量清单模式下的标底价格应充分体现公开、公平、公正原则。公开、公平、公正不仅是投标人之间的公开、公平、公正，也是招投标双方间的公开、公平、公正。标底价格应同其他商品一样，由市场价值规律来决定，不能盲目地压低或提高，更不能低于成本价。

（4）风险合理分担原则。工程量清单计价方法，是在建设工程招投标中，招标人按照国家统一的工程量计算规则计算提供工程数量，由投标人依据工程量清单所提供的工程数量自主报价，由招标人承担工程量计量的风险，投标人承担工程价格的风险。在标底价格编制过程中，编制人应充分考虑招投标双方风险可能发生的概率，风险对工程量变化和工程造价变化的影响，在标底价格中应予以体现。

（5）完全一致的原则。标底的计价内容、计价口径，与工程量清单计价规范下招标文件下的规定完全一致的原则。标底的计价过程必须严格按照工程量清单给出的工程量及其所综合的工程内容进行计价，不得随意变更或增减。

（6）一个标底的原则。一个市政工程只能编制一个标底的原则。要素市场价格是工程造价构成中最活跃的成分，只有充分把握其变化规律才能确定标底价格的惟一性。

5.3.2　市政工程标底价格的编制依据

（1）《建设工程工程量清单规范》，市政工程招标文件的商务条款。

（2）市政工程项目的设计文件，有关工程施工规范及工程验收规范。

（3）市政工程项目施工组织计划及施工技术方案。

（4）市政工程施工现场的地质、水文、气象，以及地上情况的有关资料。

（5）招标期间市政与环境工程材料与设备的市场价格，工程项目所在地的劳动力市场价格。

(6) 由招标方采购的材料、设备的到货计划,招标人制定的工期计划。

5.3.3 市政工程标底编制人、标底组成与标底编制步骤

5.3.3.1 标底编制人

与工程量清单一样,招标标底一般由有编制招标文件能力的招标人或受其委托具有相应资质的工程造价咨询机构、招标代理机构进行编制。

5.3.3.2 标底的组成内容

(1) 市政工程标底的综合编制说明。

(2) 标底价格审定书、标底价格计算书、带有价格的工程量清单、现场因素、各种施工措施费的测算明细,以及采用固定价格工程的风险系数测算明细表。

(3) 市政工程主要材料用量。

(4) 市政工程标底的附件,如各项交底记要、各种材料及设备的价格来源、现场的地质、水文、交通、供水供电等地上情况的有关资料。编制标底价格所依据的施工方案或施工组织设计等。

5.3.3.3 标底编制步骤

《建设工程工程量清单规范》中进一步强调:"实行工程量清单计价招标投标建设工程,其招标标底、投标报价的编制、合同条款的确定与调整、工程结算应按本规范进行",并进一步规定"招标工程如设标底,标底应根据招标文件中的工程量清单和有关要求、施工现场实际情况、合理的施工方法以及按照建设行政主管部门制定的有关工程造价计价办法进行编制"。

(1) 准备工作:准备工作主要包括熟悉招标图纸和说明、熟悉招标文件内容、考查工程现场、进行材料价格调查等内容。

(2) 工程量计算:主要包括复核清单工程量、按定额计算工程量等内容。

(3) 确定工、料、机单价。

(4) 计算综合费用、计算工程项目总金额。

(5) 编制标底单价、计算标底总金额与编写标底说明。

5.3.4 市政工程招标标底价格编制说明

5.3.4.1 采用工料单价时

(1) 市政工程标底价格的计算说明:

1) 工程量清单应与投标须知、合同文件、合同协议条款、技术规范和图纸一起使用,工程量清单所列工程量系招标单位临时估算,仅作为编制标底价格及投标报价共同基础,付款以完成工程量为依据。工程量由承包单位计量、监理工程师核准;

2) 工程量清单中所填人的单价与合价,应按照现行预算定额的工、料、机消耗标准及预算价格确定,作为直接费的基础。其他直接费、间接费、利润、有关文件规定的调价、材料差价、设备价、现场因素费用、施工技术措施费、赶工措施费以及采用固定价格的工程所测算的风险金、税金等费用,计入其他相应标底价格计算表中;

3) 工程量清单不再重复或概括工程及材料的一般说明,在编制和填写工程量清单的每一项的单价和合价时应参考投标须知和合同文件的有关条款。

(2) 标底价格的各类计算用表:标底价格的各类计算用表包括 6 种,分别为:标底价格汇总表、工程量清单汇总及取费表、工程量清单表、材料清单及材料价差表、设备清单及价格表、现场因素与施工技术措施及赶工措施表。

5.3.4.2 采用综合单价时

(1) 工程量清单应与投标须知、合同条件、合同协议条款、技术规范和图纸一起使用。

(2) 工程量清单所列工程量系招标单位临时估算的,仅作为编制标底价格及投标报价的共同基础。价款以实际完成的工程量为依据。该工程量由承包单位计量、监理工程师核准。

(3) 工程量清单中所填人的单价和合价,应包括人工费、材料费、机械费、其他直接费、间接费、有关文件所规定的调价、利润、税金以及现行取费中的有关费用、材料差价以及采用固定价格的工程所测算的风险金等的全部费用。

(4) 工程量清单不再重复或概括工程及材料的一般说明,在编制和填写工程量清单的每一项单价和合价是应参考投标须知和合同文件的有关条款。

5.4 市政工程量清单计价标底价格与标底的审查

5.4.1 市政工程量清单计价标底价格

5.4.1.1 分部分项工程量清单计价

分部分项工程量清单计价是对招标方提供的工程量清单进行计价的。清单计价有预算定额调整法和工程成本测算法。根据施工经验和历史资料预测分部分项工程实际可能发生的工、料、机消耗量。

5.4.1.2 措施项目清单计价

《建设工程工程量清单规范》为工程量清单的编制与计价提供了措施项目一览表,供招投标双方参考使用。标底编制人要对表内内容逐项计价。如果编制人认为表内提供的项目不全,可以列项补充。措施项目计价按每单位工程计取。措施项目费标底价格的计算依据主要来源于施工组织设计和施工技术方案。措施项目标底的计算,一般采用成本预测法估算。

5.4.1.3 其他项目清单计价

(1) 其他项目清单计价按单位工程计取。分为招标人、投标人两部分,分别由招标人与投标人填写。由招标人填写的内容包括预留金、材料购置费等。由投标人填写的包括总承包服务费、零星工作项目费等。按计价规范的规定,规范中列项不包括的内容,招标人均可增加列项并计价。

(2) 在标底计价中,编制人如数填写不得更改。投标人部分由投标人或标底编制人填写,其中总承包服务费要根据市政与环境工程规模、工程技术复杂程度、投标人的经营范围、拟分包工程来计取,一般小于分包工程总造价的 5%。

(3) 零星工作项目表,由招标人提供具体项目和数量,由投标人或标底编制人对其进行计价。零星工作项目计价表中的单价为综合单价,其中人工费综合了管理费与利润,材料费综合了材料购置费及采购保管费,机械费综合了机械台班使用费、车船使用税以及设备的调遣费。

5.4.1.4 规费与税金

是税金之外由政府机关或政府有关部门收取的各种费用。各地收取的内容各有不同,在标底编制时可以按照市政工程所在地的有关规定计算。税金包括营业税、城市维护建设税、教育费附加三项内容。根据市政工程所在地的不同,税率也有所不同。标底编制时按市政工程所在地规定的税率计取税金。

5.4.2 市政工程标底价格的审查

(1) 标底价格审查的意义:市政工程标底价格编制完成后,必须有进行严格的审查。加强标底价格的审查,是提高市政工程的工程量清单计价水平、确保标底质量起着非常重要的作用,主要从以下几方面:

① 从技术和商务两方面对标底进行认真审查,可以发现错误、修改错误,提高了标底价格的正确性和准确性,也就是提高了标底的符合性;

② 可促进工程造价人员提高素质,适应市场经济对工程造价人员的要求,保证招投标工作顺利进行。

(2) 市政工程标底价格的审查过程:一般情况下,市政工程标底价格的审查可以分以下几阶段。

① 编制人自审:即单位工程标底计价初稿完成后,编制人要进行自我审查,检查分部分项工程各要素消耗水平是否合理,计价过程的计算是否错误,力求合理。

② 专家或审核组审查:有关专家须全面审查,即对市政工程招标文件符合性审查、计价基础资料合理性审查、标底价格整体计价水平的审查,标底价格单项计价水平的审查,是完成标底价格编制的最终审查。

(3) 标底价格审查的内容:标底价格审查的内容主要有如下几方面:

① 符合性:主要是对招标文件的符合性,对工程量清单项目的符合性,对招标人真实意图的符合性;

② 计价基础资料合理性:计价基础资料的合理是标底价格合理的前提。计价基础资料包括工程施工规范、工程验收规范、企业生产要素消耗水平、工程所在地生产要素价格水平;

③ 标底整体价格水平:标底价格是否大幅度偏离已建同类工程价格,各专业工程造价是否比例失调,实体项与非实体项价格比例是否失调;

④ 标底单项价格水平:标底单项价格水平偏离程度审查。

5.5 市政工程量清单计价的投标报价

5.5.1 市政工程施工投标报价程序

工程投标报价程序是:取得招标信息→准备资料报名参加→提交资格预审资料→研究招标文件→准备与投标有关的所有资料→实地考察工程场地,并对招标人进行考察→确定投标策略→核算工程量清单→编制施工组织设计及施工方案→计算施工方案工程量→采用多种方法进行询价→计算工程综合单价→确定工程成本价→报价分析决策确定最终的报价→编制投标文件→投送投标文件→参加开标会议。

5.5.2 在清单下投标报价的前期工作

投标报价的前期工作主要是指确定投标报价的准备期，主要包括：取得招标信息、提交资格预审资料、研究招标文件、准备投标资料、确定投标策略等。这一时期是为后面准备报价的必要工作阶段，往往有好多投标人对前期工作不重视，得到招标文件就开始编制投标文件，在编制过程中会出现缺这缺那，这不明白那不清楚，造成无法挽回的损失。

5.5.2.1 得到招标信息并参加资格审查

投标人得到有关招标信息后，应及时表明自己的意愿，报名参加，并向招标人提交资格审查资料。投标人必须重视资格审查，它是招标人对本企业产生的第一印象。

5.5.2.2 投标中收集的有关信息分析

投标时投标人在建筑市场中的交易行为，具有较大的冒险性。因此，这就要求投标人必须获得尽量多的招标信息，并尽量详细地掌握与项目实施有关的信息。信息竞争将成为投标人竞争的焦点，一般情况下，投标人的信息分析应考虑以下几方面。

（1）首先要认真分析招标人投资的可靠性，工程投资资金是否已到位，必要时应取得对发包人资金可靠性的调查，建设项目是否已经批准。

（2）分析招标人是否有与工程规模相适应的经济技术管理人员，有无工程管理的能力、合同管理经验和履约的状况如何；委托的监理是否符合资质等级的要求。

（3）分析投标项目的技术特点，例如：工程规模与类别是否适合投标人、水文地质和自然资源等是否为投标人技术专长的项目、工期是否过于紧迫、预计应采取何种重大技术措施。

（4）投标项目的经济特点，例如工程款支付方式、投标保函与履约保函或预付款的比例、金融和保险的有关情况、允许调价的因素、规费及税金信息。

（5）投标竞争形势分析：包括根据投标项目的性质，预测投标竞争形势；预计参与投标的竞争对手的优势分析和其投标的动向；竞争对手的积极性。

（6）分析研究投标条件及迫切性：又如可利用的资源和其他有利条件、投标人当前的经营状况、财务状况和投标的积极性。

（7）认真分析本企业对投标项目的优势：例如是否需要较少的开办费用、是否具有足够的技术专长及价格优势、类似工程承包经验及信誉、资金劳务物资供应管理等方面的优势、项目的社会效益、投标资源是否充足等。

（8）对投标项目风险的分析：包括民情风俗、社会秩序、地方法规、政治局势；社会发展形势及稳定性、物价趋势；与工程实施有关的自然风险；招标人的履约风险；投标本身可能造成的风险。

最后，根据上述各项目信息分析结果，认真做出包括经济效益预测在内的可行性研究报告，供投标决策者据以进行科学、合理的投标决策。

5.5.2.3 准备投标资料及确定投标策略

（1）投标报价之前，需要准备的如下资料：

1）各种文件：例如招标文件、设计文件、施工规范及有关法律法规等；

2）企业内部定额有参考价值的消耗量定额与企业人工、材料、机械价格系统资料；

3）可以询价的网站与报价有关的财务报表及企业积累的数据资源，招标人的资金情况等；

4）拟建工程所在地的地质资料及周围环境情况，投标对手的情况及对手常用的投标策略；

上述资料都是确定投标策略的依据，只有全面地掌握第一手资料，才能快速准确地确定投标策略。

（2）投标人要在投标中显示出强劲的竞争力就必须采用策略，显示优势。主要从以下几方面考虑。

1）掌握全面的设计文件：招标人提供给投标人的工程量清单是按设计图纸及规范规则进行编制的，可能未进行图纸会审，在施工过程中可能会出现这样或那样的问题，即发生设计变更，所以投标人在投标前要对施工图纸结合工程实际情况进行分析，了解清单项目在施工过程中发生变化的可能性，对于工程量没有变化的项目报价要适中，工程量增加的项目报价可以适当偏高，工程量减少的项目报价适当偏低等；

2）实地勘察施工现场：投标人应该在编制施工方案之前对施工现场进行实地勘察，对现场和周围环境，以及与此工程有关的可用资料进行了解和勘察。实地勘察施工现场的形状、水文地质条件；

3）调查与拟建工程有关的环境：投标人不仅要勘察施工现场，在报价前还要详尽了解项目所在地的环境，包括政治形势、经济形势、法律法规和风俗习惯、自然条件、生产和生活条件等。同时，还应视察道路、供电、给排水、通信是否便利，工程所在地的劳务和材料资源是否丰富，生活物资的供应是否充足等；

4）调查招标人：对招标人的调查资金来源是否可靠，避免承担过多的资金风险；项目开工手续是否齐全，提防有些发包人以招标为名，让投标人免费为其估价；是否有明显的授标倾向，招标是否仅仅是迫于政府的压力而不得不采取的形式；

5）调查对竞争对手：首先了解参加投标竞争对手的数量，其中有威胁性的是哪些，特别是工程所在地的竞争对手；其次，根据上述分析，筛选出主要竞争对手，分析其以往同类工程投标方法，惯用的投标策略，开标会上提出的问题等。投标人必须知己知彼才能制定切实可行的投标报价策略，提高中标的可能性。

5.6 清单模式下市政工程投标报价的编制

5.6.1 审核工程量清单及计算工程量

（1）一般情况，投标人必须按招标人提供的工程量清单按综合单价的形式进行报价。但投标人在按招标人提供的工程量清单报价时，必须把施工方案及施工工艺造成的工程增量以价格的内容包括在综合单价内。

（2）有经验的投标人在计算施工工程量时就对工程量清单进行审核，这样可以知道招标人提供的工程量的准确度，为投标人不平衡报价及结算索赔做好伏笔。

（3）在实行工程量清单模式计价后，建设工程项目分为三部分进行计价：即：分部分项工程项目计价、措施项目计价及其他项目计价。招标人提供的工程量清单是分部分项工程项目清单中的工程量,但措施项目中的工程量及施工方案工程量招标人不提供,必须由投标人在投标报价时按设计文件及施工组织设计、施工方案进行二次计算。

(4) 部分用价格的形式分摊到报价内的量必须要认真计算,全面考虑。由于清单下报价最低优先,投标人由于没有考虑而造成低价中标亏损,招标人会不予承担。

5.6.2 编制施工组织设计及施工方案

(1) 施工组织设计及施工方案是招标人评标时考虑的主要因素之一,也是投标人确定施工工程量的主要依据。它的科学性与合理性直接影响到报价及评标,是报价过程一项主要的工作,是技术性比较强、专业要求比较高的工作。

(2) 施工组织设计及施工方案包括:项目概况、项目组织机构、项目保证措施、前期准备方案、施工现场平面布置、总进度计划和分部分项工程进度计划、分部分项的施工工艺及施工技术组织措施、主要施工机械配置、劳动力配套、主要材料保证措施、施工质量保证措施、安全文明措施、保证工期措施等。

(3) 施工组织措施设计主要应考虑施工方法、施工机械设备及劳动力的配置、施工进度、质量保证、安全文明及工期保证等措施,因此,施工组织设计不仅关系到工期,而且对工程成本和报价也有密切关系。

(4) 好的施工组织设计,应能紧紧抓住工程特点,采用先进科学的施工方法,降低成本。尽可能减少临时设施和资金的占用。如果同时能向招标人提出合理化建议,在不影响使用功能的前提下为招标人节约工程造价,会大大提高投标人的低价合理性,增加中标的可能性。还要在施工组织设计中进行风险管理规划,以防范风险。

5.6.3 建立健全、完善的询价系统

5.6.3.1 概述

(1) 实行工程量清单计价模式后,投标人自由组价,所有与价格有关的全部放开,政府不再进行任何干预。可用什么方式询价,是投标人面临的新问题。

(2) 投标人在日常的工作中必须建立价格体系,积累部分人工、材料、机械台班的价格。

(3) 在编制投标报价时需进行多方面询价。

(4) 询价的内容主要包括:材料市场价、人工当地的行情价、机械设备租赁价、分部分项工程分包价等。

5.6.3.2 材料市场价

(1) 材料和设备在工程造价中往往占总造价的60%左右,对报价影响很大,因而在报价阶段要认真了解材料和设备市场价。

(2) 一项工程中所有的材料在有限的时间内进行询价是不可能的,必须对材料进行分类,分为主要材料和次要材料。主要材料是指对市政工程造价影响比较大,而且使用数量多的材料,例如钢材、水泥、砂石、应进行多方面询价和对比分析,选择合理的价格。对于次要材料,投标人应建立材料价格库,按库内的材料价格分析市场行情及对未来进行预测,用系统的形势进行整体调整,不需临时询价。

5.6.3.3 人工综合单价

(1) 市政工程建设是靠许多的人工来完成的，所以人工是城市建设行业一项能创造利润,反映企业管理水平的重要指标。人工综合单价的高低,直接影响到投标人个别成本的真实性和竞争性。因此,人工应是每个企业内部人员水平及工资标准的综合。

(2) 在表面上来,其人工没有必要询价,但必须用社会的平均水平和当地的人工工资标准来判断企业内部管理水平,并确定一个适中的价格,既要保证风险最低,又要具有一定的竞争力。

5.6.3.4　机械设备租赁价

(1) 市政工程建设需要许多的机械设备来完成的,其机械设备是以折旧摊销方式进入报价的,进入报价的多少主要体现在机械设备的利用率及机械设备的完好率。

(2) 在市政建设中,机械设备使用的寿命,不仅与工程数量有关外,还与施工工期及施工方案有关。

(3) 进行机械设备租赁价的询价分析,可以判断是购买机械还是租赁机械,确保投标资金的利用率最高。

5.6.3.5　分包询价

(1) 总承包的投标人一般都用自身的管理优势总包大中型工程,包括工程的设计、施工及试车等。

(2) 投标人中标后通常会把专业性比较强的分部分项工程分包给分包人去完成。

(3) 分包价款的高低影响投标人的报价，而且与投标人的施工方案及技术措施有直接的关系。

(4) 因此必须在投标报价前对施工方案及施工工艺进行分析,确定分包范围,初步确定分包价格。

5.6.4　市政工程投标报价的计算

(1) 根据工程量计价范围的要求,实行工程量清单计价必须采用综合单价法计价,并对综合单价包括的范围进行了明确规定。

(2) 因此造价人员在计价时必须按《建设工程工程量清单计价规范》进行计价。工程计价的方法很多,对于实行工程量清单投标模式的工程计价,较多采用综合单价法计价。

(3) 所谓“综合单价法”就是分部分项工程量清单费用及措施项目费用的单价综合完成单位工程量完成具体措施项目的人工费、材料费、机械使用费、管理费和利润,并考虑一定的风险因素;而将规费、税金等费用作为投标总价的一部分单列在其他表中的一种计价方法。

(4) 投标报价,按照企业定额或政府消耗量定额标准及预算价格确定人工费、材料费、机械费,以此为基础确定管理费、利润,并由此计算出分部分项综合单价。

(5) 根据现场因素及工程量清单规定、措施项目费以实物量或以分部分项工程费为基数按费率的方法确定。其他项目费按工程量清单规定的人工、材料、机械台班的预算价为依据确定。

(6) 规费按政府的有关规定执行。税金按税法的规定执行。分部分项工程费、措施项目费、其他项目费、规费、税金等汇总合计得到初步的投标报价。根据分析、判断、调整得到投标报价。

5.6.5　市政工程投标报价的分析与决策

5.6.5.1 项目分析决策

(1) 市政工程的投标人要决定是否参加某项目的投标,首先要考虑当前经营状况和长远经营目标,其次要明确参加投标的目的,然后分析中标可能性的影响。

(2) 投标人在收到招标人的投标邀请时,一般不采取拒绝投标的态度。但是投标人同时收到多个投标邀请,而投标报价的资源有限,若不分轻重缓急地把投标资源平均分配,则每一个中标的概率都很低。

(3) 这时投标应针对每一个项目特点进行分析,合理分配投标资源。投标人必须积累大量的经验资料,通过归纳总结和动态分析,才能判断不同工程的最小最优投标资源投入量。

(4) 通过最小最优投标资源投入量分析,可以取舍投标项目。对于需要投入大量资源,而中标概率较低的项目,应果断放弃,以避免资源浪费。

5.6.5.2 投标报价策略

(1) 生存型报价策略:如果投标报价是为了克服生存危机而争取中标时,可以不考虑其他因素。由于社会、政治、经济环境的变化和投标人自身经营管理不善,都可能造成投标人的生存危机。

1) 这种危机首先表现在市政工程的投标项目减少;

2) 政府调整基建投资方向,使投标人擅长的工程项目减少,这种危机常常影响的是营业范围单一的专业工程投标人;

3) 如果投标人经营管理不善,会存在投标邀请越来越少的危机,这时投标人应以生存为重,采取不盈利投标的态度,重点是维持生存渡过难关。

(2) 竞争性报价策略:投标报价以竞争为手段,以开拓市场、低盈利为目标,在精确计算成本的基础上,充分估计竞争对手的报价目标,利用有竞争力的报价达到中标的目的。投标人处在以下几种情况时应采取竞争性报价策略:经营状况不景气,近期接受的投标邀请较少;少数竞争企业的实力较强;试图进入新的地区发展,或开拓新的工程施工类型;投标项目风险小,施工工艺简单、工程量大、社会效益好的项目;市政工程的施工现场附近还有本企业正在施工的其他项目。

(3) 盈利性报价策略:这种策略是投标报价充分发挥自身优势,以实现最佳盈利为目标,对效益较小的项目热情不高,对盈利大的项目充满自信。

5.6.5.3 投标报价分析

(1) 报价的静态分析:先假定初步报价是合理的,分析报价的各组成及合理性。分析步骤如下:

分析造价计算书中的汇总数字,并计算其比例指标;从宏观方面分析报价的合理性;探讨工期与报价的关系;分析单位面积价格和用工数量,材料数量的合理性;对明显不合理的报价构成部分进行微观方面的分析检查;将初步报价方案、低报价方案、基础最优报价方案整理成对比分析资料,提交内部的报价决策人或决策小组讨论。

(2) 报价的动态分析:通过某些假定因素的变化,测算报价的变化幅度,特别是这些变化对报价的影响。对风险较大的工作内容,采用扩大单价,增加风险费用的方法来减少风险。

(3) 报价决策

1) 报价决策的依据:作为决策的主要资料应当是投标人自己的造价人员计算书及分析

指标。招标人的标底价格或者竞争对手报价等，只能作为一般参考。投标人的报价应基本合理，不应导致亏损。

2）在利润和风险之间做出决策：由于投标情况复杂，计价中碰到的情况并不相同，很难实现预测。一般说来，报价决策并不是干预造价工程师的具体计算，而是应当由决策人与造价工程师一起，对影响报价的因素进行恰当的分析，并做出果断的决策。

3）根据工程量清单决策：实际上，招标人在招标文件中提供的工程量清单，是按施工前进行图纸会审和规范编制的，投标人中标后随工程的进展常常会发生一些工程设计上的变更。这样因设计变更会相应地发生工程造价的变更。有经验的投标人在确认招标人的工程量清单有错项、漏项、施工过程中定会发生变更及招标文件隐藏着巨大的风险时，可以利用招标人的错误进行不平衡报价等技巧。

4）低价中标的决策：低价中标是实行清单计价后的重要因素，但低价必须讲“合理”二字，并不是越低越好，不能低于投标人的成本价格，更不能由于低价中标而造成亏损。决策者必须是在保证质量、工期的前提下，保证预期的利润及考虑一定风险的基础上确定最低成本价。

5.6.6 市政工程投标技巧

5.6.6.1 概述

市政工程投标技巧是指在投标报价中采用的投标手段，招标人可以接受，中标后能获得更多的利润。投标人在工程投标时，主要应该在先进合理的技术方案和较低的投标价格上下工夫，以争取中标，但是还有其他一些手段对中标有辅助的作用，主要表现在以下几个方面：不平衡报价法；多方案报价法；突然降价法；低投标价夺标法；增加建议方案；许诺优惠条件等。

5.6.6.2 不平衡报价法

（1）能够早日结账收回工程款的项目的单价可报以较高价；以利于资金周转，对后期项目单价可适当降低。预计今后工程量会增加的项目，单价适当提高，这样在最终结算时可多赚钱；将工程量可能减少的项目单价降低，工程结算时损失不大。上述两种情况要统筹考虑，即对于工程量有错误的早期工程，如果实际工程量可能小于工程量表中的数量，则不能盲目抬高单价，要具体分析后再确定。

（2）设计图纸不明确或有错误，估计修改后工程量要增加的，可以提高单价；而工程内容不明确的，则可适当降低一些单价，待澄清后可再要求提价。

（3）暂定项目，又叫任意项目或选择项目，对这类项目要具体分析。因为这类项目要在开工后再由业主研究决定是否实施，以及由哪家承包商实施。如果工程不分标，该暂定项目也可能由其他承包商施工时，则不宜报高价，以免抬高总报价。

（4）没有工程量只填报单价的项目，其单价宜高。这样，既不影响总的投标报价，又可多获利。

采用不平衡报价一定要建立在对工程量表中的工程量仔细核对分析的基础上，特别是对报低单价的项目，如工程量执行时增多将造成承包商的重大损失；不平衡报价过多或过于明显，可能会引起导致废标。

5.6.6.3 多方案报价法

若业主拟定的合同过于苛刻时，为使业主修改合同要求，可提出两个报价，并阐明按原合同要求规定报一个价，然后再提出对某某条款作某些修改，报价可降低一定百分比，由此可以报出另一个较低的价，以此吸引对方。

5.6.6.4 突然降价法

在当前这种竞争激烈的投标环境中，在报价时可采取一些迷惑对手的方法，如不打算参加投标，或准备投高标，表现出对该工程兴趣不大，到快投标截止时，再突然压低投标价。采用这种方法时，一定要根据情报信息与分析判断决定降低的幅度。如果中标，在签订合同时可采用不平衡报价法调整工程表内的各项单价，以期取得理想的经济效益。

5.6.6.5 低投标价夺标法

该法是采取的一种非常手段。比如企业大量窝工，为减少亏损，或为打入某一建筑市场；或为挤走竞争对手保住自己的地盘，于是制定了亏损标，力争夺标。若企业无经济实力，信誉不佳，此法不适用。

5.6.6.6 增加建议方案

有时某些招标文件中规定，可以提建议方案，即是可以修改原设计方案，提出投标者的方案。投标者组织一批有经验的设计和施工工程师，对原招标文件的设计和施工方案仔细研究，提出更为合理的方案以吸引业主，促成自己的方案中标。这种新建议方案可以降低总造价或是缩短工期，或使工程运用更为合理，但要注意对原招标方案一定也要报价。建议方案不要写得太具体，要保留方案的技术关键，防止泄密。

5.6.6.7 许诺优惠条件

投标报价附带优惠条件是行之有效的一种手段。招标人评标时，除了主要考虑报价和技术方案外，还要分析别的条件，如工期、支付条件等。所以在投标时主动提出提前竣工、低息贷款、赠给施工设备、免费转让新技术或某种技术专利、免费技术协作、培训人员等，均是吸引招标人、利于中标的辅助手段。

总之，市政施工企业如果想在投标工作中提高自己的中标率，必须充分研究招标文件、详细勘查工程现场、精心进行施工组织设计，灵活运用以上投标策略，才能在投标中取得优势。

6 土方工程的工程量清单计价

6.1 土方工程的工程量清单编制

6.1.1 土石方工程工程量清单编制方法

6.1.1.1 概述

(1) 编制土石方工程的工程清单前,首先要根据工程的设计文件和招标文件,认真读取拟建工程项目的内容,对照计价规范的项目名称和项目特征。

(2) 确定具体的分部分项工程名称,然后设置12位项目编码,接着参考计价规范中列出的工程内容,确定分部分项工程量清单的综合工程内容和实际工程量。

(3) 最后按照《建设工程工程量清单规范》中规定的计量单位和工程量计算规则,计算出该分部分项工程量清单的工程量。

6.1.1.2 土石方工程工程量清单项目

土石方工程工程量清单项目有挖土方、挖石方和填方及土石方运输三部分12个子项目。其中挖土方6个子项目,挖石方3个子项目,填方及土石方运输3个子项目。

(1) 挖一般土石方是指在市政工程中,除挖沟槽、基坑土石方外的所有开挖土石方工程项目。包括场地平整、挖土方、挖路槽、清理土堤基础、土堤台阶、开挖冻土等项目。

(2) 挖沟槽土石方是指在市政工程中,开挖底宽7m以内,底长大于底宽3倍以上的土石方工程项目。包括基础沟槽和管道沟槽等项目。

(3) 挖基坑的土石方是指在市政工程中,对所开挖底小于底宽3倍以下,底面积在150m^{2}以内的土石方工程项目。

(4) 竖井挖土方是指在土质隧道、地铁中除盾构法竖井外,其他方法挖竖井土方的工程项目。

(5) 暗挖土方是指在土质隧道、地铁中除用盾构掘进和竖井挖土方之外,采用其他的方法来挖掘洞内土方的工程项目。

(6) 淤泥是在静水或缓慢的流水环境中沉积,并经生物化学作用形成的一种黏性土。其特点是细(小于0.005mm的黏土颗粒占50%以上)、稀(含水量大于液限)、松(孔隙比大于1.5)。挖淤泥是指在挖土方中,遇到与湿土不同的工程项目。

(7) 填方是指在市政工程中,所有开挖处,凡未为基础、构筑物所占据而形成的空间,需回填土方的工程项目。

(8) 余土弃置是指将施工场地内多余的土方外运至指定地点的工程项目。缺方内运是指在施工场地外,将回填所缺少的土方运至施工场地内的工程项目。

6.1.2 其他相关问题的处理

(1) 挖方按天然密实度的体积计算，填方按土方压实后的体积计算，弃土按天然密实度的体积计算，缺方内运(外借土)按所需土方压实后的体积计算。土方换算按表 6-1-1 规定的系数计算。

土方体积换算表 表 6-1-1

序号	虚实体积	天然密实体积	压实后体积	松填体积
1	1.00	0.77	0.67	0.83
2	1.20	0.92	0.80	1.00
3	1.30	1.00	0.87	1.08
4	1.50	1.15	1.00	1.25

(2) 沟槽、基坑的土石方挖方中的地表水排除应在计价时考虑在清单项目计价中。地下水排除应在措施项目中列项。

(3) 挖方中包括场内运输，其范围指挖填平衡和临时转堆的运输。

(4) 在填方中，除应扣除基础、构筑物埋入的体积，对市政管道工程不论管道直径大小都应扣除。

6.2 土方工程量计算方法

6.2.1 道路土石方工程量计算

土石方工程量(体积)的计算，主要的问题是路基填挖方断面面积的计算。但由于路基的自然地形起伏多变，路基的填挖土方不是简单的几何体，要得到精确的计算结果往往很复杂，而实用的意义又不大。因此，在道路工程中，采用具有一定精度又较为简便的近似方法来进行计算。常用的断面面积计算方法有以下几种。

6.2.1.1 积距法

该方法计算迅速，适用于手工图上计算。基本方法是将填挖方断面，划分为水平向等高的三角形、梯形或矩形，用卡规量取各自的“平均宽度”并进行累积，累积宽度乘以高度即为面积。

6.2.1.2 混合法

对于面积较大的市政工程土石方断面，首先将其中间部分划分成规则的几何图形，然后用公式计算，其余用积距法计算，两者之和即为断面积。

6.2.1.3 Auto CAD 计算

如果使用 Auto CAD 绘制填挖方断面图，则可直接应用求算闭合图形面积的功能进行计算，但需注意设定的比例换算。

6.2.1.4 专业软件计算

当前，有多家单位已经开发了多种市政工程设计软件，均具有土石方量计算功能。

6.2.2 平整场地土方量计算

6.2.2.1 概述

市政工程建设中，平整一个广场的土方是经常碰到，计算土方的工程量有两种计算方法，即三角棱柱体积计算法和四方棱柱体计算法，第一种方法是先将广场划成许多方格，再将每一个方格分成两个同样大小的等腰三角形。然后按锥体和楔体的体积计算法计算，此种方法比较麻烦，一般不常使用，本节主要是后一种计算方法，即四方棱柱方法，下面将采用四方棱柱体法计算广场土方的步骤。

6.2.2.2 四方棱柱体法计算步骤

(1) 在平面图上根据现场大小、地形变化和需要的精确度，来确定方格的大小，把现场划分为若干相等的正方形，地形变化大，要求精度高，正方形应划得小些，反之，可以划得大些，方格和各角都编上号码，一般采用 5m × 5m ~ 20m × 20m 方格。

(2) 在方格的每个角上，根据地形高和设计高之差注明应填应挖数（填用 -，挖用 +），如图 6-2-1 所示。

(3) 根据各角填挖数，计算出不填不挖处，标明在方格边线上，叫做零点。零点的求法如下：

1) 假定边长为 a 的方格，其中两个角的施工高度，一是填高 H_1，一是挖深 H_2。在这两个角之间必定有一个不填挖的零点，如图 6-2-2 所示；

0	+0.30	+0.22	+0.37	+0.48
Ⅰ	Ⅱ	Ⅲ	Ⅳ	
–0.36	–0.10	+0.18	+0.25	+0.32
Ⅴ	Ⅵ	Ⅶ	Ⅷ	
–0.54	–0.62	–0.32	–0.25	–0.05

图 6-2-1 方格网

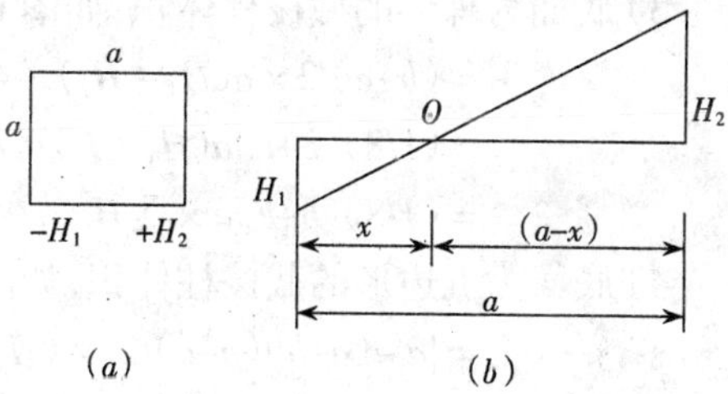

图 6-2-2 零点计算

① 图中+、–分别代表各角挖填数，在各角左下方；

② 图中Ⅰ、Ⅱ、Ⅲ等分别代表各方格的编号。

2) 画一条水平线长为 a，两端向上向下画垂线，分别代表 H_1 和 H_2 表示填、挖值；

3) 连接 H_1、H_2 的顶点，与水平线相交于 O 点，将水平线划分为两段。假定 O 点距 H_1 的距离为 x，则 O 点距离为 $(a–x)$，如图 6-2-2(b)所示；

4) 按相似三角形的定理（H_1、H_2 均用绝对值），从图 6-2-2(b)中得到 $x/(a-x)- H_1/H_2$。即：

$$X = H_1 a/(H_1 + H_2) \tag{6-2-1}$$

这样就求得了 O 点距 H_1 的距离，用 a 减去 x，就可得到 O 点距 H_2 的距离。将各边上的零点依次连接起来，即为 O 点线（零点线），边线的一侧为挖方，另一侧为填方。

(4) 分别计算各方格的填挖土方数，并整理汇总数。每一方格的填挖情况约如下几种（图 6-2-3）。

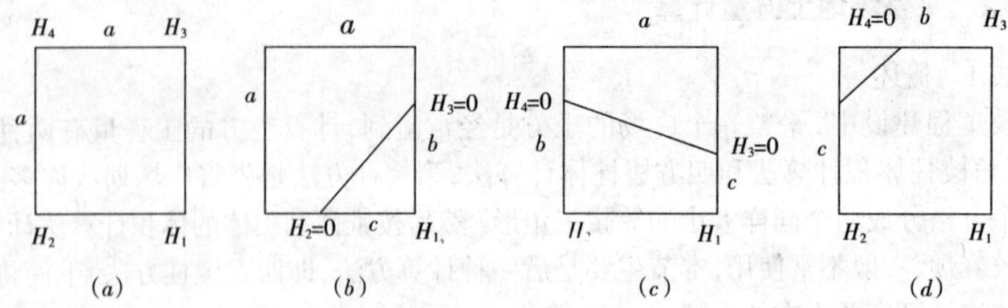

图 6-2-3 填挖方面积计算

如若全挖和全填(各角 +、- 符号相同)。如若是半填、半挖(O 点线穿过方格),其中又分为下述三种情况:即要计算的部分底面是三角形、梯形、五边形。现在分别阐述各种情况下的土方量计算公式:

1)正方形内全部为挖方或填方,如图 6-2-3(a)所示。

$$V = a^2 \times (H_1 + H_2 + H_3 + H_4)/4 = a^2/4 \times \sum H \tag{6-2-2}$$

2)底面为三角形的角锥体体积,如图 6-2-3(b)所示。

$$V = b/2 \times cH_1/3 = (bc/6)H_1 \tag{6-2-3}$$

3)底面为梯形的截棱柱体积,如图 6-2-3(c)所示。

$$V = (b+c)/2 \times a(H_1 + H_2)/4 = (1/8)(b+c)a(H_1 + H_2) = (1/8)(b+c)a \times \sum H \tag{6-2-4}$$

4)底面为五边形的截棱柱体积,如图 6-2-3(d)所示。

$$V = \{a^2-(a-b)(a-c)/2\} \times (H_1 + H_2 + H_3)/5 = \{a^2-(a-b)(a-c)/2\} \times (\sum H)/5 = \{2a^2-(a-b)(a-c)\} \times (\sum H)/10 \tag{6-2-5}$$

以上各个计算式都是根据土方体积的一般公式来推算得到的,这个公式就是 $V=F \times H$。而上述各式中:V——挖方或填土方的体积,m^3;

F——挖方或填方部分的底面积,m^2;

H——挖方或填方部分的平均挖深或填高,m;

$H_1 \sim H_4$——方格各角的挖深或填高,m;

$\sum H$——方格各角挖深和填高的总和,m;

a——方格的每边长,m;

b、c——连接零点线后截出的边长,m。

6.2.3 沟槽开挖土方量计算

沟槽开挖土方量计算的关键是确定管道沟槽底部的开挖宽度,面形式计算开挖土方量。沟槽底部的开挖宽度可按下式计算:

$$B = D + 2(b_1 + b_2 + b_3) \tag{6-2-6}$$

式中 B——管道沟槽底部的开挖宽度；

D——管道结构的外缘宽度；

b_1——管道一侧的工作面宽度，可参照本手册表 4-1-3 取值；

b_2——管道一侧的支撑板厚度，可取 10～20cm；

b_3——现场浇筑混凝土或钢筋混凝土一侧模板的厚度。

6.2.4 基坑土方量计算

采用明挖施工的桥涵基础，土方施工通常采用四面放坡的开挖形式，其基坑土方计算如下：

$$V = h/6(a^2 + b^2 + 4ab) + mh^2(a + b + 2/3mh) \quad (6\text{-}2\text{-}7)$$

式中符号含义如图 6-2-4 所示。

V——基坑土方体积；

a——基坑底开挖长度，工作面宽度可参照表 6-2-1 取值；

b——基坑底开挖宽度，工作面宽度可以参照表 6-2-1 取值；

h——基坑开挖深度；

m——基坑边坡坡率，可参照表 6-2-2。

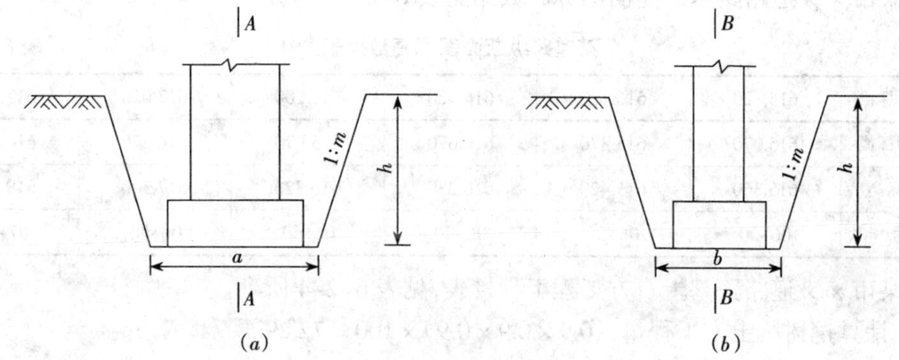

图 6-2-4 桥墩基坑示意图

(a) B—B 截面图；(b) A—A 截面图

基础施工所需工作面宽度计算表 表 6-2-1

序号	基础材料	每边各增加工作面宽度(cm)	序号	基础材料	每边各增加工作面宽度(cm)
1	砖基础	20	4	混凝土基础支模板	30
2	浆砌毛石、条石基础	15	5	基础垂直面做防水层	80(防水层面)
3	混凝土基础垫层支模板	30	6		

放坡系数 表 6-2-2

序号	土类别	放坡起点深度(m)	机械开挖		人工作业
			坑内作业	坑外作业	
1	一、二类土	1.20	1:0.33	1:0.75	1:0.50
2	三类土	1.50	1:0.25	1:0.67	1:0.33
3	四类土	2.00	1:0.10	1:0.33	1:0.25

6.2.5 土方工程的工程量清单编制实例

某市××道路路基土方工程位于该城市二环路内，设计红线宽 60m，为城市快速道。工程设计起点 06+00，设计终点 07+00，设计全长：100m。道路断面形式为四块板，其中快车道 15m×2，慢车道 7m×2，中央绿化分隔带 5m，快慢车道绿化分隔带 3m×2，人行道 2.5m×2；段内设污、雨水管各 2 条。绿化分隔带内植树 100 棵。

某市××道路路基土方（三类土）工程量计算，参考道路纵断面图每隔 20m 取一个断面，按由自然地面标高分别挖（填）至快车道、慢车道、人行道路基标高计算。树坑挖方量单独计算，树坑长宽为 0.9m×0.9m，深度为 0.9m。由于无挡墙、护坡设计，土方计算至人行道嵌边石外侧。当原地面标高大于路基标高时，路基标高以上为道路挖方，路基以下为沟槽挖方，沟槽回填至路基标高；道路、排水工程土方按先施工道路土方，后施工排水土方计算。当原地面标高小于路基标高时，原地面标高至路基之间为道路回填，沟槽挖方、回填以原地面标高为准。

依据《建设工程工程量清单计价规范》（GB 50500—2003）设计文件和工程招标文件编制道路、排水土石方工程工程量清单。

（1）计算道路路基土方工程量

1）某市××道路路基纵断面图标高数据见表 6-2-3 所列。

某道路纵断面图标高数据表 表 6-2-3

路面设计标高	615.820	616.120	616.420	617.200	617.020	617.320
路基设计标高	615.070	615.370	615.670	615.970	616.270	616.570
原地面标高	615.360	615.420	616.830	616.720	517.300	619.390
桩 号	06+00	06+20	06+40	06+60	06+80	07+00

2）某市××道路路基土石方工程工程量表，见表 6-2-4 所列。

（2）计算挖树坑土方工程量：(0.9×0.9×0.9)×100 = 72.29m³

（3）计算绿化分隔带、树坑填土工程量：{(5+2×3)×100×0.7}+{(0.8×0.8×0.8)×90} = 816.08m³

（4）计算余土弃置工程量：5673.42m³

（5）计算缺方工程量：816.08m³（同绿化分隔带、树坑填土工程量）

（6）分部分项工程量清单汇总分部分项工程量清单汇总，见表 6-2-5 所列。

某道路路基土方工程量计算 表 6-2-4

桩 号	桩间距高(m)	挖(填)土深度(m)	挖(填)土宽度(m)	断面积(m²)	平均断面积(m²)	挖(填)土体积(m³)
06+00		0.290	49	14.21		
	20				8.330	166.60
06+20		0.050	49	2.45		
	20				29.645	592.90
06+40		1.160	49	56.84		
	20				58.555	1171.10
06+60		1.230	49	60.27		
	20				55.37	1107.40
06+80		1.03	49	50.47		
	20				94.325	1886.50m³
07+00		2.820	49	138.18		
合 计						4924.50

分部分项工程量清单 表 6-2-5

序号	项目编码	项目名称	项 目 特 征	计量单位	工程数量
1	040101001001	挖路基土方	土壤类别：三类土，挖土深度按设计	m^3	4878.42
2	040101003001	挖树坑土方	土壤类别：三类土，挖土深度为 0.9m	m^3	72.29
3	040103002001	绿化分隔带、树坑填土	填方材料品种：耕植土 密实度：松填	m^3	816.08
4	040103002001	余土弃置	废弃料品种：所挖方土(三类) 运 距：3km	m^3	4878.42
5	040103003001	缺方内运	填方材料品种：耕植土 运 距：3km	m^3	816.08

(7) 编制措施项目清单：某市××道路路基土方工程项目确定为文明施工、安全施工、临时设施三个项目，具体格式内容见表 6-2-6 所示。

(8) 编制其他项目清单：本工程其他项目只有预留资金 1.200 万元，具体格式内容见 6-2-7 所示。

土方工程措施项目清单 表 6-2-6

工程名称：××道路路基土方工程 第 页共 页

序号	项目名称	具 体 内 容
一	文明施工	
二	安全施工	
三	临时设施	

土方工程其他项目清单 表 6-2-7

工程名称：××道路路基土方工程 第 页共 页

序号	项目名称	具 体 内 容
一	预留金	1.200 万元

6.3 土方工程的工程量清单报价编制

6.3.1 土方工程工程量清单报价编制方法

(1) 确定土方工程工程量计价的主要依据和方法，是按照《建设工程工程量清单计价规范》来确定采用企业定额或者采用消耗量定额及费用计算方法。

(2) 按照计价项目和对应定额规定的工程量计算规则计算计价项目的工程量。

(3) 按照施工图纸及其施工方案的具体做法，根据每个分部分项工程量清单项目所对应的工作内容范围，确定每个分部分项工程量清单项目的计价项目。

(4) 土石方开挖时的围护、支撑、地表排水等包括在分部分项工程清单的综合单价内一并考虑，而地下水排除应在措施项目内考虑。

6.3.2 土方工程计价工程量计算

6.3.2.1 计价项目的确定

(1) 施工方案：该市政工程要求封闭施工，现场已具备三通一平，需设施工便道解决交通运输。因地形复杂，土方工程量大，采用坑内机械挖土，辅助人工挖土的方法；挖土深度超过 1.5m 的地段放坡，放坡系数为 1：2.5。所有挖方均弃置于 5km 外，所需绿化耕植土从 2km 处运人。

(2) 本工程无预留金，所有材料由投标人自行采购。道路工程中的弯沉测试费列入措施项目清单，由企业自主报价。

(3) 计价项目：机械挖路基土方、人工挖路基土方、人工挖树坑土方、人工填绿化分隔带耕植土、人工填树坑耕植土、土方机械外运、耕植土机械内运。

6.3.2.2 计价项目的工程量计算

土方工程计价项目的工程量按《全国统一市政工程预算定额》规定的规则计算。道路土石方工程计价工程量计算见表 6-3-1 所示。

计价工程量计算表 表 6-3-1

序号	项目编码	定额编号	项 目 名 称	单位	工程数量	计算公式
1	040101001001	1-237	挖掘机挖路基土方(三类土)	m^3	4878.42	同清单工程量
2	040101003001	1-20	人工挖掘树坑土方(三类土)	m^3	72.29	
3	040103002001	1-54	绿化分隔带、树坑人工松填土	m^3	816.08	同清单工程量
4	040103002001	1-271	自卸汽车余土弃置(3km)	m^3	4878.42	
5	040103003001	1-271	回填土缺方内运(2km)	m^3	816.08	同清单工程量
		1-257	装载机装回填用土	m^3	816.08	

6.3.3 土方工程的工程量计价实例

下面将介绍××省××市××道路路基土方工程工程量计价实例。

6.3.3.1 工程量清单报价表(封面)

××道路路基土方工程工程量清单报价表(封面)见表 6-3-2 所示。

6.3.3.2 选用定额预算选录

土方工程选录《××省市政工程综合定额》,现摘录部分市政工程预算定额:

(1)工、料、机市场价:根据市场行情和自身企业具体情况,本工程确定的工、料、机单价见表6-3-3所示。

(2)人工挖基坑工程预算定额见表6-3-4所列。

(3)人工平整场地、填土夯实、原土夯实工程预算定额见表6-3-5所列。

(4)挖掘机挖土方工程预算定额见表6-3-6所列。

(5)该工程分部分项工程量清单综合单价计算表见表6-3-7所示。

工程量清单报价表 表6-3-2

工程名称:××道路路基土方工程 第 页共 页

工程量清单报价表(封面)

投 标 人:______(略)______(单位签字盖章)

法定代表人:______(略)______(签字盖章)

造价工程师

及注册证号:______(略)______(签字盖执业用章)

编 制 时 间:______(略)______

工、料、机市场价 表 6-3-3

序号	主要名称	单位	单价(元)	序号	主要名称	单位	单价(元)
1	人 工	工日	35.00	5	自卸汽车 4.5t	台班	250.00
2	水	m^3	1.50	6	洒水汽车 4000L	台班	270.00
3	履带式挖掘机 $1m^3$	台班	650.00	7	轮胎式装载机 $1m^3$	台班	335.00
4	履带式推土机 75kW	台班	440.00	8	耕植土	m^3	5.50

人工挖基坑工程预算定额 表 6-3-4

工程内容:挖土、装土或抛土、修整底边、边坡、挖淤泥、挖流砂 计量单位:$100m^2$

定额编码				1-1-1	1-1-2	1-1-3	1-1-4	1-1-5	1-1-6	1-1-7	1-1-8	1-1-9
人工挖土方 人工挖沟槽	项目			人工挖土方			挖淤泥与流砂	人工挖沟槽、基坑				
	土的类型			一、二	三	四		一、二	一、二	一、二	三	三
	深度(m 内)			1.5	1.5	1.5		2.0	4.0	6.0	4.0	6.0
基 价(元)	一类			322.28	582.68	893.25	1791.86	595.37	738.56	860.53	1163.77	1273.82
	二类			317.92	574.80	881.17	1767.63	587.32	728.57	848.89	1148.03	1258.56
	三类			314.93	569.40	872.90	1751.04	581.81	721.73	840.92	1137.25	1246.75
其中	人工费(元)			292.50	528.84	810.72	1626.30	540.36	670.32	781.02	1056.24	1157.94
	材料费(元)			—	—	—	—	—	—	—	—	—
	机械费(元)			—	—	—	—	—	—	—	—	—
	管理费(元)	一类		29.78	53.84	82.53	165.56	55.01	68.24	79.51	107.53	117.88
		二类		25.42	45.96	70.45	141.33	46.96	58.25	67.87	91.79	100.62
		三类		22.43	40.56	62.18	124.74	41.45	51.41	59.90	81.01	88.81
编码	名称	单位	单价(元)	消耗量								
00003	三类工	工日	18.00	16.25	29.38	45.04	90.35	30.02	37.24	43.39	58.68	64.33

人工平整场地、填土夯实、原土夯实工程预算定额 表 6-3-5

工程内容:1. 回填土 5m 以内;2. 原土打夯包括碎土、平整土、找平、洒水;

3. 平整场地,标高在 ± 30mm 以内的挖填找平,人工、机械运土及平整土地 计量单位:$100m^2$

定额编码		1-1-14	1-1-15	1-1-16	1-1-17	1-1-18	1-1-19	1-1-20	1-1-21	1-1-22
回填土、打夯,平整场地,土方运输	项目	回填土			原土		平整场地	人工运土		机械运土
	主要内容	松填	人工夯实	机械夯实	机械夯实	人工夯实		运输距离		
								20m 内	增 20m	100 内
基 价(元)	一类	152.91	524.77	618.09	41.75	39.27	62.47	404.58	90.44	718.33
	二类	150.84	517.67	610.33	41.18	38.74	61.63	399.11	89.21	708.63
	三类	149.42	512.81	604.60	40.80	38.37	61.05	395.36	88.38	701.97
其中	人工费(元)	138.78	476.28	370.44	24.48	35.64	56.70	367.20	82.08	651.96
	材料费(元)	—	—	—	—	—	—	—	—	—

续表

定额编码				1-1-14	1-1-15	1-1-16	1-1-17	1-1-18	1-1-19	1-1-20	1-1-21	1-1-22
回填土、打夯，平整场地，土方运输	项目			回填土			原土		平整场地	人工运土		机械运土
	主要内容			松填	人工夯实	机械夯实	机械夯实	人工夯实		运输距离		
										20m内	增20m	100内
其中	机械费(元)			—	—	191.09	13.41	—	—	—	—	—
	管理费(元)	一类		14.13	48.49	57.16	3.86	3.63	5.77	37.38	8.36	66.37
		二类		12.06	41.39	48.80	3.29	3.10	4.93	31.91	7.13	56.66
		三类		10.64	36.53	43.07	2.91	2.73	4.35	28.16	3.30	50.01
编码	名称	单位	单价(元)	消耗量								
00003	三类工	工日	18.00	7.71	26.46	20.58	1.36	1.98	3.15	20.40	4.56	36.22
901068	电动夯实机	台班		—	—	7.98	0.560	—	—	—	—	—

挖掘机挖土方工程预算定额 表 6-3-6

工程内容：1. 推土、平整、修理边坡、工作面排水；2. 铲土、运土、卸土及平整；

3. 挖土、装土，挖淤泥、装淤泥、清理机下余土，工作面内排水 计量单位：$100m^2$

定额编码				1-1-67	1-1-68	1-1-69	1-1-70	1-1-71	1-1-72	1-1-73	1-1-74
推土机推土，铲运机铲土、运土，汽车运土	项目			推土机推土				铲运机铲土、运土			
	土的类型			一、二	三	四	每增加10m	一、二	三	四	每增加10m
	运距(m内)			20	20	20		200	200	200	
基价(元)	一类			1079.59	1263.53	1467.91	347.45	2160.92	2746.80	3520.81	290.43
	二类			1064.99	1246.45	1448.06	342.75	2131.69	2709.65	3473.20	286.51
	三类			1054.99	1234.75	1434.47	339.54	2111.69	2684.22	3440.61	283.82
其中	人工费(元)			108.00	108.00	108.00	—	108.00	108.00	108.00	—
	材料费(元)			—	—	—	—	—	—	—	—
	机械费(元)			871.84	1038.79	1224.28	315.35	1853.26	2385.01	3087.51	263.60
	管理费(元)	一类		99.75	116.74	135.63	32.10	199.56	253.79	325.30	26.83
		二类		85.15	99.66	115.78	27.40	170.43	216.64	277.69	22.91
		三类		75.15	87.96	102.19	24.19	150.43	191.21	245.10	20.22
编码	名称	单位	单价(元)	消耗量							
00003	三类工	工日	18.00	6.00	6.00	6.00	6.00	6.00	6.00	6.00	6.00
901002	推土机	台班	463.74	1.880	2.240	2.640	0.680				
9010017	铲运机	台班	432.10	—	—	—	—	3.920	5.050	6.550	0.610

土石方分部分项工程量清单综合单价计算表　　　　表 6-3-7

序号			1		2		3	
清单编码			040101001001		040101003001		040103001001	
清单项目名称			挖路基土方		挖树坑土方		绿化分隔带、树坑填土	
计量单位			m^3		m^3		m^3	
清单工程量			4878.42		72.29		816.08	
综合单价分析								
定额编号			1-237		1-20		1-54	
定额子目名称			挖掘机挖路基土方		人工挖树坑土方		绿化带坑人工回填	
定额计量单位			m^3		m^3		m^3	
计价工程量			4878.42		72.29		816.08	
工料机名称		单位	耗量	单价	耗量	单价	耗量	单价
			小计	合计	小计	合计	小计	合计
人工	人工	工日	0.006	35.00	0.7602	35.00	0.1438	35.00
			28.67	1003.45	35.03	1923.42	117.35	4107.25
材料	水	m^3						
	耕植土	m^3						
机械	履带式单斗挖掘机 $1m^3$	台班	0.00289	650.00				
			14.10	9165.00				
	自卸汽车(4.5t)	台班						
	洒水汽车(4000L)	台班						
	轮胎式装载机(75kW)	台班	0.0026	440.00				
			12.68	5579.20				
工料机小计			15747.65		1923.42		4107.25	
工料机合计			15747.65		1923.42		4107.25	
管理费			629.91		76.93		164.29	
利润			472.43		57.708		123.22	
清单合计			16849.99		2159.24		4394.76	
综合单价			3.45		28.47		5.39	

续表

序号			4		5			
清单编码			040103002001		040103003001			
清单项目名称			余土弃置		缺方内运			
计量单位			m^3		m^3			
清单工程量			4878.42		816.08			
综合单价分析								
定额编号			1–271		1–271		1–257	
定额子目名称			自卸汽车余土弃置		回填土缺方内运 2km		装载机装土	
定额计量单位			m^3		m^3		m^3	
计价工程量			4878.42		816.08		816.08	
工料机名称		单位	耗量	单价	耗量	单价	耗量	单价
			小计	合计	小计	合计	小计	合计
人工	人工	工日			0.012	35.00	0.006	35.00
					9.79	342.65	4.90	171.50
材料	水	m^3	0.012	1.50				
			58.54	87.81				
	耕植土	m^3			1.05	5.50		
					856.88	4712.84		
机械	自卸汽车(4.5t)	台班	0.032	250.00	0.032	250.00		
			156.11	39027.50	26.11	6527.50		
	洒水汽车(4000L)	台班	0.0006	270.00	0.0006	270.00		
			2.93	791.10	0.49	132.30		
	轮胎式装载机(75kW)	台班					0.00281	335.00
							2.29	767.15
工料机小计			39906.41		11715.29		938.65	
工料机合计			39906.41		12653.94			
管理费			1596.26		506.16			
利润			1197.19		379.62			
清单合计			42699.86		13539.72			
综合单价			8.75		16.59			

注：① 管理费 = 工料机合计 × 4%；② 利润 = 工料机合计 × 3%；③ 综合单价 = 清单合价 ÷ 清单工程量；④ 耕植土按 5% 损耗计算。

6.3.3.3　分部分项工程量清单费计算

(1)分部分项工程量清单综合单价分析表:根据表6-3-7所列的数据资料编制路基土方工程工程量清单综合单价分析表,见表6-3-8所列。

(2)分部分项工程量清单计价表:根据表6-2-5所示工程量清单、表6-3-8所列,综合单价,计算分部分项工程量清单计价表,见表6-3-9所列。

6.3.3.4　措施项目费确定

按某地区现行规定,本工程文明施工费按工料机费合计的1.2%计算;安全施工按工料机费合计的1.6%计算;临时设施按工料机费合计的2.8%以下浮动计算,本工程费率自主确定为1%。上述三项费用计算见表6-3-10所列。

6.3.3.5　其他项目费确定

本工程其他项目费只有业主发布工程量清单时提出的预留金1.2万元,见表6-3-11所列。

6.3.3.6　规费、税金计算及汇总单位工程报价

某地区现行规定,社会保障费按人工费的16%计算;住房公积金按人工费的6%计算。另外,营业税率3.093%、城市维护建设税率7%、教育费附加费率3%。计算内容见表6-3-12所列。

6.3.3.7　填写投标总价表

根据表6-3-12中的单位工程造价汇总数据,填写好的投标总价见表6-3-13所列。

土方工程分部分项工程量清单综合单价分析表　　表6-3-8

序号	项目编码	项目名称	工程内容	综合单价组成					综合单价
				人工费	材料费	机械使用费	管理费	利润	
1	040101001001	挖路基土方	三类土:深度按设计	0.20	—	3.02	0.13	0.10	3.45
2	040101003001	挖树坑土方	三类土:0.9m深	26.61	—	—	1.06	0.80	28.47
3	040103001001	绿化分隔带、枝坑填土	耕植土:松填	5.04	—	—	0.20	0.15	5.39
4	040103002001	余土弃置	三类土:运距3km	—	0.02	8.16	0.32	0.25	8.75
5	040103003001	缺方内运	耕植土:运距2km	0.63	5.77	9.10	0.62	0.47	16.59

土方工程分部分项工程量清单计价表　　表6-3-9

序号	项目编码	项目名称	计量单位	工程数量	金额(元)	
					综合单价	合价
1	040101001001	挖路基土方	m^3	4878.42	3.45	16830.55
2	040101003001	挖树坑土方	m^3	72.29	28.47	2159.24
3	040103001001	绿化分隔带、枝坑填土	m^3	816.08	5.39	4398.67
4	040103002001	余土弃置	m^3	4878.42	8.75	42686.18
5	040103003001	缺方内运	m^3	816.08	16.59	13538.77
		合计				79613.41

土方工程措施项目清单计价表 表 6–3–10

工程名称：××道路路基土方工程　　　　　　　　第　页共　页

序号	项目名称	计算公式	金额(元)
1	文明施工费	工料机费合计×1.2% = 79613.41÷(1+4%+3%)×1.2% = 74405.41×1.2% = 892.86	892.86
2	安全施工费	工料机费合计×1.6% = 74405.01×1.6% = 1190.48	1190.48
3	临时设施费	工料机费合计×1% = 74405.01×1% = 744.50	744.50
		合计	2827.84

土方工程的其他项目清单计价表 表 6–3–11

工程名称：××道路路基土方工程　　　　　　　　第　页共　页

序号	项目名称	金额（元）
1	招标人部分 预留金	12000
2		
	合计	12000

土方工程单位工程汇总表 表 6–3–12

工程名称：××道路路基土方工程　　　　　　　　第　页共　页

序号	项目名称		计算公式	金额(元)
1	分部分项工程量清单计价合计		见表 6–3–9	79613.41
2	措施项目清单计价合计		见表 6–3–10	2827.84
3	其他项目清单计价合计		见表 6–3–11	12000
4	规费	(1) 社会保障费	人工费×16% = 6829.04×16%	1092.65
		(2) 住房公积金	人工费×6% = 6829.04×6%	409.72
5	税金	(1) 营业税	(1+2+3+4)×3.093% =(79613.41+2827.84+1200+1502.37)×3.093% = 95943.62×3.093% = 2967.54	2967.54
		(2) 城市维护建设费	营业税×7% = 2967.54×7% = 207.72	207.72
		(3) 教育附加费	营业税×3% = 2967.54×3% = 89.03	89.03
			合计	99207.91

土方工程投标总价　　表 6-3-13

工程名称：× × 道路路基土方工程　　第　页 共　页

投　标　总　价

建设单位：××市道路工程扩建办

工程名称：××路路基土方工程

投标总价(小写)：99208

(大写)：玖万玖仟贰佰零捌元整

投　标　人：××市政集团二公司　(单位签字盖章)

法定代表人：(略)　(签字盖章)

编制时间：2008 年 11 月 26 日

7 道路工程的工程量清单计价

7.1 道路工程的工程量清单编制

7.1.1 道路工程工程量清单项目设置

(1) 路基处理:该项共设 14 个清单项目,工程量清单项目设置及工作量计算规则,应按《建设工程工程量清单计价规范》中表 D.2.1 的规定执行,具体内容见表 4–1–4 所示。

(2) 道路基层:该项共设 15 个清单项目,工程量清单项目设置及工作量计算规则,应按《建设工程工程量清单计价规范》中表 D.2.2 的规定执行,具体内容见表 4–1–5 所示。

(3) 道路面层:该项共设 7 个清单项目,工程量清单项目设置及工作量计算规则,应按《建设工程工程量清单计价规范》中表 D.2.3 的规定执行,具体内容见表 4–1–6 所示。

(4) 人行道及其他:该项共设 6 个清单项目,工程量清单项目设置及工作量计算规则,应按《建设工程工程量清单计价规范》中表 D.2.4 的规定执行,具体内容见表 4–1–7 所示。

(5) 交通管理设施:该项共设 18 个清单项目,工程量清单项目设置及工作量计算规则,应按《建设工程工程量清单计价规范》中表 D.2.5 的规定执行,具体内容见表 4–1–8 所示。

7.1.2 道路工程分部分项工程量清单列项编码

城市道路工程的列项编码,应依据《建设工程工程量清单计价规范》、招标文件的有关要求、施工图设计文件、及施工现场条件等综合考虑再确定。

(1) 审核与熟读施工图纸:对于城市道路工程施工图一般由平面图、纵断面图、施工横断面图、标准横断面、结构详图、交叉口设计图、附属工程结构设计图组成,工程量清单编制者必须认真阅读全套施工图,了解工程的总体情况,明确各结构部分的详细构造,为分部分项工程量清单编制掌握基础资料;

1) 道路工程平面图:这是反映城市道路的走向、里程、各结构宽度、沿线的地形地物等情况。为编制工程量清单时确定工程的施工范围提供依据;

2) 道路工程纵断面、施工横断面图:这是反映城市道路沿线的土石方工程的填挖量的大小、分布状况及填挖界线,地下管线,小桥涵洞等位置、类型。主要为道路土石方工程、路基处理的分部分项工程量清单编制提供根据;

3) 结构详图、交叉口设计图:这是反映道路结构层、人行道、侧平石的类型、尺寸,面层有无配筋及各种缝的构造形式。主要为道路基层,道路面层,人行道及其他的分部分项工程量清单编制提供依据;

4) 附属工程结构设计图:这里主要指道路沿线设计的挡土墙、涵洞或其他配套工程项目,如有上述附属工程结构,编制工程量清单时,需对照《建设工程工程量清单计价规范》的

"附录 D.3 桥涵护岸工程"或其他相应的附录,增列分部分项工程量清单项目。

(2)列项编码:列项编码就是在熟读施工图的基础上,对照《建设工程工程量清单计价规范》"附录 D.2 道路工程"中各分部分项清单项目的名称、特征、工程内容,将拟建的城市道路工程结构进行合理的归类组合,编排列出一个个相对独立的与"附录 D.2 道路工程"各清单项目相对应的分部分项清单项目,经检查符合不重不漏的前提下,确定各分部分项的项目名称,同时予以正确的项目编码。下面就列项编码的几个要点进行介绍:

1)项目特征:项目特征主要有如下几点:

① 项目特征是对形成工程项目实体价格因素的重要描述,包含有多个不同的具体项目名称的依据。项目特征给予清单编制人在确定具体项目名称、项目编码时明确的提示或指引。项目特征由具体的特征要素构成,具体内容详见《建设工程工程量清单计价规范》各附录清单项目的"项目特征"栏;

② 编制工程量清单时,应在具体的项目名称中,简要注明该项目的主要特征要素,以提示或指引计价人在计价时应考虑的价格因素。有关联的次要特征要素可由计价人通过查阅工程图纸获得;

2)项目编码:项目编码应执行《建设工程工程量清单计价规范》3.4.3 条的规定:"分部分项工程量清单的项目编码,一至九位应按附录 A、附录 B、附录 C、附录 D、附录 E 的规定设置;十至十二位根据拟建工程的工程量清单项目名称由其编制人设置,并应自 001 起顺序编制。"也就是说除需要补充的项目外,前九位编码是统一规定,照抄套用,而后三位编码可由编制人根据拟建工程中相同的项目名称、不同的项目特征而进行排序编码;

3)项目名称:对于具体项目名称,应按照《建设工程工程量清单计价规范》附录 D.2 中的项目名称(可称为基本名称)结合实际工程的项目特征要素综合确定。如上例中的水泥路面,具体的项目名称可表达为"C30 水泥混凝土面层(厚度 24cm,碎石最大 40mm)"。具体名称的确定要符合道路工程设计、施工规范,也要照顾到道路工程专业方面的惯用表述。例如,道路基层结构,××省使用较普遍的是在石屑中掺入 6%的水泥,经过拌合,摊铺碾压成型。属于水泥稳定碎(砾)石类基层结构,按照惯用的表述,该清单项目的具体名称可确定为"6%水泥石屑基层(厚度××cm)"项目编码为"040202014001";

4)工程内容:工程内容是针对形成该分部分项清单项目实体的施工过程所包含的内容的描述,是列项编码时,对拟建道路工程编制的分部分项工程量清单项目,与《建设工程工程量清单计价规范》附录 D.2 各清单项目是否对应的对照依据,也是对已列出的清单项目,检查是否重列或漏列的主要依据;

例如道路面层中"水泥混凝土"清单项目的工程内容主要有:传力杆及套筒的制作与安装、混凝土浇筑、拉毛或压痕、伸缝、缩缝、锯缝、嵌缝、路面养生。

7.2 道路工程的工程量清单计算

7.2.1 工程量计算依据

(1)《建设工程工程量清单计价规范》附录 D.2 道路工程各清单项目对应的"工程量计算

规则”。

（2）拟建的××市××道路工程施工图。

（3）招标文件与现场条件。

（4）其他有关资料。

7.2.2 工程量计算规则

7.2.2.1 路基处理

（1）根据城市道路结构的类型，如若路线经过路段属于软土地基的土质、深度等因素，采用不同的处理方法时，其工程量计算规则是不同的。

（2）如若采用强夯土方、土工布处理路基，则按照设计图示的尺寸，以“m^2”为单位计算计算工程量。

（3）如若采用掺石灰、掺干土、掺石抛石挤淤的方法处理路基，则必须按照设计图示尺寸，以“m^3”为单位计算工程量。

（4）采用排水沟、截水沟、暗沟、袋装砂井、塑料排水板、石灰砂桩、碎石桩、喷粉桩、深层搅拌桩排除地表水、地下水或提高软土承载力的方法处理路基，按照设计图示尺寸，以“m”为单位计算工程量。

7.2.2.2 道路基层、面层

道路基层、道路面层结构，虽然类型较多，但均为层状结构，所以工程量计算较为简单，一般按设计图示尺寸以“m^2”为单位计算工程量，不扣除各种井所占的面积。

7.2.2.3 人行道及其他

清单项目中的人行道及其他，主要指道路工程的附属结构，其工程量计算规则的规定如下：

（1）人行道结构，不论现浇或铺砌，均按设计图示的尺寸，并以“m^2”为单位来计算，不扣除各种井所占的面积。

（2）侧平石（缘石），不论现浇或安砌，均按设计图示中心线长度，以“m”为单位计算工程量。

（3）检查井升降，按设计图示路面标高与原检查井发生正负高差的检查井的数量，以“座”为单位计算。

（4）树池砌筑，按设计图示数量，以“个”为单位计算。

7.2.3 工程量清单编制实例

7.2.3.1 基本情况

（1）某市××道路工程路面结构为两层式石油沥青混凝土路面，路段长800m，路面宽度16m，基层宽度16.5m，8%的水泥石粉稳定基层20cm厚。沥青路面分二层，上层是细粒式沥青混凝土3cm厚，下层为中粒式沥青混凝土6cm厚。根据上述条件和建设工程工程量清单计价规范编制该项目的分部分项工程量清单。

（2）根据开工路段需要维持正常交通车辆通行的情况，应设置现场施工防护围栏。另外根据招标文件的规定应计算文明施工、安全施工的费用。

（3）招标文件规定了预留金20000元。

7.2.3.2　施工方法

(1) 路基施工:本工程沿线地基为拆迁建筑、农田及池塘,必须对路基进行处理。为了确保工程质量达标,使路基压实度能达到设计及规范要求应采取以下技术措施:

1) 路基填筑前,应将建筑垃圾、原地面上杂草、农作物残根、腐蚀土、垃圾等全部清除;

2) 在填土较高时,在红线外纵向挖二条临时排水边沟,边沟横断面为倒梯形,尺寸为上底宽 40cm、下底宽 30cm、深 30cm、坡度为 1.5%;横向每隔 30m 挖一条排水沟与纵向排水沟相连,断面尺寸同上。积水排到边沟,再就近排入附近河道。纵横向排水沟的作用是疏干地表水和降低含水量,以利路基的施工。

3) 路基修筑前应在取土地点取样进行击实试验,确定其最佳含水量与最大干密度,碾压前应先测定土的实际含水量是否符合或接近最佳含水量, 路基碾压机具的选用与碾压遍数应根据土质情况确定,以达到设计及规范要求的压实度。

4) 土路基填筑:填基路基必须分层填筑压实,填基前对清表后的地面土进行翻晒压实,压实度不小于 80%(轻型标准)。压路机碾压时,应先轻后重,先稳后振,先慢后快,先边后中,先高后低。应沿中心线方向进行碾压,压路机行车速度均匀,两次轮迹重叠宽度为 30 ~ 50cm。压路机碾压不到的部位,采用小型夯土机分层夯实,夯击面在纵横方向均应相应重叠一半,防止漏夯。

(2) 级配碎石垫层:路面下管道施工全部完毕,并验收合格,基底填方全部或局部完成,并且路基高程、压实度、平整度,弯沉测检合乎设计及规范要求。并经监理认可,路基工程检查合格,检验资料齐全后,碎石垫层方可开工。

1) 级配碎石拌合、运输

① 采用混合料拌合楼进行,使用前应反复调试拌合机,使其运转正常,拌合均匀,计量准确。

② 在进行拌合时,进料必须准确,混合料必须拌合均匀,没有粗细颗粒离析现象,混合料的含水量应适宜,并略大于最佳含水量。

③ 运输:拌合料采用大吨位自卸汽车运至施工现场,运输车辆数量应与摊铺能力相适应。尽可能避免因缺少拌合料而造成摊铺机停顿及运输车辆大量滞留的现象。减少中途停车和颠簸,确保混合料不产生离析,卸车时应避免撞击摊铺机。

2) 摊铺:

① 施工路段土路基必须验收合格,监理工程师签证认可。摊铺前应先测量放样,每隔 20m 将设计标高测设在钢杆上,布设钢丝绳,控制好松铺厚度。将路基表面作整形处理,清除路基表面杂物;

② 机动车道碎石垫层采用 12m 自动找平的摊铺机全幅铺设,非机动车道采用小型摊铺机铺设。事先应通过试验路段确定集料的摊铺系数并确定摊铺厚度, 一般人工摊铺混合料时,其松铺系数为 1.40 ~ 1.50,摊铺机摊铺混合料时为 1.25 ~ 1.35;

③ 用摊铺机将料均匀地摊铺在预定的宽度上,表面应力求平整,并具有规定的路坡;

④ 摊铺机边缘碎石垫层边线,需人工及时还型,线型按规定尺寸做出边坡拍打结实;

3) 碾压:

① 采用 16t 双钢轮压路机及 25t 振动式压路机进行,并遵守"先轻后重,由边到中"的原则。碾压时,轮迹必须重叠 30cm,后轮必须超过两段的接缝处。后轮压完路面全宽时,即为一

遍。碾压遍数由试验路段确定，一般为 6 ~ 8 遍，应使其表面无明显轮迹；

② 压路机碾压速度，头两遍采用 1.5 ~ 1.7km/h 为宜，以后用 2 ~ 2.5 km/h。路面两侧应多压 2 ~ 3 遍；

③ 严禁压路机在已完成的或正在碾压的路段上调头，或急刹车。

4）接缝的处理：对路基的接缝的处理，主要从如下两方面进行：

① 横缝的处理：两作业段的衔接处，应搭接拌合。第一段拌合后，留 5 ~ 8m 不进行碾压，第二段施工时，前段留下未压部分与第二段一起拌合整平后进行碾压，这种情况一般每天都有，这是工作中隔时作业的工作缝，作业时必须认真操作好横缝处理；

② 纵缝处理：应该避免纵向接缝，摊铺机应配置与路宽相等宽度进行摊铺。如遇特宽地带转弯口或者是无中间分隔带处，需设纵缝，应将相邻的前幅边部约 30cm 搭接拌合，整平后一起碾压密实。

5）养护：碎石垫层铺设后，要对其进行成品保护，严禁车辆通行。

（3）水泥稳定碎石基层：水泥稳定碎石采用现场集中拌合，汽车分运至施工现场摊铺，着重应抓好混合料的搅拌、摊铺、碾压这三个主要环节：

1）准备工作：对原材料进行抽样试验，合格后方可用于施工，提前进行混合料的配合比试验，并将试验配合比最佳含水量提供给施工现场。摊铺前应测量放样，将设计标高测设在控制钢丝上，并调整松铺厚度，将垫层表面整形处理，清除表面杂物、脏物、洒水湿润；

2）拌合：水泥稳定碎石采用稳定土拌合站集中拌合。使用前认真调试拌合机，使其运转正常，拌合均匀，计量准确。并在料斗下面设置筛子，防止超标块状材料混入，拌合前应测量骨料的含水量，加水量应由所用碎石的实际含水量和试验室所确定的混合料最佳含水量等具体情况确定，拌合好的混合料含水量应高出最佳含水量 1% ~ 2%，拌合好的混合料应颜色一致，无成团结块及离析现象；

3）运输、摊铺及碾压：

① 拌制合格的混合料用大吨位的自卸车运至施工现场，如果气温较高且路途较远时则应覆盖，以防水分损失过多，装料过程中运输车适当前后挪动，以防装料过程中混合料出现离析。运料车在已完成的铺筑层表面上均匀限速行驶，以减少不均匀碾压形成车辙，经常洒水确保下承层不受破坏；

② 混合料摊铺时采用 1 台摊铺机一次性半幅全宽摊铺。摊铺时将摊铺机感应传杆器放在钢丝上、采用双侧走钢丝方法控制高程，加设钢钎，确保钢丝绳中间挠度不大于 2mm；

③ 摊铺机作业时，一要控制好行驶的匀速性，二要安排专人清扫摊铺机行走轨道，做到匀、平、快。现场人员对个别混合料离析处清除后补洒细料，对有缺陷的地方进行修补；

④ 摊铺和整型后，立即在全宽范围内进行碾压，碾压机具采用 25t，振动压路机为主，16t 静压式压路机为辅的组合方式，按“静压实→振动压实→静压实”的次序碾压，超高段由内侧向外侧碾压。每次碾压与上次碾压重叠 30cm，使每层整个厚度和宽度完成均匀地达到要求的压实度。后轮应重叠 1/2 轮宽并超过两段接缝。碾压不到的地方用小型振动压路机碾压密实。采用重型压实标准压实至设计要求；

⑤ 碾压中混合料表面要始终保持潮湿，如表面水分蒸发得快，应及时洒少量水进行补充。压路机不得在已完成或正在碾压的路段上急刹车或“调头”。严格控制混合料施工的延迟时间，从混合料加水拌合、运输、摊铺到碾压完毕时间不超过 2h，特殊情况下不得超过 3h。

(4) 沥青摊铺作业：

1) 铺下层时挂基准线。支撑桩间距 10m，弯道较小或转角处，适当加密，固定长度为 90 ~ 150m，桩要牢固，线要平顺、绷紧，纵坡度应符合设计要求。铺上层时用滑靴滑板控制；

2) 调整熨平板高度及横坡度，其方法是将摊铺厚度板垫放在熨平板下两端。徐徐降下熨平板检查其横坡度是否符合要求，并调整一侧垫板厚度满足横坡要求。摊铺厚度由摊铺混合料种类、机械有无振动夯锤以及熨平板压力等情况确定。一般稍厚于压实厚度；

3) 摊铺前要把熨平板加热，使其达到混合料温度。料斗内壁薄涂一层油水混合液，防止混合料粘结。

4) 翻斗汽车要保持正确方向倒车，在摊铺机的前方停车。待卸料时由摊铺机前的两个辊轴顶住汽车后轮，推动车轮同时移动，然后向料斗卸下混合料。翻斗汽车后退不得碰撞摊铺机，以免影响路面平整度；

5) 路面摊铺最好整幅进行，如路面较宽，可采用两台摊铺机前后分幅搭接摊铺。前一幅按基准线作业，后一幅利用滑靴以前一幅路面为基准进行作业。两台摊铺机应当互相搭接 15cm。前后相距 20 ~ 50m，前一幅保留 15cm 松槎与第二幅一起碾压，当天整幅交活不留纵槎；

6) 熨平板操作者要不断用厚度尺检查是否达到要求厚度，必要时可调整熨平板，但应注意厚度调整不应过快，否则会出现不规则波纹。调整熨平板的结果要在 3 ~ 5m 后才能显示出来，而调节盘转一圈厚度变化约为 1cm，因此调整 1cm 最好在 10 ~ 20m 内完成，故调节盘应徐徐转动；

7) 摊铺机开始启动摊铺的 3 ~ 5m 路面最容易出现波浪，应加强人工找平，在此段距离内亦可用手驱动，待混合料对熨平板施加的力达到稳定后，再改用自动装置驱动；

8) 摊铺工作应连续进行，摊铺速度以 6m/min 以下为宜，应根据摊铺宽度、厚度、拌合机生产效率等适当调整摊铺速度，应保持摊铺机料斗中有足够数量的混合料，以保持连续作业，来料中断或当天收工前应将纵槎找齐或压实不留纵槎；

9) 螺旋摊铺器两端混合料至少应达到螺旋高度的 2/3，以使混合料对熨平板保持均衡压力，使铺筑的路面具有良好的平整度。机械摊铺后不准行人踩踏，原则上不再用耙子找平，对个别表面空洞、沟槽、大料等。可局部进行点补，但需在初压后进行；

10) 为防止细粒式表面出现大料或因细料中混有大料，熨平时拉出沟槽，应采取以下措施：

① 沥青混合料加工时，不得发生串仓现象；

② 换盘时拌合缸清理干净，应指派专人将运输车辆的车厢粘附大料清理干净，并涂抹油水混合液；

③ 摊铺细料前应将浮料杂物清扫干净。沥青混凝土摊铺机每班收工前应清理干净，或涂抹油水混合物；

11) 除不能用机械摊铺的边角外，一般不准用人工摊铺，因人工摊铺的厚度要比机械摊铺厚一些。

(5) 热拌沥青混合料的压实及成型：

1) 压实后的沥青混合料应符合压实度及平整度的要求。沥青混合料的分层压实厚度不得大于 10cm；

2）应选择合理的压路机组合方式及碾压步骤，并应达到最佳碾压结果。沥青混合料压实应采用钢筒式静态压路机与轮胎压路机或振动压路机组合的方式。压路机的数量应根据生产效率确定；

3）道路沥青混合料压实应采用人工热夯及双轮钢筒式压路机、三轮钢筒式压路机、轮胎压路机、振动压路机、手扶式小型振动压路机、振动夯板等机械；

4）沥青混合料的压实应按初压、复压、终压（包括成型）三个阶段进行；

5）沥青混合料的初压应符合下列要求：

① 初压应在混合料摊铺后较高温度下进行，并不得产生推移、发裂，压实温度应根据沥青稠度、压路机类型、气温、铺筑层厚度、混合料类型经试铺试压确定，并应符合有关要求；

② 压路机应从外侧向中心碾压。相邻碾压带应重叠 1/3 ~ 1/2 轮宽，最后碾压路中心部分，压完全幅为一遍。当边缘有挡板、路缘石、路肩等支挡时，应紧靠支挡碾压。当边缘无支挡时，可用耙子将边缘的混合料稍稍耙高，然后将压路机的外侧轮伸出边缘 10cm 以上碾压；

③ 应采用轻型钢筒式压路机或关闭振动装置的振动压路机碾压两遍，其线压力不宜小于 350N/cm。初压后应检查平整度、路拱，必要时应修整；

④ 碾压时应将驱动轮面向摊铺机，如图 7-2-1 所示。碾压路线及碾压方向不应突然改变而导致混合料产生推移。压路机起动、停止应减速缓慢进行。

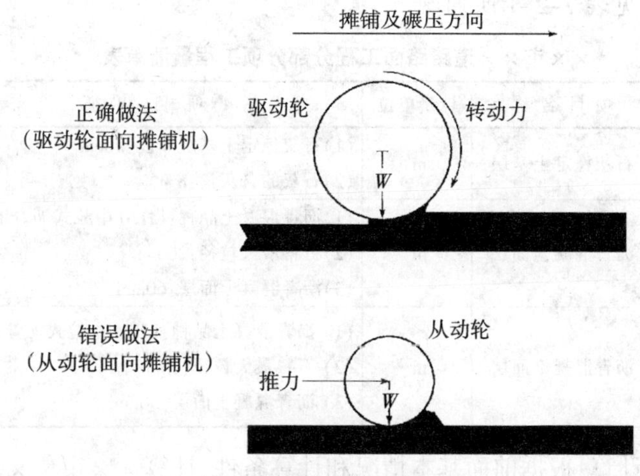

图 7-2-1　压路机的碾压方向

6）复压应紧接在初压后进行，并应符合下列要求：

① 复压应采用重型的轮胎压路机，也可采用振动压路机或钢筒式压路机。碾压遍数应经试压确定，并不应少于 4 ~ 6 遍。复压后路面达到要求的压实度，并无显著轮迹；

② 当采用轮胎压路机时，总质量不应小于 15t。碾压厚层沥青混合料，总质量不应小于 22t。轮胎充气压力不小于 0.5MPa，相邻碾压带应重叠 1/3 ~ 1/2 的碾压轮宽度；

③ 当采用三轮钢筒式压路机时，总质量不宜小于 12t，相邻碾压带应重叠后轮的 1/2 宽度；

④ 当采用振动压路机时，振动频率应为 35 ~ 50Hz，振幅应为 0.3 ~ 0.8mm，并应根据混合料种类、温度和层厚选用。层厚较大时应选用较大的频率和振幅。相邻碾压带重叠宽度应为 10 ~ 20cm。振动压路机倒车时应先停止振动，并在向另一方向运动后再开始振动，并应避

免混合料形成鼓包。

7）终压应紧接在复压后进行。终压可选用双轮钢筒式压路机或关闭振动的振动压路机碾压，终压不应少于两遍，路面应无轮迹；

8）压路机的碾压段长度应与摊铺速度相适应，并保持大体稳定。压路机每次由两端折回的位置应阶梯形地随摊铺机向前推进，折回处不应在同一横断面上。在摊铺机连续摊铺的过程中，压路机不得随意停顿；

9）压路机碾压过程中有沥青混合料沾轮现象时，可向碾压轮洒少量水或加洗衣粉的水，严禁洒柴油；轮胎压路机在连续碾压一段时间轮胎发热后，应停止向轮胎洒水；

10）压路机不得在未碾压成型并冷却的路段上转向、调头或停车等候。振动压路机在已成型的路面上行驶时应停止振动。对压路机无法压实的桥梁、挡墙等构造物接头、拐弯死角、加宽部分及某些路边缘等局部地区，应采用振动夯板压实。对雨水井与各种检查井的边缘还应用人工夯锤、热烙铁补充压实；

11）在当天碾压的尚未冷却的沥青混合料面层上，不得停放任何机械设备或车辆，不得散落矿料、油料等杂物。

7.2.3.3　分部分项工程量清单编制

（1）确定分部分项工程量清单项目：根据道路路面工程的条件和建设工程工程量清单计价规范列出的项目见表 7–2–1 所列。

××市××道路路面工程分部分项工程量清单表　　表 7–2–1

序号	项目编码	项 目 名 称	计量单位	项 目 特 征	备 注
1	040202002001	石灰稳定土基层	m^2	(1)石灰稳定土基层厚度:20cm (2)石灰的含灰量:8%	—
2	040203004001	沥青混凝土面层	m^2	(1)沥青混凝土品种:LH20 中粒式沥青混凝土 (2)石料最大粒径:20mm (3)沥青混凝土面层:60mm	—
3	400203004002	沥青混凝土面层	m^2	(1) 沥青混凝土品种:LH15 中粒式沥青混凝土 (2) 石料最大粒径:5mm (3) 沥青混凝土面层:30mm	—

（2）清单工程量计算：根据前面基本情况和计算条件，计算××市××道路路面工程的清单工程量：

1）石灰稳定土基层：

$$S = 16.5m \times 800m = 13200m^2$$

2）中粒式沥青混凝土面层：

$$S = 16.0m \times 800m = 12800m^2$$

3）中粒式沥青混凝土面层：

$$S = 16.0m \times 800m = 12800m^2$$

（3）填写分部分项工程量清单表：

填写分部分项工程量清单表见表 7–2–2 所列。

（4）编制措施项目清单：

根据上述的××道路路面工程的基本情况和招标文件，编制的措施项目清单见表

7-2-3 所列。

（5）编制其他项目清单：

根据上述的××道路路面工程的基本情况和招标文件，编制的其他项目清单见表7-2-4所列。

分部分项工程量清单　　表 7-2-2

序号	项目编码	项 目 名 称		工程数量	计量单位	备 注
1	040202002001	石灰稳定土基层	（1）石灰稳定土基层厚度:20cm （2）石灰的含灰量:8%	13200	m^2	—
2	040203004001	沥青混凝土面层	（1）沥青混凝土品种:LH20 中粒式沥青混凝土 （2）石料最大粒径:20mm （3）沥青混凝土面层:60mm	12800	m^2	—
3	400203004002	沥青混凝土面层	（1）沥青混凝土品种:LH15 中粒式沥青混凝土 （2）石料最大粒径:5mm （3）沥青混凝土面层:30mm	12800	m^2	—

土方工程措施项目清单　　表 7-2-3

工程名称:××道路路面工程　　第　页共　页

序号	项目名称	具 体 内 容
一	文明施工	
二	安全施工	
三	临时设施	

土方工程其他项目清单　　表 7-2-4

工程名称:××道路路基土方工程　　第　页共　页

序号	项目名称	具 体 内 容
一	预留金	2.0 万元

7.3　道路路面工程的工程量清单报价编制

7.3.1　道路路面工程工程量清单报价编制方法

(1) 确定道路路面工程工程量计价的主要依据和方法，是按照《建设工程工程量清单计价规范》来确定采用企业定额或者采用消耗量定额及费用计算方法。

(2) 按照计价项目和对应定额规定的工程量计算规则计算计价项目的工程量。

(3) 按照施工图纸及其施工方案的具体做法，根据每个分部分项工程量清单项目所对应的工作内容范围，确定每个分部分项工程量清单项目的计价项目。

(4) 道路路面施工中沥青混凝土的材料准备、搅拌、运输不包括在此内，只计算沥青混凝土的摊铺、压实、养护等内容。

7.3.2　道路工程工程量清单计价实例

下面将摘录××省××市××道路工程的工程量计价实例。

7.3.2.1　概述

××省××市××道路工程的工程量说明见表 7-3-1 所列。

道路工程的工程量说明　　　　**表 7-3-1**

工程名称：××道路工程　　　　第　页共　页

一、工程概况

(1) 该工程为××市××道路工程 K0+000 至 K0+170 路段，由××设计院设计。路总宽度为 22m，其中车行道路面单向宽为 8m，人行道单向宽为 3m。车行道基层为石粉垫层 15cm 厚，6%水泥石粉稳定层 20cm 厚，面层为 22cm 厚 C35 混凝土；人行道基层为 6cm 厚石粉层，面层镶贴 C25 混凝土预制六角形花砖。在新旧路面间及 K0+036 处设有胀缝。路面采用粗糙防滑面，表面拉毛。

(2) 地理位置：该工程位于城郊，没有需要保护的地下管网。地质情况为轻壤土和黄土类土层。

(3) 该工程所在地为亚热带雨林气候，施工期为冬季，干旱少雨，常年最低气温约为 5~8℃。

(4) 施工材料和施工机具均能直接运至施工现场。

二、编制依据

主要编制依据是指国家的《建设工程工程量清单计价规范》(GB 50500—2003)、《××省市政工程计价办法》(2006)、《××省市政工程综合定额》(2006)、××市××设计院设计的××道路工程施工图等。

三、招标文件条款摘要

(1) 评标定标办法：技术标实行评分制，对技术标评审人围的投标人的商务投标文件投标价经算术复核后实行合理低价中标。

(2) 资金来源，该工程全部为国有资金。

(3) 承包方式：该工程实行总价包干。工程量清单漏项或设计变更引起新的工程量清单项目，其相应综合单价由承包人提出，经发包人确认后作为结算的依据。

(4) 付款方式：合同签订后按合同价款预付 30%，每月按月进度付 80%进度款（并按比例扣回预付款，竣工验收合格后一个月内结清款项并在三个月内按工程总造价的 95%付清余下款项，另 5%留做质量保修金，待一年保修期满后一次付清）。

四、合同条款摘要

(1) 该工程承包范围为该道路工程设计图纸的全部内容，施工期为三个月（从合同签订日期开始计）。

(2) 要求该项工程的质量标准：合格。

(3) 设备及主要材料：施工中的使用设备、机具和材料全部由承包人自行采购，钢材、水泥必须采用大型生产厂家生产的合格产品，混凝土要求必须使用相应等级的正规厂家生产的商品混凝土。

五、其他

预留金按分部分项工程费的10%计，其余费用由投标人根据本企业定额水平、施工组织和施工工艺自行考虑。

7.3.2.2 道路工程招标工程量清单

(1) 招标工程量清单(封面)见表 7-3-2 所列。

招标工程量清单 **表 7-3-2**

工程名称:××道路工程 第 页共 页

<table>
<tr><td>

工程量清单(封面)

招 标 人:________(略)________(单位签字盖章)

法人代表人:________(略)________(签字盖章)

中介机构
法人代表人:________(略)________(签字盖章)

造价工程师
及注册证号:________(略)________(签字盖执业专用章)

编 制 时 间:________(略)________

</td></tr>
</table>

(2) 道路工程填表须知:

1) 工程量清单及其计价格式中所有要求签字、盖章的地方,必须由规定的单位和人员签字、盖章。

2) 工程量清单及其计价格式中任何内容不得随意删除或涂改。

3) 工程量清单计价格式中列明的所有需要填报的单价和合价,投标人均应填报,未填报的单价和合价,视为该项费用已包含在工程量清单的其他单价和合价中。

4) 金额(价格)均以人民币表示。

(3) 道路工程总说明:

1) 本工程量清单应连同施工图纸、合同条款及技术规范同时阅读。工程量清单中的工程细目应与相应技术规范条款及本编制说明有关条款结合理解;投标人应对施工现场充分考察后综合考虑报价。

2) 图纸中所列的工程数量汇总表不应视为工程量清单的扩大。清单所列工程量在工程实施过程中发生的变动,丝毫不会使合同条款无效或降低,也不免除承包商按要求的标准进行施工和缺陷修复的责任。

3) 投标报价是以清单工程量为准(项目、顺序、格式、计量单位、数量不能改变),否则将视为不响应招标文件。

4）除非合同另有规定，工程量清单中有标价的单价与合价应考虑了所有施工设备费、设施费、劳务费、材料费、检验试验费、安装费、管理费、利润以及合同约定的所有一般风险、责任和业务等一切费用。

5）用于本道路工程的承包人的各种装备的提供、运输及拆卸费用的支付，还应包括在工程量清单的单价与合价中。

（4）分部分项工程量清单（见表 7-3-3 所列）。

分部分项工程量清单　　表 7-3-3

序号	项目编码	项目名称		工程单位	计量数量	备注
		主要项目	具体内容			
第一章　土石方工程						
1	040101001001	挖一般土方	(1) 土壤类别：一、二类土； (2) 挖土深度：1.5m 内； (3) 弃土运距：15km	m^3	1628.94	—
2	040103001001	填　方	(1) 填方材料品种：土方； (2) 密实度：85%~95%	m^3	47.80	—
第二章　道路工程						
3	040202001001	垫　层	(1) 垫层厚度：15cm； (2) 材料品种：石屑； (3) 其他：路床整形碾压	m^2	3061.74	—
4	040202014001	水泥稳定碎(砾)石	(1)厚度：20cm； (2)含水量：6%； (3)石料规格：0.5cm	m^2	2865.71	—
5	040203005001	水泥混凝土	(1) 混凝土强度等级：C35、石料最大粒径：20mm； (2) 厚度：22cm	m^2	2865.71	—
6	040204001001	人行道块料铺设	(1) 材质：六角人行道阶砖； (2) 尺寸：30cm×30cm×6cm； (3) 垫层材料品种：石屑；厚度：6cm	m^2	1003.19	—
7	040204003001	安砌侧缘石	(1) 材料：混凝土侧石； (2) 尺寸：40cm×40cm×15cm； (3) 垫层厚度与材料强度：10cm、C15 混凝土	m	283.26	—
8	040204003002	安砌侧缘石（弧形）	(1) 材料：混凝土侧石； (2) 尺寸：40cm×40cm×15cm； (3) 垫层厚度与材料强度：10cm、C15 混凝土	m	64.07	—
9	040204003003	安砌侧平石	(1) 材料：混凝土平石； (2) 尺寸：50cm×30cm×10cm； (3) 垫层厚度与材料强度：10cm、C15 混凝土	m	283.26	—

续表

序号	项目编码	项目名称		工程单位	计量数量	备注
		主要项目	具体内容			
10	040204003004	安砌侧平石（弧形）	(1) 材料:混凝土平石; (2) 尺寸:50cm×30cm×10cm; (3) 垫层厚度与材料强度:10cm、C15 混凝土	m	51.02	
11	040204006001	树池砌筑	(1) 材料品种、规格：混凝土块 50cm×30cm×10cm; (2) 树池尺寸:50cm 等六边形	个	60	
12	040701002001	非预应力钢筋	(1) 材料:ϕ6 钢筋网; (2) 部位:交叉口锐角	t	0.141	

（5）措施项目清单(见表 7–3–4 所列)。

措施项目清单 表 7–3–4

工程名称:××道路工程 第 页共 页

序号	项目名称	备注	序号	项目名称	备注
1	安全防护、文明施工措施部分		2.9	已完工程及设备保护	
1.1	综合脚手架		2.10	施工排水、降水	
1.2	靠脚手架安全挡板		2.11	围 堰	
1.3	独立安全防护挡板		2.12	筑捣费	
1.4	文明施工、环保、临时设施、安全施工费		2.13	现场施工围栏	
2	其他措施费部分		2.14	便 道	
2.1	预算包干费		2.15	便 桥	
2.2	工程保险费		2.16	垂直运输机械	
2.3	工程保修费		2.17	长输管道临时水工保护设施	
2.4	夜间施工费		2.18	长输管道跨越或穿越施工措施	
2.5	二次搬运费		2.19	长输管道跨越地上建筑物的保护措施	
2.6	大型机械设备进出场及安拆费		2.20	洞内施工的通风,供水、电、气、照明	
2.7	混凝土、钢筋混凝土模板及支架		2.21	驳岸块石清理	
2.8	脚手架		2.22	其 他	

（6）其他项目清单(见表 7–3–5 所列)。

其他项目清单 表 7–3–5

序号	项目名称	备注	序号	项目名称	备注
1	招标人部分		2	投标人部分	
1.1	预留金		2.1	总承包服务费	
1.2	材料购置费		2.2	零星工作项目费	
1.3	其 他		2.3	其 他	

(7) 零星工作项目表(见表 7-3-6 所列)。

零星工作项目表 表 7-3-6

序号	项 目 名 称	计量单位	备注	序号	项 目 名 称	计量单位	备注
1	人 工			2	材 料		
1.1	一类工	工日		3	机 械		
1.2	二类工	工日		3.1	挖掘机(推土机)	台班	
1.3	三类工	工日		3.2	柴油发电机组	台班	
1.4	四类工	工日		4	其 他		

(8) 主要建筑材料表(见表 7-3-7 所列)。

主要建筑材料表 表 7-3-7

序号	材料编号	名称、规格与型号	单位	单价	序号	材料编号	名称、规格与型号	单位	单价
1	01001001	圆钢 ϕ10 以内	t		11	71020004	水泥砂浆 1:3	m^3	
2	01002003	螺纹钢 ϕ10~ϕ25	t		12	75010001	C15 商品混凝土20 石	m^3	
3	03002027	板方材	m^3		13	75010002	C15 商品混凝土 20 石	m^3	
4	04001002	水泥 P.032.5(R)	t		14	75010005	C15 商品混凝土 20 石	m^3	
5	05001001	中 砂	m^3		15	99916101	二类工(机械用)	工日	
6	05018001	石 屑	m^3		16	99916202	柴油(机械用)	kg	
7	18012001	电焊条	kg		17	99916204	电(机械用)	kW·h	
8	38041050	铁 件	kg		18	zc000089-1	混凝土侧石(立缘石) 50cm×30cm×15cm	m	
9	3900117	水	m^3		19	zc000093-1	混凝土: 50cm×30cm×10cm	块	
10	71010004	石灰砂浆 1:3	m^3		20	Zc510012-1	混凝土连接型侧平石: 100cm×40cm×10cm	m	

7.3.2.3 道路工程工程量清单计价

(1) 道路工程工程量清单报价见表 7-3-8 所列。

工程量清单报价表 表 7-3-8

工程名称:××道路工程 第 页 共 页

工程量清单报价表(封面)

招 标 人:______(略)______(单位签字盖章)

法人代表人:______(略)______(签字盖章)

造价工程师

及注册证号:______(略)______(签字盖执业专用章)

编 制 时 间:______(略)______

(2) 工程量清单报价说明：× ×道路工程的工程量清单报价说明见表 7-3-9 所示。

工程量清单报价说明 **表 7-3-9**

工程名称：××道路工程 第 页 共 页

工程量清单报价说明

一、工程概述

建设规模及主要技术标准：该工程为×××道路工程 K0+000 至 K0+800 路段，由×××设计院设计。路总宽度为 16m，其中车行道路面单向宽为 8m，人行道单向宽为 3m。车行道基层为石粉垫层 15cm 厚、6%水泥石粉稳定层 20cm 厚，面层为 22cm 厚 C35 沥青混凝土；人行道基层为 6cm 厚石粉层，面层镶贴 C25 混凝土预制六角形花砖。在新旧路面间及 K0 + 036 处设有胀缝。路面采用粗糙防滑面，表面拉毛。

二、措施项目费用计算依据

该工程施工期为干旱少雨的冬季。且施工工期较短，故本投标报价不考虑防雨水措施。

三、编制依据

(1) ×××道路设计图纸。

(2)《××省市政工程计价办法》(2006)。

(3)《××省市政工程综合定额》(2006)。

(4) 材料价差执行××市 2005 年第三季度指导价。

(5) 本预算按××省建设厅(×)建价字[2007]×号文件，套用《××省市政工程综合定额(2006)》一类地区取费，其利润按 35%计，预算包干费按 2%计，赶工措施费暂不考虑。

四、特殊材料、设备的说明

(1) 混凝土均按商品混凝土考虑。

(2) 余土外运按 15km 计价。

(3) 投标总价：× ×道路工程投标总价见表 7-3-10 所示。

× ×道路工程投标总价 **表 7-3-10**

工程名称：××道路工程 第 页 共 页

道路工程投标总价

招 标 人：(略)

工 程 名 称：××道路工程

投标总价(小写)：660498.49 元

(大写)：陆拾陆万零肆佰玖拾捌元肆角玖分

投 标 人：(略) (单位签字盖章)

法定代表人：(略) (签字盖章)

编 制 时 间：(略)

（4）工程项目总价表：××道路工程工程项目总价表如表 7-3-11 所示。

工程项目总价表 表 7-3-11

工程名称：××道路工程 第 页 共 页

序号	单项工程名单	金额(元)
1	道路工程	660498.49
	合计	660498.49

（5）单项工程费汇总表：××道路工程单项工程费汇总表见表 7-3-12 所示。

单项工程费汇总表 表 7-3-12

工程名称：××道路工程 第 页 共 页

序号	单项工程名单	金额(元)
1	道路工程	660498.49
	合计	660498.49

（6）单位工程费汇总表：××道路工程单位工程费汇总表见表 7-3-13～表 7-3-14 所示。

单项工程费汇总表 表 7-3-13

工程名称：××道路工程 第 页 共 页

序号	单项工程名单	金额(元)
1	分部分项工程量清单	522868.68
2	措施项目清单计价合计	29934.29
3	其他项目清单计价合计	54632.32
4	规费	31282.92
5	税金	21780.29
6	含税工程总造价	660498.49
	合计：(小写)	660498.49
	合计：(大写)陆拾陆万零肆佰玖拾捌元肆角玖分	

单位工程费汇总计算表 表 7-3-14

工程名称:××道路工程 第 页共 页

序号	单项工程名单	计算基础	费率	金额(元)
1	分部分项工程量清单		100	522868.67
2	措施项目清单计价合计		100	29934.29
3	其他项目清单计价合计		100	54632.32
4	规 费	4.1+4.2+……+4.7	100	31282.92
4.1	社会保险费	1+2+3	3.31	20106.11
4.2	住房公积金	1+2+3	1.28	7775.17
4.3	工程定额测定费	1+2+3	0.1	607.44
4.4	工程污费	1+2+3	0.33	2004.54
4.5	施工噪声排污费(暂不考虑)	1+2+3		
4.6	堤围防护费	1+2+3	0.13	789.67
4.7	建筑意外伤害保险费(暂不考虑)	1+2+3		
5	税 金	1+2+3+4	3.41	21780.29
6	含税工程总造价	1+2+3+4+5	100	660498.49
	合 计:(小写)			660498.49
	合 计:(大写) 陆拾陆万零肆佰玖拾捌元肆角玖分			

(7) 分部分项工程量清单计价表:××道路工程分部分项工程量清单计价表见表 7-3-15 所示。

分部分项工程量清单计价表 表 7-3-15

序号	项目编码	项目名称		工程单位	计量数量	金额(元)	
		主要项目	具体内容			综合单价	合价
			第一章 土石方工程				
1	040101001001	挖一般土方	(1) 土壤类别:一、二类土; (2) 挖土深度:1.5m 内; (3) 弃土运距:15km	m^3	1628.94	28.29	46086.57
2	040103001001	填 方	(1) 填方材料品种:土方; (2) 密实度:85%~95%	m^3	47.80	12.89	616.16
			第二章 道路工程				
3	040202001001	垫 层	(1) 垫层厚度:15cm; (2) 材料品种:石屑; (3) 其他:路床整形碾压	m^2	3061.74	9.64	29527.21

续表

序号	项目编码	项目名称		工程单位	计量数量	金额(元)	
		主要项目	具体内容			综合单价	合价
4	040202014001	水泥稳定碎(砾)石	(1)厚度:20cm; (2)含水量:6%; (3)石料规格:0.5cm	m^2	2865.71	24.71	70807.11
5	040203005001	水泥混凝土	(1)混凝土强度等级:C35、石料最大粒径:20mm; (2)厚度:22cm	m^2	2865.71	93.35	267522.16
6	040204001001	人行道块料铺设	(1)材质:六角人行道阶砖; (2)尺寸:30cm×30cm×6cm; (3)垫层材料品种:石屑;厚度:6cm	m^2	1003.19	60.34	60536.70
7	040204003001	安砌侧缘石	(1)材料:混凝土侧石; (2)尺寸:40cm×40cm×15cm; (3)垫层厚度与材料强度:10cm、C15混凝土	m	283.26	50.95	14432.77
8	040204003002	安砌侧缘石(弧形)	(1)材料:混凝土侧石; (2)尺寸:40cm×40cm×15cm; (3)垫层厚度与材料强度:10cm、C15混凝土	m	64.07	50.95	3264.52
9	040204003003	安砌侧平石	(1)材料:混凝土平石; (2)尺寸:50cm×30cm×10cm; (3)垫层厚度与材料强度:10cm、C15混凝土	m	283.26	43.62	12355.21
10	040204003004	安砌侧平石(弧形)	(1)材料:混凝土平石; (2)尺寸:50cm×30cm×10cm; (3)垫层厚度与材料强度:10cm、C15混凝土	m	51.02	43.62	2225.39
11	040204006001	树池砌筑	(1)材料品种、规格:混凝土块50cm×30cm×10cm; (2)树池尺寸:50cm等六边形	个	60	248.01	14880.72
12	040701002001	非预应力钢筋	(1)材料:$\phi 6$钢筋网; (2)部位:交叉口锐角	t	0.141	4355.78	614.16
	合计						522868.68

(8)措施项目清单计价表:××道路工程措施项目清单计价表见表7-3-16所示。

措施项目清单计价表 **表7-3-16**

序号	单项工程名单	金额(元)	序号	单项工程名单	金额(元)
1	安全防护、文明施工措施部分	14744.90	1.2	靠脚手架安全挡板	
1.1	综合脚手架		1.3	独立安全防护挡板	

续表

序号	单项工程名单	金额(元)	序号	单项工程名单	金额(元)
1.4	文明施工、环保、临时设施、安全施工费		2.11	围　堰	
2	其他措施费部分		2.12	筑捣费	
2.1	预算包干费		2.13	现场施工围栏	2000.00
2.2	工程保险费		2.14	便　道	
2.3	工程保修费	10457.37	2.15	便　桥	
2.4	夜间施工	209.15	2.16	垂直运输机械	
2.5	二次搬运	522.87	2.17	长输管道临时水工保护设施	
2.6	大型机械设备进出场及安拆		2.18	长输管道跨越或穿越施工措施	
2.7	混凝土、钢筋混凝土模板及支架		2.19	长输管道跨越地上建筑物的保护措施	
2.8	脚手架	2000.00	2.20	洞内施工的通风，供水、电、气、照明	
2.9	已完工程及设备保护		2.21	驳岸块石清理	
2.10	施工排水、降水		2.22	其　他	
合　计					29934.29

(9) 其他项目清单计价表：××道路工程的其他项目清单计价表见表 7–3–17 所示。

其他项目清单计价表　　**表 7–3–17**

序号	项　目　名　称	金 额(元)	序号	项　目　名　称	金 额(元)
1	招标人部分		2	投标人部分	
1.1	预留金	52286.87	2.1	总承包服务费	
1.2	材料购置费		2.2	零星工作项目费	2345.45
1.3	其　他		2.3	其　他	
合　计		52286.87	合　计		2345.45

(10) 零星工作项目计价表：××道路工程的零星项目清单计价表见表 7–3–18 所示。

零星项目清单计价表　　**表 7–3–18**

序号	项目名称	计量单位	数量	金 额(元)		序号	项目名称	计量单位	数量	金 额(元)	
				综合单价	合价					综合单价	合价
1	人　工					2	材　料				
1.1	一类工	工日	10.0	28.00	280.0	3.1	挖掘机(推土机)	台班			
1.2	二类工	工日	10.0	26.00	280.0	3.2	柴油发电机组	台班	5	269.09	1345.45
1.3	三类工	工日	10.0	24.00	240.0	4	其　他				
1.4	四类工	工日	10.0	22.00	220.0	合　计					2345.45

(11) 分部分项工程量清单综合单价分析表：××道路工程分部分项工程量清单综合单价分析表见表 7–3–19 所示。

分部分项工程量清单综合单价分析表 表 7-3-19

序号	项目编码	项目名称	工程内容	综合单价分析					综合单价
				人工费	材料费	机械使用费	管理费	利润	
1	040101001001	挖一般土方： (1) 土壤类别：一、二类土； (2) 挖土深度：1.5m 内； (3) 弃土运距：15km	人工挖土一、二类土深度在 1.5m 内	0.34	—	—	0.02	0.12	28.29 元/m^3
			人工运土方运距 20m 内	0.21	—	—	0.01	0.07	
			挖掘机挖一、二类土，自卸汽车运土，运距 15km	0.20	—	23.86	2.19	0.07	
			人工装土，自卸汽车运土，运距 15km	0.11	—	0.95	0.09	0.04	
			小　计	0.86	—	24.81	2.32	0.30	
2	040103001001	填方 (1) 填方材料品种：土方； (2) 密实度：85%~95%	回填土机械夯实	7.47	—	2.09	0.71	2.61	12.89 元/m^3
			小　计	7.47	—	2.09	0.71	2.61	
3	040202001001	垫层 (1) 厚度：15cm； (2) 材料品种：石屑； (3) 其他：路床整形碾压	路床碾压检验	0.09	—	0.74	0.10	0.03	9.64 元/m^2
			人工铺装道路石屑底层(厚度 15cm)	0.43	7.24	0.77	0.10	0.15	
			小　计	0.51	7.24	1.51	0.20	0.18	
4	040202014001	水泥稳定碎(砾)石 (1) 厚度：20cm； (2) 水泥含量：6%； (3) 石料规格：0.5cm	路拌铺筑水泥石屑混合料水泥含量 6%，厚度 20cm	33.37	18.57	1.10	0.50	1.18	24.71 元/m^2
			小　计	3.37	18.57	1.10	0.50	1.18	
5	040203005001	水泥混凝土 (1) 混凝土强度等级为 C35、石料量大粒径：20cm； (2) 厚度：22cm	水泥混凝土路面厚度 22cm	10.17	1.23	0.34	1.11	3.56	93.35 元/m^2
			C35 商品普通混凝土 20 石	—	69.74	—	—	—	
			道路伟力杆套筒	0.01	0.07	—	—	—	
			锯缝机据缝	0.65	0.71	0.43	0.12	0.23	
			水泥混凝土路面养护	0.71	0.76	—	0.07	0.25	
			水泥混凝土路面钢筋，构造筋	0.23	2.31	0.02	0.03	0.08	
			伸缩(切缝)沥青木板	0.15	0.31	—	0.02	0.05	
			小　计	11.92	75.12	0.79	1.35	4.17	
6	040204001001	人行道块料铺设 (1) 材质：六角人行阶砖； (2) 尺寸：30×30×6 (3) 垫层材料品种、厚度、强度：石屑 6cm 厚度	人行道整形碾压	0.48	—	0.10	0.06	0.17	60.34 元/m^2
			人行道板铺设：砂垫层 (厚度 6cm)规格：30cm×30cm×6cm	3.45	54.52	—	0.36	1.21	
			小　计	3.93	54.52	—	0.36	1.21	

续表

序号	项目编码	项目名称	工程内容	综合单价分析					综合单价
				人工费	材料费	机械使用费	管理费	利润	
7	040204003001	安砌侧缘石 (1) 材料:混凝土侧石; (2) 尺寸:40cm×40cm×15cm; (3) 垫层厚度与材料强度:10cm、C15 混凝土	路拌铺筑水泥石屑混合料水泥含量6%厚度(5cm)	0.41	1.17	0.26	0.11	0.14	50.95 元/m
			侧缘石后座 混凝土后座	0.87	0.05	0.39	0.14	0.30	
			商品混凝土 C20 [D2-4-36]	—	11.87	—	—	—	
			侧缘石铺设 混凝土侧石(立缘石)长度 50cm	2.11	31.28	—	0.28	0.95	
			小　计	4.00	44.38	0.65	0.53	1.40	
8	040204003002	安砌侧缘石(弧形) (1) 材料:混凝土侧石; (2) 尺寸:40cm×40cm×15cm; (3) 垫层厚度与材料强度:10cm、C15 混凝土	路拌铺筑水泥石屑混合料水泥含量6%厚度(5cm)	0.41	1.17	0.26	0.11	0.14	50.95 元/m
			侧缘石后座 混凝土后座	0.87	0.05	0.39	0.14	0.30	
			商品混凝土 C20 [D2-4-36]	—	11.87	—	—	—	
			侧缘石铺设 混凝土侧石(立缘石)长度 50cm	2.71	31.28	—	0.28	0.95	
			小　计	4.00	44.38	0.65	0.53	1.40	
9	040204003003	安砌侧平石 (1) 材料:混凝土平石; (2) 尺寸:50cm×30cm×10cm; (3) 垫层厚度与材料强度:10cm、C15 混凝土	侧缘石后座 混凝土后座	0.41	0.02	0.18	0.07	0.14	43.62 元/m
			C15 商品普通混凝土 20 石	—	5.32	—	—	—	
			侧平石铺设 连接型勾缝	5.44	29.57	—	0.57	1.90	
			小　计	5.85	34.91	0.18	0.63	2.05	
10	040204003004	安砌侧平石(弧形) (1) 材料:混凝土平石; (2) 尺寸:50cm×30cm×10cm; (3) 垫层厚度与材料强度:10cm、C15 混凝土	侧缘石后座 混凝土后座	0.41	0.02	0.18	0.07	0.14	43.62 元/m
			C15 商品普通混凝土 20 石	—	—	5.32	—	—	
			侧平石铺设 连接型勾缝	5.44	29.57	—	0.57	1.90	
			小　计	5.85	34.91	0.18	0.63	2.05	

续表

序号	项目编码	项目名称	工程内容	综合单价分析					综合单价
				人工费	材料费	机械使用费	管理费	利润	
11	040204006001	树池砌筑 (1) 材料:混凝土平石; (2) 尺寸:50cm×30cm×10cm; (3) 垫层厚度与材料强度:10cm、C15混凝土	砌筑树池:混凝土块规格:50cm×30cm×10cm	2.94	243.74	—	0.31	1.03	248.01 元/个
			小计	2.94	243.74	—	0.31	1.03	
12	040701002001	非预应力钢筋 (1) 材料:ϕ6钢筋网; (2) 部位:交叉口锐角	钢筋制作、安装现浇混凝土ϕ10mm以内	439.89	3653.46	45.11	63.36	153.96	4355.78 元/t
			小计	439.89	3653.46	45.11	63.36	153.96	

(12)措施项目费分析表:××道路工程措施项目费分析表见表7-3-20所示。

分部分项工程量清单综合单价分析表 表7-3-20

序号	项目名称	单位	数量	综合单价分析					
				人工费	材料费	机械使用费	费用	利润	小计
1	安全防护、文明施工措施部分	项							14744.90
1.1	综合脚手架	项							
1.2	靠脚手架安全挡板	项							
1.3	独立安全防护挡板	项							
1.4	文明施工、环境保护、临时设施、安全施工费	项							
	合计	元	522868.672						14744.90
2	其他措施费部分								
2.1	预算包干费	项							10457.37
2.2	工程保险费	项							209.15
2.3	工程保修费	项							522.87
2.4	夜间施工	项							
2.5	二次搬运	项							
2.6	大型机械设备进出场及安拆	项							2000.00
2.7	混凝土、钢筋混凝土模板及支架	项							
2.8	脚手架	项							
2.9	已完工程及设备保护	项							
2.10	施工排水、降水	项							
2.11	围堰	项							
2.12	筑捣费	项							

续表

序号	项目名称	单位	数量	综合单价分析					
				人工费	材料费	机械使用费	费用	利润	小计
2.13	现场施工围栏	项							2000.00
2.14	便道	项							
2.15	便桥	项							
2.16	垂直运输机械	项							
2.17	长输管道临时水工保护设施	项							
2.18	长输管道跨越或穿越施工措施	项							
2.19	长输管道跨越地上建筑物的保护措施	项							
2.20	洞内施工的通风,供水、电、气、照明	项							
2.21	驳岸块石清理	项							
2.22	其他	项							
	合计	元							15189.39

(13)规费计算表:××道路工程规费计算表见表7-3-21所列。

规费计算表 表7-3-21

序号	主要名称	规费计算公式	费率(%)	金额(元)
1	社会保险费	分部分项工程费+措施项目费+其他项目费	3.31	20106.11
2	住房公积金	分部分项工程费+措施项目费+其他项目费	1.28	7775.11
3	工程定额测定费	分部分项工程费+措施项目费+其他项目费	0.1	607.44
4	工程排污费	分部分项工程费+措施项目费+其他项目费	0.33	2004.54
5	施工噪声排污费(暂不考虑)	分部分项工程费+措施项目费+其他项目费	—	—
6	堤围防护费	分部分项工程费+措施项目费+其他项目费	0.13	789.67
7	建筑意外伤害保险费(暂不考虑)	分部分项工程费+措施项目费+其他项目费	—	—
	合计:叁万壹仟贰佰捌拾贰元玖角贰分			31282.92

(14)主要建筑材料价格表:××道路工程主要建筑材料价格表见表7-3-22所列。

主要建筑材料价格表 表7-3-22

序号	材料编号	名称、规格与型号	单位	单价(元)	序号	材料编号	名称、规格与型号	单位	单价(元)
1	00000003	三类工	工日	33.0	5	03002027	板方材	m^3	1546.35
2	00000004	四类工	工日	33.0	6	04001002	水泥P.032.5(R)	t	39.60
3	01001001	圆钢 $\phi 10$ 以内	t	31519.20	7	05001001	中砂	m^3	51.00
4	01002003	螺纹钢 $\phi 10 \sim \phi 25$	t	3652.42	8	05018001	石屑	m^3	35.70

续表

序号	材料编号	名称、规格与型号	单位	单价(元)	序号	材料编号	名称、规格与型号	单位	单价(元)
9	18012001	电焊条	kg	4.49	17	99916101	二类工(机械用)	工日	33.00
10	38041050	铁件	kg	4.90	18	99916202	柴油(机械用)	kg	5.00
11	3900117	水	m^3	2.48	19	99916204	电(机械用)	kW·h	0.96
12	71010004	石灰砂浆 1∶3	m^3	89.94	20	zc000089–1	混凝土侧石 (立缘石) 50cm×30cm×15cm	m	30.00
13	71020004	水泥砂浆 1∶3	m^3	186.30					
14	75010001	C15 商品混凝土 20 石	m^3	260.00	21	zc000093–1	混凝土:50cm×30cm×10cm	块	24.00
15	75010002	C15 商品混凝土 20 石	m^3	270.00	22	Zc510012–1	混凝土连接型侧平石:100cm×40cm×10cm	m	29.00
16	75010005	C15 商品混凝土 20 石	m^3	310.00					

(15) 分部分项工程量清单综合单价计算表:××道路工程分部分项工程量清单综合单价计算表见表 7–3–23~ 表 7–3–34 所列。

分部分项工程量清单综合单价计算表 **表 7–3–23**

工程名称:××道路工程;项目编码:040101001001;计量单位:m^3;工程数量:1628.94;综合单价:28.29 元

项目名称:挖一般土方:

(1) 土壤类别:一、二类土;(2) 挖土深度:1.5m 内;(3) 弃土运距:15km

序号	定额编号	工作内容	单位	工程量	其中(元)					
					人工费	材料费	机械费	管理费	利润	小计
1	D1–1–1	人工挖土方一、二类土深在 1.5m 内	$100m^3$	0.977	550.03	—	—	36.85	192.51	779.39
2	D1–1–20	人工运土方动距 20m 内	$100m^3$	0.478	337.88	—	—	22.64	118.26	478.77
3	D1–1–82(扩)	挖掘机挖土、自卸汽车运土、运距 15km(一、二类土)	$100m^3$	1.531	330.6	—	38864.31	3560.85	115.67	42871.29
4	D1–111(扩)	人工装、自卸汽车运土、运距 15km	$100m^3$	0.499	186.41	—	1551.66	153.80	65.24	1957.11
	合计				1404.78	—	40415.97	3774.14	491.68	46086.57

分部分项工程量清单综合单价计算表 **表 7–3–24**

工程名称:××道路工程;项目编码:040103001001;计量单位:m^3;工程数量:47.8;综合单价:12.89 元

项目名称:填方:

(1) 填方材料品种:土方;(2) 密实度:85%~95%

序号	定额编号	工作内容	单位	工程量	其中(元)					
					人工费	材料费	机械费	管理费	利润	小计
1	D1–1–16	回填土机械夯实	$100m^3$	0.478	357.12		100.05	33.99	124.99	616.16
	合计				357.12		100.05	33.99	124.99	616.16

分部分项工程量清单综合单价计算表 表 7-3-25

工程名称：××道路工程；项目编码：040202001001；计量单位：m^2；工程数量：3061.74；综合单价：9.64 元

项目名称：垫层：

(1) 材料品种：石屑；(2) 厚度：15cm；(3) 其他：路床整形碾压

序号	定额编号	工作内容	单位	工程量	其中(元)					
					人工费	材料费	机械费	管理费	利润	小计
1	D2-1-1	路床碾压检验	100m^2	30.617	272.80		2280.38	313.52	95.53	2962.23
2	D1-1-167	人工铺装道路石屑底层厚 15cm	100m^3	45.926	1303.38	22157.0	2351.41	297.14	456.05	2656.98
	合计				1576.18	22157.0	4631.80	610.66	551.57	29527.21

分部分项工程量清单综合单价计算表 表 7-3-26

工程名称：××道路工程；项目编码：040202014001；计量单位：m^2；工程数量：2865.71；综合单价：24.71 元

项目名称：水泥稳定碎(砾)石：

(1) 厚度：20cm；(2) 水泥含量：6%；(3) 石料规格：0.5cm

序号	定额编号	工作内容	单位	工程量	其中(元)					
					人工费	材料费	机械费	管理费	利润	小计
1	D2-2-141	路拌铺筑水泥石屑混合料，水泥含量 6%，厚度 20cm	100m^2	28.657	9651.71	53211.36	3139.67	1426.26	3378.10	70807.11
	合计				9651.71	53211.36	3139.67	1426.26	3378.10	70807.11

分部分项工程量清单综合单价计算表 表 7-3-27

工程名称：××道路工程；项目编码：040204001001；计量单位：m^2；工程数量：1003.19；综合单价：60.34 元

项目名称：人行道块料铺设：

(1) 材质：六角人行阶砖；(2) 尺寸：30cm×30cm×6cm；(3) 垫层材料品种、厚度、强度：石屑 6cm 厚

序号	定额编号	工作内容	单位	工程量	其中(元)					
					人工费	材料费	机械费	管理费	利润	小计
1	D2-1-2	人行道整形碾压	100m^2	10.03	483.34	—	96.91	58.59	169.14	807.97
2	D2-4-2	人行道板铺设，砂垫层（厚 6cm）规格：30cm×30cm×6cm	100m^2	10.03	3462.81	54692.21	—	361.75	1211.95	59728.73
	合计				3946.15	54692.21	96.91	420.34	1381.09	60536.70

分部分项工程量清单综合单价计算表 表 7-3-28

工程名称：××道路工程；项目编码：040203005001；计量单位：m^2；工程数量：2865.71；综合单价：93.35 元

项目名称：水泥混凝土：

(1) 混凝土强度等级、石料最大粒径：C35、20 石；(2) 密实度：厚度：22cm

序号	定额编号	工作内容	单位	工程量	其中(元)					
					人工费	材料费	机械费	管理费	利润	小计
1	D2-3-65(换)	水泥混凝土路面厚度(cm)22	100m^2	28.66	29136.53	3513.65	975.77	3184.38	10197.92	47008.25

续表

序号	定额编号	工作内容	单位	工程量	其中(元)					
					人工费	材料费	机械费	管理费	利润	小计
2	D2-3-65(换)	C35商品普通混凝土20石	10m³	64.31	—	199845.41	—	—	—	199845.41
3	D2-3-65(换)	道路传力杆套筒	10支	0.64	33.79	193.59	—	3.53	11.83	242.75
4	D2-3-65(换)	锯缝机锯缝	100延长米	11.02	1861.94	2037.71	1235.45	352.20	651.72	6139.02
5	D2-3-65(换)	水泥混凝土路面养护、砂养护	100m²	28.66	2042.68	2170.20	—	312.50	714.99	5141.37
6	D2-3-82	水泥混凝土路面钢筋、构造筋	t	1.76	651.66	6628.41	46.78	74.57	228.08	7629.49
7	D2-3-69	伸缝(人工切缝)沥青木板	10m²	2.38	428.04	893.29	—	44.72	149.82	1515.87
		合计			34154.64	215282.25	2258.01	3872.90	11954.36	267522.16

分部分项工程量清单综合单价计算表　　表7-3-29

工程名称:××道路工程;项目编码:040204003001;计量单位:m;工程数量:283.26;综合单价:50.95元

项目名称:安砌侧缘石:

(1)材料:混凝土侧石;(2)尺寸:50cm×40cm×15cm;(3)垫层、基础:材料品种、厚度、强度:10cm厚C15混凝土

序号	定额编号	工作内容	单位	工程量	其中(元)					
					人工费	材料费	机械费	管理费	利润	小计
1	D2-2-140(改)	路拌铺筑水泥石屑混合料、水泥含量6%,厚度5cm	100m²	0.71	116.82	332.33	74.46	29.77	40.89	594.27
2	D2-4-36(换)	侧缘石后座、混凝土后座	10m³	1.22	246.79	13.30	110.24	39.89	86.38	496.60
3	D3-5-3	商品混凝土C20 [D2-4-36]	10m³	1.24	—	3362.96	—	—	—	3362.96
4	D2-4-24	侧缘石铺设、混凝土侧石(立缘石)长度50cm	100m	2.83	768.37	8861.36	—	80.28	268.93	9978.94
		合计			1131.98	12569.96	184.70	149.94	396.19	14432.77

分部分项工程量清单综合单价计算表　　表7-3-30

工程名称:××道路工程;项目编码:040204003002;计量单位:m;工程数量:64.07;综合单价:50.95元

项目名称:安砌侧缘石:

(1)材料:混凝土侧石;(2)尺寸:50cm×40cm×15cm;(3)垫层、基础:材料品种、厚度、强度:10cm厚C15混凝土

序号	定额编号	工作内容	单位	工程量	其中(元)					
					人工费	材料费	机械费	管理费	利润	小计
1	D2-2-140(改)	路拌铺筑水泥石屑混合料、水泥含量6%,厚度5cm	100m²	0.16	26.42	75.17	16.84	6.73	9.25	134.42
2	D2-4-36(换)	侧缘石后座、混凝土后座	10m³	0.28	55.82	3.01	24.94	9.02	19.54	112.33
3	D3-5-3	商品混凝土C20[D2-4-36]	10m³	0.28	—	760.66	—	—	—	760.66

续表

序号	定额编号	工作内容	单位	工程量	其中(元)					
					人工费	材料费	机械费	管理费	利润	小计
4	D2-4-24	侧缘石铺设、混凝土侧石(立缘石)长度 50cm	100m	0.64	173.80	2004.33	—	18.16	60.83	2257.12
	合计				256.04	2843.17	41.78	33.91	89.61	3264.52

分部分项工程量清单综合单价计算表 表 7-3-31

工程名称:××道路工程;项目编码:040701002001;计量单位:t;工程数量:0.141;综合单价:4355.78 元

项目名称:非预应力钢筋:

(1) 材质:ϕ6 钢筋网;(2) 部位:交叉口锐角

序号	定额编号	工作内容	单位	工程量	其中(元)					
					人工费	材料费	机械费	管理费	利润	小计
	D3-4-4	钢筋制作、安装;现浇混凝土 ϕ10mm 以内	t	0.141	62.02	515.14	6.36	8.93	21.71	614.16
	合计				62.02	515.14	6.36	8.93	21.71	614.16

分部分项工程量清单综合单价计算表 表 7-3-32

工程名称:××道路工程;项目编码:040204003003;计量单位:m;工程数量:283.26;综合单价:43.62 元

项目名称:安砌侧平石:

(1) 材料:混凝土平石;(2) 尺寸:50cm×30cm×10cm;(3) 垫层、基础:材料品种、厚度、强度:10cm 厚 C15 混凝土

序号	定额编号	工作内容	单位	工程量	其中(元)					
					人工费	材料费	机械费	管理费	利润	小计
1	D2-4-36(换)	侧缘石后座,混凝土后座	$10m^3$	0.57	114.89	6.19	51.32	18.57	40.21	231.18
2	D3-5-3(换)	C15 商品普通混凝土 20 石	$10m^3$	0.58	—	1507.25	—	—	—	1507.25
3	D2-4-32	侧平石铺设,连接型勾缝	100m	2.83	1541.42	8374.84	—	161.03	539.50	10616.78
	合计				1656.30	9888.28	51.32	179.60	579.71	12355.21

分部分项工程量清单综合单价计算表 表 7-3-33

工程名称:××道路工程;项目编码:040204003003;计量单位:m;工程数量:51.02;综合单价:43.62 元

项目名称:安砌侧平石(弧形):

(1) 材料:混凝土平石;(2) 尺寸:50cm×30cm×10cm;(3) 垫层、基础:材料品种、厚度、强度:10cm 厚 C15 混凝土

序号	定额编号	工作内容	单位	工程量	其中(元)					
					人工费	材料费	机械费	管理费	利润	小计
1	D2-4-36(换)	侧缘石后座,混凝土后座	$10m^3$	0.10	20.69	1.12	9.24	3.34	7.24	41.64
2	D3-5-3(换)	C15 商品普通混凝土 20 石	$10m^3$	0.10	—	271.48	—	—	—	271.48
3	D2-4-32	侧平石铺设,连接型勾缝	100m	0.51	277.64	1508.45	—	29.00	97.17	1912.27
	合计				298.33	1781.05	9.24	32.35	104.42	2225.39

分部分项工程量清单综合单价计算表　　表 7-3-34

工程名称：××道路工程；项目编码：040204006001；计量单位：个；工程数量：60；综合单价：248.01 元
项目名称：树池砌筑：
（1）材料品种、规格：50cm×30cm×10cm；（2）树池尺寸：50cm 等六边形

序号	定额编号	工作内容	单位	工程量	其中（元）					
					人工费	材料费	机械费	管理费	利润	小计
1	D2-4-38	砌筑树池，混凝土块规格：50cm×30cm×10cm	100m	1.50	176.22	14624.42	—	18.41	61.68	14880.72
	合计				176.22	14624.42		18.41	61.68	14880.72

7.3.2.4　道路工程定额计价

（1）道路工程施工图预算总封面见表 7-3-35 所列。

道路工程施工图预算　　表 7-3-35

道路工程施工图预算（封面）

编号：（略）

建 设 单 位：（略）

施 工 单 位：（略）

编制工程造价：662812.25

编制工程造价指标：（略）

编 制 单 位：（略）（单位盖章）

造价工程师及证号：（略）（签字盖执业专用章）

单 位 负 责 人：（略）（签字）

编 制 时 间：（略）

(2)工程项目总价表预算：× ×道路工程工程项目总价表预算如表 7-3-36 所列。

工程项目总价表 表 7-3-36

工程名称:××道路工程 第 页共 页

序号	单 项 工 程 名 单	金额(元)
1	道路工程	662812.25
	合 计	662812.25

法定代表人: 编制单位(盖章) 编制日期: 年 月 日

(3)单项工程总价表预算：× ×道路工程单项工程总价表预算表见表 7-3-37 所列。

单项工程总价表预算 表 7-3-37

工程名称:××道路工程 第 页共 页

序 号	主 要 内 容 名 称	计算办法	金额(元)
1	分部分项工程项目费		524719.70
1.1	定额分部分项工程费		467242.92
1.1.1	人 工 费		38958.58
1.1.2	材料设备费		88864.18
1.1.3	辅助材料费		282419.89
1.1.4	机 械 费		46487.05
1.1.5	管 理 费		10513.22
1.2	价 差		38623.93
1.2.1	人工价差		14906.70
1.2.2	材料价差		18914.53
1.2.3	机械价差		4802.70
1.3	利 润	(1.1.1+1.2.1)×35%	18852.85
2	措施项目费		30026.08
3	其他项目费		54817.38
4	规 费	4.1+……+4.5	31392.50
4.1	社会保险费	(1+2+3)×3.31%	20176.54
4.2	住房公积金	(1+2+3)×1.28%	7802.41
4.3	工程定额测定费	(1+2+3)×0.1%	609.56
4.4	工程排污费	(1+2+3)×0.33%	2011.56
4.5	堤围防护费	(1+2+3)×0.33%	792.43
5	不含税工程费	1+2+3+4	640955.66
6	税 金	(5)×3.41%	21856.59
	含税工程造价(大写)：陆拾陆万贰仟捌佰壹拾贰元贰角伍分		662812.25

编制人: 证号: 编制日期: 年 月 日

(4) 定额分部分项工程费汇总预算表：× ×道路工程定额分部分项工程费汇总预算表见表 7-3-38 所列。

定额分部分项工程费汇总预算表 表 7-3-38

工程名称：××道路工程 第 页 共 页

序号	定额编码	主要名称及说明	单位	数 量	单位基价(元)	合价(元)
1	D1-1-1	人工挖土方：一、二类土深度在 1.5m 内	$100m^3$	0.980	413.04	404.78
2	D1-1-82	挖掘机挖土、自卸汽车运土，运距 15km	$100m^3$	1.530	25463.34	38958.91
3	D1-1-16	回填土、机械夯实	$100m^3$	0.480	778.50	373.68
4	D1-1-107	人工装汽车运土方，运距 15km	$100m^3$	0.500	4338.92	2169.46
5	D2-1-1	路床碾压检验	$100m^2$	30.620	81.54	2496.46
6	D2-1-2	人行道整形碾压	$100m^2$	10.030	46.50	466.39
7	D2-3-65+D3-5-3×2.244	水泥混凝土路面：商品混凝土 C35、厚度 22cm	$100m^2$	28.660	7323.78	209899.53
8	D2-3-80	水泥混凝土路面养护：水养护	$100m^2$	28.66	43.070	1234.39
9	D2-2-141	路拌铺筑水泥石屑混合料：水泥含量 6%，厚度 20cm	$100m^2$	28.660	2282.72	65422.76
10	D1-1-167	人工铺装道路石屑底层，厚度 15cm	$10m^3$	45.926	591.99	27187.73
11	D2-4-2	人行道上的板铺设：砂垫层厚度 6cm，规格：30cm×30cm×6cm	$100m^2$	10.030	5646.47	56634.09
12	D2-4-24	侧缘石铺设：混凝土侧石（立缘石）长度 50cm	100m	2.830	3338.86	9448.97
13	D2-4-24	侧缘石铺设：混凝土侧石（立缘石）长度 50cm(弧形)	100m	0.640	3338.86	2136.87
14	D2-4-32	侧平石铺设：连接形勾缝	100m	2.830	4321.03	12228.51
15	D2-4-32	侧平石铺设：连接形勾缝(弧形)	100m	0.510	3407.53	1737.84
16	D2-2-140	路拌铺筑水泥石屑混合料：水泥含量 6%，厚度 5cm	$10m^3$	0.870	735.08	639.52
17	D2-4-36+D3-5-3×1.015	侧缘石后座：混凝土后座，商品混凝土 C15	$10m^3$	1.490	2631.92	3921.56
18	D2-4-36+D3-5-3×0.102	侧缘石垫层：人工铺设混凝土垫层，商品混凝土 C15	m^3	6.690	273.60	1830.38
19	D2-4-38	砌筑树池：混凝土块规格：50cm×30cm×10cm	100m	1.500	9846.60	14769.90
20	D2-3-69	伸缝(人工切缝)沥青木板	$10m^2$	2.380	524.92	1249.31
21	D2-3-74	锯缝机锯缝	100 延长米	11.020	439.33	4841.42
22	D2-3-73	缩缝沥青	$10m^2$	5.510	345.47	1903.54
23	D2-3-84	道路传力杆套筒	100	0.640	346.41	221.70
24	D2-3-83	水泥混凝土路面钢筋：钢筋网	t	0.140	3717.44	520.44
25	D2-3-82	水泥混凝土路面钢筋：构造筋	t	1.760	3718.22	6544.07
		合 计	元			467242.52

编制人： 证号： 编制日期： 年 月 日

(5) 措施项目费汇总表预算：× ×道路工程措施项目费汇总表预算见表 7-3-39 所列。

措施项目费汇总表预算　　表 7-3-39

工程名称：××道路工程　　第　页共　页

序 号	主 要 内 容 名 称	单 位	金　额(元)
1	安全防护、文明施工措施费部分		14797.08
1.1	综合脚手架	项	
1.2	靠脚手架安全挡板	项	
1.3	独立安全挡板	项	
1.4	文明施工、环境保护、临时设备、安全施工费	项	
2	其他措施费部分		15228.99
2.1	预算包干费	项	10494.39
2.2	工程保险费	项	209.89
2.3	工程保修费	项	524.72
2.4	夜间施工费	项	
2.5	二次搬运费	项	
2.6	大型机械设备进出场及安拆费	项	2000.00
2.7	混凝土、钢筋混凝土模板及支架	项	
2.8	脚手架	项	
2.9	已完工程及设备保护	项	
2.10	施工排水、降水	项	
2.11	围　堰	项	
2.12	筑捣费	项	
2.13	现场施工围栏	项	2000.00
2.14	便　道	项	
2.15	便　桥	项	
2.16	垂直运输机械	项	
2.17	长输管道临时水工保护设施	项	
2.18	长输管道跨越或穿越施工措施	项	
	合　　计	元	30026.08

编制人：　　证号：　　编制日期：　年　月　日

(6) 措施项目费合价分析表预算：× ×道路工程措施项目费合价分析表预算见表 7-3-40 所列。

措施项目费合价分析表预算　　表 7-3-40

工程名称:××道路工程　　　　第　页共　页

序 号	定额编码	主 要 内 容 名 称	单位	数 量	单 价(元)		合价(元)
					基价	利润	
1		安全防护、文明施工措施费部分		524719.30	0.0282	—	14797.08
1.1		综合脚手架	项	—	—	—	—
1.2		靠脚手架安全挡板	项	—	—	—	—
1.3		独立安全挡板	项	—	—	—	—
1.4		文明施工、环境保护、临时设备、安全施工费	项	524719.30	0.0282	—	14797.08
2		其他措施费部分		—	—	—	15228.99
2.1		预算包干费	项	524719.30	0.02	—	10494.39
2.2		工程保险费	项	524719.30	0.0004	—	209.89
2.3		工程保修费	项	524719.30	0.001	—	524.72
2.4		夜间施工费	项	—	—	—	—
2.5		二次搬运费	项	—	—	—	—
2.6		大型机械设备进出场及安拆费	项	—	—	—	2000.00
2.7		混凝土、钢筋混凝土模板及支架	项	—	—	—	—
2.8		脚手架	项	—	—	—	—
2.9		已完工程及设备保护	项	—	—	—	—
2.10		施工排水、降水	项	—	—	—	—
2.11		围 堰	项	—	—	—	—
2.12		筑捣费	项	—	—	—	—
2.13		现场施工围栏	项	—	—		2000.00
2.14		便 道	项	—	—		—
2.15		便 桥	项	—	—		—
2.16		垂直运输机械	项	—	—		—
2.17		长输管道临时水工保护设施	项	—	—		—
2.18		长输管道跨越或穿越施工措施	项	—	—		—
		合　　计	元				30026.08

编制人:　　　　证号:　　　　编制日期:　　年　月　日

(7) 其他项目清单:× ×道路工程其他项目清单见表 7-3-41 所列。

其他项目清单 表 7-3-41

工程名称：××道路工程 第 页 共 页

序号	项目名称	单位	合价(元)	备 注	序号	项目名称	单位	合价(元)	备 注
1	招标人部分		52471.93		2	投标人部分		2345.45	
1.1	预留金	元		以分部分项项目费为计算基础×10%	2.1	总承包服务费	元		以零星工作项目费为计算基础×100%
1.2	材料购置费	元			2.2	零星工作项目费	元		
1.3	其 他	元			2.3	其 他	元		
	合 计	元	52471.93			合 计	元	2345.45	

编制人： 证号： 编制日期： 年 月 日

(8) 零星工作项目表：××道路工程零星工作项目表见表 7-3-42 所列。

零星工作项目表 表 7-3-42

工程名称：××道路工程 第 页 共 页

序号	项目名称	单位	数量	金额(元)		序号	项目名称	单位	数量	金额(元)	
				综合单价	合价					综合单价	合价
1	人 工				1000.0	2	材 料				
1.1	一类工	工日	10.0	28.00	280.00	3	机 械				
1.2	二类工	工日	10.0	26.00	260.0	3.1	挖掘机	台班			
1.3	三类工	工日	10.0	24.00	240.0	3.2	柴油发电机组	台班	5.00	269.09	1345.45
1.4	四类工	工日	10.0	22.00	220.0	4	其 他				
	合 计				1000.0		合 计				2345.45

编制人： 证号： 编制日期： 年 月 日

(9) 规费计算表预算：××道路工程规费计算表预算见表 7-3-43 所列。

规费计算表预算 表 7-3-43

工程名称：××道路工程 第 页 共 页

序号	名 称	规费公式计算式	费 率	金额(元)
1	社会保险费	分部分项工程费+措施项目费+其他项目费	3.31	20176.54
2	住房公积金	分部分项工程费+措施项目费+其他项目费	1.28	7802.54
3	工程定额测定费	分部分项工程费+措施项目费+其他项目费	0.10	609.56
4	工程排污费	分部分项工程费+措施项目费+其他项目费	0.33	2011.56
5	堤围防护费	分部分项工程费+措施项目费+其他项目费	0.13	792.43
	合 计：叁万壹仟叁佰玖拾贰元伍角			31392.50

编制人： 证号： 编制日期： 年 月 日

（10）人工材料机械价差表预算：××道路工程人工材料机械价差表预算见表7-3-44所列。

人工材料机械价差表预算　　表7-3-44

工程名称：××道路工程　　第　页共　页

序号	材料编码	名称、规格与型号	单位	数量	定额价（元）	编制价（元）	差价（元）	合价（元）
1	00000003	三类工	工日	1524.196	24.00	33.00	9.00	13717.77
2	00000004	四类工	工日	108.085	22.00	33.00	11.00	1188.93
3	01001001	圆钢 ϕ10以内	t	0.494	3150.36	3519.20	368.84	182.29
4	01002003	螺纹钢 ϕ10~ϕ25	t	1.462	3276.82	3652.42	375.60	549.21
5	03002027	板方材	m^3	1.548	1496.45	1546.35	49.90	77.23
6	04001002	水泥P.032.5（R）	t	78.439	291.99	309.60	17.61	1381.32
7	05001001	中砂	m^3	69.447	37.23	51.00	13.77	956.28
8	05018001	石屑	m^3	1418.489	38.70	35.70	-3.00	-4255.47
9	18012001	电焊条	kg	0.939	4.53	4.49	-0.04	-0.04
10	38041050	铁件	kg	220.682	3.55	4.90	1.35	297.92
11	3900117	水	m^3	699.335	1.54	2.48	0.94	657.37
12	75010005	C35商品普通混凝土20石	m^3	643.130	281.30	310.00	28.70	18457.84
13	75020001	C15商品普通混凝土40石	m^3	21.947	232.18	260.00	27.82	610.57
14	99916101	二类工（机械用）	工日	129.762	26.00	33.00	7.00	908.33
15	99916202	柴油（机械用）	kg	4099.337	4.05	5.00	0.95	3894.37
	合计：叁万捌仟陆佰贰拾叁元玖角叁分							38623.93

编制人：　　证号：　　编制日期：　年　月　日

8 桥涵护岸工程的工程量清单计价

8.1 桥涵护岸工程的工程量清单编制

8.1.1 概述

(1) 桥涵护岸工程清单编制包括:分部分项工程量清单、措施项目清单、其他项目清单。本章结合桥涵护岸工程,重点介绍分部分项工程量清单的编制。

(2) 桥涵护岸工程分部分项工程量清单的编制,应根据“计价规范”附录“桥涵护岸工程”规定的统一项目编码、项目名称、计量单位和工程量计算规则编制。“计价规范”将桥涵护岸工程共划分设置了 9 节 74 个清单项目。即:

1) “D.3.1 桩基”共设置 7 个清单项目;

2) “D.3.2 现浇混凝土”共设置 20 个清单项目;

3) “D.3.3 预制混凝土”共设置 5 个清单项目;

4) “D.3.4 砌筑”共设置 4 个清单项目;

5) “D.3.5 挡墙、护坡”共设置 5 个清单项目;

6) “D.3.6 立交箱涵”共设置 6 个清单项目;

7) “D.3.7 钢结构”共设置 9 个清单项目;

8) “D.3.8 装饰”共设置 8 个清单项目;

9) “D.3.9 其他”共设置 10 个清单项目。

(3) 桥涵护岸工程分部分项工程量清单编制的最终成果是填写“分部分项工程量清单”表。正确填表的要点是解决两个方面的问题:

1) 第一是合理地列出拟建桥涵护岸工程各分部分项工程的清单项目名称,并正确编码,可简称为“列项编码”;

2) 第二是就列出的各分部分项工程清单项目,逐项按照清单工程量计量单位和计算规则,进行工程数量的分析计算,可简称为“工程量计量”。

8.1.2 桥涵护岸工程分部分项工程量清单列项编码

桥涵护岸工程的列项编码,应依据《建设工程工程量清单计价规范》,招标文件的有关要求,桥涵工程施工图设计文件和施工现场条件等综合考虑确定。

8.1.2.1 审读图纸

桥涵护岸工程施工图一般由桥涵平面布置图、桥涵结构总体布置图、桥涵上下部结构图及钢筋布置图、桥面系构造图、附属工程结构设计图组成。工程量清单编制者必须认真阅读全套施工图,了解工程的总体情况,明确各结构部分的详细构造,为分部分项工程量清单编制掌握基础资料。

(1) 桥涵平面布置图,表达桥涵的中心轴线线形、里程、结构宽度、桥涵附近的地形地物等情况。为编制工程量清单时确定工程的施工范围提供依据。

(2) 桥涵结构总体布置图中,立面图表达桥涵的类型、孔数及跨径、桥涵高度及水位标高、桥涵两端与道路的连接情况等;剖面图表达桥涵上下部结构的形式以及桥涵横向的布置方式等。主要为编制桥涵护岸各分部分项工程量清单及措施项目时提供根据。

(3) 桥涵上下部结构图及钢筋布置图中,上下部结构图表达桥涵的基础、墩台、上部的梁(拱或塔索)的类型;各部分结构的形状、尺寸、材质以及各部分的连接安装构造等。钢筋布置图表达钢筋的布置形式、种类及数量。主要为桥涵护岸桩基、现浇混凝土、预制混凝土、砌筑、装饰的分部分项工程量清单编制提供依据。

(4) 桥面系构造图,表达桥面铺装、人行道、栏杆、防撞墙、伸缩缝、防水排水系统、隔声构造等的结构形式、尺寸及各部分的连接安装。主要为编制桥涵护岸的现浇混凝土、预制混凝土、其他分部分项工程量清单时提供根据。

(5) 附属工程结构设计图,主要指跨越河流的桥涵或城市立交桥梁修建的河流护岸、河床铺砌、导流堤坝、护坡、挡墙等配套工程项目。

从以上桥涵护岸工程图纸内容的分析可以看出，一个完整的桥涵护岸工程分部分项工程清单，应至少包括《建设工程工程量清单计价规范》"附录 D.1 土方工程,D.3 桥涵护岸工程"中的有关清单项目,还可能出现《建设工程工程量清单计价规范》"附录 D.2 道路工程,D.7 钢筋工,D.8 拆除工程"中的有关清单项目。

8.1.2.2　列项编码

列项编码就是在熟读施工图的基础上,对照《建设工程工程量清单计价规范》"附录 D.3 桥涵护岸工程"中各分部分项清单项目的名称、特征、工程内容,将拟建的桥涵护岸工程结构进行合理的分类组合,编排列出一个个相对独立的与"附录 D.3 桥涵护岸工程"各清单项目相对应的分部分项清单项目,经检查符合不重不漏的前提下,确定各分部分项的项目名称,同时予以正确的项目编码。当拟建工程出现新结构、新工艺,不能与《计价规范》附录的清单项目对应时,按《建设工程工程量清单计价规范》中的 3.2.4 条第 2 点执行。下面就列项编码的几个要点进行介绍。

(1) 项目特征:关于项目特征的含义和作用已在"3.2 道路工程量清单编制"讲述。实际上,项目特征、项目编码、项目名称三者是互为影响的整体,无论哪一项变化,都会引起其他两项的改变。因此,桥梁工程的项目特征,结合在以下内容中介绍。

(2) 项目编码:对于项目编码,主要在以下几个方面进行了解:

1) 项目编码应执行《建设工程工程量清单计价规范》中的 3.4.3 条的规定:"分部分项工程量清单的项目编码,一至九位应按附录 A、附录 B、附录 C、附录 D、附录 E 的规定设置;十至十二位根据拟建工程的工程量清单项目名称由其编制人设置，并应自 001 起顺序编制"。也就是说除需要补充的项目外,前九位编码是统一规定,照抄套用,而后三位编码可由编制人根据拟建工程中相同的项目名称、不同的项目特征而进行排序编码;

2) 此处是以桥梁桩基中常见的"钢筋混凝土方桩"为例,其统一的项目编码为"040301003",项目特征包括"1.形式;2.混凝土强度等级、石料最大粒径;3.断面;4.斜率;5.部

位”,若在同一座桥梁结构中,上述 5 个项目特征有一个发生改变,则工程量清单编制时应在后三位的排序编码予以区别;

3）例如某座桥梁的桥墩桩基设计为 C30 钢筋混凝土方桩,断面尺寸 30cm×40cm,混凝土碎石最大粒径 20mm;桥台桩基设计为 C30 钢筋混凝土方桩,断面尺寸 30cm×30cm,混凝土碎石最大粒径 10mm;均为垂直桩。由于桩的断面、部位、碎石粒径特征不同,故项目编码应分别为 040301003001 和 040301003002;

4）也可以说,相同名称的清单项目,项目的特征也应完全相同,若项目的特征要素的某项有改变,即应视为是不同的另一个清单项目,就需要有一个对应的项目编码。其原因是特征要素的改变,就意味着形成该工程项目实体的施工过程和造价的改变;

5）作为指引承包商投标报价的分部分项工程量清单,必须给出明确具体的清单项目名称和编码,以便在清单计价时不发生理解上的歧义,在综合单价分析时科学合理。

(3) 项目名称:具体项目名称,应按照《建设工程工程量清单计价规范》附录 D.3 中的项目名称结合实际工程的项目特征要素综合确定。如上例中编码为 040301003002 的钢筋混凝土方桩,具体的项目名称可表达为“C30 钢筋混凝土方桩(桥台垂直桩,断面 30cm×30cm,碎石最大 10mm)”。具体名称的确定要符合桥涵护岸工程设计、施工规范,也要照顾到桥涵护岸工程专业方面的惯用表述。

(4) 工程内容:工程内容是针对形成该分部分项清单项目实体的施工过程所包含的内容描述,是列项编码时,对拟建桥涵护岸工程编制的分部分项工程量清单项目,与《建设工程工程量清单计价规范》附录 D.3 桥涵护岸工程各清单项目是否对应的对照依据,也是对已列出清单项目,检查是否重列或漏列的依据。如上例中编码为 040301003002 的钢筋混凝土方桩,清单项目的工程内容为:① 工作平台搭拆;② 桩机竖拆;③ 混凝土浇筑;④ 运桩;⑤ 沉桩;⑥ 接桩;⑦ 送桩;⑧ 凿除桩头;⑨ 桩芯混凝土充填;⑩ 废料弃置等。

上述 10 项工程内容包括了沉入桩施工的全部施工工艺过程,还包括了钢筋混凝土桩的预制、运输。不能再另外列出桩的制作、运送、接桩等清单项目名称,否则就属于重列。

8.2 桥涵护岸工程的工程量清单计算

桥涵护岸工程的工程量清单编制主要解决的问题是逐项计算清单项目工程量。对于分部分项工程量清单项目而言,清单工程的计算需要明确的计算依据、计算规则、计算单位和计算方法。

8.2.1 工程量计算依据

(1)《建设工程工程量清单计价规范》附录 D.3 道路工程各清单项目对应的“工程量计算规则”。

(2) 拟建的××市××桥梁工程施工图。

(3) 招标文件与现场条件。

(4) 其他有关资料。

8.2.2 工程量计算规则

(1) 桩基:

1) 桥梁工程中的桩基类型较多,在《建设工程工程量清单计价规范》的清单项目名称中,按照桩身材质的不同分为圆木桩、钢筋混凝土板桩、钢筋混凝土方桩(管桩)、钢管桩;另外按照成孔方式的不同,又分为钢管成孔灌注桩、挖孔灌注桩、机械成孔灌注桩;

2) 钢筋混凝土板桩,按设计图示桩长(包括桩尖)乘以桩的断面积以体积 m^3 计算;

3) 圆木桩、钢筋混凝土方桩(管桩)、钢管桩、钢管成孔灌注桩,按设计图示的桩长以长度 m 计算;

4) 挖孔灌注桩、机械成孔灌注桩,按设计图示的桩长以长度 m 计算。

(2) 现浇混凝土:包括了桥梁结构中现浇施工的各分部分项工程清单项目,清单工程量的计算规则除"混凝土防撞护栏"按设计图示的尺寸以长度 m 计算,"桥面铺装"按设计图示的尺寸以面积 m^2 计算外,其余各项均按设计图示尺寸以体积 m^3 计算。其工作内容包括混凝土的制作、运输、浇筑、养护等全部内容,混凝土基础还包括垫层在内。所有的脚手架、支架和模板均归入措施项目。

(3) 预制混凝土:各项清单工程量的计算规则按设计图示尺寸以体积 m^3 计算。

(4) 砌筑:各项清单工程量的计算规则按设计图示尺寸以体积 m^3 计算。

(5) 挡墙、护坡:除护坡按设计图示尺寸以面积 m^2 计算外,其余各项均按设计图示尺寸以体积 m^3 计算。

(6) 立交箱涵:清单工程量的计算规则除"箱涵顶进"按设计图示尺寸以被顶箱涵的质量乘以箱涵的位移距离分节累计以 kt·m 计算,"箱涵接缝"按设计图示,止水带长度以 m 计算外,其余各项均按设计图示尺寸以体积 m^3 计算。

(7) 结构:钢拉索、钢拉杆按设计图示尺寸以质量 t 计算,其余各项均按设计图示尺寸以质量 t 计算。

(8) 装饰:各项清单工程量的计算规则按设计图示尺寸以面积 m^2 计算。

(9) 其他:金属栏杆按设计图示尺寸以质量 t 计算;橡胶支座、钢支座、盆式支座按设计图示数量以个计算;钢桥维修设备按设计图示数量以套计算;桥梁伸缩装置、桥面泄水管按设计图示的尺寸以长度 m 计算;油毛毡支座、隔声屏障、防水层按设计图示尺寸以面积 m^2 计算。

8.2.3 清单工程量有效位数取舍规定

清单工程数量计算的最终结果,在填表时要求保留有效位数。有效位数的取舍,应遵守下列规定:

(1) 以吨(t)为单位,应保留小数点后三位数字,第四位四舍五入。

(2) 以 m^3、m^2、m 为单位,应保留小数点后两位数字,第三位四舍五入。

(3) 以"个"、"项"、"套"等为单位,应取整数。

8.2.4 清单工程量计算实例

8.2.4.1 基本情况

(1) ××市 YYH 涵洞工程的总体布置图和结构设计图分别详见图 8–2–1、图 8–2–2 所示，该涵洞位置的土质为密实的黄土，不考虑地下水，施工期间地表河流无水，基坑开挖多余的土方可就地弃置，根据上述条件和《建设工程工程量清单计价规范》编制该涵洞土方工程、下部结构的工程量清单。

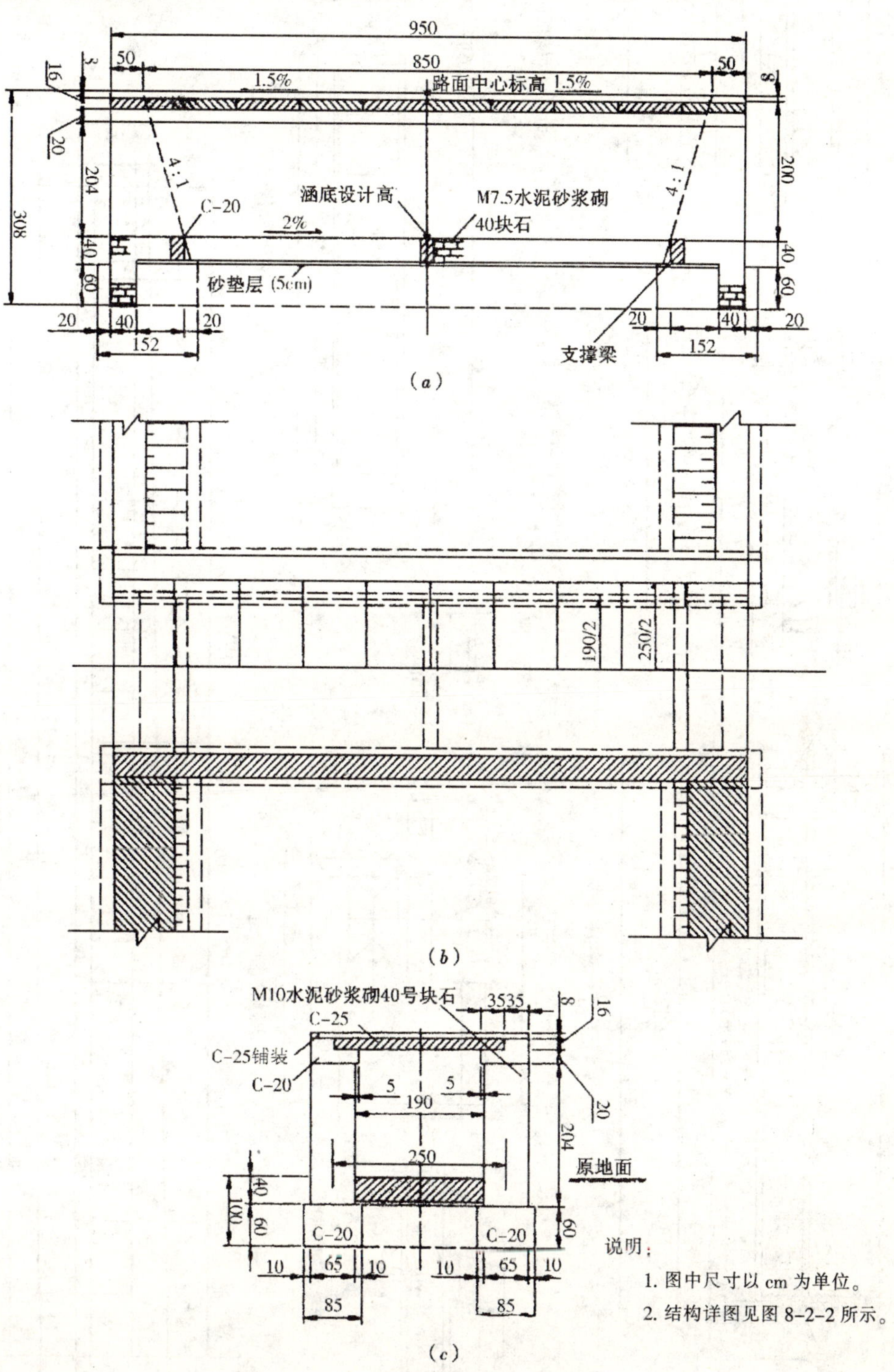

图 8-2-1 YYH 涵洞工程总体布置图

(a) 涵洞洞身纵向布置；(b) 涵洞平面布置；(c) 涵洞断面布置

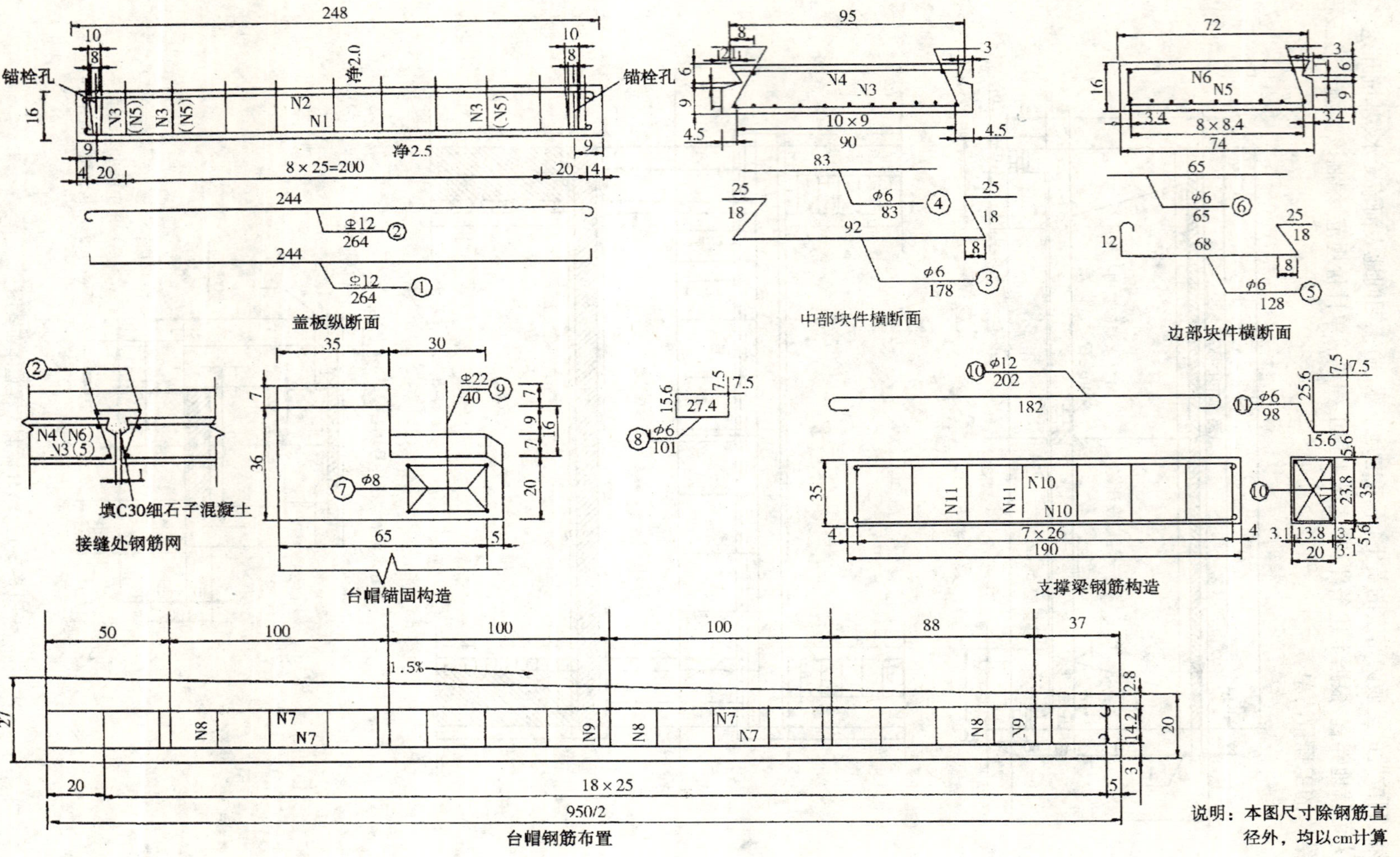

图 8-2-2　YYH 涵洞工程结构设计示意图

（2）根据涵洞实际情况，要设置现场施工防护围栏，并根据招标文件规定应计算安全文明施工的费用。

（3）招标文件规定了预留金 25000 元。

（4）审读图纸：

1）从涵洞总体布置图可以看出，该涵洞标准跨径 2.5m，净跨径 1.9m。下部结构的工程内容有：现浇 C20 混凝土台帽、M7.5 砂浆砌 40 号块石台身、现浇 C20 混凝土基础、M5 水泥砂浆砌块石截水墙、河床铺砌及 5cm 厚砂垫层，在两涵台之间共设 3 道支撑梁；

2）从涵洞结构设计图可看出，支撑梁为 20cm × 35cm 钢筋混凝土矩形梁；在台帽内布置有钢筋骨架，并预埋有 10 根 ϕ22mm 的锚固钢筋；台帽的构造形状为中间高（27cm）、两边低（20cm）、向外 1.5%的斜坡棱体；

3）涵洞位置处，地形平坦，原地面以下最大挖深为 1m，最小挖深为 0.4m。土质为密实的黄土，属于一、二类土壤。

8.2.4.2　分部分项工程量清单编制

确定分部分项工程量清单项目：根据桥涵工程的条件和建设工程工程量清单计价规范列出的项目见表 8-2-1 所列。

分部分项工程量清单　　表 8-2-1

工程名称：××市 YYH 涵洞工程　　第　页共　页

序号	项目编码	项　目　名　称	计量单位	工程数量
1	040302001001	现浇混凝土基础（C20 混凝土，碎石量大 20mm）	m^3	10.10
2	040304002001	浆砌块石（M10 水泥砂浆，40 号块石浆砌涵台，涵台内勾缝）	m^3	30.13
3	040302003001	现浇混凝土涵台帽（C20 混凝土，碎石量大 20mm）	m^3	4.19
4	040302005001	现浇混凝土支撑梁（C20 混凝土，碎石量大 20mm）	m^3	0.40
5	040304002001	浆砌块石（M7.5 水泥砂浆，40 号块石河床铺砌，含 5cm 砂垫层）	m^3	6.80
6	040701002001	非预应力钢筋（现浇部分 ϕ10mm 以外）	t	0.053
7	040701002002	非预应力钢筋（现浇部分 ϕ10mm 以外）	t	0.022
8	040701002003	非预应力钢筋（现浇部分 ϕ10mm 以外）	t	0.024
9	040101003001	挖基坑土方（一、二类土，挖深 1m）	m^3	24.11
10	040103001001	基坑回填（原土回填，压实度 90%）	m^3	1.04

8.2.4.3　分部分项清单工程量计算

（1）现浇混凝土基础（C20 混凝土，石最大 20mm）：

$$0.85 \times 0.6 \times (9.5+2 \times 0.2) \times 2 = 10.10m^3$$

（2）浆砌块石（M10 水泥砂浆，40 号块石浆砌台，涵台内侧勾缝）：

$$0.65 \times 2.04 \times 9.5 \times 2 = 25.19m^3$$

（3）现浇混凝土涵台帽（C20 混凝土，石最大 20mm）：

$$(0.36+0.035) \times 0.35+(0.20+0.035) \times 9.5 \times 2 = 4.19m^3$$

（4）现浇混凝土支撑梁（C20 混凝土，石最大 20mm）：

$$0.2 \times 0.35 \times 1.9 \times 3 = 0.40m^3$$

(5) 浆砌块石(M7.5 水泥砂浆,40 号块石河床铺砌):

$9.5\times1.9\times(0.4-0.05)-0.2\times0.35\times1.9\times3+0.4\times0.65\times1.7\times2=6.80m^3$

(6) 砂垫层:

$(0.95-0.4\times2)\times1.9\times0.05=0.83m^3$

(7) 钢筋工程:

1) 钢筋明细计算表见表 8-2-2 所列;

2) 钢筋工程量汇兑表见表 8-2-3 所列。

YYH 涵洞工程钢筋明细计算　　表 8-2-2

序号	部 位	钢筋编号		单根长度(cm)	根 数	总长(m)	每米重(kg/m)	总 重(t)
1	支撑梁	10	$\phi12$	202	12	24.24	0.888	0.0215
		11	$\phi6$	98	24	23.52	0.222	0.0052
2	台 帽	7	$\phi8$	955	8	76.40	0.396	0.0303
		8	$\phi6$	101	76	76.76	0.222	0.0170
		9	$\phi22$	40	20	8.00	2.98	0.0238

钢钢筋工程汇兑表　　表 8-2-3

项 目 / 部 位	钢 筋 种 类	钢筋工程量(t)
支撑梁及台帽	ϕ10 以内圆钢筋	0.053
	ϕ10 以外圆钢筋	0.022
	ϕ10 外螺纹钢筋	0.024

(8) 土方工程

1) 挖基坑土方(一、二类土,挖深为 1m):

① 涵台基坑:$(9.5+0.2\times2)\times0.85\times1.00\times2=16.83m^3$

② 铺砌基坑:$9.5\times(1.9-0.1\times2)\times1.00-(9.5-0.4\times2)\times(1.9-0.1\times2)\times0.6=7.28m^3$

合　计:$16.83+7.28=24.11m^3$

2) 基坑回填(原土回填,压实度 95%)

① 基础所占体积:$10.10m^3$

② 铺砌所占体积:$6.80m^3$

③ 砂垫脚石层所占体积:$0.83m^3$

④ 支撑梁所占体积:$0.40m^3$

⑤ 台身所占体积:$9.5\times0.65\times0.4\times2=4.94m^3$

总合计:$10.10+6.80+0.83+0.40+4.94=23.07m^3$

⑥ 回填土方 = 挖方量 − 结构所占体积 = $24.11-23.07=1.04m^3$

(9) 编制措施项目清单:

根据上述××桥涵工程的基本情况和招标文件,编制的措施项目清单见表 8-2-4 所列。

(10) 编制其他项目清单:

根据上述××桥涵工程的基本情况和招标文件,编制的其他项目清单见表 8-2-5 所列。

桥涵工程措施项目清单 表 8-2-4

工程名称:××市 YYH 涵洞工程 第 页共 页

序号	项目名称	具体内容
一	文明施工	
二	安全施工	
三	临时设施	

桥涵工程其他项目清单 表 8-2-5

工程名称:××市 YYH 涵洞工程 第 页共 页

序号	项目名称	具体内容
一	预留金	2.50 万元

8.3 桥涵工程的工程量清单计价编制

8.3.1 工程量清单报价编制方法

(1) 确定桥涵工程工程量计价的主要依据和方法,是按照《建设工程工程量清单计价规范》来确定采用企业定额及费用计算方法。按照计价项目和对应定额规定的工程量计算规则计算计价项目的工程量。

(2) 按照桥涵施工图纸及其施工方案的具体做法，根据每个分部分项工程量清单项目所对应的工作内容范围,确定每个分部分项工程量清单项目的计价项目。

(3) 桥涵施工中的材料准备(设备准备不在内),只计算桥涵的打桩、架设、桥面的摊铺、养护等内容。

8.3.2 桥梁工程量清单计价实例

下面将摘录××省××市××桥梁工程的工程量计价实例。

8.3.2.1　概述

××桥梁工程的工程量说明见表 8-3-1 所列。

桥梁工程的工程量说明　　**表 8-3-1**

工程名称:××桥梁工程　　第　页共　页

工程量清单报价说明

一、工程概况

(1) 该工程为某道路跨河涌的中桥工程,由××市政工程设计研究院设计,桥中线道路里程为 AO+575m,斜交角为 30?,全桥长 48.4m,共三孔,孔跨由东向西分布,桥面全幅宽 26m,桥墩及桥台基础为钻孔灌注桩结构,最大桩径为 120cm,桩长 6.75m,嵌入微风化岩 1m,中墩为板式墩,桥台为加肋式钢筋混凝土桥台,桥墩和桥台与桥面板固结,成门式结构。

(2) 地理位置:该工程位于城郊,没有需要保护的地下管网。地质情况:河涌内淤泥约 1.5m 深,其中-1.50~-5.80m 处为均匀的砂土层,-5.80m 以下为微风化岩层。

(3) 该工程所在地为亚热带雨林气候,施工期为冬季,干旱少雨,常年最低气温约为 5~8℃。

(4) 冬季水流量平均为 0.3m³/s,水流较缓;现场"三通一平"已完成,施工材料和施工机具均能直接运至施工现场。

二、编制依据

主要是国家的《建设工程工程量清单计价规范》(GB 50500—2003)、《××省市政工程计价办法》(2006)、《××省市政工程综合定额》(2006)及××市政工程设计研究院设计的××桥梁工程施工图。

三、招标文件条款摘要

(1) 评标定标办法

技术标实行评分制,对技术标评审入围的投标人的商务投标文件投标价经算术复核后实行合理低价中标。

(2) 资金来源:该工程全部为国有资金。

(2) 承包方式

该工程实行总价包干。包工包料、包质量、包工期、包安全。工程量清单漏项或设计变更引起新的工程量清单项目,其相应综合单价由承包人提出,经发包人确认后作为结算的依据。

(3) 付款方式

合同签订后按合同价款预付 30%,每月按月进度付 80%进度款(并按比例扣回预付款,竣工验收合格后一个月内结清款项并在三个月内按工程总造价的 95%付清余下款项,另5%留做质量保修金,待一年保修期满后一次付清。

四、合同条款摘要

(1)该工程承包范围为该中桥工程设计图纸的全部内容(两边以桥头搭板为界),施工期为三个月。要求工程质量标准:合格;

(2)设备及主要材料:施工中的使用设备、机具和材料全部由承包人自行采购,钢材、水泥必须采用大型生产厂家生产的合格产品,混凝土要求必须使用相应等级的正规厂家生产的商品混凝土;

(3)其他:预留金按分部分项工程费的 10%计,其余费用由投标人根据本企业定额水平、施工组织和施工工艺自行考虑。

8.3.2.2　桥梁工程招标工程量清单

(1) 桥梁工程招标工程量清单(封面)见表 8-3-2 所列。

(2) 桥梁工程填表须知:

1) 工程量清单及其计价格式中所有要求签字、盖章的地方,必须由规定的单位和人员签字、盖章;

2) 工程量清单及其计价格式中任何内容不得随意删除或涂改;

3) 工程量清单计价格式中列明的所有需要填报的单价和合价,投标人均应填报,未填报的单价和合价,视为该项费用已包含在工程量清单的其他单价和合价中;

招标工程量清单 表 8-3-2

工程名称：××桥梁工程 第 页共 页

工程量清单(封面)

招 标 人：＿＿＿＿＿＿＿＿(略)＿＿＿＿＿＿＿＿(单位签字盖章)

法人代表人：＿＿＿＿＿＿＿＿(略)＿＿＿＿＿＿＿＿(签字盖章)

中介机构
法人代表人：＿＿＿＿＿＿＿＿(略)＿＿＿＿＿＿＿＿(签字盖章)

造价工程师
及注册证号：＿＿＿＿＿＿＿＿(略)＿＿＿＿＿＿＿＿(签字盖执业专用章)

编制时间：＿＿＿＿＿＿＿＿(略)＿＿＿＿＿＿＿＿

4）金额(价格)均以人民币表示。

(3) 桥梁工程总说明：

1）本工程量清单应连同施工图纸、合同条款及技术规范同时阅读。工程量清单中的工程细目应与相应技术规范条款及本编制说明有关条款结合理解；投标人应对施工现场充分考察后综合考虑报价；

2）图纸中所列的工程数量汇总表不应视为工程量清单的扩大。清单所列工程量在工程实施过程中发生的变动，丝毫不会使合同条款无效或降低，也不免除承包商按要求的标准进行施工和缺陷修复的责任；

3）投标报价是以清单工程量为准(项目、顺序、格式、计量单位、数量不能改变)，否则将视为不响应招标文件；

4）除非合同另有规定，工程量清单中有标价的单价与合价应考虑了所有施工设备费、设施费、劳务费、材料费、检验试验费(包括桥梁工程材料检验费、土方密实度实验费等验收规范要求的其他检验费)、安装费、管理费、利润以及合同约定的所有一般风险、责任和业务等一切费用；

5）用于本桥梁工程的承包人的各种装备的提供、运输及拆卸费用的支付，还应包括在工程量清单的单价与合价中；

(4) ××桥梁工程分部分项工程量清单见表 8-3-3 所列。

分部分项工程量清单

表 8-3-3

工程名称:××桥梁工程　　　　第　页 共　页

序号	项目编码	项目名称	项目内容	计量单位	工程数量	备注
		第三章　桥涵护岸工程				
1	040301007001	机械成孔灌注桩	(1) 桩径:100cm; (2) 深度:6.8m; (3) 岩土类别:微风化岩; (4) 混凝土强度、石料最大粒径:C25　40 石	m	95.20	—
2	040301007002	机械成孔灌注桩	(1) 桩径:120cm; (2) 深度:6.75m; (3) 岩土类别:微风化岩; (4) 混凝土强度、石料最大粒径:C25　40 石	m	94.50	—
3	040302002001	混凝土承台	(1) 部位:承台; (2) 混凝土强度等级、石料最大粒径:C25　20 石	m^3	296.80	—
4	040302003001	墩(台)帽	(1) 部位:墩帽、台帽; (2) 混凝土强度等级、石料最大粒径:C25　20 石	m^3	155.30	—
5	040302004001	墩(台)身	(1) 桥墩、桥台; (2) 混凝土强度等级、石料最大粒径:C25　20 石	m^3	396.11	—
6	040302011001	混凝土连续板	(1) 部位:桥面板; (2) 混凝土强度等级、石料最大粒径:C25 20 石; (3) 形式:连续板	m^3	566.28	—
7	040302012001	混凝土板梁	(1) 部位:边梁; (2) 形式:直形; (3) 混凝土强度等级、石料最大粒径:C25　20 石	m^3	18.88	—
8	040302017001	桥面铺装	(1) 部位:桥面车行道; (2) 混凝土强度等级、石料最大粒径:C25 20 石; (3) 厚度:10cm	m^2	1251.14	—
9	040302018001	桥头搭板	(1) 部位:桥头搭板; (2) 混凝土强度等级、石料最大粒径:C25　20 石	m^3	65.00	—
10	040309001001	金属栏杆	(1) 材质:焊接钢管; (2) 规格:ϕ80; (3) 油漆品种、工艺要求:防锈漆两道银漆一道	t	1.84	—
11	040202014001	水泥稳定碎(砾)石	(1) 厚度:25cm; (2) 水泥含量:6%; (3) 石料规格:0.5cm	m^2	244.40	—
12	040101006001	挖运淤泥	(1) 挖淤泥深度:1.5m; (2) 外动距离:15km	m^2	1133.16	—
		第七章　钢筋工程				
13	040701001001	预埋铁杆	(1) 材质:钢板; (2) 规格:15cm×15cm	kg	183.10	—
14	040701002001	非预应力钢筋	(1) 材质:ϕ10 内圆钢; (2) 部位:边梁、桥墩	t	2.43	—

续表

工程名称:××桥梁工程　　第　页共　页

序号	项目编码	项目名称		计量单位	工程数量	备注
		项目名称	项目内容			
			第七章　钢筋工程			
15	040701002002	非预应力钢筋	(1) 材质:ϕ10 外螺纹钢; (2) 部位:全桥	t	128.97	
16	040701002003	非预应力钢筋	(1) 材质:圆钢; (2) 部位:钻孔桩钢筋笼	t	21.942	
17	040701002004	非预应力钢筋	(1) 材质:ϕ6 圆钢; (2) 部位:桥面铺装层	t	5.570	

(5) ××桥梁工程措施项目清单见表 8-3-4 所列。

(6) ××桥梁工程其他项目清单见表 8-3-5 所列。

(7) ××桥梁工程零星工作项目表见表 8-3-6 所列。

(8) ××桥梁工程主要建筑材料表见表 8-3-7 所列。

措施项目清单　　**表 8-3-4**

工程名称:××桥梁工程　　第　页共　页

序号	项目名称	备注	序号	项目名称	备注
1	安全防护、文明施工措施部分		2.9	已完工程及设备保护	
1.1	综合脚手架		2.10	施工排水、降水	
1.2	靠脚手架安全挡板		2.11	围堰	
1.3	独立安全防护挡板		2.12	筑捣费	
1.4	文明施工、环保、临时设施、安全施工费		2.13	现场施工围栏	
2	其他措施费部分		2.14	便道	
2.1	预算包干费		2.15	便桥	
2.2	工程保险费		2.16	垂直运输机械	
2.3	工程保修费		2.17	长输管道临时水工保护设施	
2.4	夜间施工费		2.18	长输管道跨越或穿越施工措施	
2.5	二次搬运费		2.19	长输管道跨越地上建筑物的保护措施	
2.6	大型机械设备进出场及安拆费		2.20	洞内施工的通风,供水、电、气、照明	
2.7	混凝土、钢筋混凝土模板及支架		2.21	驳岸块石清理	
2.8	脚手架		2.22	钻孔桩机工作平台	

其他项目清单　　**表 8-3-5**

工程名称:××桥梁工程　　第　页共　页

序号	项目名称	备注	序号	项目名称	备注
1	招标人部分		2	投标人部分	
1.1	预留金		2.1	总承包服务费	
1.2	材料购置费		2.2	零星工作项目费	
1.3	其他		2.3	其他	

零星工作项目表 表 8-3-6

工程名称:××桥梁工程 第 页 共 页

序号	项 目 名 称	计量单位	备注	序号	项 目 名 称	计量单位	备注
1	人 工			2	材 料		
1.1	一类工	工日		3	机 械		
1.2	二类工	工日		3.1	挖掘机(推土机)	台班	
1.3	三类工	工日		3.2	柴油发电机组	台班	
1.4	四类工	工日		4	其 他		

主要建筑材料表 表 8-3-7

工程名称:××桥梁工程 第 页 共 页

序号	材料编号	名称、规格与型号	单位	单价	序号	材料编号	名称、规格与型号	单位	单价
1	01001001	圆钢 ϕ10 以内	t		11	18012001	电焊条	kg	
2	01002003	螺纹钢 ϕ12~ϕ25	t		12	38041050	铁件	kg	
3	01002003	螺纹钢 ϕ10~ϕ25	t		13	3900117	水	m^3	
4	03001002	杉原木(综合)	m^3		14	75010003	C25 普通混凝土20 石	m^3	
5	03001003	杂原木	m^3		15	75030002	C25 普通混凝土 40 石	m^3	
6	03017001	定型板 1000×500×15	件		16	99916101	二类工(机械用)	工日	
7	03021002	茅竹综合	条		17	99916202	柴油(机械用)	kg	
8	03021007	篙竹综合	条		18	99916204	电(机械用)	kW·h	
9	04001002	水泥 P.O32.5(R)	t		19	03021018	小青篾 7 尺 40 庄 280 皮一级	筒	
10	05018001	石屑	m^3						

8.3.2.3 桥梁工程工程量清单计价

(1)××桥梁工程工程量清单报价见表 8-3-8 所列。

工程量清单报价表 表 8-3-8

工程名称:××桥梁工程 第 页 共 页

工程量清单报价表(封面)

招 标 人:________(略)________(单位签字盖章)

法人代表人:________(略)________(签字盖章)

造价工程师
及注册证号:________(略)________(签字盖执业专用章)

编 制 时 间:________(略)________

(2) 工程量清单报价说明：× ×桥梁工程的工程量清单报价说明见表 8-3-9 所列。

(3) 投标总价：× ×桥梁工程投标总价见表 8-3-10 所列。

(4) 工程项目总价表：× ×桥梁工程工程项目总价表如表 8-3-11 所列。

工程量清单报价说明 表 8-3-9

工程名称：××桥梁工程　　　　第　页共　页

工程量清单报价说明

一、工程概况：

措施项目费用计算依据：该工程施工期为干旱少雨的冬季。桩基施工前，先用砂袋围堰将施工区域左半桥范围围起来，然后用 D150 潜水泵抽干围堰内积水，人力将淤泥运至岸边再装车运走，搭设钻孔桩机工作平台进行钻孔灌注桩施工；左半桥桥墩及桥台施工完毕后以同样的施工方法再进行右半桥桥墩桥台的施工。

二、编制依据：

(1) 某道路 A0+575 中桥梁设计图纸。

(2)《××省市政工程计价办法》(2006)。

(3)《××省市政工程综合定额》(2006)。

(4) 主要材料价格按××市 2005 年第三季度指导价格；利润率按人工费的 35%计，堤围防护费按 0.13%计，预算包干费按 2%计，赶工措施费暂不考虑。

(5) 桥梁工程工程量清单。

(6) 该工程招标文件及合同要约。

三、特殊材料、设备的说明：

(1) 混凝土均按商品混凝土计。

(2) 泥浆、淤泥流砂及凿桩头混凝土按外运 15km 计。

工程投标总价 表 8-3-10

工程名称：××桥梁工程　　　　第　页共　页

桥梁工程投标总价

建设单位：（略）

工程名称：××桥梁工程

投标总价(小写)：2734330.81 元

(大写)：贰佰柒拾叁万肆仟叁佰叁拾元捌角壹分

投标人：（略）（单位签字盖章）

法定代表人：（略）（签字盖章）

编制时间：（略）

工程项目总价表 表 8-3-11

工程名称:××桥梁工程 第 页 共 页

序号	单 项 工 程 名 单	金额(元)
1	桥梁工程	2734330.81
	合 计	2734330.81

(5) 单项工程费汇总表:××桥梁工程单项工程费汇总表见表 8-3-12 所列。

单项工程费汇总表 表 8-3-12

工程名称:××桥梁工程 第 页 共 页

序号	单 项 工 程 名 单	金额(元)
1	桥梁工程	2734330.81
	合 计	2734330.81

(6) 单位工程费汇总表:××桥梁工程单位工程费汇总表见表 8-3-13 ~ 表 8-3-14 所列。

单位工程费汇总表 表 8-3-13

工程名称:××桥梁工程 第 页 共 页

序号	单 项 工 程 名 单	金额(元)
1	分部分项工程量清单	1671000.83
2	措施项目清单计价合计	672868.00
3	其他项目清单计价合计	170790.98
4	规 费	129504.98
5	税 金	90166.02
6	含税工程总造价	273433.81
	合 计:(小写)	2734330.81
	合 计:(大写) 贰佰柒拾叁万肆仟叁佰叁拾元捌角壹分	

单位工程费汇总计算表 表 8-3-14

工程名称:××桥梁工程 第 页 共 页

序号	单 项 工 程 名 单	计算基础	费 率	金额(元)
1	分部分项工程量清单		100	1671000.83
2	措施项目清单计价合计		100	672868.00
3	其他项目清单计价合计		100	170790.98

续表

工程名称:××桥梁工程

第　页共　页

序号	单 项 工 程 名 单	计算基础	费 率	金额(元)
4	规 费	4.1+4.2+……+4.7	100	129504.98
4.1	社会保险费	1+2+3	3.31	83235.24
4.2	住房公积金	1+2+3	1.28	32187.65
4.3	工程定额测定费	1+2+3	0.1	2514.66
4.4	工程污费	1+2+3	0.33	8298.38
4.5	施工噪声排污费(暂不考虑)	1+2+3		
4.6	堤围防护费	1+2+3	0.13	3269.06
4.7	建筑意外伤害保险费(暂不考虑)	1+2+3		
5	税 金	1+2+3+4	3.41	90166.02
6	含税工程总造价	1+2+3+4+5	100	2734330.81
	合 计:(小写)　2734330.81			
	合 计:(大写)贰佰柒拾叁万肆仟叁佰叁拾元捌角壹分			

(7) 分部分项工程量清单计价表:××桥梁工程分部分项工程量清单计价表见表8-3-15所列。

分部分项工程量清单计价表

表 8-3-15

工程名称:××桥梁工程

第　页共　页

序号	项目编码	项目名称		计量单位	工程数量	金额(元)	
		主要项目	具 体 内 容			综合单价	合 价
			第三章　桥涵护岸工程				
1	040301007001	机械成孔灌注桩	(1) 桩径:100cm; (2) 深度:6.8m; (3) 岩土类别:微风化岩; (4) 混凝土强度、石料最大粒径:C25 40石	m	95.20	862.84	82142.50
2	040301007002	机械成孔灌注桩	(1) 桩径:120cm; (2) 深度:6.75m; (3) 岩土类别:微风化岩; (4) 混凝土强度、石料最大粒径:C25 40石	m	94.50	1129.43	106730.89
3	040302002001	混凝土承台	(1) 部位:承台; (2) 混凝土强度等级、石料最大粒径:C25 20石	m^3	296.80	354.19	105122.61
4	040302003001	墩(台)帽	(1) 部位:墩帽、台帽; (2) 混凝土强度等级、石料最大粒径:C25 20石	m^3	155.30	365.14	56706.71

续表

工程名称:××桥梁工程　　　　第　页共　页

<table>
<tr><th rowspan="2">序号</th><th rowspan="2">项目编码</th><th colspan="2">项 目 名 称</th><th rowspan="2">计量单位</th><th rowspan="2">工程数量</th><th colspan="2">金 额(元)</th></tr>
<tr><th>主要项目</th><th>具 体 内 容</th><th>综合单价</th><th>合 价</th></tr>
<tr><td colspan="8">第三章　桥涵护岸工程</td></tr>
<tr><td>5</td><td>040302004001</td><td>墩(台)身</td><td>(1) 桥墩、桥台;
(2) 混凝土强度等级、石料最大粒径:C25 20石</td><td>m³</td><td>396.11</td><td>375.80</td><td>148859.05</td></tr>
<tr><td>6</td><td>040302011001</td><td>混凝土连续板</td><td>(1) 部位:桥面板;
(2) 混凝土强度等级、石料最大粒径:C25 20石;
(3) 形式:连续板</td><td>m³</td><td>566.28</td><td>389.95</td><td>220821.28</td></tr>
<tr><td>7</td><td>040302012001</td><td>混凝土板梁</td><td>(1) 部位:边梁;
(2) 形式:直形;
(3) 混凝土强度等级、石料最大粒径:C25 20石</td><td>m³</td><td>18.88</td><td>373.13</td><td>7044.73</td></tr>
<tr><td>8</td><td>040302017001</td><td>桥面铺装</td><td>(1) 部位:桥面车行道;
(2) 混凝土强度等级、石料最大粒径:C25 20石
(3) 厚度:10cm</td><td>m²</td><td>1251.14</td><td>41.11</td><td>51431.18</td></tr>
<tr><td>9</td><td>040302018001</td><td>桥头搭板</td><td>(1) 部位:桥头搭板;
(2) 混凝土强度等级、石料最大粒径:C25 20石</td><td>m³</td><td>65.00</td><td>359.03</td><td>23336.68</td></tr>
<tr><td>10</td><td>040309001001</td><td>金属栏杆</td><td>(1) 材质:焊接钢管;
(2) 规格:ϕ80;
(3) 油漆品种、工艺要求:防锈漆两道银漆一道</td><td>t</td><td>1.840</td><td>6063.17</td><td>11156.24</td></tr>
<tr><td>11</td><td>040202014001</td><td>水泥稳定碎(砾)石</td><td>(1) 厚度:25cm;
(2) 水泥含量:6%;
(3) 石料规格:0.5cm</td><td>m²</td><td>244.40</td><td>30.70</td><td>7503.25</td></tr>
<tr><td>12</td><td>040101006001</td><td>挖运淤泥</td><td>(1) 挖淤泥深度: 1.5m;
(2) 外动距离:15km</td><td>m²</td><td>1133.16</td><td>131.17</td><td>148638.62</td></tr>
<tr><td colspan="8">第四章　钢筋工程</td></tr>
<tr><td>13</td><td>040701001001</td><td>预埋铁杆</td><td>(1) 材质:钢板;
(2) 规格:15cm×15cm</td><td>kg</td><td>183.10</td><td>6.52</td><td>1193.43</td></tr>
<tr><td>14</td><td>040701002001</td><td>非预应力钢筋</td><td>(1) 材质:ϕ10 内圆钢;
(2) 部位:边梁、桥墩</td><td>t</td><td>2.43</td><td>4355.78</td><td>10584.55</td></tr>
<tr><td>15</td><td>040701002002</td><td>非预应力钢筋</td><td>(1) 材质:ϕ10 外螺纹钢;
(2) 部位:全桥</td><td>t</td><td>128.97</td><td>4363.10</td><td>562709.01</td></tr>
<tr><td>16</td><td>040701002003</td><td>非预应力钢筋</td><td>(1) 材质:圆钢;
(2) 部位:钻孔桩钢筋笼</td><td>t</td><td>21.942</td><td>4680.44</td><td>102398.21</td></tr>
<tr><td>17</td><td>040701002004</td><td>非预应力钢筋</td><td>(1) 材质:ϕ6 圆钢;
(2) 部位:桥面铺装层</td><td>t</td><td>5.570</td><td>4366.59</td><td>24321.91</td></tr>
<tr><td></td><td></td><td></td><td></td><td></td><td></td><td></td><td></td></tr>
<tr><td></td><td colspan="6">合 计</td><td>1671000.85</td></tr>
</table>

（8）××桥梁工程措施项目清单计价表见表 8-3-16 所列。

措施项目清单计价表

表 8-3-16

工程名称：××桥梁工程　　　　第　页共　页

序号	项目名称	金额(元)	序号	项目名称	金额(元)
1	安全防护、文明施工措施部分	73573.96	2.10	施工排水、降水	8632.80
1.1	综合脚手架	26451.74	2.11	围堰	132485.72
1.2	靠脚手架安全挡板		2.12	筑捣费	
1.3	独立安全防护挡板		2.13	现场施工围栏	2000.00
1.4	文明施工、环保、临时设施、安全施工费	47122.22	2.14	便道	
2	其他措施费部分	599294.05	2.15	便桥	3000.00
2.1	预算包干费	33420.02	2.16	垂直运输机械	
2.2	工程保险费	668.40	2.17	长输管道临时水工保护设施	
2.3	工程保修费	1671.00	2.18	长输管道跨越或穿越施工措施	
2.4	夜间施工费	5000.00	2.19	长输管道跨越地上建筑物的保护措施	
2.5	二次搬运费	2000.00	2.20	洞内施工的通风，供水、电、气、照明及通信设施	
2.6	大型机械设备进出场及安拆费	5124.35			
2.7	混凝土、钢筋混凝土模板及支架	312454.01	2.21	驳岸块石清理	
2.8	脚手架		2.22	钻孔桩机工作平台	92837.75
2.9	已完工程及设备保护			合计	672868.00

（9）××桥梁工程措施项目清单计算表见表 8-3-17 所列。

措施项目清单计算表

表 8-3-17

工程名称：××桥梁工程　　　　第　页共　页

序号	项目名称	计算基础	费率(%)	金额(元)
1	安全防护、文明施工措施部分		100	73573.96
1.1	综合脚手架		100	26451.74
1.2	靠脚手架安全挡板			
1.3	独立安全防护挡板			
1.4	文明施工、环保、临时设施、安全施工费	分部分项工程费	2.82	47122.22
2	其他措施费部分			599294.05
2.1	预算包干费	分部分项工程费	2	33420.02
2.2	工程保险费	分部分项工程费	0.04	668.40
2.3	工程保修费	分部分项工程费	0.1	1671.00
2.4	夜间施工费	5000	100	5000.00
2.5	二次搬运费	2000	100	2000.00
2.6	大型机械设备进出场及安拆费		100	5124.35

续表

工程名称:××桥梁工程　　　　第　页 共　页

序号	项　目　名　称	计算基础	费率(%)	金额(元)
2.7	混凝土、钢筋混凝土模板及支架		100	312454.01
2.8	脚手架			
2.9	已完工程及设备保护			
2.10	施工排水、降水		100	8632.80
2.11	围堰		100	132485.72
2.12	筑捣费			
2.13	现场施工围栏	2000	100	2000.00
2.14	便道			
2.15	便桥	3000	100	3000.00
2.16	垂直运输机械			
2.17	长输管道临时水工保护设施			
2.18	长输管道跨越或穿越施工措施			
2.19	长输管道跨越地上建筑物的保护措施			
2.20	洞内施工的通风,供水、电、气、照明及通信设施			
2.21	驳岸块石清理			
2.22	钻孔桩机工作平台		100	92837.75
	合　计			672868.01

(10) ××桥梁工程其他项目清单计价表见表 8-3-18 所列。

其他项目清单计价表　　　　表 8-3-18

工程名称:××桥梁工程　　　　第　页 共　页

序号	项　目　名　称	金额(元)	序号	项　目　名　称	金额(元)
1	招标人部分		2	投标人部分	
1.1	预留金	167100.08	2.1	总承包服务费	
1.2	材料购置费		2.2	零星工作项目费	3690.08
1.3	其他		2.3	其他	
				小　计	3690.08
	小　计	167100.08		合　计	170790.98

(11) ××桥梁工程零星工作项目清单计价表见表 8-3-19 所列。

零星工作项目清单计价表

表 8-3-19

工程名称：××桥梁工程　　　　第　页共　页

<table>
<tr><th rowspan="2">序号</th><th rowspan="2">项目名称</th><th rowspan="2">计量单位</th><th rowspan="2">数量</th><th colspan="2">金额(元)</th><th rowspan="2">序号</th><th rowspan="2">项目名称</th><th rowspan="2">计量单位</th><th rowspan="2">数量</th><th colspan="2">金额(元)</th></tr>
<tr><th>综合单价</th><th>合价</th><th>综合单价</th><th>合价</th></tr>
<tr><td>1</td><td>人 工</td><td></td><td></td><td></td><td></td><td>2</td><td>材 料</td><td></td><td></td><td></td><td></td></tr>
<tr><td>1.1</td><td>一类工</td><td>工日</td><td>10.00</td><td>28.00</td><td>280.00</td><td>3</td><td>机 械</td><td></td><td></td><td></td><td></td></tr>
<tr><td>1.2</td><td>二类工</td><td>工日</td><td>10.00</td><td>26.00</td><td>260.0</td><td>3.1</td><td>柴油发电机组</td><td>台班</td><td>10.0</td><td>269.09</td><td>2690.90</td></tr>
<tr><td>1.3</td><td>三类工</td><td>工日</td><td>10.00</td><td>24.00</td><td>240.00</td><td>4</td><td>其 他</td><td></td><td></td><td></td><td></td></tr>
<tr><td>1.4</td><td>四类工</td><td>工日</td><td>10.00</td><td>22.00</td><td>220.00</td><td></td><td>合 计</td><td>元</td><td></td><td></td><td>3690.90</td></tr>
</table>

（12）××桥梁工程分部分项工程量清单综合单价分析表见表 8-3-20 所列。

分部分项工程量清单综合单价分析表

表 8-3-20

工程名称：××桥梁工程　　　　第　页共　页

<table>
<tr><th rowspan="2">序号</th><th rowspan="2">项目编码</th><th rowspan="2">项 目 名 称</th><th rowspan="2">工 程 内 容</th><th colspan="5">综合单价分析</th><th rowspan="2">综合单价</th></tr>
<tr><th>人工费</th><th>材料费</th><th>机械使用费</th><th>管理费</th><th>利润</th></tr>
<tr><td rowspan="3">1</td><td rowspan="3">040302002001</td><td rowspan="3">混凝土承台
(1) 部位：承台；
(2) 混凝土强度等级、石料最大粒径：C25 20石</td><td>承台</td><td>29.44</td><td>3.17</td><td>20.67</td><td>7.03</td><td>10.30</td><td rowspan="3">354.19 元/m³</td></tr>
<tr><td>C25 商品普通混凝土 20 石</td><td>—</td><td>283.58</td><td>—</td><td>—</td><td>—</td></tr>
<tr><td>小 计</td><td>29.44</td><td>286.75</td><td>20.67</td><td>7.03</td><td>10.30</td></tr>
<tr><td rowspan="4">2</td><td rowspan="4">040302003001</td><td rowspan="4">墩(台)帽
(1) 部位：墩帽、台帽；
(2) 混凝土强度等级、石料最大粒径：C25 20石</td><td>墩帽</td><td>17.39</td><td>1.91</td><td>12.06</td><td>4.14</td><td>6.09</td><td rowspan="4">365.14 元/m³</td></tr>
<tr><td>台帽</td><td>16.71</td><td>1.79</td><td>11.65</td><td>3.99</td><td>5.85</td></tr>
<tr><td>C25 商品普通混凝土 20 石</td><td>—</td><td>283.58</td><td>—</td><td>—</td><td>—</td></tr>
<tr><td>小 计</td><td>34.09</td><td>287.28</td><td>23.71</td><td>8.13</td><td>11.93</td></tr>
<tr><td rowspan="8">3</td><td rowspan="8">040301007001</td><td rowspan="8">机械成孔灌注桩
(1) 桩径：100cm；
(2) 深度：6.8m；
(3) 岩土类别：微风化岩；
(4) 混凝土强度、石料最大粒径：C25 水下混凝土 40 石</td><td>钻(冲)孔桩设计桩径 1000mm</td><td>144.11</td><td>39.76</td><td>83.59</td><td>29.50</td><td>50.44</td><td rowspan="8">862.84 元/m</td></tr>
<tr><td>C25 商品水下普通混凝土 40 石</td><td>—</td><td>278.62</td><td>—</td><td>—</td><td>—</td></tr>
<tr><td>钻(冲)孔桩入岩增加费设计桩径 1000mm</td><td>11.65</td><td>—</td><td>61.10</td><td>10.79</td><td>4.08</td></tr>
<tr><td>泥浆运输距离15km</td><td>7.85</td><td>—</td><td>61.38</td><td>9.75</td><td>2.75</td></tr>
<tr><td>凿桩头混凝土预制桩、钻(冲)孔桩</td><td>32.00</td><td>—</td><td>—</td><td>3.68</td><td>11.20</td></tr>
<tr><td>人工装汽车运石方运距 15km</td><td>0.82</td><td>—</td><td>6.10</td><td>0.61</td><td>0.29</td></tr>
<tr><td>桩头钢筋截断</td><td>8.74</td><td>—</td><td>—</td><td>1.00</td><td>3.06</td></tr>
<tr><td>小 计</td><td>205.16</td><td>318.38</td><td>212.17</td><td>55.32</td><td>71.81</td></tr>
</table>

续表

工程名称:××桥梁工程　　　　第　页 共　页

<table>
<tr><th rowspan="2">序号</th><th rowspan="2">项目编码</th><th rowspan="2">项 目 名 称</th><th rowspan="2">工 程 内 容</th><th colspan="5">综合单价分析</th><th rowspan="2">综合单价</th></tr>
<tr><th>人工费</th><th>材料费</th><th>机械使用费</th><th>管理费</th><th>利润</th></tr>
<tr><td rowspan="8">4</td><td rowspan="8">040301007002</td><td rowspan="8">机械成孔灌注桩
(1) 桩径:120cm;
(2) 深度:6.75m;
(3) 岩土类别:微风化岩;
(4) 混凝土强度、石料最大粒径:C25 水下混凝土 40石</td><td>钻(冲)孔桩设计桩径 1200mm</td><td>169.69</td><td>49.45</td><td>102.53</td><td>35.37</td><td>59.39</td><td rowspan="8">1129.43元/m</td></tr>
<tr><td>C25 商品水下普通混凝土 40 石</td><td>—</td><td>401.18</td><td>—</td><td>—</td><td>—</td></tr>
<tr><td>钻(冲)孔桩入岩增加费设计桩径 1200mm</td><td>12.69</td><td>—</td><td>66.58</td><td>11.75</td><td>4.44</td></tr>
<tr><td>泥浆运输距离 15km</td><td>11.30</td><td>—</td><td>88.38</td><td>14.04</td><td>3.96</td></tr>
<tr><td>凿桩头混凝土预制桩、钻(冲)孔桩</td><td>46.43</td><td>—</td><td>—</td><td>5.34</td><td>16.25</td></tr>
<tr><td>人工装汽车运石方运距 15km</td><td>1.19</td><td>—</td><td>8.83</td><td>0.88</td><td>0.42</td></tr>
<tr><td>桩头钢筋截断</td><td>13.20</td><td>—</td><td>—</td><td>1.52</td><td>4.62</td></tr>
<tr><td>小 计</td><td>254.50</td><td>450.64</td><td>266.32</td><td>68.89</td><td>89.09</td></tr>
<tr><td rowspan="4">5</td><td rowspan="4">040302004001</td><td rowspan="4">墩(台)身
(1) 部位:桥墩、桥台;
(2) 混凝土强度等级、石料最大粒径:C25 20石</td><td>轻型桥台</td><td>19.64</td><td>0.77</td><td>13.40</td><td>4.65</td><td>6.87</td><td rowspan="4">375.80元/m³</td></tr>
<tr><td>柱式墩台身</td><td>20.27</td><td>0.79</td><td>13.92</td><td>4.81</td><td>7.09</td></tr>
<tr><td>C25 商品水下普通混凝土 40 石</td><td>—</td><td>283.58</td><td>—</td><td>—</td><td>—</td></tr>
<tr><td>小 计</td><td>39.91</td><td>285.14</td><td>27.32</td><td>9.47</td><td>13.97</td></tr>
<tr><td rowspan="3">6</td><td rowspan="3">040302011001</td><td rowspan="3">混凝土连续板
(1) 部位:桥面板;
(2) 形式:连续板;
(3) 混凝土强度等级、石料最大粒径:C25 20石</td><td>板矩形实体连续板</td><td>45.38</td><td>6.07</td><td>28.66</td><td>10.39</td><td>15.88</td><td rowspan="3">389.95元/m³</td></tr>
<tr><td>C25 商品普通混凝土 20 石</td><td>—</td><td>283.58</td><td>—</td><td>—</td><td>—</td></tr>
<tr><td>小 计</td><td>45.38</td><td>289.64</td><td>28.66</td><td>10.39</td><td>15.88</td></tr>
<tr><td rowspan="3">7</td><td rowspan="3">040302012001</td><td rowspan="3">混凝土板梁
(1) 部位:边梁;
(2) 形式:直形;
(3) 混凝土强度等级、石料最大粒径:C25 20石</td><td>现浇混凝土边梁</td><td>40.42</td><td>4.68</td><td>21.69</td><td>8.60</td><td>14.15</td><td rowspan="3">373.13元/m³</td></tr>
<tr><td>C25 商品普通混凝土 20 石</td><td>—</td><td>283.58</td><td>—</td><td>—</td><td>—</td></tr>
<tr><td>小 计</td><td>40.42</td><td>288.26</td><td>21.69</td><td>8.60</td><td>14.15</td></tr>
<tr><td rowspan="3">8</td><td rowspan="3">040302017001</td><td rowspan="3">桥面铺装
(1) 部位:桥面车行道;
(2) 混凝土强度等级、石料最大粒径:C25 20石;
(3) 厚度:10cm</td><td>桥面混凝土铺装车行道</td><td>4.81</td><td>4.16</td><td>1.29</td><td>0.81</td><td>1.68</td><td rowspan="3">41.11元/m²</td></tr>
<tr><td>C25 商品普通混凝土 20 石</td><td>—</td><td>28.36</td><td>—</td><td>—</td><td>—</td></tr>
<tr><td>小 计</td><td>4.81</td><td>32.51</td><td>1.29</td><td>0.81</td><td>1.68</td></tr>
<tr><td rowspan="3">9</td><td rowspan="3"></td><td rowspan="3">桥头搭板
(1) 部位:桥头搭板;
(2) 混凝土强度等级、石料最大粒径:C25 20石</td><td>水泥混凝土路面厚度 25cm</td><td>44.67</td><td>5.28</td><td>2.09</td><td>4.97</td><td>15.63</td><td rowspan="3">359.03元/m³</td></tr>
<tr><td>C25 商品普通混凝土 20 石</td><td>—</td><td>286.39</td><td>—</td><td>—</td><td>—</td></tr>
<tr><td>小 计</td><td>44.67</td><td>291.66</td><td>2.09</td><td>4.97</td><td>15.63</td></tr>
</table>

续表

工程名称：××桥梁工程　　　　第　页　共　页

序号	项目编码	项目名称	工程内容	综合单价分析					综合单价
				人工费	材料费	机械使用费	管理费	利润	
10	040309001001	金属栏杆 (1) 材质：焊接钢管； (2) 规格：ϕ80； (3) 油漆品种、工艺要求：防锈漆两道银漆一道	钢管栏杆	680.46	4160.20	497.93	175.90	238.16	6063.17 元/t
			防锈漆打底两遍	41.93	77.66	—	3.07	14.67	
			金属面银漆一度栏杆	93.39	40.28	—	6.83	32.69	
			小　计	815.78	4278.14	497.93	185.80	285.52	
11	040202014001	水泥稳定碎(砾)石 (1)厚度：25cm； (2)水泥含量：6%； (3)石料规格：0.5cm	路拌铺筑水泥石屑混合料，水泥含量6%，厚度25cm	4.09	23.22	1.35	0.61	1.43	30.70 元/m^2
			小　计	4.09	23.22	1.35	0.61	1.43	
12	0401001006001	挖运淤泥 (1) 挖淤泥深度：1.5m； (2) 外动距离：15km	挖淤泥流砂	38.52	—	—	2.58	13.48	131.17 元/m^3
			人工运淤泥，运距20m内	18.76	—	—	1.26	6.57	
			挖掘机挖土，自卸汽车运土距离15km，淤泥与流砂	1.43	—	43.96	4.12	0.50	
			小　计	58.70		43.96	7.96	20.55	
13	040701001001	预埋铁件 (1) 材质：钢板； (2) 规格：15cm×15cm	预埋铁件	0.88	4.59	0.54	0.20	0.31	6.52 元/kg
			小　计	0.88	4.59	0.54	0.20	0.31	
14	040701002001	非预应力钢筋 (1) 材质：ϕ10内圆钢； (2) 部位：边梁、桥墩	钢筋制作、安装，现浇混凝土ϕ10mm以内	439.89	3653.46	45.11	63.36	153.96	4355.78 元/t
			小　计	439.88	3653.46	45.11	63.36	153.96	
15	040701002002	非预应力钢筋 (1) 材质：ϕ10外螺纹钢； (2) 部位：全桥	钢筋制作、安装，现浇混凝土ϕ10mm以外	240.90	3880.76	108.57	48.55	84.32	4363.10 元/t
			小　计	240.90	3880.76	108.57	48.55	84.32	
16	040701002003	非预应力钢筋 (1) 材质：圆钢； (2) 部位：钻孔桩钢筋笼	桩钢筋笼制作	304.92	3839.54	343.55	85.71	106.72	4680.44 元/t
			小　计	304.92	3839.54	343.55	85.71	106.72	
17	040701002004	非预应力钢筋 (1) 材质：ϕ6圆钢； (2) 部位：桥面铺装层	水泥混凝土路面，钢筋、钢筋网	428.01	3720.34	20.83	47.61	149.80	4366.59 元/t
			小　计	428.01	3720.34	20.83	47.61	149.80	

(13)措施项目费分析表：××桥梁工程措施项目费分析表见表8-3-21所列。

分部分项工程量清单综合单价分析表

表 8-3-21

工程名称：××桥梁工程　　　　第　页　共　页

序号	项目名称	单位	数量	金额(元)					
				人工费	材料费	机械使用费	费用	利润	小计
1	安全防护、文明施工措施部分		—	—	—	—	—	—	73573.96
1.1	综合脚手架	项	—	—	—	—	—	—	26451.74
1.2	靠脚手架安全挡板	项	—	—	—	—	—	—	—
1.3	独立安全防护挡板	项	—	—	—	—	—	—	—
1.4	文明施工、环境保护、临时设施、安全施工费	项	1671000.85	—	—	—	—	—	47122.22
	合计	元	—	7395.72	14209.59	1573.85	684.06	2588.51	73573.96
2	其他措施费部分		—	—	—	—	—	—	599294.05
2.1	预算包干费	项	1671000.85	—	—	—	—	—	33420.02
2.2	工程保险费	项	1671000.85	—	—	—	—	—	668.40
2.3	工程保修费	项	1671000.85	—	—	—	—	—	1671.00
2.4	夜间施工	项	1	—	—	—	—	—	5000.00
2.5	二次搬运	项	1	—	—	—	—	—	2000.00
2.6	大型机械设备进出场及安拆	项	—	—	—	—	—	—	5124.35
2.7	混凝土、钢筋混凝土模板及支架	项	—	—	—	—	—	—	312454.01
2.8	脚手架	项	—	—	—	—	—	—	—
2.9	已完工程及设备保护	项	—	—	—	—	—	—	—
2.10	施工排水、降水	项	—	—	—	—	—	—	8632.80
2.11	围堰	项	—	—	—	—	—	—	132485.72
2.12	筑捣费	项	—	—	—	—	—	—	—
2.13	现场施工围栏	项	—	—	—	—	—	—	2000.00
2.14	便道	项	—	—	—	—	—	—	—
2.15	便桥	项	1	—	—	—	—	—	3000.00
2.16	垂直运输机械	项	—	—	—	—	—	—	—
2.17	长输管道临时水工保护设施	项	—	—	—	—	—	—	—
2.18	长输管道跨越或穿越施工措施	项	—	—	—	—	—	—	—
2.19	长输管道跨越地上建筑物的保护措施	项	—	—	—	—	—	—	—
2.20	洞内施工的通风，供水、电、气、照明	项	—	—	—	—	—	—	—
2.21	驳岸块石清理	项	—	—	—	—	—	—	—
2.22	钻孔桩机工作平台	项	—	—	—	—	—	—	92837.75
	合计	元	—	203860.67	200173.57	49024.89	27124.28	71351.23	599294.05

（14）规费计算表：××桥梁工程规费计算表见表 8-3-22 所列。

规费计算表预算 表 8-3-22

工程名称：××桥梁工程 第 页 共 页

序号	名 称	规费公式计算式	费率(%)	金额(元)
1	社会保险费	分部分项工程费+措施项目费+其他项目费	3.31	83235.24
2	住房公积金	分部分项工程费+措施项目费+其他项目费	1.28	32187.65
3	工程定额测定费	分部分项工程费+措施项目费+其他项目费	0.10	2514.66
4	工程排污费	分部分项工程费+措施项目费+其他项目费	0.33	8298.38
5	堤围防护费	分部分项工程费+措施项目费+其他项目费	0.13	3269.06
6	施工噪声排污费(暂不考虑)			
7	建筑意外伤害保险费(暂不考虑)			
	合 计：壹拾贰万玖仟伍佰零肆元玖角捌分			129504.98

（15）主要建筑材料价格表：××桥梁工程主要建筑材料价格表见表 8-3-23 所列。

主要建筑材料价格表 表 8-3-23

工程名称：××桥梁工程 第 页 共 页

序号	材料编码	名称、规格与型号	单位	单价(元)	序号	材料编码	名称、规格与型号	单位	单价(元)
1	00000002	二类工	工日	33.0	12	04001002	水泥 P.032.5(R)	t	309.60
2	00000003	三类工	工日	33.0	13	03021018	小青篾 7 尺 40 庄280 皮一级	筒	5.20
3	00000004	四类工	工日	33.0					
4	01001001	圆钢ϕ10 以内	t	3519.20	14	05018001	石 屑	m^3	35.70
5	01001003	螺纹钢ϕ12~ϕ25	t	3666.98	15	18012001	电焊条	kg	4.49
6	01002003	螺纹钢ϕ10~ϕ25	t	3652.42	16	38041050	铁 件	kg	4.90
7	03001002	杉原木(综合)	m^3	769.36	17	39001170	水	m^3	2.48
8	03001003	杂原木	m^3	710.13	18	75010003	C25 商品混凝土 20石	m^3	280.00
9	03017001	定型板 (规格)1000×500×15	件	7.20	19	75030002	C25 商品混凝土 40 石	m^3	295.00
					20	99916101	二类工(机械用)	工日	33.00
10	03021002	茅竹 综合	条	10.50	21	99916202	柴油(机械用)	kg	5.00
11	03021007	篙竹 综合	条	3.50	22	99916204	电(机械用)	kW·h	0.96

（16）分部分项工程量清单综合单价计算表：××桥梁工程分部分项工程量清单综合单价计算表见表 8-3-24~ 表 8-3-40 所列。

分部分项工程量清单综合单价计算表 表 8-3-24

工程名称：××桥梁工程；项目编码：040301007001；计量单位：m；工程数量：95.2；综合单价：862.84 元

项目名称：机械成孔灌注桩：

(1) 桩径：100cm；(2) 深度：6.8m；(3) 岩土类别：微风化岩；

(4) 混凝土强度、石料最大粒径：C25 水下混凝土 40 石

序号	定额编号	工作内容	单位	工程量	其中(元)					
					人工费	材料费	机械费	管理费	利润	小计
1	D3-2-21（换）	钻（冲）孔桩设计桩径 1000mm	$10m^3$	7.473	13718.86	3785.07	7957.92	2808.05	4801.63	33071.54
2	D3-5-3（换）	C25 商品水下混凝土 40 石	$10m^3$	8.968		26524.65	—	—	—	26524.65
3	D3-2-27	钻(冲)孔桩入岩增加费设计桩径 1000mm	$10m^3$	1.099	1109.04	—	5816.78	1026.89	388.17	8340.88
4	D3-2-31（扩）	泥浆运输运距 15km	$10m^3$	7.473	747.23	—	5843.06	928.00	261.56	7779.84
5	D3-2-38	凿桩头混凝土预制桩、钻(冲)孔桩	m^3	10.990	3046.43	—	—	350.14	1066.25	4462.82
6	D1-1-109（扩）	人工装汽车运石方、运距 15km	$100m^3$	0.110	78.41	—	580.99	57.64	27.44	744.49
7	D3-2-36	桩头钢筋截断	10 根	28.00	831.60	—	—	95.48	291.20	1218.28
		合　计			19531.56	30309.73	20198.75	5266.21	6836.24	82142.50

分部分项工程量清单综合单价计算表 表 8-3-25

工程名称：××桥梁工程；项目编码：040301007002；计量单位：m；工程数量：94.5；综合单价：1129.43 元

项目名称：机械成孔灌注桩：

(1) 桩径：120cm；(2) 深度：6.75m；(3) 岩土类别：微风化岩；

(4) 混凝土强度、石料最大粒径：C25 水下混凝土 40 石

序号	定额编号	工作内容	单位	工程量	其中(元)					
					人工费	材料费	机械费	管理费	利润	小计
1	D3-2-22（换）	钻（冲）孔桩设计桩径 1200mm	$10m^3$	10.682	16035.50	4673.27	9689.32	3342.29	5612.43	39352.81
2	D3-5-3（换）	C25 商品水下混凝土 40 石	$10m^3$	12.818	—	37911.80	—	—	—	37911.80
3	D3-2-28	钻(冲)孔桩入岩增加费设计桩径 1200mm	$10m^3$	1.583	1198.89	—	6291.54	1110.63	419.61	9020.66
4	D3-2-31（扩）	泥浆运输运距 15km	$10m^3$	10.682	1068.09	—	8352.15	1326.49	373.87	11120.60
5	D3-2-38	凿桩头混凝土预制桩、钻(冲)孔桩	m^3	15.830	4388.08	—	—	504.34	1535.83	6428.25
6	D1-1-109（扩）	人工装汽车运石方、运距 15km	$100m^3$	0.158	112.62	—	834.51	82.80	39.42	1069.35

续表

序号	定额编号	工作内容	单位	工程量	其中(元)					
					人工费	材料费	机械费	管理费	利润	小计
7	D3-2-36	桩头钢筋截断	10根	42.00	1247.40	—	—	143.22	436.80	1827.42
	合计				24050.58	42585.07	25167.52	6509.78	—	106730.90

分部分项工程量清单综合单价计算表 表 8-3-26

工程名称:××桥梁工程;项目编码:040302003001;计量单位:m^3;工程数量:155.3;综合单价:365.14 元

项目名称:墩(台)帽:

(1) 部位:墩帽、台帽;(2) 混凝土强度、石料最大粒径:C25 20 石

序号	定额编号	工作内容	单位	工程量	其中(元)					
					人工费	材料费	机械费	管理费	利润	小计
1	D3-5-17(换)	墩帽	m^3	7.845	2700.17	297.01	1872.29	642.90	945.09	6457.45
2	D3-5-18(换)	台帽	m^3	7.685	2594.38	278.35	1809.59	619.26	908.06	6209.63
3	D3-5-3(换)	C25 商品普通混凝土 20石	m^3	15.685	5294.55	44039.62	—	—	—	44039.62
	合计				5294.55	44614.98	3681.87	1262.16	1853.15	56706.71

分部分项工程量清单综合单价计算表 表 8-3-27

工程名称:××桥梁工程;项目编码:040302002001;计量单位:m^3;工程数量:296.8;综合单价:354.19 元

项目名称:混凝土承台:

(1) 部位:承台;(2) 混凝土强度、石料最大粒径:C25 20 石

序号	定额编号	工作内容	单位	工程量	其中(元)					
					人工费	材料费	机械费	管理费	利润	小计
1	D3-5-9(换)	承台	$10m^3$	29.680	8736.60	941.45	6134.26	2086.50	3057.93	20956.75
2	D3-5-3(换)	C25 商品普通混凝土 20石	$10m^3$	29.977	—	84165.86	—	—	—	84165.86
	合计				8736.60	85107.31	6134.26	2086.50	3057.93	105122.61

分部分项工程量清单综合单价计算表

表 8-3-28

工程名称:××桥梁工程;项目编码:040302003001;计量单位:m^3;工程数量:396.11;综合单价:375.80 元

项目名称:墩(台)身:

(1) 桩径:100cm;(2) 混凝土强度、石料最大粒径:C25 20 石

序号	定额编号	工作内容	单位	工程量	其中(元)					
					人工费	材料费	机械费	管理费	利润	小计
1	D3-5-12(换)	轻型桥台	$10m^3$	18.888	7778.83	306.74	5309.42	1843.28	2722.52	17960.79
2	D3-5-16(换)	柱式墩台身	$10m^3$	20.723	8028.50	312.09	5513.15	1906.52	2810.04	19570.79
3	D3-5-3(换)	C25 商品普通混凝土 20 石	$10m^3$	40.007	—	112327.96	—	—	—	112327.96
	合计				15807.34	112946.79	10822.56	3749.80	5532.56	148859.05

分部分项工程量清单综合单价计算表

表 8-3-29

工程名称:××桥梁工程;项目编码:040302011001;计量单位:m^3;工程数量:566.28;综合单价:389.95 元

项目名称:混凝土连续板:

(1) 部位:桥面板;(2) 形式:连续板;(3) 混凝土强度、石料最大粒径:C25 20 石

序号	定额编号	工作内容	单位	工程量	其中(元)					
					人工费	材料费	机械费	管理费	利润	小计
1	D3-5-27(换)	板矩形实体连续板	$10m^3$	56.628	25694.96	3435.62	16231.28	5881.95	8993.09	60236.90
2	D3-5-3(换)	C25 商品普通混凝土 20 石	$10m^3$	57.194	—	160584.38	—	—	—	160584.38
	合计				25694.96	164020.0	16231.28	5881.95	8993.09	220821.28

分部分项工程量清单综合单价计算表

表 8-3-30

工程名称:××桥梁工程;项目编码:040302012001;计量单位:m^3;工程数量:18.88;综合单价:373.13 元

项目名称:混凝土连续板:

(1) 部位:边梁;(2) 形式:直形;(3) 混凝土强度、石料最大粒径:C25 20 石

序号	定额编号	工作内容	单位	工程量	其中(元)					
					人工费	材料费	机械费	管理费	利润	小计
1	D3-6-10(换)	现浇混凝土边梁	$10m^3$	1.888	763.22	88.43	409.58	162.41	267.13	1690.78
2	D3-5-3(换)	C25 商品普通混凝土 20 石	$10m^3$	1.907	—	5353.95	—	—	—	5353.95
	合计				763.22	5442.38	409.58	162.41	267.13	7044.73

分部分项工程量清单综合单价计算表　　表 8-3-31

工程名称:××桥梁工程;项目编码:040302017001;计量单位:m³;工程数量:1251.14;综合单价:41.11 元

项目名称:桥面铺装:

(1) 部位:桥面车行道;(2) 厚度:10cm;(3) 混凝土强度、石料最大粒径:C25 20 石

序号	定额编号	工作内容	单位	工程量	其中(元)					
					人工费	材料费	机械费	管理费	利润	小计
1	D3-5-43(换)	桥面混凝土铺装车行道	10m³	12.511	6015.41	5201.82	1615.42	1014.77	2105.35	15952.78
2	D3-5-3(换)	C25 商品普通混凝土 20 石	10m³	—	—	35478.41	—	—	—	35478.41
	合计			12.511	6015.41	40680.23	1615.42	1014.77	2105.35	51431.18

分部分项工程量清单综合单价计算表　　表 8-3-32

工程名称:××桥梁工程;项目编码:040302018001;计量单位:m³;工程数量:65;综合单价:359.03 元

项目名称:桥头搭板:

(1) 部位:桥头搭板;(2) 混凝土强度、石料最大粒径:C25 40 石

序号	定额编号	工作内容	单位	工程量	其中(元)					
					人工费	材料费	机械费	管理费	利润	小计
1	D2-3-66(扩)	水泥混凝土路面厚度 25mm	100m³	2.600	2903.47	343.02	136.03	322.89	1016.21	4721.63
2	D2-5-3(扩)	C25 商品普通混凝土 20 石	10m³	6.630	—	18615.05	—	—	—	18615.05
	合计				2903.47	18958.07	136.03	1016.21	1016.21	23336.68

分部分项工程量清单综合单价计算表　　表 8-3-33

工程名称:××桥梁工程;项目编码:04030901001;计量单位:t;工程数量:1.840; 综合单价:6063.17 元

项目名称:焊接钢管:

(1) 焊接钢管;(2) 规格:ϕ80;(3) 油漆品种、工艺要求:防锈漆两道银漆一道

序号	定额编号	工作内容	单位	工程量	其中(元)					
					人工费	材料费	机械费	管理费	利润	小计
1	D3-8-46	钢管栏杆	t	1.840	1252.05	7654.77	916.19	323.66	438.21	10584.88
2	D1-4-50	防锈漆打底两遍	100m²	0.554	77.15	142.90	—	5.64	27.00	252.69
3	D1-4-57	金属面银漆一度栏杆	t	1.840	171.84	74.12	—	12.57	60.15	318.67
	合计				1801.03	7871.78	916.19	341.86	525.37	11156.24

分部分项工程量清单综合单价计算表

表 8-3-34

工程名称：××桥梁工程；项目编码：040202014001；计量单位：m²；工程数量：244.4；综合单价：30.70 元

项目名称：水泥稳定碎（砾）石：

（1）厚度：25cm；（2）水泥含量：6%；（3）石料规格：0.5cm

序号	定额编号	工作内容	单位	工程量	其中（元）					
					人工费	材料费	机械费	管理费	利润	小计
1	D2-2-142	路拌铺筑水泥石屑混合料，水泥含量 6%，厚度 25cm	100m²	2.44	1000.13	5674.26	330.38	148.42	350.05	7503.25
		合　计			1000.13	5674.26	330.38	148.42	350.05	7503.25

分部分项工程量清单综合单价计算表

表 8-3-35

工程名称：××桥梁工程；项目编码：040101006001；计量单位：m³；工程数量：1133.16；综合单价：131.17 元

项目名称：挖运淤泥：

（1）挖淤泥深度：1.5m；（2）外运距离：1.5km

序号	定额编号	工作内容	单位	工程量	其中（元）					
					人工费	材料费	机械费	管理费	利润	小计
1	D1-1-4	挖淤泥流砂	100m²	13.942	43648.36	—	—	2924.61	15276.95	61849.92
2	D1-1-22	人工运淤泥运距为 20m 内	100m²	13.942	21255.97	—	—	1424.31	7439.59	30119.88
3	D1-1-85（扩）	挖掘机挖土，自卸汽车运土距离为 15km	1000m²	1.394	1615.59	—	49816.96	4670.81	565.46	56668.82
		合　计			66519.92		49816.96	9019.73	23282.00	148638.62

分部分项工程量清单综合单价计算表

表 8-3-36

工程名称：××桥梁工程；项目编码：040701001001；计量单位：kg；工程数量：183；综合单价：6.52 元

项目名称：预埋铁件：

（1）材质：钢板；（2）规格：15cm×15cm

序号	定额编号	工作内容	单位	工程量	其中（元）					
					人工费	材料费	机械费	管理费	利润	小计
1	D3-4-7	铁件　预埋铁件	t	0.183	161.97	839.98	98.02	36.77	56.69	1193.43
		合　计			161.97	839.98	98.02	36.77	56.69	1193.43

分部分项工程量清单综合单价计算表 表 8-3-37

工程名称:××桥梁工程;项目编码:040701002001;计量单位:t;工程数量:2.430;综合单价:4355.78 元

项目名称:非预应力钢筋:

(1) 材质:ϕ10 内圆钢;(2) 部位:边梁、桥墩

序号	定额编号	工作内容	单位	工程量	其中(元)					
					人工费	材料费	机械费	管理费	利润	小计
1	D3-4-4	钢筋制作、安装现浇混凝土 ϕ10mm 以内	t	2.430	1068.93	8877.91	109.62	153.96	374.12	10584.55
	合计				1068.93	8877.91	109.62	153.96	374.12	10584.55

分部分项工程量清单综合单价计算表 表 8-3-38

工程名称:××桥梁工程;项目编码:040701002003;计量单位:t;工程数量:128.97;综合单价:4363.10 元

项目名称:非预应力钢筋:

(1) 材质:ϕ10 外螺纹钢;(2)部位:全桥

序号	定额编号	工作内容	单位	工程量	其中(元)					
					人工费	材料费	机械费	管理费	利润	小计
1	D3-4-5	钢筋制作、安装现浇混凝土 ϕ10mm 以外	t	128.97	31068.87	500501.62	14002.27	6261.49	10874.75	562709.01
	合计				31068.87	500501.62	14002.27	6261.49	10874.75	562709.01

分部分项工程量清单综合单价计算表 表 8-3-39

工程名称:××桥梁工程;项目编码:040701002003;计量单位:t;工程数量:21.942;综合单价:4680.44 元

项目名称:非预应力钢筋:

(1) 材质:圆钢;(2) 部位:钻孔桩钢筋笼

序号	定额编号	工作内容	单位	工程量	其中(元)					
					人工费	材料费	机械费	管理费	利润	小计
1	D3-2-33	桩钢筋笼制作	t	21.942	6690.55	84247.19	7538.17	1880.65	2341.65	102698.21
	合计				6690.55	84247.19	7538.17	1880.65	2341.65	102698.21

分部分项工程量清单综合单价计算表 表 8-3-40

工程名称:××桥梁工程;项目编码:040701002004;计量单位:t;工程数量:5.57;综合单价:4366.59 元

项目名称:非预应力钢筋:

(1) 材质:ϕ6 圆钢;(2) 部位:桥面铺装层

序号	定额编号	工作内容	单位	工程量	其中(元)					
					人工费	材料费	机械费	管理费	利润	小计
1	D2-3-83	水泥混凝土路面钢筋钢筋网	t	5.570	2384.02	20722.29	116.02	265.19	834.39	24321.91
		合计			2384.02	20722.29	116.02	265.19	834.39	24321.91

8.3.3 桥梁工程定额计价实例

下面将摘录××省××市××桥梁工程的定额计价实例。

(1)××桥梁工程施工图预算总封面见表 8-3-41 所列。

桥梁工程施工图预算 表 8-3-41

桥梁工程施工图预算(封面)

编号:（略）

建设单位:（略）

施工单位:（略）

编制工程造价:2733962.64

编制工程造价指标:（略）

编制单位:（略）（单位盖章）

造价工程师及证号:（略）（签字盖执业专用章）

单位负责人:（略）（签字）

编制时间:（略）

（2）工程项目总价表预算：××桥梁工程工程项目总价表预算如表 8-3-42 所列。

工程项目总价表

表 8-3-42

工程名称：××桥梁工程　　　　第　页共　页

序号	单项工程名单	金额(元)
1	桥梁工程	2733962.64
	合计	2733962.64

法定代表人：　　　　编制单位(盖章)　　　　编制日期：　年　月　日

（3）单项工程总价表预算：××桥梁工程单项工程总价表预算表见表 8-3-43 所列。

单项工程总价表预算

表 8-3-43

工程名称：××桥梁工程　　　　第　页共　页

序号	主要内容名称	计算办法	金额(元)
1	分部分项工程项目费		1670874.76
1.1	定额分部分项工程费		1408935.51
1.1.1	人工费		155391.68
1.1.2	材料设备费		—
1.1.3	辅助材料费		1062808.79
1.1.4	机械费		146378.92
1.1.5	管理费		44356.12
1.2	价差		185247.78
1.2.1	人工价差		63726.79
1.2.2	材料价差		110579.28
1.2.3	机械价差		10941.71
1.3	利润	(1.1.1+1.2.1)×35%	76691.47
2	措施项目费		672668.14
3	其他项目费		170778.32
4	规费		129487.54
4.1	社会保险费	(1+2+3)×3.31%	83224.03
4.2	住房公积金	(1+2+3)×1.28%	32183.31
4.3	工程定额测定费	(1+2+3)×0.1%	2514.32
4.4	工程排污费	(1+2+3)×0.13%	8297.26
4.5	堤围防护费	(1+2+3)×0.33%	3268.62
5	不含税工程费	1+2+3+4	2643808.76
6	税金	(5)×3.41%	90153.88
	含税工程造价(大写)：贰佰柒拾叁万叁仟玖佰陆拾贰元陆角肆分		2733962.64

编制人：　　　　证号：　　　　编制日期：　年　月　日

（4）定额分部分项工程费汇总预算表：××桥梁工程定额分部分项工程费汇总预算表见表8-3-44所示。

定额分部分项工程费汇总预算表 **表8-3-44**

工程名称：××桥梁工程　　　　第　页共　页

序号	定额编码	主要名称及说明	单位	数量	单位基价（元）	合价（元）
1	D1-1-4	挖淤泥流砂	$100m^3$	13.942	2296.91	32023.52
2	D1-1-22	人工运淤泥运距为20m内	$100m^3$	13.942	1118.56	15594.96
3	D1-1-85	挖掘机挖土，自卸汽车运土、淤泥、流砂距离为15km	$100m^3$	1.394	36687.90	51142.93
4	D1-1-109	人工装、汽车运石方，运距15km	$100m^3$	0.268	5738.09	1537.81
5	D1-4-50	防锈漆打底两遍	$100m^2$	0.554	369.40	204.65
6	D1-4-57	金属面调和漆一度栏杆	t	1.840	115.03	211.66
7	D2-2-142	路拌铺筑水泥石屑混合料，水泥含量6%、厚度25mm	$100m^2$	2.444	2842.16	6946.24
8	D2-3-66+D3-5-3×2.55	水泥混凝土搭板，厚度（25mm）扩充：商品混凝土C25	$100m^2$	2.600	7589.56	19732.86
9	D2-3-83	水泥混凝土路面钢筋　钢筋网	t	5.570	3717.44	20706.14
10	D3-2-21+D3-5-3×1.2	钻（冲）孔桩，设计桩径1200mm//扩充：C25商品水下混凝土　40石	$100m^3$	7.473	6469.52	48346.72
11	D3-2-21+D3-5-3×1.2	钻（冲）孔桩，设计桩径1200mm//扩充：C25商品水下混凝土　40石	$100m^3$	10.682	5934.41	63391.37
12	D3-2-27	钻（冲）孔桩入岩增加费设计桩径1000mm	$10m^3$	1.099	6846.44	7524.24
13	D3-2-28	钻（冲）孔桩入岩增加费设计桩径1200mm	$100m^3$	1.583	5140.74	8137.79
14	D3-2-31	泥浆运输运距15km内	$10m^3$	18.155	909.73	16546.15
15	D3-2-33	桩：钢筋笼制作	t	21.942	4084.27	89617.05
16	D3-2-36	桩头钢筋截断	10根	70.000	25.01	1750.70
17	D3-2-38	凿桩头混凝土预制桩、钻（冲）孔桩	m^3	26.820	233.46	6261.40
18	D3-4-4	钢筋制作、安装：现浇混凝土ϕ10mm以内	t	2.430	3703.39	8999.24
19	D3-4-5	钢筋制作、安装：现浇混凝土ϕ10mm以外	t	128.970	3819.63	492617.68
20	D3-4-7	预埋铁件	t	0.183	5853.09	1071.12
21	D3-5-9+D3-5-3×1.01	现浇混凝土承台//扩充：商品混凝土　C25	$10m^3$	29.680	3078.44	91368.10
22	D3-5-12+D3-5-3×1.01	现浇混凝土轻型桥台//扩充：商品混凝土　C25	$10m^3$	18.888	3246.33	61316.68
23	D3-5-16+D3-5-3×1.01	现浇混凝土柱式墩台身//扩充：商品混凝土　C25	$10m^3$	20.723	3207.55	66470.06
24	D3-5-17+D3-5-3×1.01	现浇混凝土墩帽//扩充：商品混凝土　C25	$10m^3$	7.845	3161.99	24805.81
25	D3-5-18+D3-5-3×1.01	现浇混凝土台帽//扩充：商品混凝土　C25	$10m^3$	7.685	3150.64	24212.67

续表

工程名称：××桥梁工程　　　　第　页共　页

序号	定额编码	主要名称及说明	单位	数量	单位基价(元)	合价(元)
26	D3-5-27+ D3-5-3×1.01	现浇混凝土矩形实体连续板//扩充：商品混凝土 C25	$10m^3$	56.628	3331.51	188656.75
27	D3-5-43+ D3-5-3×1.01	桥面混凝土铺装车行道//扩充：商品混凝土 C25	$10m^3$	12.511	3510.03	43913.99
28	D3-8-46	钢管栏杆	t	1.840	5336.51	9819.18
29	D3-5-10+ D3-5-3×1.01	现浇混凝土边梁//扩充：C25 商品普通混凝土 20石	$10m^3$	1.888	3197.82	6037.48
		合　计				1408934.93

编制人：　　　　证号：　　　　编制日期：　年　月　日

（5）措施项目费汇总表预算：××桥梁工程措施项目费汇总表预算见表8-3-45所列。

措施项目费汇总表预算　　　　表8-3-45

工程名称：××桥梁工程　　　　第　页共　页

序号	主要内容名称	单位	金额(元)
1	安全防护、文明施工措施费部分		
1.1	综合脚手架	项	23863.23
1.2	靠脚手架安全挡板	项	—
1.3	独立安全挡板	项	—
1.4	文明施工、环境保护、临时设备、安全施工费	项	47118.65
2	其他措施费部分		—
2.1	预算包干费	项	33417.48
2.2	工程保险费	项	668.35
2.3	工程保修费	项	1670.87
2.4	夜间施工费	项	5000.00
2.5	二次搬运费	项	2000.00
2.6	大型机械设备进出场及安拆费	项	4930.25
2.7	混凝土、钢筋混凝土模板及支架	项	281752.21
2.8	脚手架	项	—
2.9	已完工程及设备保护	项	—
2.10	施工排水、降水	项	8632.80
2.11	围堰	项	107218.82
2.12	筑捣费	项	—
2.13	现场施工围栏	项	2000.00
2.14	便道	项	3000.00
2.15	便桥	项	—

续表

工程名称:××桥梁工程　　　　　　　　　　　　　　　　　　　　　　　　　第　页共　页

序号	主要内容名称	单位	金额(元)
2.16	垂直运输机械	项	—
2.17	长输管道临时水工保护设施	项	—
2.18	长输管道跨越或穿越施工措施	项	—
2.19	长输管道地下穿越地上建筑物的保护措施	项	—
2.20	洞内施工的通风、供水、供气、供电、照明及通信设施	项	—
2.21	驳岸块石清理	项	—
2.22	钻孔桩机工作平台	项	77455.68
	合　计		598728.34

编制人:　　　　　　　　　　证号:　　　　　　　　　　编制日期:　　年　月　日

(6) 措施项目费合价分析表预算：××桥梁工程措施项目费合价分析表预算见表8-3-46所列。

措施项目费合价分析表预算　　　　　　表 8-3-46

工程名称:××桥梁工程　　　　　　　　　　　　　　　　　　　　　　　　　第　页共　页

序号	定额编码	主要内容名称	单位	数量	单价(元)		合价(元)
					基价	利润	
1		安全防护、文明施工措施费部分					
1.1		综合脚手架	项	1.00	—	—	
1.1.1	D1–8–2	综合脚手架(钢管)高度 12.5m 以内	100m²	12.68	1320.43	1711.38	18447.83
1.1.2	D1–8–22	混凝土用仓面脚手架，支架高度在 1.5m 以内	100m²	12.66	563.07	877.13	8003.91
1.2		靠脚手架安全挡板	项	1.00	—	—	—
1.3		独立安全挡板	项	1.00	—	—	—
1.4		文明施工、环境保护、临时设备、安全施工费	项	1670874	0.0282	—	47118.65
2		其他措施费部分					
2.1		预算包干费	项	1670874.18	0.02	—	33417.48
2.2		工程保险费	项	1670874.18	0.0004	—	668.35
2.3		工程保修费	项	1670874.18	0.001	—	1670.87
2.4		夜间施工费	项	1	5000.00	—	5000.00
2.5		二次搬运费	项	1	2000.00	—	2000.00
2.6		大型机械设备进出场及安拆费	项		—	—	4930.25
2.6.1	99914901	潜水钻机每次场外运输费	台次	1.00	2935.73	—	2935.73
2.6.2	99913301	潜水钻机每次安拆费	台次	1.00	1994.52	—	1994.52
2.7		混凝土、钢筋混凝土模板及支架	项			—	
2.7.1	D3–9–16	满堂式钢管支架空间体积	100m³	79.02	1508.23	16465.23	135650.09

续表

工程名称:××桥梁工程　　　　　　　　　　　　　　　　　　　　　　　第　　页共　　页

序号	定额编码	主要内容名称	单位	数量	单价(元)		合价(元)
					基价	利润	
2.7.2	D3-10-4	现浇混凝土模板制作、安装,承台有底模	$10m^2$	71.64	499.88	2374.80	38185.20
2.7.3	D3-10-7	现浇混凝土模板制作、安装,轻型桥台	$10m^2$	76.67	419.72	2479.35	34657.18
2.7.4	D3-10-11	现浇混凝土模板制作、安装,柱式墩台身	$10m^2$	79.64	562.15	5335.28	50106.60
2.7.5	D3-10-12	现浇混凝土模板制作、安装,墩帽	$10m^2$	23.73	519.70	1008.52	13341.01
2.7.6	D3-10-13	现浇混凝土模板制作、安装,台帽	$10m^2$	23.01	572.70	948.54	14112.11
2.7.7	D3-10-22	现浇混凝土模板制作、安装,矩形实体连续板	$10m^2$	74.25	270.88	1698.10	21810.94
2.7.8	D3-10-34	现浇混凝土模板制作、安装,边梁	$10m^2$	12.58	333.67	392.49	4591.40
2.8		脚手架	项	—	—	—	—
2.9		已完工程及设备保护	项	—	—	—	—
2.10		施工排水、降水	项	—	—	—	—
2.10.1	99908021	替水泵、出口管径 150mm	台班	90.00	95.92		8632.80
2.11		围堰	项				
2.11.1	D1-7-2	纤维袋围堰	项	12.60	8509.43	25266.91	132485.72
2.12		筑捣费	项	—	—	—	—
2.13		现场施工围栏	项	1	2000.00		2000.00
2.14		便道	项	1	3000.00		3000.00
2.15		便桥	项	—	—	—	—
2.16		垂直运输机械	项	—	—	—	—
2.17		长输管道临时水工保护设施	项	—	—	—	—
2.18		长输管道跨越或穿越施工措施	项	—	—	—	—
2.19		长输管道地下穿越地上建筑物的保护措施	项	—	—	—	—
2.20		洞内施工的通风、供水、供气、供电、照明及通信设施	项	—	—	—	—
2.21		驳岸块石清理	项	—	—	—	—
2.22		钻孔桩机工作平台	项	—	—	—	—
2.22.1		陆上支架锤重 2500kg	$100m^2$	32.06	2415.96	15382.07	92837.75
		合　计	元			73939.80	598728.34

编制人:　　　　　　　　证号:　　　　　　　　编制日期:　　　年　　月　　日

(7) 其他项目清单：××桥梁工程其他项目清单见表 8-3-47 所列。

其他项目清单　　　　表 8-3-47

工程名称：××桥梁工程　　　　第　页共　页

序号	项目名称	单位	合价(元)	备注	序号	项目名称	单位	合价(元)	备注
1	招标人部分		167087.42		2	投标人部分		3690.90	
1.1	预留金	元	167087.42	以分部分项项目费为计算基础×10%	2.1	总承包服务费	元		以零星工作项目费为计算基础×100%
1.2	材料购置费	元			2.2	零星工作项目费	元	3690.90	
1.3	其他	元			2.3	其他	元		
	合计		167087.42			合计		3690.90	

编制人：　　　　证号：　　　　编制日期：　　年　月　日

(8) 零星工作项目表：××桥梁工程零星工作项目表见表 8-3-48 所列。

零星工作项目表　　　　表 8-3-48

工程名称：××桥梁工程　　　　第　页共　页

序号	项目名称	单位	数量	金额(元)		序号	项目名称	单位	数量	金额(元)	
				综合单价	合价					综合单价	合价
1	人工				1000.0	2	材料				
1.1	一类工	工日	10.0	28.00	280.0	3	机械				
1.2	二类工	工日	10.0	26.00	260.0	3.1	挖掘机	台班			
1.3	三类工	工日	10.0	24.00	240.0	3.2	柴油发电机组	台班	5.00	269.09	2690.90
1.4	四类工	工日	10.0	22.00	220.0	4	其他				
	合计				1000.0		合计				3690.90

编制人：　　　　证号：　　　　编制日期：　　年　月　日

(9) 规费计算表预算：××桥梁工程规费计算表预算见表 8-3-49 所示。

规费计算表预算　　　　表 8-3-49

工程名称：××桥梁工程　　　　第　页共　页

序号	名称	规费公式计算式	费率	金额(元)
1	社会保险费	分部分项工程费+措施项目费+其他项目费	3.31	83224.03
2	住房公积金	分部分项工程费+措施项目费+其他项目费	1.28	32183.31
3	工程定额测定费	分部分项工程费+措施项目费+其他项目费	0.10	2514.32
4	工程排污费	分部分项工程费+措施项目费+其他项目费	0.33	8297.26
5	堤围防护费	分部分项工程费+措施项目费+其他项目费	0.13	3268.62
	合计：壹拾贰万玖仟肆佰捌拾柒元伍角肆分			129487.54

编制人：　　　　证号：　　　　编制日期：　　年　月　日

(10) 人工材料机械价差表预算：××桥梁工程人工材料机械价差表预算见表 8-3-50 所示。

人工材料机械价差表预算 表 8-3-50

工程名称:××桥梁工程 第　页共　页

序号	材料编码	名称、规格与型号	单位	数量	定额价(元)	编制价(元)	差价(元)	合价(元)
1	00000002	二类工	工日	37.941	26.00	33.00	7.00	265.59
2	00000003	三类工	工日	4580.469	24.00	33.00	9.00	41224.22
3	00000004	四类工	工日	2021.544	22.00	33.00	11.00	22236.98
4	01001001	圆钢ϕ10以内	t	8.935	3150.36	3519.20	368.84	3295.62
5	01002003	圆钢ϕ10～ϕ25	t	153.174	3293.88	3666.98	373.10	57149.39
6	03002027	螺纹钢ϕ10～ϕ25	m^3	2.894	3276.82	3652.42	375.60	1087.07
7	04001002	水泥 P.032.5(R)	t	8.285	291.99	309.60	17.61	145.90
8	05018001	石屑	m^3	84.953	38.70	35.70	–3.00	–254.86
9	18012001	电焊条	kg	1371.612	4.53	4.49	–0.04	–54.86
10	38041050	铁件	kg	20.020	3.55	4.90	1.35	27.03
11	3900117	水	m^3	1560.744	1.54	2.48	0.94	1467.10
12	75010005	C35 商品普通混凝土20石	m^3	1640.365	254.51	280.00	25.49	41812.90
13	75020001	C15 商品普通混凝土 40 石	m^3	217.860	267.90	295.00	27.10	5904.01
14	99916101	二类工(机械用)	工日	702.137	26.00	33.00	7.00	4914.96
15	99916202	柴油(机械用)	kg	6343.951	4.05	5.00	0.95	6026.75
	合　计：壹拾捌万伍仟贰佰肆拾柒角捌分							185247.78

编制人：　　　　证号：　　　　编制日期：　　年　月　日

9 隧道工程的工程量清单计价

9.1 隧道工程的工程量清单编制

9.1.1 隧道工程的工程量清单项目设置

（1）隧道岩石开挖：该工程共设4个清单项目，工程量清单项目设置及工作量计算规则，应按《建设工程工程量清单计价规范》中表D.4.1的规定执行，具体内容见表4–1–30所示。

（2）岩石隧道衬砌：该工程共设15个清单项目，工程量清单项目设置及工作量计算规则，应按《建设工程工程量清单计价规范》中表D.4.2的规定执行，具体内容见表4–1–31所示。

（3）盾构掘进：该工程共设9个清单项目，工程量清单项目设置及工作量计算规则，应按《建设工程工程量清单计价规范》中表D.4.3的规定执行，具体内容见表4–1–32所示。

（4）管节顶升、旁通道：该工程共设8个清单项目，工程量清单项目设置及工作量计算规则，应按《建设工程工程量清单计价规范》中表D.4.4的规定执行，具体内容见表4–1–33所示。

（5）隧道沉井：该工程共设6个清单项目，工程量清单项目设置及工作量计算规则，应按《建设工程工程量清单计价规范》中表D.4.5的规定执行，具体内容见表4–1–34所示。

（6）地下连续墙：该工程共设4个清单项目，工程量清单项目设置及工作量计算规则，应按《建设工程工程量清单计价规范》中表D.4.6的规定执行，具体内容见表4–1–35所示。

（7）混凝土结构：该工程共设14个清单项目，工程量清单项目设置及工作量计算规则，应按《建设工程工程量清单计价规范》中表D.4.7的规定执行，具体内容见表4–1–36所示。

（8）沉管隧道：该工程共设22个清单项目，工程量清单项目设置及工作量计算规则，应按《建设工程工程量清单计价规范》中表D.4.8的规定执行，具体内容见表4–1–37所示。

9.1.2 隧道工程有关问题的说明

（1）岩石隧道开挖分为平洞、斜洞、竖井和地沟开挖。平洞指隧道轴线与水平线之间的夹角在5°以内的；斜洞指隧道轴线与水平线之间的夹角在5°～30°之间；竖井指隧道轴线与水平线垂直的；地沟指隧道内地沟的开挖部分。隧道开挖的工程内容包括：开挖、临时支护、施工排水、弃渣的洞内运输外运弃置等全部内容。清单工程量按设计图示尺寸以体积计算，超挖部分由投标者自行考虑在综合单价内。是采用光面爆破还是一般爆破，除招标文件另有规定外，均由投标者自行决定。

（2）岩石隧道衬砌包括混凝土衬砌和块料衬砌，按拱部、边墙、竖井、沟道分别列项。清单工程量按设计图示尺寸计算,如设计要求超挖回填部分要以与衬砌同质混凝土来回填的,则这部分回填量由投标者在综合单价中考虑。如起挖回填设计用浆砌块石和干砌块石回填的,则按设计要求另列清单项目,其清单工程量按设计的回填量以体积计算。

(3) 隧道沉井的井壁清单工程量按设计尺寸以体积计算。工程内容包括制作沉井的砂垫层、刃脚混凝土垫层、刃脚混凝土浇筑、井壁混凝土浇筑、框架混凝土浇筑、养护等全部内容。

(4) 地下连续墙的清单工程量按设计的长度乘宽度乘深度以体积计算。工程内容包括导墙制作拆除、挖方成槽、锁口管吊拔、混凝土浇筑、养生、土石方场外运输等全部内容。

(5) 沉管隧道是新增加的项目,其实体部分包括沉管的预制,河床基槽开挖,航道疏浚、浮运、沉管、沉管连接、压石稳管等均设立了相应的清单项目。但预制沉管的预制场地这次没有列清单项目,沉管预制场地一般有用干坞(相当于船厂的船坞)或船台来作为预制场地,这是属于施工手段和方法部分,这部分可列为措施项目。

9.1.3 隧道工程量清单编制中列项编码图例

隧道工程工程量清单的编制的关键是正确地列项编码。工程量清单列项编码方法步骤参见“7.1.2 道路工程分部分项工程量清单列项编码”和“8.1.2 桥涵护岸工程分部分项工程量清单列项编码”有关内容。下面就隧道工程工程量清单编制时,列项编码的主要问题通过图例予以说明(以下几个示例,仅列出施工流程图中清单项目的基本名称。清单项目的具体名称及工程数量需根据施工图纸确定)。

例题 9-1　××市××隧道沉井施工流程如图 9-1-1 所示，根据施工流程图请编制工程量清单项目。

解:该隧道沉井的项目名称及项目编码如图 9-1-1 所示。虚线框内为该清单项目包括的主要施工项目。分部分项工程量清单见表 9-1-1 所列。

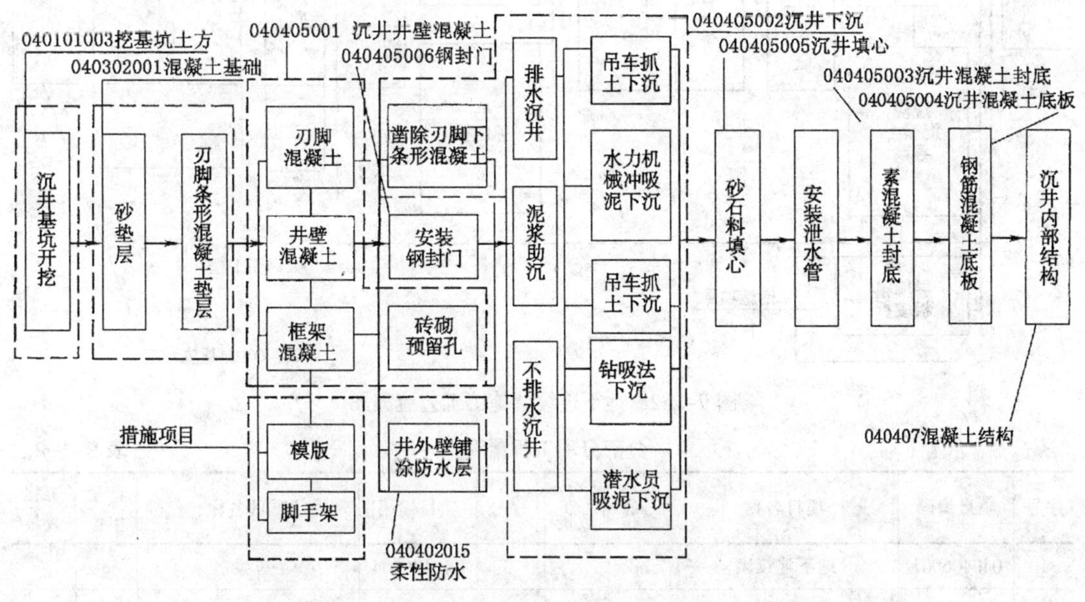

图 9-1-1　隧道沉井施工工艺流程图

分部分项工程量清单　　表 9-1-1

序号	项目编码	项目名称	计量单位	工程数量	序号	项目编码	项目名称	计量单位	工程数量
1	040101003	挖基坑土方	m^3		6	040405002	沉井下沉	m^3	
2	040302001	混凝土基础	m^3		7	040405005	沉井填心	m^3	
3	040405001	沉井井壁混凝土	m^3		8	040405003	沉井混凝土封底	m^3	
4	040405006	钢封门	t		9	040405004	沉井混凝土底板	m^3	
5	040402015	柔性防水层	m^3		10	040407	混凝土结构		

例题 9-2 ××市××地下连续墙施工工艺流程如图 9-1-2 所列，根据施工工艺流程图,请编制工程量清单项目。

解:该地下连续墙的项目名称与项目编码见图 9-1-2 所列,虚线框内为该清单项目包括的主要施工项目。分部分项工程量清单见表 9-1-2 所列。

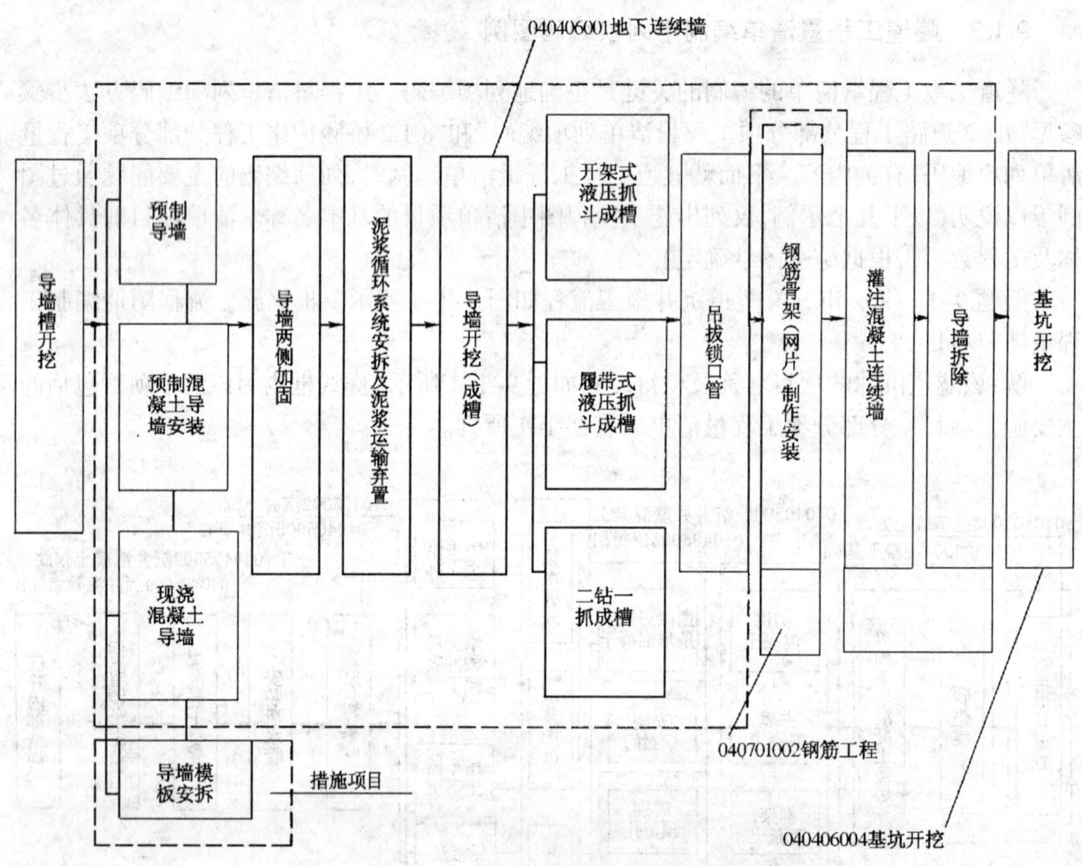

图 9-1-2　地下连续墙施工工艺流程图

分部分项工程量清单　　表 9-1-2

序号	项目编码	项目名称	计量单位	工程数量	序号	项目编码	项目名称	计量单位	工程数量
1	040406001	地下连续墙	m^3		3	040406004	基　坑	m^3	
2	040701002	钢筋工程	t						

例题 9-3 ××市××管节垂直顶升施工工艺流程如图 9-1-3 所列，根据施工工艺流程图，请编制工程量清单项目。

解：该管节垂直顶升的项目名称与项目编码见图 9-1-3 所列，虚线框内为该清单项目包括的主要施工项目。分部分项工程量清单见表 9-1-3 所列。

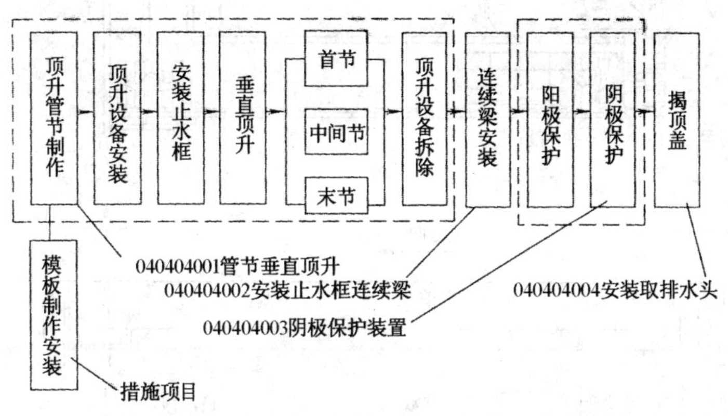

图 9-1-3 管节垂直顶升施工工艺流程图

分部分项工程量清单 表 9-1-3

序号	项目编码	项目名称	计量单位	工程数量	序号	项目编码	项目名称	计量单位	工程数量
1	040404001	管节垂直顶升	m		3	040404003	阴极保护装置	m	
2	040404002	安装止水、连续梁	t		4	040404004	安装取排水头	个	

例题 9-4 ××市××盾构施工示意图如图 9-1-4 所列，根据该施工示意图，请编制工程量清单项目。

解：该盾构施工的项目名称与项目编码见图 9-1-4 所列，虚线框内为该清单项目包括的主要施工项目。分部分项工程量清单见表 9-1-4 所列。

分部分项工程量清单 表 9-1-4

序号	项目编码	项目名称	计量单位	工程数量	序号	项目编码	项目名称	计量单位	工程数量
1	040403004	管节垂直顶升	m^3		5	040403008		m	
2	040403002	安装止水、连续梁	m		6	040403007	环	个	
3	040403001		台次		7	040407004		m^3	
4	040403003		m^3						

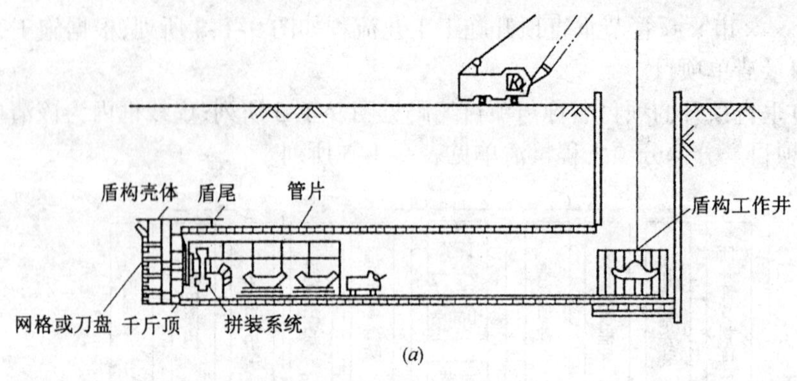

(a)

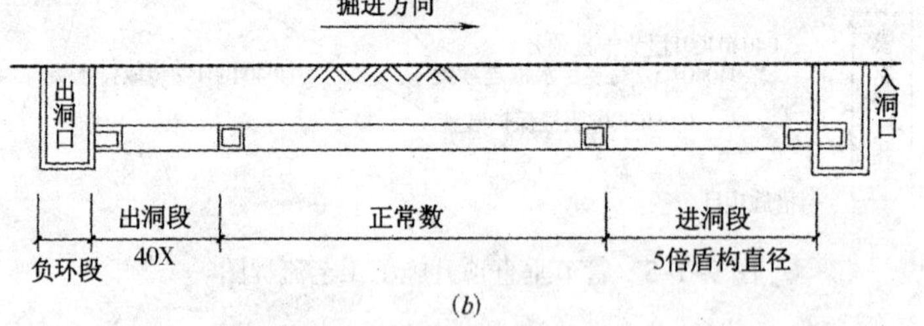

(b)

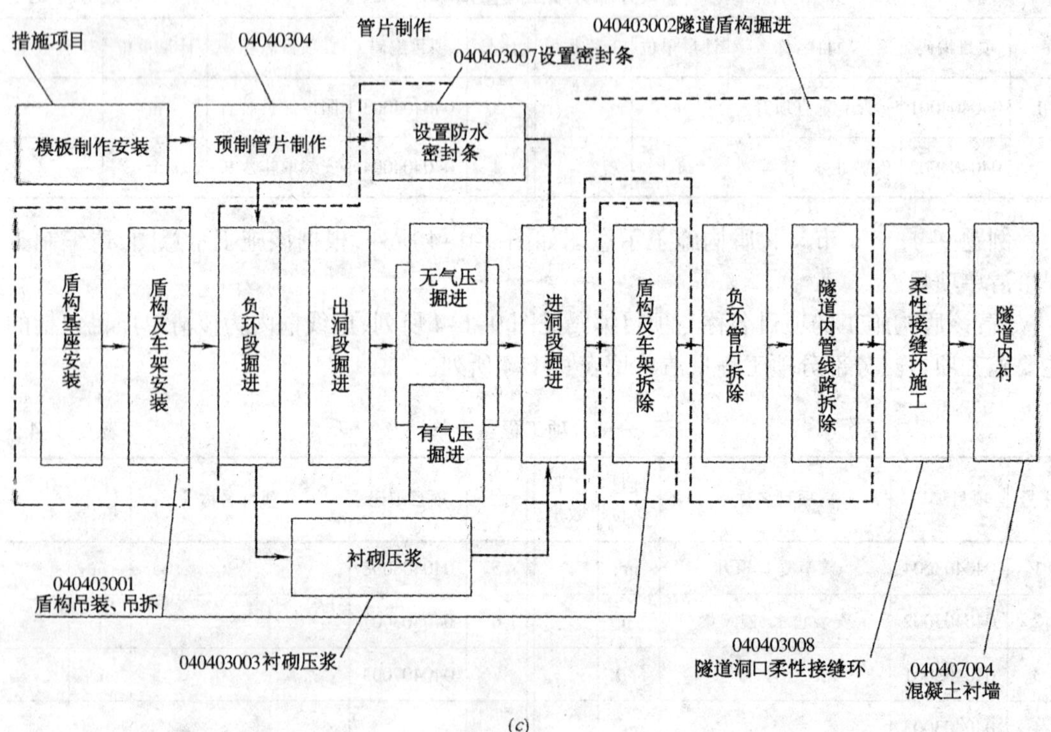

(c)

图 9-1-4　盾构施工示意图

(a)掘进施工;(b)施工阶段划分;(c)施工流程图

9.2 隧道工程的工程量清单计价

9.2.1 分部分项工程量清单计价

隧道分部分项工程项目清单计价，仍然是一个分解组合的过程，即，将清单的分部分项工程分解细化，列出施工项目→确定施工方法→套用对应的消耗量定额→计算施工工程量→填表计算综合单价。有关这一过程的方法步骤，可参阅“道路工程量清单计价”和“桥涵护岸工程量清单计价”，这里不再赘述。

（1）隧道工程清单计价，首先必须明确施工对象的结构构造，这就需要认真阅读隧道平面图、隧道纵断面图、隧道衬砌设计图、隧道衬砌设计图辅助坑道结构设计图、附属建筑物的结构设计图等，以达到明确隧道总体尺寸形状，地质条件，衬砌类型，衬砌的具体结构、尺寸、采用的材料及施工注意事项。在此基础上考虑项目清单分解细化。如洞内混凝土衬砌清单项目，需要考虑是否发生“平洞混凝土及钢筋混凝土衬砌”、“斜井混凝土及钢筋混凝土衬砌”、“混凝土制作”、“洞内材料运输”等施工项目。

（2）若是“浆砌块石”清单项目，则应考虑“拱背砌筑”、“墙背砌筑”等施工项目。这类问题，通过工程施工图的查阅均可明确。如若清单项目为“隧道盾构掘进”，则应考虑的施工项目可能有：“干式出土盾构掘进”或“水力出土盾构掘进”、“刀盘式土压平衡盾构掘进”或“刀盘式泥水平衡盾构掘进”、“负环管片拆除”、“隧道内管线路拆除”、“挖土机自卸汽车运土”等施工项目。

（3）隧道工程项目清单的计价与具体施工方法密切相关。不同的施工方法，项目清单分解细化的施工内容区别较大。主洞的施工有全断面开挖、盾构掘进等。若采用全断面开挖掘进施工，出渣运输考虑采用汽车运输或是轻轨斗车运输。若采用盾构掘进施工，选用的机型为土压平衡掘进机或泥水平衡掘进机。施工中是否需要工作平台，是否需要大型支撑等等。这些问题均需施工组织设计确定。

（4）以上简要介绍了隧道工程项目清单计价需具备的专业方面的知识和考虑问题的方法，下面通过举例说明项目清单计价的一般方法。

例 9-5　××市××围岩隧道工程如图 9-2-1 所示为喷锚衬砌与复合衬砌示意图，提供的分部分项工程量清单见表 9-2-1 所列。主洞高 H=4m，洞内采用喷射混凝土支护，拱部围岩采用ϕ22 钢筋锚杆加固。根据所给条件，列出工程清单的施工项目，并给出相应的定额编号。

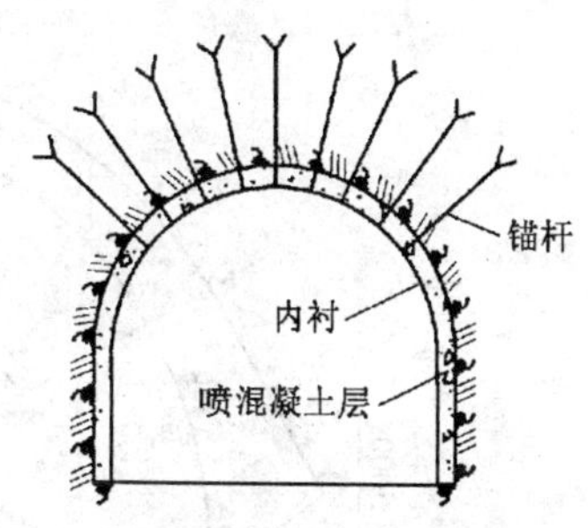

图 9-2-1　喷锚衬砌与复合衬砌示意图

分部分项工程量清单　　表 9-2-1

序号	项目编码	项　目　名　称	计量单位	工程数量
1	040402005001	拱部喷射混凝土：厚度 30cm，混凝土 C20	m^2	550
2	040402006001	边墙喷射混凝土：厚度 30cm，混凝土 C20	m^2	650
3	040402011001	砂浆锚杆：ϕ22 钢筋	t	0.453
4	040701002001	钢筋制作安装ϕ10	t	2.136

解:(1) 根据该隧道工程图示及通常的施工方法，该隧道工程的施工项目组合见表9-2-2所示。

隧道工程的施工项目组合 表 9-2-2

序号	项目编码	项目名称	计量单位	施工项目	定额编号
	040402005001 或 040402006001	拱部喷射混凝土或边墙喷射混凝土	m^2	混凝土制作:搅拌站	—
				拱部喷射混凝土支护:厚度 30cm,混凝土 C20	(4-156)+(4-157)×5
				洞内材料运输:轨道平车运输距离 300m	(4-164)+(4-165)×2
				边墙喷射混凝土支护:厚度 30cm,混凝土 C20	(4-160)+(4-161)×5
2	040402011001	砂浆锚杆	t	砂浆锚杆	4-162
3	040701002001	钢筋制作安装	t	一般钢筋制作安装:$\phi10$	4-166

(2) 本例说明:

1) 本例按常规施工考虑;

2) 本例中应考虑的喷射平台、轨道铺拆等,归入措施项目费。

9.2.2 隧道工程综合实例

××市××隧道工程长度为150m，洞口桩号为K3+300～K3+450，其中K3+320～K3+370段岩石为普坚石，此段隧道的设计断面如图9-2-2所示，设计开挖断面积为66.67m^2,拱部衬砌断面积为10.17m^2。边墙厚为600mm,混凝土强度等级为C20,边墙断面积为3.638m^2。设计要求主洞超挖部分必须用与衬砌同强度等级混凝土充填,招标文件要求开挖出的废渣运至距洞口900m处弃置场弃置(两洞口外900m处均有弃置场地)。施工临时设施布置如图9-2-3所示。请根据上述条件编制隧道K3+320～K3+370段的隧道开挖和衬砌工程量清单,并计算分部分项工程量清单综合单价和措施项目费。

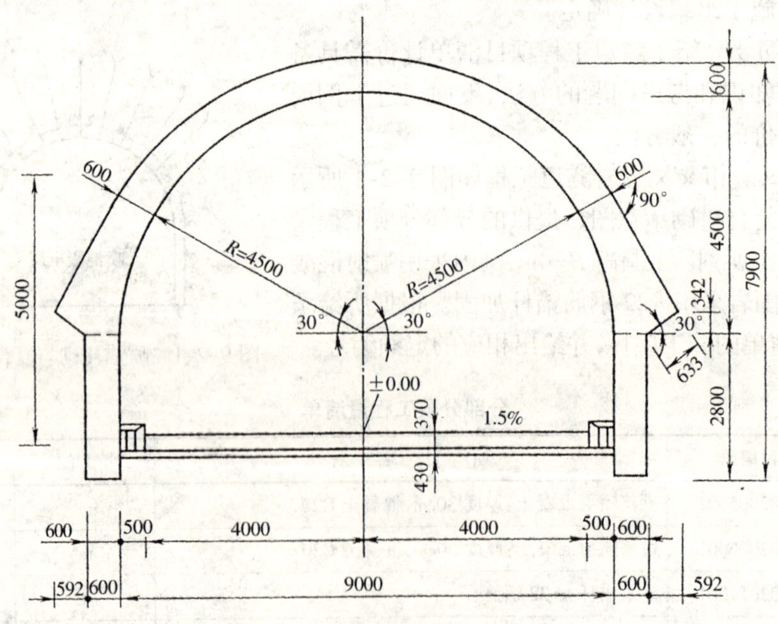

图 9-2-2 隧道衬砌设计示意图

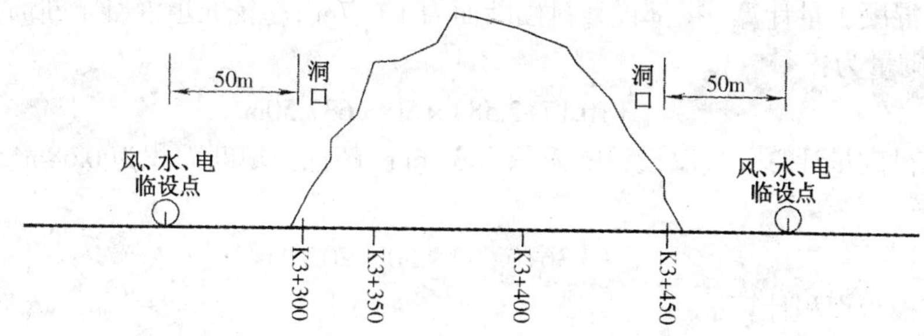

图 9-2-3　隧道施工临时设施布置示意图

9.2.2.1　分部分项工程量清单编制

(1) 审读图纸，列项编码

根据图示结合题目要求，可列出项目清单有：平洞开挖（普坚石，设计断面 66.67m²），混凝土拱部衬砌（拱顶厚 60cm、混凝土 C20），混凝土边墙衬砌（厚 60cm、混凝土 C20）。

(2) 计算清单工程量

1) 平洞开挖清单工程量计算：$66.67 \times 50 = 3333.5\text{m}^3$

2) 衬砌清单工程量计算

① 拱部：$10.17 \times 50 = 508.50\text{m}^3$

② 边墙：$3.36 \times 50 = 168.00\text{m}^3$

(3) 工程量清单编制，见表 9-2-3 所列。

分部分项工程量清单　　表 9-2-3

工程名称：××市××隧道 3+320~3+370 段，隧道开挖及衬砌　　第　页共　页

序号	项目编码	项　目　名　称	计量单位	工程数量
1	040401	隧道岩石开挖		
1.1	040401001001	平洞开挖：普通坚石，设计断面 66.67m²，外运 1000m 以内	m³	3333.50
2	040402	岩石隧道衬砌		
2.1	040402001001	混凝土拱部衬砌：拱顶厚度 60cm，混凝土 C20，碎石最大粒径40mm	m³	508.5
2.2	040402002001	混凝土边墙衬砌：拱顶厚度 60cm，混凝土 C20，碎石最大粒径 40mm	m³	168.00

9.2.2.2　工程量清单计价

(1) 施工方案的确定

现根据招标文件及设计图和工程量清单表做综合单价分析。

1) 从工程地质图和以前进洞 20m 已开挖的主洞看石岩比较好，拟用光面爆破，全断面开挖。为了加快工程进度，考虑隧道两端同时开挖施工。

2) 衬砌采用先拱后墙法施工，对已开挖的主洞及时衬砌。减少岩面暴露时间，以利安全。

3) 出渣运输用挖掘机装渣，自卸汽车运输。模板采用钢模板、钢模架。

(2) 施工工程量计算：

1) 主洞开挖量计算。设计开挖断面积为 66.67m²，超挖断面积为 3.26m²，施工开挖量为：

$$(66.67+3.26) \times 50 = 3496.5\text{m}^3$$

2）拱部混凝土量计算。拱部设计衬砌断面为 10.17m²，超挖充填混凝土断面积为2.58m²，拱部施工衬砌量为：

$$(10.17+2.58)\times 50=637.50\text{m}^3$$

3）边墙衬砌量计算。边墙设计断面积为 3.36m²，超挖充填断面积为 0.68m²，边墙施工衬砌量为：

$$(3.36+0.68)\times 50=202.0\text{m}^3$$

4）衬砌模板面积计算：

① 拱部模板面积： $14.13\times 50=706.5\text{m}^2$

② 边墙模板面积： $2.8\times 2\times 50=280.0\text{m}^2$

5）水、电、风临时线路（考虑全隧道）数量。拟在两端洞口 50m 处设变压器、高位水池、空压气站。

① 粘胶帆布风管 ϕ500 数量： $(150\div 2-30)\times 2=90\text{m}$

② 水管用 ϕ50 钢管数量： $(150\div 2+50)\times 2=250\text{m}$

③ 高压风管 ϕ150 钢管数量： $(150\div 2+50)\times 2=250\text{m}$

④ 洞内照明线路为两边设置数量： $150\times 2=300\text{m}$

⑤ 动力线路： $(150\div 2+50)\times 2=250\text{m}$

（3）套用综合定额分析计算综合单价。

1）C20 混凝土到工地现场的材料单价为每立方米 170.64 元。

2）管理费按人工费 10%计取、利润按人工费 20%计取。

3）按照《全国统一市政工程预算定额》隧道工程册分析计算人工、单价。分部分项工程量清单综合单价计算见表 9-2-4 ~ 表 9-2-6 所列。

分部分项工程量清单综合单价计算表 表 9-2-4

工程名称：××市××隧道 3+320~3+370 段 计量单位：m³

项目编码：040401001001 工程数量：3333.50

项目名称：平洞开挖 综合单价：60.65 元

序号	定额编号	项目内容	计量单位	工程量	分项单价（元）					分项合价（元）
					人工费	材料费	机械费	管理费	利润	
1	D4-4-20	平洞全断面开挖：普坚石设计断面 66.67m²，采用光面进行爆破	100m³	34.97	999.69	669.96	1974.31	99.97	199.94	137917.13
2	D4-4-54	平洞出渣：机械装，自卸汽车运输，运输距离 1000m 以内	100m³	34.97	25.17	0	1804.55	2.52	5.03	64249.33
		合　价			35839.35	23428.50	132146.73	3584.08	7167.08	202166.47
		单　价			10.75	7.03	39.64	1.08	2.15	60.65

分部分项工程量清单综合单价计算表 表 9-2-5

工程名称:××市××隧道 3+320~3+370 段 计量单位:m^3

项目编码:040402001001 工程数量:508.50

项目名称:混凝土拱部衬砌 综合单价:351.20 元

序号	定额编号	项目内容	计量单位	工程量	分项单价(元)					分项合价(元)
					人工费	材料费	机械费	管理费	利润	
1	D4-4-91	平洞拱部混凝土衬砌：拱厚度 60cm,C20 混凝土	$100m^3$	63.75	709.15	1742.39	137.06	70.92	141.83	178586.06
		合　价			45208.31	111077.36	8737.58	4521.15	9041.66	178586.06
		单　价			88.91	218.44	17.18	8.89	17.78	

分部分项工程量清单综合单价计算表 表 9-2-6

工程名称:××市××隧道 3+320~3+370 段 计量单位:m^3

项目编码:040402002001 工程数量:168.00

项目名称:混凝土边墙衬砌 综合单价:305.89(元)

序号	定额编号	项目内容	计量单位	工程量	分项单价(元)					分项合价(元)
					人工费	材料费	机械费	管理费	利润	
1	D4-4-109	平洞边墙衬砌:厚度 60cm,C20 混凝土	$10m^3$	20.20	535.91	1741.18	106.14	53.59	107.18	51388.80
		合　价			10825.38	35171.84	2144.03	1082.52	2165.04	51388.80
		单　价			64.44	209.36	12.76	6.44	12.89	

9.2.2.3 措施项目费计算

措施项目费计算可见表 9-2-7 所列。

分部分项工程量清单综合单价计算表 表 9-2-7

工程名称:××市××隧道 3+320~3+370 段 第　页 共　页

序号	定额编号	项目内容	计量单位	工程量	分项单价(元)					分项合价(元)
					人工费	材料费	机械费	管理费	利润	
1		洞内通风管安装、拆卸年摊销（ϕ500 胶布轻便软管 1 年以内）								
1.1	D4-4-60	洞内通风管安装、拆卸年摊销（ϕ500 胶布轻便软管 1 年以内）	100m	0.90	1887.48	558.43	0	188.75	377.50	2710.94
1.2	D4-4-70	洞内通水管道安装、拆卸年摊销（镀锌钢管 ϕ50 1 年以内）	100m	2.50	1462.12	526.21	28.84	146.21	292.42	6139.50
1.3	D4-4-76	洞内高压风管道安装拆卸年年摊销（钢管 ϕ150 1 年以内）	100m	2.50	1923.21	1914.50	919.69	192.32	384.64	13335.90

续表

工程名称:××市××隧道 3+320~3+370 段　　　　第　页 共　页

序号	定额编号	项目内容	计量单位	工程量	分项单价(元)					分项合价(元)
					人工费	材料费	机械费	管理费	利润	
1.4	D4-4-78	洞内照明电路架设、拆除年摊销	100m	3.00	1568.41	4763.78	0	156.84	313.68	20408.13
1.5	D4-4-80	洞内动力电路架设、拆除年摊销	100m	2.50	1633.79	4091.58	0	163.38	326.76	15538.78
2		衬砌模(3+320~3+370 段)								
2.1	D4-4-93	拱部衬砌模板(钢模板)	$10m^2$	70.65	255.71	211.97	62.68	25.57	51.14	42889.50
2.2	D4-4-111	边墙衬砌模板(钢模板)	$10m^2$	28.00	197.06	127.34	27.63	19.71	38.20	11478.32
合　计										112501.07

10　市政管网工程的工程量清单计价

10.1　给水工程的工程量清单编制

10.1.1　市政管网工程量清单编制方法

《建设工程工程量清单计价规范》附录 D.5“市政管网工程”,适用于市政管网工程及市政管网专用设备安装工程。管道铺设、管件、钢支架制作以及新旧管道连接,同时适用于给水工程排水工程、市政燃气工程、供热工程等。

10.1.1.1　市政给水排水管道的界线划分

(1)市政给水管道与建筑安装给水管道的界线划分。《全国统一市政工程预算定额》规定:有水表井的以水表井为界,无水表井的以市政管道碰头点为界。有些地方定额又进行了进一步的明确,如《××省市政工程计价表》规定:有水表井的以水表井为界,无水表井的以围墙外两者碰头处为界。水表井以外为市政给水管道,水表井以内为建筑安装管道。如果建筑小区内无水表井,则管道碰头处为建筑物人土管道的变径处。

(2)市政排水管道与建筑安装排水管道的界线划分。《全国统一市政工程预算定额》规定,以室外管道与市政管道碰头点检查井为界。《××省市政工程计价表》规定:市政工程排水管道与其他专业工程排水管道按其设计标准及施工验收规范划分,按市政工程设计标准设计施工的管道,属于市政工程管道。

城市给水系统与排水系统分别见图 10–1–1、图 10–1–2 所示。

10.1.1.2　市政燃气管道的分类、组成与布置

同其他管道相比,燃气管道的气密性有特别严格的要求,因为漏气可以导致火灾、爆炸、中毒或其他事故。燃气管道的压力越高,管道接头脱开或管道本身出现裂缝的可能性和危险性也就越大。当管道内的压力不同时,对管道材质、安装质量、检验标准和运行管理的要求也不同。

(1)城市燃气管道按输送压力分类

城市燃气管道按输送压力的分类见表 10–1–1 所列。

城市燃气管道按输送压力分类　　表 10–1–1

<table>
<tr><th>序号</th><th colspan="2">管道类别</th><th>压力范围(MPa)</th><th>适应条件</th></tr>
<tr><td rowspan="2">1</td><td rowspan="2">高压燃气管道</td><td>A</td><td>$0.8 < P \leq 1.6$</td><td rowspan="4">中压或高压管道燃气必须通过调压室才能送入次高压或中压管道</td></tr>
<tr><td>B</td><td>$0.4 < P \leq 0.8$</td></tr>
<tr><td rowspan="2">2</td><td rowspan="2">中压燃气管道</td><td>A</td><td>$0.2 < P \leq 0.4$</td></tr>
<tr><td>B</td><td>$0.05 < P \leq 0.2$</td></tr>
<tr><td>3</td><td colspan="2">低压燃气管道</td><td>$P \leq 0.005$</td><td>居民用户或小型公共建筑用户一般直接由低压管道供气</td></tr>
</table>

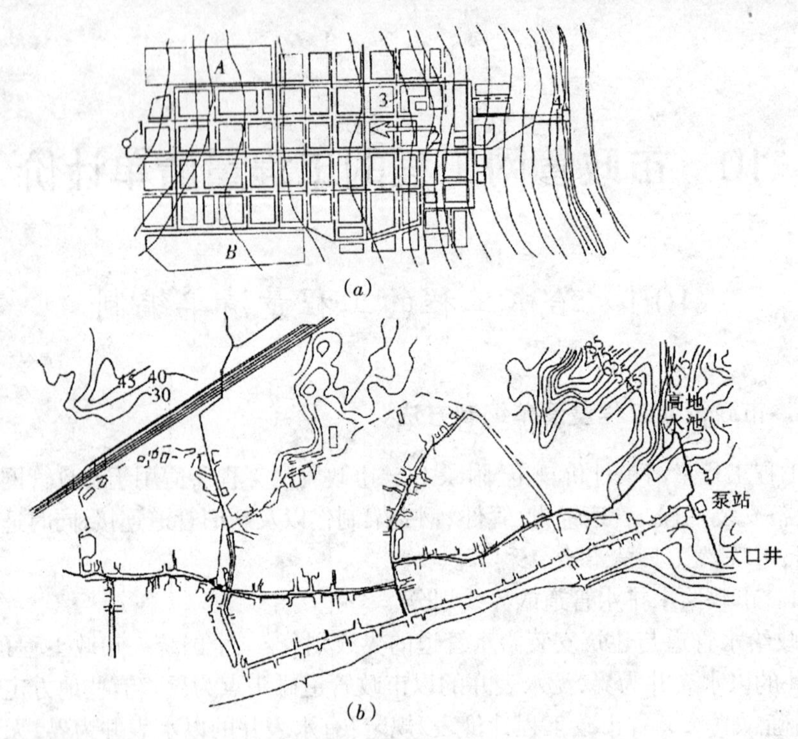

图 10-1-1　城市给水管网布置系统图

(a)干管和分配管布置图；(b)某城市干管管网布置图

1-水塔；2-干管；3-分配管；4-水厂；A、B-工业区

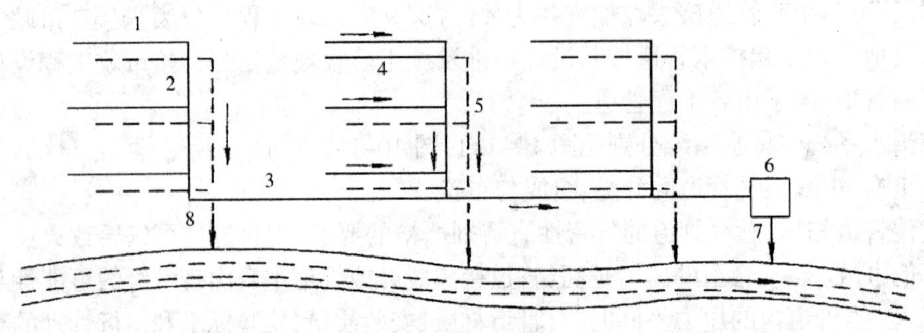

图 10-1-2　城市排水管网布置系统图

1-污水支管；2-污水干管；3-污水主干管；4-雨水支管；5-雨水干管；

6-污水处理厂；7-污水出口；8-雨水出口

（2）城市燃气管道按压力级别的不同组合分类见表 9-1-2 所列。

城市燃气管道按压力级别不同组合分类　　表 10-1-2

序号	压力级别	组合形式
1	一级系统	仅由低压或中压一种级别的管网分配和供给燃气的管网系统
2	二级系统	以中—低压或高—低压两种压力级别的管网组成的管网系统
3	三级系统	以低压、中压、高压三种压力级别组成的管网系统

(3) 城市燃气输配系统的组成：主要由低压、中压以及高压等不同压力的燃气管网；城市燃气分配站或压送机站、调压计站或区域调节器压室；储气站；电讯与自动化设备、电子计算机中心等组成。

(4) 燃气管道的布置(图 10-1-3)：

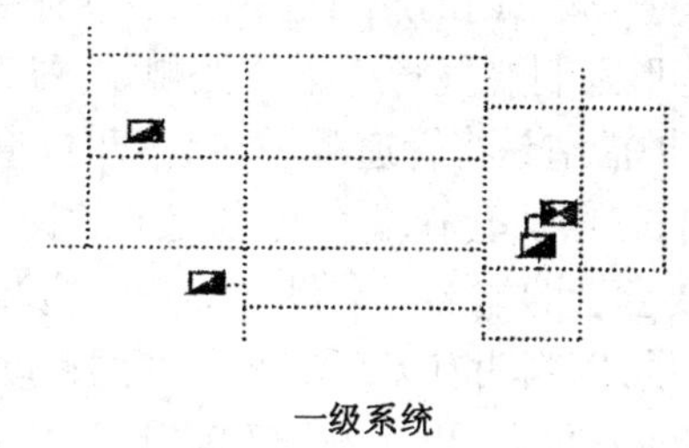

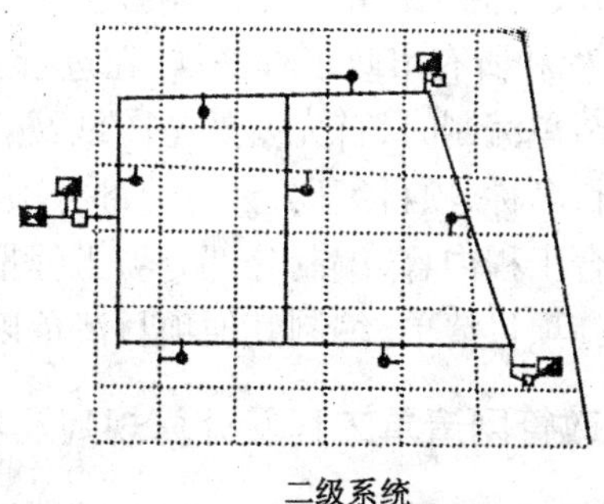

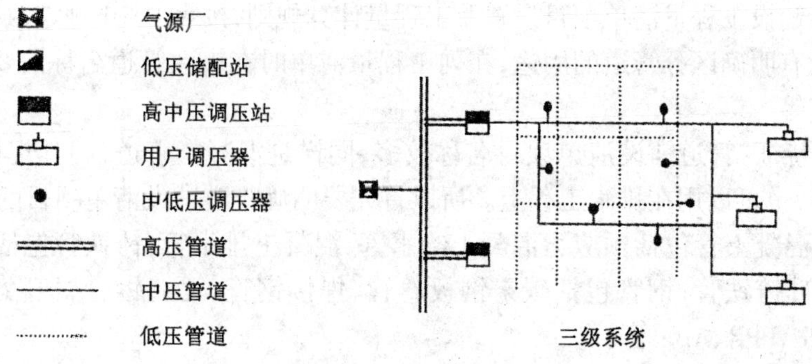

图 10-1-3　城市燃气管道系统布置图

1) 高、中压燃气干管应靠近大型用户，尽量靠近调压站，以缩短支管长度。为保证燃气供应的可靠性，主要干线应连成环状。城镇燃气管道应布置在道路下，尽量避开主要交通干道和繁华的街道，以减少施工难度和运行、维修的麻烦，并可节省投资；

2) 街道敷设燃气管道时，可以单侧布置，也可以双侧布置。双侧布置一般在街道很宽，横穿道路的支管很多，输送燃气量较大，单侧管道不能满足要求时采用；

3) 低压燃气干管应在小区内部的道路下敷设，可使管道两侧供气，又可兼做庭院管道，节省投资；

4) 输送湿燃气的管道，不论是干管还是支管，其坡度一般不小于 0.003。布线时最好能使管道的坡度和地形相适应，在管道的最低点，应设凝水器；

5）在一般情况下，燃气管道不得穿过其他管道，如因特殊情况需要穿过其他大断面管道（污水干管、雨水干管、热力管沟）时，需征得有关方面的同意，同时燃气管道必须安装在钢套管内；

6）燃气管道与其他各种构筑物以及管道相交时，应保持一定的垂直距离。在距相交构筑物或管道外壁 2m 以内的燃气管道上不应有接头、管件和附件；

7）如受地形限制燃气管道不能按规定深度进行埋设时，应采取行之有效的防护措施。通常采用的防护措施是将管道敷设在套管内。套管是比燃气管道稍大的钢管，直径一般大于 100mm，其伸出长度，从套管端至与之交叉的构筑物或管道的外壁不小于 1m，套管两端有密封填料，在重要套管的端部可装没检漏管。检漏管上端伸人防护罩内，由管口取气样检查套管中的燃气含量，以判明有无漏气及漏气的程度；

8）燃气管道在铁路、电车轨道和城市主要交通干线下穿过时，应敷设在套管或地沟内。

10.1.1.3　市政管网工程量清单编制方法

市政管网工程和所有市政工程一样，在进行工程量清单编制时的步骤方法是相同的。

（1）工程量清单编制时，首先要熟悉图纸，熟悉规范、定额及相关的工程量计算规则；

（2）确定项目名称、项目编码，计算分部分项工程数量；

（3）确定综合工程内容，编制分部分项工程量清单；

（4）编制措施项目清单，编制其他项目清单以及零星工作量。

10.1.2　市政管网清单工程量计算规则及项目设置

10.1.2.1　市政管网铺设特征与工程量计算规则

市政管道铺设工程量清单项目设置及工程量计算规则，按表 D.5.1 规定执行。管道铺设项目设置中没有明确区分管道的用途，在列工程量清单时在市政管道名称前要明确给水、排水、热力、燃气等。

（1）项目特征：管道铺设清单项目名称较多，同样是混凝土管道，因其规格不同可以用在给水工程上，也可以用在排水工程上。所以首先要明确管道铺设清单项目的特征。

1）材质：混凝土管包括预应力混凝土给水管、混凝土排水管；铸铁管包括一般铸铁管、球墨铸铁管、硅铸铁管；钢管包括碳素钢板卷管、焊接钢管、无缝钢管；塑料管有 PVC-U、PVC、PE、HDPE、PPR、ABS 等；

2）接口形式及接口材料：给水混凝土管采用承插连接，胶圈接口；给水承插铸铁管承插连接（青铅接口、石棉水泥接口、膨胀水泥接口、胶圈接口）；排水混凝土管有平接（水泥砂浆抹带接口、钢丝网水泥砂浆抹带接口），承插连接（水泥砂浆接口、沥青油膏接口），套箍连接（预制混凝土外套环、现浇混凝土套环）；钢管有法兰连接、焊接、箍接、丝接等；塑料管有焊接、胶粘剂粘接、热熔连接、电熔连接、胶圈连接等；

3）垫层厚度、材料品种、强度和基础断面形式、混凝土强度；管材规格、埋设深度、防腐要求。

（2）工程量计算规则：

1）给水排水工程中采用的混凝土管道、铸铁管道，规定按图示管道中心线长度以延长米计算，不扣除井、管件、阀门所占长度；

2）对钢管、镀锌钢管、塑料管道，按图示管道中心线长度以延长米计算，不扣除管件、阀门、法兰所占长度；塑料排水管安装，其工程量应扣除井所占长度；

3）管道铺设除管沟挖填方外，包括从垫层到基础，管道防腐、铺设、保温、检验试验、冲洗消毒和吹扫等全部内容；

4）管道铺设中遇到的管件、钢支架制作安装及新旧管连接，应分别列清单。

10.1.2.2　市政管网工程量清单项目设置

（1）管道铺设：该工程共设 12 个清单项目，工程量清单项目设置及工作量计算规则，应按《建设工程工程量清单计价规范》中表 D.5.1 的规定执行，具体内容见表 4–1–9 所列。

（2）管件、钢支架制作安装及新旧管连接：该工程共设 15 个清单项目，工程量清单项目设置及工作量计算规则，应按《建设工程工程量清单计价规范》中表 D.5.2 的规定执行，具体内容见表 4–1–10 所列。

（3）阀门、水表、消火栓安装：该工程共设 3 个清单项目，工程量清单项目设置及工作量计算规则，应按《建设工程工程量清单计价规范》中表 D.5.3 的规定执行，具体内容见表 4–1–11 所列。

（4）井类、设备基础及出水口：该工程共设 8 个清单项目，工程量清单项目设置及工作量计算规则，应按《建设工程工程量清单计价规范》中表 D.5.4 的规定执行，具体内容见表 4–1–12 所列。

（5）顶管：该工程共设 5 个清单项目，工程量清单项目设置及工作量计算规则，应按《建设工程工程量清单计价规范》中表 D.5.5 的规定执行，具体内容见表 4–1–13 所列。

（6）给水系统中泵：该工程共设 11 个清单项目，工程量清单项目设置及工作量计算规则，应按《建设工程工程量清单计价规范》中表 D.1.9 的规定执行，具体内容见表 4–1–14 所列。

（7）给排水、采暖、燃气管道：该工程共设 13 个清单项目，工程量清单项目设置及工作量计算规则，应按《建设工程工程量清单计价规范》中表 D.8.1 的规定执行，具体内容见表 4–1–15 所列。

（8）管道支架制作安装：该工程共设 1 个清单项目，工程量清单项目设置及工作量计算规则，应按《建设工程工程量清单计价规范》中表 D.8.2 的规定执行，具体内容见表 4–1–16 所列。

（9）管道附件：该工程共设 18 个清单项目，工程量清单项目设置及工作量计算规则，应按《建设工程工程量清单计价规范》中表 D.8.3 的规定执行，具体内容见表 4–1–17 所列。

10.1.3　市政管网工程量清单编制的列项编码

市政管网工程量清单编制的列项编制可参考前面已阐述的道路工程、桥梁工程、隧道工程等的有关内容，这里不再重述。

10.1.4　市政管网工程量清单编制实例

以××市××污水处理厂室外排水为例，工程量清单（封面）见表 10–1–3 所列，分部分项工程量清单见表 10–1–4 所列，措施项目清单见表 10–1–5 所列，其他项目清单见表 10–1–6 所列，清单工程量计算表 10–1–7 所列。

招标工程量清单

表 10-1-3

工程名称:××污水处理厂工程　　　　第　　页共　　页

工程量清单(封面)

招　标　人:　　　(略)　　　(单位签字盖章)

法人代表人:　　　(略)　　　(签字盖章)

中 介 机 构
法人代表人:　　　(略)　　　(签字盖章)

造价工程师
及注册证号:　　　(略)　　　(签字盖执业专用章)

编 制 时 间:　　　(略)

分部分项工程量清单

表 10-1-4

工程名称:××市××污水处理厂室外排水　　　　第　　页共　　页

序号	项目编码	项目名称	项　目　特　征	计量单位	工程数量	备注
1	040501006001	塑料管道铺设	(1) PVC-U 加筋管铺设(胶圈接口)225mm; (2) 人工挖沟、槽土方一、二类土,深 2m 以内; (3) 非定型(管)道垫层 砂; (4) 人工填土夯实 槽、坑	m	185	—
2	040501006002	塑料管道铺设	(1) PVC-U 加筋管铺设(胶圈接口)300mm; (2) 人工挖沟、槽土方一、二类土,深 2m 以内; (3) 非定型(管)道垫层 砂; (4) 人工填土夯实 槽、坑	m	185	—
3	040501006003	塑料管道铺设	(1) PVC-U 加筋管铺设(胶圈接口)400mm; (2) 人工挖沟、槽土方一、二类土,深 2m 以内; (3) 非定型(管)道垫层 砂; (4) 人工填土夯实 槽、坑; (5) 非定型渠(管)道垫层 混凝土 C10	m	357.21	—
4	040501006004	塑料管道铺设	(1) PVC-U 加筋管铺设(胶圈接口)600mm; (2) 人工挖沟、槽土方一、二类土,深 2m 以内; (3) 非定型(管)道垫层 砂; (4) 人工填土夯实 槽、坑; (5) 非定型渠(管)道垫层 混凝土 C10	m	51.33	—

续表

工程名称:××市××污水处理厂室外排水　　　　第　页共　页

序号	项目编码	项目名称	项目特征	计量单位	工程数量	备注
5	040504003001	雨水进水井	(1) 人工挖沟、槽土方一、二类土,深 2m 以内; (2) 非定型井垫层　碎石; (3) 非定型井垫层　混凝土 C15; (4) 非定型井砌筑及抹灰　砖砌　矩形 M7.5; (5) 砖墙　井内侧抹灰; (6) 砖墙　井底抹灰; (7) 钢筋混凝土井圈制作 C20; (8) 井盖、井箅安装　雨水井　铸铁平箅; (9) 人工填土夯实　槽、坑	座	28	—
6	040504001001	砌筑检查井(不落井底)	(1) 人工挖基坑土方　一、二类土,深 4m 以内; (2) 非定型井垫层　混凝土 100 厚 C10; (3) 非定型井垫层　混凝土 200 厚 C20; (4) 非定型井砌筑及抹灰　砖砌　矩形 M7.5; (5) 砖墙　井内侧抹灰; (6) 砖墙　井底抹灰; (7) 预制井室盖板; (8) 井室矩形盖板安装　每块体积在 $0.5m^3$ 以内; (9) 钢筋混凝土井圈制作 C20; (10) 井盖、井箅安装　雨水井　铸铁平箅; (11) 人工填土夯实　槽、坑	座	11	—
7	040504001002	砌筑检查井(落井底)	(1)人工挖基坑土方　一、二类土,深 4m 以内; (2)非定型井垫层　混凝土 100 厚 C10; (3)非定型井垫层　混凝土 200 厚 C20; (4)非定型井砌筑及抹灰　砖砌　矩形 M7.5; (5)砖墙　井内侧抹灰; (6)砖墙　井底抹灰; (7)预制井室盖板; (8)井室矩形盖板安装　每块体积在 $0.5m^3$ 以内; (9)钢筋混凝土井圈制作 C20; (10)井盖、井箅安装　雨水井　铸铁平箅; (11)人工填土夯实　槽、坑	座	10	—

措施项目清单

表 10-1-5

工程名称:×× 污水处理厂工程　　　　第　页共　页

序号	项目名称	备注	序号	项目名称	备注
1	安全防护、文明施工措施部分		2.4	夜间施工费	
1.1	综合脚手架		2.5	二次搬运费	
1.2	靠脚手架安全挡板		2.6	大型机械设备进出场及安拆费	
1.3	独立安全防护挡板		2.7	混凝土、钢筋混凝土模板及支架	
1.4	文明施工、环保、临时设施、安全施工费		2.8	脚手架	
2	其他措施费部分		2.9	已完工程及设备保护	

续表

工程名称:×× 污水处理厂工程　　　　第　页共　页

序号	项目名称	备注	序号	项目名称	备注
2.1	预算包干费		2.10	施工排水、降水	
2.2	工程保险费		2.11	筑捣费	
2.3	工程保修费		2.12	现场施工围栏	

其他项目清单

表 10-1-6

工程名称:×× 污水处理厂工程　　　　第　页共　页

序号	项目名称	备注	序号	项目名称	备注
1	招标人部分		2	投标人部分	
1.1	预留金		2.1	总承包服务费	
1.2	材料购置费		2.2	零星工作项目费	
1.3	其他		2.3	其他	

清单工程量计算表

表 10-1-7

工程名称:×× 污水处理厂工程　　　　第　页共　页

序号	分部分项工程名称	计量单位	工程数量	计算公式	备注
一、道路北侧、南侧雨水部管					
1	Y52~Y53				
1.1	PVC-U 环形肋管 D300	m	39		
1.2	雨水检查井 1100×1100	座	2	落井底深 1.651、深 1.5833 各 1 座	
2	Y54-1~Y55				
2.1	PVC-U 环形肋管 D300	m	29		
2.2	PVC-U 环形肋管 D400	m	39		
2.3	雨水检查井 1100×1100	座	3	落井底深 1.888、深 1.978、深 2.753 各 1 座	
3	Y56~Y57				
3.1	PVC-U 环形肋管 D300	m	39		
3.2	雨水检查井 1100×1100	座	2	深 1.743 不落底、深 2.173 落等底各 1 座	
4	Y147~Y149				
4.1	PVC-U 环形肋管 D300	m	39		
4.2	雨水检查井 1100×1100	座	2	深 2.15 落底、深 1.733 不落等底各 1 座	
5	Y149~Y151				
5.1	PVC-U 环形肋管 D400	m	12		
5.2	钢筋混凝土管 D600	m	51.33		
5.3	雨水检查井 1100×1100	座	3	深 2.486、2.84、3.171 落底各 1 座	
6	Y152~Y153				
6.1	PVC-U 环形肋管 D300	m	39		

续表

工程名称:×× 污水处理厂工程　　　　第　页共　页

序号	分部分项工程名称	计量单位	工程数量	计 算 公 式	备 注
一、道路北侧、南侧雨水部管					
6.2	雨水检查井 1100×1100	座	2	深 1.743 不落井底、深 2.163 落底各 1 座	
二、污水系统					
1	W42~W48				
2	PVC-U 环形肋管 D400	m	306.21	深 3.18、2.943、2.893、3.048、3.211、3.374、3.576 各 1 座	
3	污水检查井 1100×1100	座	7		
三、雨水收集系统				根据工程表给定数量计算，埋深按雨水口大样图中尺寸管道顶为 1200，等深 1500 计算	
1	PVC-U 环形肋管 D225	m	185		
2	雨水集水井 510×390	座	28		
四、石砌井及 3 号临时明渠(略)					

10.2　市政管网工程量清单报价编制

10.2.1　市政管道工程量清单报价编制方法

(1) 熟悉图纸、规范、定额及相关基础资料，进行工程量的核算。

(2) 确定分部分项工程量清单综合单价，进行分部分项工程量清单计价。

(3) 进行措施项目清单计价、其他项目清单计价及零星工作量计价。

(4) 计算市政管道工程的造价。

10.2.2　市政管道工程计价工程量计算

工程量清单报价，是按照计价工程量、工料机市场价、企业定额或有关消耗量定额(包括预算定额)进行组价，形成综合单价后，再与清单工程量相乘，得出分部分项工程费。所以，有必要对消耗量定额进行全面熟悉和掌握。以《全国统一市政工程预算定额》为例介绍主要的计价工程量计算规则。

10.2.2.1　管道铺设工程量计算

因管道性质、施工工艺、验收要求、工作内容不同，给水管道和排水管道的预算工程量计算规则和套用的定额均有所不同，必须分别对待。

(1) 给水管道

1) 承插铸铁给水管安装工程量，按不同承插铸铁管公称直径、接口材料，以承插铸铁管中心线长度计算，不扣除管件、阀门所占长度。支管长度从主管中心开始计算到支管末端交接处的中心。计量单位为10m。

2）预应力（自应力）混凝土给水管安装（胶圈接口）工程量，按不同预应力（自应力）混凝土管公称直径，以安装预应力（自应力）混凝土管的中心线长度计算，计量长度为10m；

3）塑料给水管安装工程量，按不同塑料管外径、连接方式（粘接、胶圈接口），以安装塑料管的中心线长度计算，不扣除管件、阀门所占长度。计量单位为10m；

4）碳钢管安装工程量，按不同碳钢管公称直径，以安装碳钢管的长度计算，不扣除管件、阀门、法兰所占长度。计量单位为10m；

5）碳素钢板卷管安装工程量，按不同碳素钢板卷管规格尺寸（外壁×壁厚），以安装碳素钢板卷管的长度计算，不扣管件、阀门等所占长度。计量单位为10m；

6）承插铸铁管给水管安装、预应力（自应力）混凝土给水管安装、塑料给水管安装套用第五册《给水工程》第一章“管道安装”的相应子目；碳钢管安装、碳素钢板卷管安装执行第七册《燃气与集中供热工程》第一章“管道安装”的有关定额子目的规定；

7）混凝土给水管道安装不需要接口时，执行第六册《排水工程》相应定额子目；

8）给水管道安装总工程量不足50m时，管径不大于300mm的，其定额人工和机械乘以系数1.67；管径大于300mm的，其定额人工和机械乘以系数2.00；管径大于600mm的，其定额人工和机械乘以系数2.50。

（2）排水管道：这里将套用第六册《排水工程》中第一章的相应子目

1）平接（企口）式、套箍式、承插式混凝土排水管道铺设工程量，按不同下管方式和管径，以混凝土管道的中心线扣除检查井所占长度后的延长米计算，计量单位为100m；

2）塑料排水管、玻璃钢管道，以管道的中心线扣除检查井所占长度后的延长米计算。

（3）混凝土排水管道接口：这里也将套用第六册《排水工程》中第一章“排水管道接口”的相应子目

1）平（企）接口工程量，按不同接口材料（水泥砂浆、钢丝网水泥砂浆、膨胀水泥砂浆、石棉水泥砂浆）、管基角度（120°、180°）、管径，以平（企）接口的口数计算，计量单位为10个口；

2）预制混凝土外套环接口工程量，按不同接口形式（平口、企口）、接口材料（石棉水泥接口、柔性接口）、管径，以外套环接口的口数计算，计量单位为10个口；

3）现浇混凝土套环接口工程量，按不同管座角度（120°、180°）、管径，以套环接口的口数计算，计量单位为10个口；

4）变形缝接口工程量按不同管径，以变形缝的口数计算，计量单位为10个口；

5）承插接口工程量，按不同接口材料（水泥砂浆接口、沥青油膏接口）、管径，以承插接口的口数计算，计量单位为10个口；

6）在排水管道平（企）口接口定额中，膨胀水泥砂浆接口和石棉水泥接口适用于360°的角度，其他接口均是管座120°和180°。若管座角度不同，按相应材质的接口做法，以管道接口调整表进行调整，即调整基数或材料乘以调整系数；

7）定额中，水泥砂浆抹带接口、钢丝网水泥砂浆抹带接口均不包括内抹口。如设计要求内抹口时，则按抹口周长每100m增加水泥砂浆0.42m^3、人工9.22工日计算。

（4）检测及试验、冲洗消毒或吹扫

1）给水管道试压工程量，按不同管道公称直径，以试压管道的长度计算，不扣除管件、阀门、法兰所占长度，计量单位为100m；

2）给水管道消毒冲洗工程量，按不同管道公称直径，以消毒冲洗管道的长度计算，不扣除管件、阀门、法兰所占长度，计量单位为100m；

3）排水管道闭水试验工程量，按不同管径、实际闭水长度计算，不扣各种井所占长度。计量单位为100m。

（5）管道防腐、绝热

1）铸铁管（钢管）内涂工程量，按不同铸铁管（钢管）公称直径、内涂水泥砂浆的方式（离心机械内涂或人工内涂），以内涂管道的中心线长度计算，不扣除管件、阀门所占的长度，但管件、阀门内防腐工程量也不另行计算。计量单位为：10m；

2）管道防腐执行第五册《给水工程》中第二章“管道内防腐”的相应子目；

3）金属管道除锈的工程量，按除锈的方式、锈蚀程度，以除锈管道的外表面面积计算，计量单位为$10m^2$。套用相应子目；

4）刷油漆的工程量，以管道的外表面面积来计算，计量单位为$10m^2$，按照所涂刷油漆的种类、遍数，套用其相应子目；

5）防腐层的安装工程量按管道外径计算刷油和缠绕玻璃丝布的面积，套用相应子目；

6）管道保温（冷）安装工程量，按不同保温材料品种（瓦块、板材等）、管道直径，计算绝热层的体积，以m^3计，计算管道长度时不扣除法兰、阀门、管件所占长度；

7）保温层外包保护层（防潮层）的敷设工程量，按保护层不同材料，计算保护层的面积，计量单位为$10m^2$。组价时，根据绝热层的结构套用有关定额子目。

（6）垫层铺筑、基础浇筑和管座浇筑

排水管道的基础分为定型基础和非定型基础。定型基础根据《给水排水标准图集》S2编制，如果设计的工程项目要求与采用的标准图集不同，即为非定型基础。对定型混凝土管道基础，如果管径、管座角度一定，其单位长度的砌筑工程量、单位造价就一定。

1）定型混凝土排水管道基础

① 平接（企口）式管道基础工程量按不同管座角度（120°、180°）、管径，以管道基础中心线扣除检查井所占 长度后的延长米计算，计量单位为100m；

② 满包混凝土加固工程量按不同管径，以混凝土加固中心线扣除检查井所占长度后的延长米计算，计量单位为100m；

③ 若管座角度与《给水排水标准图集》S2不符，则作为非定型管道基础；

④ 在组价时，我们套用第六册《排水工程》第一章“定型混凝土管道基础及铺设”中“定型混凝土管道基础”的相应子目。

2）非定型管道（包括给水管道、排水管道）基础和垫层

① 按部位分别计算垫层铺筑、基础和管座浇筑的工程量；

② 渠（管）道垫层工程量按不同垫层材料（毛石、碎石、碎砖、砾石、2∶8灰土、3∶7灰）、砖石料铺筑方法（灌浆或干铺），以垫层的体积计算，计量单位为$10m^3$；

③ 平基工程量按不同平基材料，以平基的体积计算，计量单位为$10m^3$；

④ 负拱基础工程量按不同基础材料，以基础的体积计算，计量单位为$10m^3$；

⑤ 混凝土枕基的预制、安装、现浇工程量按枕基的混凝土体积计算，计量单位为$10m^3$；

⑥ 现浇混凝土管座工程量按管座的混凝土体积计算，计量单位为$10m^3$；

⑦ 混凝土枕基、管座不分角度均按上述相应项目执行；

⑧ 套用第六册《排水工程》第三章“非定型井、渠、管道基础及砌筑”中“非定型管道垫层及基础”的相应子目。

(7) 井壁(墙)凿洞

井壁(墙)凿洞工程量，按不同墙体材料(砖墙、石墙)、墙体厚度，以凿洞的面积计算，计量单位为 $10m^2$。

10.2.2.2 管道配件

《全国统一市政工程预算定额》第五册《给水工程》第三章“管件安装”中，列出了铸铁管件、承插式预应力混凝土转换件、塑料管件、分水栓、马鞍卡子、二合三通、铸铁穿墙管、水表的安装子目。对于碳钢管件的制作安装需套用第七册《燃气与集中供热工程》第二章“管件制作、安装”有关定额子目。

10.2.2.3 井类、设备基础

(1) 定型排水检查井：对于定型水检查井将套用第六册《排水工程》第二章“定型井”相应子目

1) 定型排水检查井的砌筑，预算定额中已综合了混凝土搅拌、捣固、抹平、养生、调制砂浆、砌筑、勾缝、井盖、井座、爬梯安装、材料场内运输等工作内容；

2) 砖砌圆形雨水检查井工程量，按不同井径、适用管径、井深，以砖砌圆形雨水检查井的座数计算。井深按井底基础以上至井盖顶计算；

3) 砖砌跌水检查井工程量，按不同跌差高度、井深，以砖砌跌水检查井的座数计算；

4) 砖砌竖槽式跌水井工程量，按不同型号、跌差高度、井深，以砖砌竖槽式跌水井的座数计算；

5) 砖砌污水闸槽井，按不同规格、管径、井深，以砖砌污水闸槽井的座数计算；

6) 砖砌矩形直线污水检查井工程量，按照不同的规格、不同的管径、不同的井深，以砖砌矩形直线污水检查井的座数计算；

7) 砖砌矩形两侧交汇雨水检查井工程量，按不同的规格、不同的管径、不同的井深，以砖砌矩形两侧交汇雨水检查井的座数计算；

8) 砖砌扇形雨水检查井工程量，按不同扇形角度(30°、45°、60°、90°)、管径、井深，以砖砌扇形雨水检查井的座数计算。

9) 砖砌雨水进水井工程量，按不同箅数(单、双、三)、箅的安装方式(平、立、联合)、井深，以砖砌雨水进水井的座数计算；

10) 砖砌连接井，按不同适用管径、以砖砌连接井的座数计算；

11) 在各类定型井的工作内容中已包括内抹灰，如设计要求外抹灰时，可另行计算外抹灰的工程量，套用第六册《排水工程》第三章“非定型井”相应子目；

12) 对于各类检查井，当井深大于 1.5m 时，则需搭设脚手架。脚手架搭拆作为措施项目，其费用应计算在措施项目费用中，可视井深、井字架材质套用第六册《排水工程》第七章“模板、钢筋、井字架工程”的相应子目；

13) 如果遇上三通、四通井，将执行非定型井项目。

(2) 给水定型井：给水定型井包括阀门井、水表井、消火栓井、排泥井

1) 砖砌圆形阀门井，按不同形式(收口式或直筒式)、井内径、井深，以砖砌圆形阀门井的座数计算。计算单位为座。这里的砖砌圆形阀门井是根据《给水排水标准图集》S1 43 编制

的，且按无地下水考虑；

2）砖砌矩形卧式阀门井，按不同井室净空尺寸、井深，以砖砌矩形卧式阀门井的座数计算。计算单位为座。这是根据《给水排水标准图集》S1 44 编制的，且按无地下水考虑；

3）砖砌矩形水表井，按不同井室净空尺寸、井室净高，以砖砌矩形水表井的座数计算。计算单位为座。这是根据《给水排水标准图集》S1 45 编制的，且按无地下水考虑；

4）消火栓井，按不同形式、井深，以消火栓井的座数计算。这是根据《给水排水标准图集》S1 62 编制的，且按无地下水考虑；

5）圆形排泥湿井，按不同井内径、井深，以圆形排泥湿井的座数计算。这是根据《给水排水标准图集》S1 46 编制的，且按无地下水考虑；

6）定型井将套用第五册《给水工程》中第四章"管道附属构筑物"的相应子目；

7）井深是指基础顶面至铸铁井盖顶面的距离。井深大于 1.5m 时，需搭设脚手架。脚手架搭拆作为措施项目，其费用应计算在措施项目费用中，可视井深、井字架材质套用第六册《排水工程》第七章"模板、钢筋、井字架工程"的相应子目。

（3）非定型检查井：非定型检查井包括给水管道和排水管道上各式非定型井，统称为非定型井。

（4）排水管道出口

1）砖砌排水管道出水口工程量按不同出水口形式（一字式、八字式、门字式）、出水口规格、管径，以排水管道出水口的处数计算；

2）石砌排水管道出水口工程量按不同出水口形式（一字式、八字式、门字式）、出水口规格、管径，以排水管道出水口的处数计算；

3）套用第六册《排水工程》第一章"定型混凝土管道基础及铺设"中"排水管道出水口"相应子目。

（5）支墩：管道支墩工程量，按每处体积不同，以管道支墩混凝土体积计算，不扣除钢筋、预埋件所占体积，计量单位为 $10m^3$，可套用第五册《给水工程》中第四章"管道附属构筑物"的相应子目。

（6）设备基础

1）垫层按不同垫层材料（毛石、碎石、碎砖、混凝土），以垫层的体积计算，计量单位为 $10m^3$；

2）混凝土浇筑（设备基础）：独立、环形设备基础工程量，按不同设备基础单体体积，以设备基础的混凝土体积计算，套用第六册《排水工程》第五章"给排水构筑物"中"设备基础"的子目；

3）地脚螺栓孔灌浆工程量：按不同一台设备的灌浆体积，以地脚螺栓孔灌浆的体积计算；设备底座与基础间灌浆按不同一台设备的灌浆体积，以设备底座与基础间灌浆的体积计算。套用第六册《排水工程》第六章"给排水机械设备安装"中"地脚螺栓孔灌浆"和"设备底座与基础间灌浆"的子目。

10.2.2.4　构筑物砌筑

（1）管道方沟

1）管道方沟垫层预算工程量按不同垫层材料（毛石、碎石、碎砖、砾石、2∶8 灰土、3∶7 灰）、砖石料铺筑方法（灌浆或干铺），以垫层的体积计算；

2）管道方沟基础砌筑预算工程量按不同平基材料，以平基的体积计算；

上述两项套用第六册《排水工程》第三章“非定型井、渠、管道基础及砌筑，“非定型渠道垫层及基础”的相应子目。若为现浇混凝土方沟底板，则套用渠（管）道基础中平基的相应子目。

3）墙身、拱盖砌筑工程量按不同砌筑材料以墙身、拱盖的砌体体积计算；

4）现浇混凝土方沟工程量按不同部位（壁或顶），以方沟的混凝土体积计算；

5）勾缝工程量按不同材质墙面、勾缝形式（平缝、凹缝、凸缝），以勾缝的面积计算；

6）抹面工程量按不同抹灰物面（墙面、底面、拱面）、物面材质，以抹灰的面积计算。

上述3）~6）项套用《市政工程计价表》或《全统市政工程定额》第六册《排水工程》第三章“非定型井、渠、管道基础及砌筑”“非定型渠道砌筑”和“非定型渠道抹灰与勾缝”相应子目。

（2）沉井工程

1）现浇混凝土沉井井壁和隔墙工程量：垫木工程量，按沉井刃角中心线长度计算。灌砂工程量，按灌砂的体积计算。沉井的井壁、隔墙浇筑工程量，均按不同结构厚度（50mm以内、50mm以外），以结构的混凝土体积计算。沉井井壁及墙壁的厚度不同，如上薄下厚时，可按平均厚度计算；

2）沉井下沉工程量：按不同挖土方法（人工、机械）、土壤类别、井深，以沉井的体积计算；

3）沉井混凝土底板工程量：砂垫层、混凝土垫层工程量，均按垫层的体积计算。沉井混凝土底板工程量，均按不同结构厚度（50mm以内、50mm以外），以结构的混凝土体积计算；

4）沉井内地下混凝土结构。沉井内地下结构包括刃角、地下结构梁、地下结构柱和地下结构平台。沉井的刃角、地下结构梁、柱、平台制作工程量，按其混凝土体积计算；

5）沉井混凝土顶板工程量，按其混凝土体积计算。

沉井工程可以套用第六册《排水工程》第五章“给排水构筑物”中“沉井”的相应子目。

（3）现浇混凝土水池

现浇钢筋混凝土水池工程量均按水池各部位不同，以混凝土实体积计算，不扣除面积0.3m^2以内的空洞体积。现浇钢筋混凝土水池部位分为：池底、池壁（隔墙）、池柱、池梁、池盖、现浇混凝土板、池槽、导流洞（壁）、混凝土扶梯、其他现浇钢筋混凝土构件和金属扶梯、栏杆。

（4）预制钢筋混凝土构件

1）预制钢筋混凝土构件包括预制板、槽、支墩和其他异型构件。钢筋混凝土稳流板、井池内壁板、挡水板、导流隔板工程量，均按其混凝土体积计算，计量单位为10m^3。配孔集水槽、辐射槽制作、安装工程量，均按其混凝土体积计算，计量单位为10m^3。支墩制作、安装工程量，均按其混凝土体积计算，计量单位为10m^3。异型构件制作、安装工程量，均按其混凝土体积计算，计量单位为10m^3。

2）预制混凝土板、槽、支墩和异型构件，制作安装定额中已包括构件场内运输和养生的费用。套用定额时，除支墩安装执行《市政工程计价表》第六册《排水工程》第五章“给排水构筑物”中“支墩安装”的相应子目外，其他预制混凝土构件的安装均套用《市政工程计价表》第六册《排水工程》第五章“给排水构筑物”中的“异型构件安装”的子目。

10.2.3 市政管道工程工程量清单报价实例

下面将摘录××省××市××给水工程的工程量清单报价实例。

（1）××给水工程工程量清单报价表(封面)见表 10-2-1 所列。

（2）××给水工程工程量清单报价说明见表 10-2-2 所列。

（3）××给水工程工程投标总价表 10-2-3 所列。

（4）××给水工程工程项目总价表见表 10-2-4 所列。

工程量清单报价表 表 10-2-1

工程名称：××给水工程 第 页共 页

工程量清单报价表(封面)

招 标 人：＿＿＿＿＿＿＿＿＿（略）＿＿＿＿＿＿＿＿＿(单位签字盖章)

法人代表人：＿＿＿＿＿＿＿＿＿（略）＿＿＿＿＿＿＿＿＿(签字盖章)

造价工程师
及注册证号：＿＿＿＿＿＿＿＿＿（略）＿＿＿＿＿＿＿＿＿(签字盖执业专用章)

编 制 时 间：＿＿＿＿＿＿＿＿＿（略）＿＿＿＿＿＿＿＿＿

工程量清单报价说明 表 10-2-2

工程名称：××给水工程 第 页共 页

工程量清单报价说明

一、工程概况：

建设规模及主要技术标准：该工程为×××道路工程 K0+000 至 K0+160 路段的给水项目，由××市××设计院设计。给水管采用球墨铸铁管，用双密封胶圈承插连接，采用素土夯实基础，闸阀门井做法用国标 S143，管道工作压力为 0.5MPa，金属管试验压力为 1.0MPa。地上安装消防栓，消防栓中心离道路边为 1.0m。

二、措施项目费用计算依据：

该工程施工期为干旱少雨的冬季。且施工工期较短，故本预算不考虑防雨水措施。

三、编制依据：

(1)×××道路设计图纸。

(2)《××省市政工程计价办法》(2006)。

(3)《××省市政工程综合定额》(2006)。

(4)主要材料价差按某市 2005 年第三季度调整。

(5)本预算按××省建设厅××建价字[2005]××号文件，套用《××省市政工程综合定额(2006)》一类地区取费，利润按 35%计，堤围防护费按 0.13%计，预算包干费按 2%计，赶工措施费暂不考虑。

四、特殊材料、设备的说明：

(1)混凝土均按商品混凝土考虑。

(2)余土外运按 15km 计价。

工程投标总价 表 10-2-3

工程名称：××给水工程 第 页 共 页

给水工程投标总价

建设单位：（略）

工程名称：××给水工程

投标总价（小写）：79014.73 元

（大写）：柒万玖仟零壹拾肆元柒角叁分

投标人：（略）（单位签字盖章）

法定代表人：（略）（签字盖章）

编制时间：（略）

工程项目总价表 表 10-2-4

工程名称：××给水工程 第 页 共 页

序号	单项工程名单	金额(元)
1	给水工程	79014.73
	合计	79014.73

(5) 单项工程费汇总表：××给水工程单项工程费汇总表见表 10-2-5 所列。

单项工程费汇总表 表 10-2-5

工程名称：××给水工程 第 页 共 页

序号	单项工程名单	金额(元)
1	给水工程	79014.73
	合计	79014.73

（6）单位工程费汇总表：××给水工程单位工程费汇总表见表 10–2–6 ~ 表 10–2–7 所列。

单位工程费汇总表 **表 10–2–6**

工程名称：××给水工程 第 页 共 页

序号	单 项 工 程 名 单	金额（元）
1	分部分项工程量清单	62260.12
2	措施项目清单计价合计	3088.10
3	其他项目清单计价合计	7318.61
4	规费	3742.34
5	税金	2605.55
6	含税工程总造价	79014.73
	合 计：（小写）	79014.73
	合 计：（大写）柒万玖仟零壹拾肆元柒角叁分	

单位工程费汇总计算表 **表 10–2–7**

工程名称：××给水工程 第 页 共 页

序号	单 项 工 程 名 单	计算基础	费 率	金额（元）
1	分部分项工程量清单		100	62260.12
2	措施项目清单计价合计		100	3088.10
3	其他项目清单计价合计		100	7318.61
4	规费	4.1+4.2+……+4.7	100	3742.34
4.1	社会保险费	1+2+3	3.31	2405.27
4.2	住房公积金	1+2+3	1.28	930.14
4.3	工程定额测定费	1+2+3	0.1	72.67
4.4	工程污费	1+2+3	0.33	239.80
4.5	施工噪声排污费（暂不考虑）	1+2+3		—
4.6	堤围防护费	1+2+3	0.13	94.47
4.7	建筑意外伤害保险费（暂不考虑）	1+2+3		—
5	税金	1+2+3+4	3.41	2605.55
6	含税工程总造价	1+2+3+4+5	100	74014.73
	合 计：（小写）			74014.73
	合 计：（大写）柒万玖仟零壹拾肆元柒角叁分			

（7）分部分项工程量清单计价表：××给水工程分部分项工程量清单计价表见表 10–2–8 所列。

分部分项工程量清单计价表 **表 10-2-8**

工程名称:××给水工程　　　　　　　　　　第　页共　页

序号	项目编码	项目名称		计量单位	工程数量	金额(元)	
		主要项目	具体内容			综合单价	合价
			第一章　土石方工程				
1	040101001001	挖一般土方	(1) 土壤类别:一、二类土; (2) 挖土深度:2m 内; (3) 弃土运距:15km	m^3	1628.94	28.29	46086.57
2	040103001001	填　方	(1) 填方材料品种:土方; (2) 密实度:85%~95%	m^3	47.80	12.89	616.16
			第五章　市政管网工程				
3	040501004001	铸铁管铺设	(1) 管件材质:球墨铸铁管; (2) 管材规格:*DN*600; (3) 埋设深度:1.0m; (4) 接口形式:胶圈接口	m	3.00	845.56	2536.67
4	040501004002	铸铁管铺设	(1) 管件材质:球墨铸铁管; (2) 管材规格:*DN*200; (3) 埋设深度:1.0m; (4) 接口形式:胶圈接口	m	160.50	212.57	34117.57
5	040501004003	铸铁管铺设	(1) 管件材质:球墨铸铁管; (2) 管材规格:*DN*100; (3) 埋设深度:1.0m; (4) 接口形式:胶圈接口	m	7.00	152.38	1066.65
6	040501004004	铸铁管铺设	(1) 管件材质:球墨铸铁管; (2) 管材规格:*DN*600; (3) 埋设深度:1.0m; (4) 接口形式:胶圈接口	m	1.50	129.77	194.65
7	040502002001	铸铁管安装	(1) 类型:承盘短管; (2) 材质:球墨铸铁; (3) 规格:*DN*600; (4) 接口形式:胶圈接口	个	1	1508.85	1508.85
8	040502002002	铸铁管安装	(1) 类型:插盘短管; (2) 材质:球墨铸铁; (3) 规格:*DN*600; (4) 接口形式:胶圈接口	个	1	1608.85	1608.85
9	040502002003	铸铁管安装	(1) 类型:异径三通; (2) 材质:球墨铸铁; (3) 规格:*DN*600×200; (4) 接口形式:胶圈接口	个	1	578.85	578.85
10	040502002004	铸铁管安装	(1) 类型:承盘短管; (2) 材质:球墨铸铁; (3) 规格:*DN*200; (4) 接口形式:胶圈接口	个	2	226.94	453.88

续表

工程名称:××给出水工程 第 页 共 页

序号	项目编码	项目名称		计量单位	工程数量	金额(元)	
		主要项目	具体内容			综合单价	合价
第五章 市政管网工程							
11	040502002005	铸铁管安装	(1)类型:插盘短管; (2)材质:球墨铸铁; (3)规格:*DN*200; (4)接口形式:胶圈接口	个	2	226.94	453.88
12	040502002006	铸铁管安装	(1)类型:异径三通; (2)材质:球墨铸铁; (3)规格:*DN*200×100; (4)接口形式:胶圈接口	个	1	185.74	185.74
13	040502002007	铸铁管安装	(1)类型:异径三通; (2)材质:球墨铸铁; (3)规格:*DN*200×75; (4)接口形式:胶圈接口	个	1	162.94	1262.94
14	040502002008	铸铁管安装	(1)类型:异径四通; (2)材质:球墨铸铁; (3)规格:*DN*200×100; (4)接口形式:胶圈接口	个	1	185.74	185.74
15	040502002009	铸铁管安装	(1)类型:双盘短管; (2)材质:球墨铸铁; (3)规格:*DN*200; (4)接口形式:胶圈接口	个	2	226.94	453.88
16	0405020020010	铸铁管安装	(1)类型:直角弯头; (2)材质:球墨铸铁; (3)规格:*DN*200; (4)接口形式:胶圈接口	个	1	162.94	162.94
17	040502002011	铸铁管安装	(1)类型:直角弯头; (2)材质:球墨铸铁; (3)规格:*DN*100; (4)接口形式:胶圈接口	个	2	136.55	273.10
18	040503001001	阀门安装	(1)公称直径;*DN*200; (2)压力要求:1.0MPa: (3)阀门类型:Z44T-10	个	1	607.27	607.27
19	040503001002	阀门安装	(1)公称直径;*DN*100; (2)压力要求:1.0MPa: (3)阀门类型:Z44T-10	个	4	203.47	813.88
20	040503001003	阀门安装	(1)公称直径;*DN*75; (2)压力要求:1.0MPa: (3)阀门类型:Z44T-10	个	1	143.47	143.47
21	040503003001	消防栓安装	(1)部位:室外地上式; (2)型号:SS100-1.0; (3)规格:*DN*100	个	3	1450.89	4352.67

续表

工程名称:××给出水工程　　　　第　页共　页

序号	项目编码	项目名称		计量单位	工程数量	金额(元)	
		主要项目	具体内容			综合单价	合价
			第五章　市政管网工程				
22	040504004001	其他砌筑井	(1) 排泥湿井:圆形排泥井; (2) 井的尺寸、深度:ϕ1000、1.6m; (3) 井身材料:灰砂砖; (4) 垫层厚度、材料品种、强度:10cm 混凝土 C15	座	1	1353.18	1353.18
23	040504004002	其他砌筑井	(1) 排泥湿井:圆形排泥井; (2) 井的尺寸、深度:ϕ2000、1.6m; (3) 井身材料:灰砂砖; (4) 垫层厚度、材料品种、强度:10cm 混凝土 C15	座	4	1353.18	5412.72
24	040504004003	其他砌筑井	(1) 排泥湿井:圆形排泥井; (2) 井的尺寸、深度:ϕ1400、1.8m; (3) 井身材料:灰砂砖; (4) 垫层厚度、材料品种、强度:10cm 混凝土 C15	座	1	1479.83	1479.83
		合计					62260.12

(8)××给水工程措施项目清单计价表见表 10-2-9 所列。

措施项目清单计价表　　　　**表 10-2-9**

工程名称:××给水工程　　　　第　页共　页

序号	项目名称	金额(元)	序号	项目名称	金额(元)
1	安全防护、文明施工措施部分		2.10	施工排水、降水	
1.1	综合脚手架		2.11	围堰	
1.2	靠脚手架安全挡板		2.12	筑捣费	
1.3	独立安全防护挡板		2.13	现场施工围栏	
1.4	文明施工、环保、临时设施、安全施工费	1755.74	2.14	便道	
2	其他措施费部分		2.15	便桥	
2.1	预算包干费	1245.20	2.16	垂直运输机械	
2.2	工程保险费	24.90	2.17	长输管道临时水工保护设施	
2.3	工程保修费	62.26	2.18	长输管道跨越或穿越施工措施	
2.4	夜间施工费		2.19	长输管道跨越地上建筑物的保护措施	
2.5	二次搬运费		2.20	洞内施工的通风,供水、电、气、照明及通信设施	
2.6	大型机械设备进出场及安拆费				
2.7	混凝土、钢筋混凝土模板及支架		2.21	驳岸块石清理	
2.8	脚手架		2.22	其他	
2.9	已完工程及设备保护			合计	3088.10

（9）× ×给水工程措施项目清单计算表见表 10-2-10 所列。

措施项目清单计算表

表 10-2-10

工程名称:××给水工程 第 页共 页

序号	项 目 名 称	计算基础	费率(%)	金额(元)
1	安全防护、文明施工措施部分		100	1755.74
1.1	综合脚手架			
1.2	靠脚手架安全挡板			
1.3	独立安全防护挡板			
1.4	文明施工、环保、临时设施、安全施工费	分部分项工程费	2.82	
2	其他措施费部分		100	
2.1	预算包干费	分部分项工程费	2	1245.20
2.2	工程保险费	分部分项工程费	0.04	24.90
2.3	工程保修费	分部分项工程费	0.1	62.26
2.4	夜间施工费			
2.5	二次搬运费			
2.6	大型机械设备进出场及安拆费			
2.7	混凝土、钢筋混凝土模板及支架			
2.8	脚手架			
2.9	已完工程及设备保护			
2.10	施工排水、降水			
2.11	围 堰			
2.12	筑捣费			
2.13	现场施工围栏			
2.14	便 道			
2.15	便 桥			
2.16	垂直运输机械			
2.17	长输管道临时水工保护设施			
2.18	长输管道跨越或穿越施工措施			
2.19	长输管道跨越地上建筑物的保护措施			
2.20	洞内施工的通风,供水、电、气、照明及通信设施			
	合 计			3088.10

（10）× ×给水工程其他项目清单计价表见表 10-2-11 所列。

其他项目清单计价表　　表 10-2-11

工程名称:××给水工程　　第　页共　页

序号	项　目　名　称	金额(元)	序号	项　目　名　称	金额(元)
1	招标人部分		2	投标人部分	
1.1	预留金	6226.01	2.1	总承包服务费	
1.2	材料购置费		2.2	零星工作项目费	1092.60
1.3	其　他		2.3	其　他	
				小　计	1092.60
	小　计	6226.01		合　计	7318.61

（11）××给水工程零星工作项目清单计价表见表 10-2-12 所列。

零星工作项目清单计价表　　表 10-2-12

工程名称:××给水工程　　第　页共　页

序号	项目名称	计量单位	数量	金额(元)		序号	项目名称	计量单位	数量	金额(元)	
				综合单价	合价					综合单价	合价
1	人　工					2	材　料				
1.1	一类工	工日	10.00	28.00	280.00	3	机　械				
1.2	二类工	工日	10.00	26.00	260.0	3.1	离心清水泵	台班	1.00	92.60	92.60
1.3	三类工	工日	10.00	24.00	240.00	4	其　他				
1.4	四类工	工日	10.00	22.00	220.00		合　计	元			1092.62

（12）××给水工程分部分项工程量清单综合单价分析表见表 10-2-13 所列。

分部分项工程量清单综合单价分析表　　表 10-2-13

工程名称:××给水工程　　第　页共　页

序号	项目编码	项 目 名 称	工程内容	综合单价分析					综合单价
				人工费	材料费	机械使用费	管理费	利润	
1	040101002001	挖沟槽土方 (1) 土方类别:一、二类土; (2) 挖土深度:2m 内; (3) 弃土运距:15km	3. 其他	31.25	—	4.97	2.54	10.94	49.70 元/m^3
			小 计	31.25	—	4.97	2.54	10.94	
2	040103001001	填方 (1) 填方材料品种:土方; (2) 密实度:85%~95%	回填土机械夯实	24.00	—	6.72	2.28	8.40	41.40 元/m^3
			小 计	24.00	—	6.72	2.28	8.40	
3	040501004001	铸铁管铺设 (1) 管件材质:球墨铸铁管; (2) 管材规格:*DN*600; (3) 埋设深度:1.0m; (4) 接口形式:胶圈接口	6. 管道铺设与接口	9.31	815.53	7.50	2.42	3.26	845.56 元/m^3
			8. 检测及试验	2.60	2.92	0.44	0.67	0.91	
			小 计	11.90	818.45	7.95	3.09	3.09	

续表

工程名称:××给水工程　　　　　　　　　　　　　　　　　　　　第　页 共　页

序号	项目编码	项目名称	工程内容	综合单价分析					综合单价
				人工费	材料费	机械使用费	管理费	利润	
4	040501004002	铸铁管铺设 (1) 管件材质:球墨铸铁管; (2) 管材规格:DN200; (3) 埋设深度:1.0m; (4) 接口形式:胶圈接口	6. 管道铺设与接口	4.52	202.20	—	1.17	1.58	212.57 元/m³
			8. 检测及试验	1.29	0.73	0.29	0.34	0.45	
			小 计	5.81	202.93	0.29	1.51	2.03	
5	040501004003	铸铁管铺设 (1) 管件材质:球墨铸铁管; (2) 管材规格:DN100; (3) 埋设深度:1.0m; (4) 接口形式:胶圈接口	6. 管道铺设与接口	3.10	145.29	—	0.81	1.09	152.38 元/m³
			8. 检测及试验	0.89	0.45	0.21	0.23	0.31	
			小 计	4.00	145.74	0.21	1.04	1.40	
6	040501004004	铸铁管铺设 (1) 管件材质:球墨铸铁管; (2) 管材规格:DN600; (3) 埋设深度:1.0m; (4) 接口形式:胶圈接口	6. 管道铺设与接口	3.10	122.68	—	0.81	1.09	129.77 元/m³
			8. 检测及试验	0.89	0.45	0.21	0.23	0.31	
			小 计	4.00	123.13	0.21	1.04	1.40	
7	040502001001	铸铁管件安装 (1) 类型:承盘短管; (2) 材质:球墨铸铁; (3) 规格:DN600; (4) 接口形式:胶圈接口	铸铁管件安装:公称直径600mm以内	93.06	1329.15	27.89	26.18	32.57	1508.85 元/m³
			小 计	93.06	1329.15	27.89	26.18	32.57	
8	040502002002	铸铁管件安装 (1) 类型:插盘短管; (2) 材质:球墨铸铁; (3) 规格:DN600; (4) 接口形式:胶圈接口	铸铁管件安装:公称直径600mm以内	93.06	1429.15	27.89	26.18	32.57	1608.85 元/m³
			小 计	93.06	1429.15	27.89	26.18	32.57	
9	040502002003	铸铁管件安装 (1) 类型:异径三通; (2) 材质:球墨铸铁; (3) 规格:DN600×200; (4) 接口形式:胶圈接口	铸铁管件安装(胶圈接口):公称直径600mm以内	93.06	1429.15	27.89	26.18	32.57	578.85 元/m³
			小 计	93.06	1429.15	27.89	26.18	32.57	
10	040502002004	铸铁管件安装 (1) 类型:承盘短管; (2) 材质:球墨铸铁; (3) 规格:DN200; (4) 接口形式:胶圈接口	铸铁管件安装(胶圈接口):公称直径200mm以内	30.69	176.88	—	8.63	10.74	226.94 元/个
			小 计	30.69	176.88	—	8.63	10.74	
11	040502002005	铸铁管件安装 (1) 类型:插盘短管; (2) 材质:球墨铸铁; (3) 规格:DN200; (4) 接口形式:胶圈接口	铸铁管件安装(胶圈接口):公称直径200mm以内	30.69	176.88	—	8.63	10.74	226.94 元/个
			小 计	30.69	176.88	—	8.63	10.74	

续表

工程名称:××给水工程 第 页 共 页

序号	项目编码	项目名称	工程内容	综合单价分析					综合单价
				人工费	材料费	机械使用费	管理费	利润	
12	040502002006	铸铁管件安装 (1) 类型:异径三通; (2) 材质:球墨铸铁; (3) 规格:*DN*200×100; (4) 接口形式:胶圈接口	铸铁管件安装(胶圈接口):公称直径 200mm 以内	30.69	135.68	—	8.63	10.74	185.74 元/个
			小 计	30.69	135.68	—	8.63	10.74	
13	040502002007	铸铁管件安装 (1) 类型:异径三通; (2) 材质:球墨铸铁; (3) 规格:*DN*200×75; (4) 接口形式:胶圈接口	铸铁管件安装(胶圈接口):公称直径 200mm 以内	30.69	112.88	—	8.63	10.74	162.94 元/个
			小 计	30.69	112.88	—	8.63	10.74	
14	040502002008	铸铁管件安装 (1) 类型:异径四通; (2) 材质:球墨铸铁; (3) 规格:*DN*200×100; (4) 接口形式:胶圈接口	铸铁管件安装(胶圈接口):公称直径 200mm 以内	30.69	135.68	—	8.63	10.74	185.74 元/个
			小 计	30.69	135.68	—	8.63	10.74	
15	040502002009	铸铁管件安装 (1) 类型:双盘短管; (2) 材质:球墨铸铁; (3) 规格:*DN*200; (4) 接口形式:胶圈接口	铸铁管件安装(胶圈接口):公称直径 200mm 以内	30.69	176.88	—	8.63	10.74	226.94 元/个
			小 计	30.69	176.88	—	8.63	10.74	
16	0405020020010	铸铁管件安装 (1) 类型:直角弯头; (2) 材质:球墨铸铁; (3) 规格:*DN*200; (4) 接口形式:胶圈接口	铸铁管件安装(胶圈接口):公称直径 200mm 以内	30.69	112.88	—	8.63	10.74	162.94 元/个
			小 计	30.69	112.88	—	8.63	10.74	
17	0405020020011	铸铁管件安装 (1) 类型:直角弯头; (2) 材质:球墨铸铁; (3) 规格:*DN*100; (4) 接口形式:胶圈接口	铸铁管件安装(胶圈接口):公称直径 150mm 以内	26.73	92.94	—	7.52	9.36	136.55 元/个
			小 计	26.73	92.94	—	7.52	9.36	

续表

工程名称：××给水工程 第　页 共　页

序号	项目编码	项目名称	工程内容	综合单价分析					综合单价
				人工费	材料费	机械使用费	管理费	利润	
18	040503001001	阀门安装 (1) 公称直径：*DN*200； (2) 压力要求：1.0MPa； (3) 阀门类型：ZA4T-10	(1) 阀门解体、检查、研磨	—	—	—	—	—	607.27元/个
			(2) 法兰安装	21.78	571.65	—	6.22	7.62	
			(3) 操纵装置安装	—	—	—	—	—	
			(4) 安装	—	—	—	—	—	
			(5) 阀门水压试验	—	—	—	—	—	
			小 计	21.78	571.65	—	6.22	7.62	
19	040503001002	阀门安装 (1) 公称直径：*DN*100； (2) 压力要求：1.0MPa； (3) 阀门类型：ZA4T-10	(1) 阀门解体、检查、研磨	—	—	—	—	—	203.47元/个
			(2) 法兰安装	13.20	181.88	—	3.77	4.62	
			(3) 操纵装置安装	—	—	—	—	—	
			(4) 安装	—	—	—	—	—	
			(5) 阀门水压试验	—	—	—	—	—	
			小 计	13.20	181.88	—	3.77	4.62	
20	040503001003	阀门安装 (1) 公称直径：*DN*75； (2) 压力要求：1.0MPa； (3) 阀门类型：ZA4T-10	(1) 阀门解体、检查、研磨	—	—	—	—	—	143.47元/个
			(2) 法兰安装	13.20	121.88	—	3.77	4.62	
			(3) 操纵装置安装	—	—	—	—	—	
			(4) 安装	—	—	—	—	—	
			(5) 阀门水压试验	—	—	—	—	—	
			小 计	13.20	121.88	—	3.77	4.62	
21	040503003001	消防栓安装 (1) 部位：室外地上式； (2) 型号：SS100-1.0； (3) 规格：*DN*100	消防栓安装：地上式100mm	42.24	1381.97	0.02	11.88	14.78	1450.89元/个
			小 计	42.24	1381.97	0.02	11.88	14.78	
22	040504004001	消防栓安装 (1) 排泥湿井：圆形排泥井； (2) 井的尺寸、深度：ϕ1000、16m； (3) 井身材料：灰砂砖； (4) 垫层厚度、材料品种、强度：10cm 混凝土 C15	收口式：井内径 1.2m、井深 1.6m	176.55	1054.91	0.26	45.85	61.79	1353.18元/座
			C15 商品普通混凝土20石	—	13.82	—	—	—	
			小 计	176.55	1054.91	0.26	45.85	61.79	

续表

工程名称:××给水工程　　　　第　页共　页

序号	项目编码	项目名称	工程内容	综合单价分析					综合单价
				人工费	材料费	机械使用费	管理费	利润	
23	040504004002	消防栓安装 (1) 排泥湿井:圆形排泥井; (2) 井的尺寸、深度:ϕ2000、1.6m; (3) 井身材料:灰砂砖; (4) 垫层厚度、材料品种、强度:10cm 混凝土 C15	收口式:井内径 1.2m,井深 1.6m	176.55	1054.91	0.26	45.85	61.79	1353.18元/座
			C15 商品普通混凝土20石	—	13.82	—	—	—	
			小 计	176.55	1068.73	0.26	45.85	61.79	
24	040504004003	消防栓安装 (1) 排泥湿井:圆形排泥井; (2) 井的尺寸、深度:ϕ1400、18m; (3) 井身材料:灰砂砖; (4) 垫层厚度、材料品种、强度:10cm 混凝土 C15	收口式井内径 1.4m,井深 1.8m	207.90	1131.06	0.29	53.99	72.77	1479.83元/座
			C15 商品普通混凝土20石	—	13.82	—	—	—	
			小 计	207.90	1144.88	0.29	53.99	72.77	

(13)措施项目费分析表:××给水工程措施项目费分析表见表 10-2-14 所列。

分部分项工程量清单综合单价分析表　　　　**表 10-2-14**

工程名称:××给水工程　　　　第　页共　页

序号	项目名称	单位	数量	金额(元)					
				人工费	材料费	机械使用费	费用	利润	小计
1	安全防护、文明施工措施部分								
1.1	综合脚手架	项							
1.2	靠脚手架安全挡板	项							
1.3	独立安全防护挡板	项							
1.4	文明施工、环境保护、临时设施、安全施工费	项	62260.12						1755.74
2	其他措施费部分								
2.1	预算包干费	项							1245.20
2.2	工程保险费	项							24.90
2.3	工程保修费	项							62.26
2.4	夜间施工	项							
2.5	二次搬运	项							
2.6	大型机械设备进出场及安拆	项							
2.7	混凝土、钢筋混凝土模板及支架	项							
2.8	脚手架	项							

续表

工程名称:××给水工程　　　　　　　　　　　　　　　　　　　　　　　　　　第　页 共　页

序号	项目名称	单位	数量	金额(元)					
				人工费	材料费	机械使用费	费用	利润	小计
2.9	已完工程及设备保护	项							
2.10	施工排水、降水	项							
2.11	围堰	项							
2.12	筑捣费	项							
2.13	现场施工围栏	项							
2.14	便道	项							
2.15	便桥	项							
2.16	垂直运输机械	项							
2.17	长输管道临时水工保护设施	项							
2.18	长输管道跨越或穿越施工措施	项							
2.19	长输管道跨越地上建筑物的保护措施	项							
2.20	洞内施工的通风,供水、电、气、照明	项							
2.21	驳岸块石清理	项							
2.22	其他	项							
	合　计	元							3088.11

(14)规费计算表:××给水工程规费计算表见表10-2-15所列。

规费计算表预算　　　　　　　　　　　　**表10-2-15**

工程名称:××给水工程　　　　　　　　　　　　　　　　　　　　　　　　　　第　页 共　页

序号	名称	规费公式计算式	费率(%)	金额(元)
1	社会保险费	分部分项工程费+措施项目费+其他项目费	3.31	2405.27
2	住房公积金	分部分项工程费+措施项目费+其他项目费	1.28	930.14
3	工程定额测定费	分部分项工程费+措施项目费+其他项目费	0.10	72.67
4	工程排污费	分部分项工程费+措施项目费+其他项目费	0.33	239.80
5	堤围防护费	分部分项工程费+措施项目费+其他项目费	0.13	94.47
6	施工噪声排污费(暂不考虑)			
7	建筑意外伤害保险费(暂不考虑)			
	合　计:叁仟柒佰肆拾贰元叁角肆分			3742.34

(15)主要建筑材料价格表:××给水工程主要建筑材料价格表见表10-2-16所列。

主要建筑材料价格表 表 10-2-16

工程名称:××给水工程 第 页 共 页

序号	材料编码	名称、规格与型号	单位	单价(元)	序号	材料编码	名称、规格与型号	单位	单价(元)
1	00000002	二类工	工日	33.0	17	ZC001068-8	直角弯头 *DN*200	个	96.00
2	00000003	三类工	工日	33.0	18	ZC001068-9	直角弯头 *DN*100	个	80.00
3	00000004	四类工	工日	33.0	19	ZC001234-1	阀门 *DN*100	个	180.00
4	ZC000779-1	球墨铸铁管 *DN*600	m	811.44	20	ZC001234-2	排泥阀*DN*75	个	120.00
5	ZC000779-2	球墨铸铁管 *DN*100	m	200.79	21	ZC001234-3	闸阀	个	568.00
6	ZC000779-3	球墨铸铁管 *DN*100	m	144.21	22	ZC001643	地上式消防栓 *DN*100	座	1380.0
7	ZC000779-4	球墨铸铁管 *DN*100	m	121.60	23	04001002	水泥 P.032.5(R)	t	309.60
8	ZC001068-1	承盘短管 *DN*600	个	1280.0	24	04001003	水泥 P.032.5(R)	kg	0.31
9	ZC001068-10	异径三通 *DN*200×100	个	118.80	25	37025002	铸铁井盖、井座 ϕ700 重型	套	689.53
10	ZC001068-11	插盘短管 *DN*600	个	1380.0	26	05019005	碎石	m^3	56.10
11	ZC001068-2	插盘短管 *DN*200	个	160.00	27	18012001	电焊条	kg	4.49
12	ZC001068-3	异径三通 *DN*200×200	个	350.00	28	05001001	中砂	m^3	51.00
13	ZC001068-4	承盘短管 *DN*200	个	160.00	29	39001170	水	m^3	2.48
14	ZC001068-5	双盘短管	个	160.00	30	75010003	C25 商品混凝土 20 石	m^3	280.00
15	ZC001068-6	异径三通 *DN*200×75	个	96.00	31	99916101	二类工(机械用)	工日	33.00
16	ZC001068-7	异径四通 *DN*200×200	个	118.80	32	99916202	柴油(机械用)	kg	5.00

(16)分部分项工程量清单综合单价计算表:××给水工程分部分项工程量清单综合单价计算表见表 10-2-17~表 10-2-40 所列。

分部分项工程量清单综合单价计算表 表 10-2-17

工程名称:××给水工程;项目编码:040101002001;计量单位:m^3;工程数量:48.29;综合单价:49.70 元

项目名称:挖沟槽土方:

(1)土壤类别:一、二类土;(2)挖土深度:2m 内;(3)弃土运距:15km

序号	定额编号	工作内容	单位	工程量	其中(元)					
					人工费	材料费	机械费	管理费	利润	小计
1	D1-1-5	人工挖沟槽、基坑一、二类土;挖土的深度在 2m 内	100m^3	1.420	1477.03	—	—	98.97	516.97	2092.97
2	D1-1-107(扩)	人工装土、汽车运土方,运距 15km	100m^3	0.060	32.02	—	239.86	23.78	11.21	306.87
		合 计			1509.04	—	239.86	122.75	528.17	2399.83

分部分项工程量清单综合单价计算表

表 10-2-18

工程名称:××给水工程;项目编码:040103001001;计量单位:m³;工程数量:42.34;综合单价:41.40 元

项目名称:填 方:

(1) 填方材料品种:土方;(2) 密实度:85%~95%

序号	定额编号	工作内容	单位	工程量	其中(元)					
					人工费	材料费	机械费	管理费	利润	小计
1	D1-1-16	回填土机械夯实	100m³	1.360	1016.08	—	284.68	96.70	355.63	1753.08
	合计				1016.08	—	284.68	96.70	355.63	1753.08

分部分项工程量清单综合单价计算表

表 10-2-19

工程名称:××给水工程;项目编码:040501004001;计量单位:m;工程数量:3;综合单价:845.56 元

项目名称:铸铁管铺设:

(1) 管材材质:球墨铸铁管;(2) 管材规格:*DN*600;(3) 埋设深度:1.0m;(4) 接口形式:胶圈接口

序号	定额编号	工作内容	单位	工程量	其中(元)					
					人工费	材料费	机械费	管理费	利润	小计
1	D4-1-64	铸铁管件安装(胶圈接口):公称直径 600mm 以内	10m	0.300	27.92	2446.58	22.50	7.25	9.77	2514.02
	ZC000779-1	球墨铸铁管 *DN*600	m	3.000	—	—	—	—	—	—
2	D4-1-158	管道试压:公称直径 600mm 以内	100m	0.030	4.95	6.30	1.33	1.29	1.73	15.60
3	D4-1-176	管道消毒冲洗:公称直径 600mm 以内	100m	0.030	2.84	2.47	—	0.74	0.99	7.05
	合计				35.71	2455.35	23.84	9.27	12.50	2536.67

分部分项工程量清单综合单价计算表

表 10-2-20

工程名称:××给水工程;项目编码:040501004002;计量单位:m;工程数量:160.5;综合单价:212.57 元

项目名称:铸铁管铺设:

(1) 管材材质:球墨铸铁管;(2) 管材规格:*DN*200;(3) 埋设深度:1.0m;(4) 接口形式:胶圈接口

序号	定额编号	工作内容	单位	工程量	其中(元)					
					人工费	材料费	机械费	管理费	利润	小计
1	D4-1-60	铸铁管件安装(胶圈接口):公称直径 200mm 以内	10m	16.050	725.62	32452.46	—	188.43	253.91	33620.42
	ZC000779-2	球墨铸铁管 *DN*200	m	160.50	—	—	—	—	—	—
2	D4-1-154	管道试压:公称直径 200mm 以内	100m	1.605	119.70	101.92	46.74	31.09	41.89	341.34
3	D4-1-172	管道消毒冲洗:公称直径 200mm 以内	100m	1.605	87.39	15.14	—	22.69	30.59	155.81
	合计				932.71	32569.51	46.74	242.21	326.39	34117.57

分部分项工程量清单综合单价计算表 表 10-2-21

工程名称:××给水工程;项目编码:040501004003;计量单位:m;工程数量:7;综合单价:152.38 元

项目名称:铸铁管铺设:

(1) 管材材质:球墨铸铁管;(2) 管材规格:*DN*100;(3) 埋设深度:1.0m;(4) 接口形式:胶圈接口

序号	定额编号	工作内容	单位	工程量	其中(元)					
					人工费	材料费	机械费	管理费	利润	小计
1	D4-1-59	铸铁管件安装(胶圈接口):公称直径 150mm 以内	10m	0.700	21.71	1017.01	—	5.64	7.60	1051.97
	ZC000779-3	球墨铸铁管 *DN*100	m	7.000	—	—	—	—	—	—
2	D4-1-153	管道试压:公称直径 100mm 以内	100m	0.070	3.40	2.98	1.46	0.88	1.19	9.91
3	D4-1-171	管道消毒冲洗:公称直径 100mm 以内	100m	0.070	2.86	0.17	—	0.74	1.00	4.78
		合计			27.97	1020.16	1.46	7.27	9.79	1066.65

分部分项工程量清单综合单价计算表 表 10-2-22

工程名称:××给水工程;项目编码:040501004004;计量单位:m;工程数量:1.5;综合单价:129.77 元

项目名称:铸铁管铺设:

(1) 管材材质:球墨铸铁管;(2) 管材规格:*DN*75;(3) 埋设深度:1.0m;(4) 接口形式:胶圈接口

序号	定额编号	工作内容	单位	工程量	其中(元)					
					人工费	材料费	机械费	管理费	利润	小计
1	D4-1-59	铸铁管件安装(胶圈接口):公称直径 150mm 以内	10m	0.150	4.65	184.02	—	1.21	1.63	191.51
	ZC000779-3	球墨铸铁管 *DN*75	m	1.500	—	—	—	—	—	—
2	D4-1-153	管道试压:公称直径 100mm 以内	100m	0.015	0.73	0.64	0.31	0.19	0.25	2.12
3	D4-1-171	管道消毒冲洗:公称直径 100mm 以内	100m	0.015	0.61	0.04	—	0.16	0.21	1.02
		合计			5.99	184.69	0.31	1.56	2.10	194.65

分部分项工程量清单综合单价计算表 表 10-2-23

工程名称:××给水工程;项目编码:040502002001;计量单位:个;工程数量:1;综合单价:1508.85 元

项目名称:铸铁管件安装:

(1) 类型:承盘短管;(2) 材质:球墨铸铁;(3) 规格:*DN*600;(4) 接口形式:胶圈接口

序号	定额编号	工作内容	单位	工程量	其中(元)					
					人工费	材料费	机械费	管理费	利润	小计
1	D4-1-51	铸铁管件安装(胶圈接口):公称直径 600mm 以内	个	1.00	93.06	1329.15	27.89	26.18	32.57	1508.85
	ZC001068-1	承盘短管 *DN*600	个	1.00	—	—	—	—	—	—
		合计			93.06	1329.15	27.89	26.18	32.57	1508.85

分部分项工程量清单综合单价计算表

表 10-2-24

工程名称：××给水工程；项目编码：040502002002；计量单位：个；工程数量：1；综合单价：1608.85 元

项目名称：铸铁管件安装：

(1) 类型：承盘短管；(2) 材质：球墨铸铁；(3) 规格：*DN*600；(4) 接口形式：胶圈接口

序号	定额编号	工作内容	单位	工程量	其中(元)					
					人工费	材料费	机械费	管理费	利润	小计
1	D4-2-51	铸铁管件安装（胶圈接口）：公称直径 600mm 以内	个	1.00	93.06	1429.15	27.89	26.18	32.57	1608.85
	ZC001068-11	承盘短管 *DN*600	个	1.00	—	—	—	—	—	—
	合　计				93.06	1429.15	27.89	26.18	32.57	1608.85

分部分项工程量清单综合单价计算表

表 10-2-25

工程名称：××给水工程；项目编码：040502002003；计量单位：个；工程数量：1；综合单价：578.85 元

项目名称：铸铁管件安装：

(1) 类型：异径三通；(2) 材质：球墨铸铁；(3) 规格：*DN*600×200；(4) 接口形式：胶圈接口

序号	定额编号	工作内容	单位	工程量	其中(元)					
					人工费	材料费	机械费	管理费	利润	小计
1	D4-2-51	铸铁管件安装（胶圈接口）：公称直径 600mm 以内	个	1.00	93.06	399.15	27.89	26.18	32.57	578.85
	ZC001068-3	承盘短管 *DN*600×200	个	1.00	—	—	—	—	—	—
	合　计				93.06	399.15	27.89	26.18	32.57	578.85

分部分项工程量清单综合单价计算表

表 10-2-26

工程名称：××给水工程；项目编码：040502002004；计量单位：个；工程数量：2；综合单价：226.94 元

项目名称：铸铁管件安装：

(1) 类型：承盘短管；(2) 材质：球墨铸铁；(3) 规格：*DN*200；(4) 接口形式：胶圈接口

序号	定额编号	工作内容	单位	工程量	其中(元)					
					人工费	材料费	机械费	管理费	利润	小计
1	D4-2-47	铸铁管件安装（胶圈接口）：公称直径 200mm 以内	个	2.000	61.38	353.76	—	17.26	21.48	453.88
	ZC001068-2	承盘短管 *DN*200	个	2.000	—	—	—	—	—	—
	合　计				61.38	353.76	—	17.26	21.48	453.88

分部分项工程量清单综合单价计算表

表 10-2-27

工程名称:××给水工程;项目编码:040502002004;计量单位:个;工程数量:2;综合单价:226.94 元

项目名称:铸铁管件安装:

(1) 类型:插盘短管;(2) 材质:球墨铸铁;(3) 规格:$DN$200;(4) 接口形式:胶圈接口

序号	定额编号	工作内容	单位	工程量	其中(元)					
					人工费	材料费	机械费	管理费	利润	小计
1	D4-2-47	铸铁管件安装(胶圈接口):公称直径 200mm 以内	个	2.000	61.38	353.76	—	17.26	21.48	453.88
	ZC001068-2	承盘短管 $DN$200	个	2.000	—	—	—	—	—	—
		合计			61.38	353.76	—	17.26	21.48	453.88

分部分项工程量清单综合单价计算表

表 10-2-28

工程名称:××给水工程;项目编码:040502002006;计量单位:个;工程数量:1;综合单价:185.74 元

项目名称:铸铁管件安装:

(1) 类型:异径三通;(2)材质:球墨铸铁;(3)规格:$DN$200×100;(4)接口形式:胶圈接口

序号	定额编号	工作内容	单位	工程量	其中(元)					
					人工费	材料费	机械费	管理费	利润	小计
1	D4-2-47	铸铁管件安装 (胶圈接口):公称直径 200mm 以内	个	1.000	30.69	135.68	—	8.63	10.74	185.74
	ZC001068-10	承盘短管 $DN$200×100	个	1.000	—	—	—	—	—	—
		合计			30.69	135.68	—	8.63	10.74	185.74

分部分项工程量清单综合单价计算表

表 10-2-29

工程名称:××给水工程;项目编码:040502002007;计量单位:个;工程数量:1;综合单价:162.94 元

项目名称:铸铁管件安装:

(1) 类型:异径三通;(2) 材质:球墨铸铁;(3) 规格:$DN$200×75;(4) 接口形式:胶圈接口

序号	定额编号	工作内容	单位	工程量	其中(元)					
					人工费	材料费	机械费	管理费	利润	小计
1	D4-2-47	铸铁管件安装 (胶圈接口):公称直径 200mm 以内	个	1.000	30.69	112.88	—	8.63	10.74	162.94
	ZC001068-10	承盘短管 $DN$200×75	个	1.000	—	—	—	—	—	—
		合计			30.69	112.88	—	8.63	10.74	162.94

分部分项工程量清单综合单价计算表　　表 10-2-30

工程名称:××给水工程;项目编码:040502002008;计量单位:个;工程数量:1;综合单价:185.74 元

项目名称:铸铁管件安装:

(1) 类型:异径四通;(2) 材质:球墨铸铁;(3) 规格:*DN*200×100;(4) 接口形式:胶圈接口

序号	定额编号	工作内容	单位	工程量	其中(元)					
					人工费	材料费	机械费	管理费	利润	小计
1	D4-2-47	铸铁管件安装(胶圈接口):公称直径 200mm 以内	个	1.000	30.69	135.68	—	8.63	10.74	185.74
	ZC001068-7	承盘短管 *DN*200×100	个	1.000	—	—	—	—	—	—
		合　计			30.69	135.68	—	8.63	10.74	185.74

分部分项工程量清单综合单价计算表　　表 10-2-31

工程名称:××给水工程;项目编码:040502002009;计量单位:个;工程数量:2;综合单价:226.94 元

项目名称:铸铁管件安装:

(1) 类型:双盘短管;(2) 材质:球墨铸铁;(3) 规格:*DN*200;(4) 接口形式:胶圈接口

序号	定额编号	工作内容	单位	工程量	其中(元)					
					人工费	材料费	机械费	管理费	利润	小计
1	D4-2-47	铸铁管件安装(胶圈接口):公称直径 200mm 以内	个	2.000	61.38	353.76	—	17.26	21.48	453.88
	ZC001068-5	承盘短管 *DN*200	个	2.000	—	—	—	—	—	—
		合　计			61.38	353.76	—	17.26	21.48	453.88

分部分项工程量清单综合单价计算表　　表 10-2-32

工程名称:××给水工程;项目编码:040502002010;计量单位:个;工程数量:1;综合单价:162.94 元

项目名称:铸铁管件安装:

(1) 类型:直角弯头;(2) 材质:球墨铸铁;(3) 规格:*DN*200;(4) 接口形式:胶圈接口

序号	定额编号	工作内容	单位	工程量	其中(元)					
					人工费	材料费	机械费	管理费	利润	小计
1	D4-2-47	铸铁管件安装(胶圈接口):公称直径 200mm 以内	个	1.000	30.69	112.88	—	8.63	10.74	162.94
	ZC001068-8	承盘短管 *DN*200	个	1.000	—	—	—	—	—	—
		合　计			30.69	112.88	—	8.63	10.74	162.94

分部分项工程量清单综合单价计算表

表 10-2-33

工程名称：××给水工程；项目编码：040502002011；计量单位：个；工程数量：2；综合单价：136.55 元

项目名称：铸铁管件安装：

(1) 类型：直角弯头；(2) 材质：球墨铸铁；(3) 规格：*DN*100；(4) 接口形式：胶圈接口

序号	定额编号	工作内容	单位	工程量	其中(元)					
					人工费	材料费	机械费	管理费	利润	小计
1	D4-2-46	铸铁管件安装（胶圈接口）：公称直径 200mm 以内	个	2.000	53.46	185.88	—	15.04	18.72	273.10
	ZC001068-9	承盘短管 *DN*100	个	2.000	—	—	—	—	—	—
	合计				53.46	185.88	—	15.04	18.72	273.10

分部分项工程量清单综合单价计算表

表 10-2-34

工程名称：××给水工程；项目编码：040503001001；计量单位：个；工程数量：1；综合单价：607.27 元

项目名称：阀门安装：

(1) 公称直径：*DN*200；(2) 压力要求：1.0MPa；(3) 阀门类型：Z44T-10

序号	定额编号	工作内容	单位	工程量	其中(元)					
					人工费	材料费	机械费	管理费	利润	小计
1	D6-3-73	焊接法兰阀门安装：公称直径 200mm 以内	个	1.000	21.78	571.65	—	6.22	7.62	607.27
	ZC001274-3	阀门 *DN*200	个	1.000	—	—	—	—	—	—
	合计				21.78	571.65	—	6.22	7.62	607.27

分部分项工程量清单综合单价计算表

表 10-2-35

工程名称：××给水工程；项目编码：040503001002；计量单位：个；工程数量：4；综合单价：203.47 元

项目名称：阀门安装：

(1) 公称直径：*DN*100；(2) 压力要求：1.0MPa；(3) 阀门类型：Z44T-10

序号	定额编号	工作内容	单位	工程量	其中(元)					
					人工费	材料费	机械费	管理费	利润	小计
1	D6-3-70	焊接法兰阀门安装：公称直径 100mm 以内	个	4.000	52.80	727.52	—	15.08	18.48	813.88
	ZC001243-1	阀门 *DN*100	个	4.000	—	—	—	—	—	—
	合计				52.80	727.52	—	15.08	18.48	813.88

分部分项工程量清单综合单价计算表

表 10-2-36

工程名称:××给水工程;项目编码:040503001003;计量单位:个;工程数量:1;综合单价:143.47 元

项目名称:阀门安装:

(1) 公称直径:*DN*75;(2) 压力要求:1.0MPa;(3) 阀门类型:Z44T-10

序号	定额编号	工作内容	单位	工程量	其中(元)					
					人工费	材料费	机械费	管理费	利润	小计
1	D6-3-70	焊接法兰阀门安装:公称直径 100mm 以内	个	1.000	13.20	121.88	—	3.77	4.62	143.47
	ZC001243-2	阀门 *DN*75	个	1.000	—	—	—	—	—	—
	合计				13.20	121.88	—	3.77	4.62	143.47

分部分项工程量清单综合单价计算表

表 10-2-37

工程名称:××给水工程;项目编码:040503003001;计量单位:个;工程数量:3;综合单价:1450.89 元

项目名称:消防栓安装:

(1) 部位:室外地上式;(2) 型号:SS100-1.0;(3) 规格:*DN*100

序号	定额编号	工作内容	单位	工程量	其中(元)					
					人工费	材料费	机械费	管理费	利润	小计
1	D4-2-153	消防栓安装:地上式 100	组	3.000	126.72	4145.91	0.06	35.64	44.34	4352.67
	ZC001643	*DN*100	座	3.000	—	—	—	—	—	—
	合计				126.72	4145.91	0.06	35.64	44.34	4352.67

分部分项工程量清单综合单价计算表

表 10-2-38

工程名称:××给水工程;项目编码:040504004001;计量单位:个;工程数量:1;综合单价:607.27 元

项目名称:其他砌筑井:

(1) 排泥湿井:圆形排泥阀井;(2) 井的尺寸、深度:ϕ1000、1.6m;(3) 井身材料:灰砂砖;

(4) 垫层厚度、材料品种、强度:10cm 混凝土 C15

序号	定额编号	工作内容	单位	工程量	其中(元)					
					人工费	材料费	机械费	管理费	利润	小计
1	D4-3-1	收口式;井内径 1.2m、井深 1.6m	座	1.00	176.55	1054.91	0.26	45.85	61.79	1339.36
	ZC001869	混凝土	m^3	0.053	—	—	—	—	—	—
	D3-5-3 换	C15 商品普通混凝土 20 石	$10m^3$	0.005	—	13.82	—	—	—	13.82
	合计				176.55	1068.73	0.26	45.85	61.79	1353.18

分部分项工程量清单综合单价计算表 表 10-2-39

工程名称：××给水工程；项目编码：040504004002；计量单位：座；工程数量：4；综合单价：1353.18 元

项目名称：其他砌筑井：

(1) 阀门井：圆形阀门井；(2) 井的尺寸、深度：ϕ1200、1.6m；(3) 井身材料：灰砂砖；

(4) 垫层厚度、材料品种、强度：10cm 混凝土 C15

序号	定额编号	工作内容	单位	工程量	其中(元)					
					人工费	材料费	机械费	管理费	利润	小计
1	D4-3-1	收口式：井内径 1.2m、井深 1.6m	座	4.000	706.20	4219.64	1.04	183.40	247.16	5357.44
	ZC001869	混凝土	m^3	0.212	—	—	—	—	—	—
	D3-5-3 换	C15 商品普通混凝土 20 石	$10m^3$	0.021	—	55.28	—	—	—	55.28
	合计				706.20	4274.92	1.04	183.40	247.16	5412.72

分部分项工程量清单综合单价计算表 表 10-2-40

工程名称：××给水工程；项目编码：040504004003；计量单位：个；工程数量：1；综合单价：607.27 元

项目名称：其他砌筑井：

(1) 阀门井：圆形阀门井；(2) 井的尺寸、深度：ϕ1400、1.8m；(3) 井身材料：灰砂砖；

(4) 垫层厚度、材料品种、强度：10cm 混凝土 C15

序号	定额编号	工作内容	单位	工程量	其中(元)					
					人工费	材料费	机械费	管理费	利润	小计
1	D4-3-1	收口式：井内径 1.2m、井深 1.6m	座	1.000	207.90	1131.06	0.29	53.99	72.77	1466.01
	ZC001869	混凝土	m^3	0.053	—	—	—	—	—	—
	D3-5-3 换	C15 商品普通混凝土 20 石	$10m^3$	0.005	—	13.82	—	—	—	13.82
	合计				207.90	1144.88	0.29	53.99	72.77	1479.83

10.2.4 市政管道工程定额计价实例

下面将摘录××省××市××给水工程定额计价实例。

(1) ××给水工程施工图预算总封面见表 10-2-41 所列。

(2) 工程项目总价表预算：××给水工程工程项目总价表预算如表 10-2-42 所列。

(3) 单项工程总价表预算：××给水工程单项工程总价表预算表见表 10-2-43 所列。

(4) 定额分部分项工程费汇总预算表：××给水工程定额分部分项工程费汇总预算表见表 10-2-44 所列。

(5) 措施项目费汇总表预算：××给水工程措施项目费汇总表预算见表 10-2-45 所列。

给水工程施工图预算

表 10-2-41

工程名称:××给水工程　　　　第　页共　页

给水工程施工图预算(封面)

编号:　(略)

建 设 单 位:　(略)

施 工 单 位:　(略)

编制工程造价:　78722.27

编制工程造价指标:　(略)

编 制 单 位:　(略)　(单位盖章)

造价工程师及证号:　(略)　(签字盖执业专用章)

单 位 负 责 人:　(略)　(签字)

编 制 时 间:　(略)

工程项目总价表

表 10-2-42

工程名称:××给水工程　　　　第　页共　页

序号	单 项 工 程 名 单	金额(元)
1	给水工程	2733962.64
	合　计	2733962.64

法定代表人:　　编制单位(盖章)　　编制日期:　年　月　日

单项工程总价表预算 **表 10-2-43**

工程名称:××给水工程 第 页 共 页

序 号	主 要 内 容 名 称	计算办法	金 额(元)
1	分部分项工程项目费		62026.14
1.1	定额分部分项工程费		55168.30
1.1.1	人工费		3858.24
1.1.2	材料设备费		45780.59
1.1.3	辅助材料费		3888.89
1.1.4	机械费		644.22
1.1.5	管理费		996.35
1.2	价差		4951.54
1.2.1	人工价差		1588.33
1.2.2	材料价差		3324.98
1.2.3	机械价差		38.24
1.3	利润	(1.1.1+1.2.1)×35%	1906.30
2	措施项目费		3076.50
3	其他项目费		7295.23
4	规费		3728.50
4.1	社会保险费	(1+2+3)×3.31%	2396.37
4.2	住房公积金	(1+2+3)×1.28%	926.69
4.3	工程定额测定费	(1+2+3)×0.1%	72.40
4.4	工程排污费	(1+2+3)×0.13%	238.91
4.5	堤围防护费	(1+2+3)×0.33%	94.12
5	不含税工程费	1+2+3+4	76126.37
6	税金	(5)×3.41%	2595.91
	含税工程造价(大写):柒万捌仟柒佰贰拾贰元贰角柒分		小写 :78722.27

编制人: 证号: 编制日期: 年 月 日

定额分部分项工程费汇总预算表 **表 10-2-44**

工程名称:××给水工程 第 页 共 页

序号	定额编码	主要名称及说明	单位	数量	单位基价(元)	合价(元)
1	D1-1-5	人工挖沟槽、基坑一、二类土深度在 2m 内	100m³	1.420	763.14	1083.66
2	D1-1-16	回填土机械夯实	100m³	1.360	778.50	1058.76
3	D1-1-107	人工装、汽车运石方,运距 15km	100m³	0.060	4338.92	260.34
4	D4-1-64	球墨铸铁管安装(胶圈接口):公称直径 600mm 以内	10m	0.3000	8315.32	2494.60
5	D4-1-60	球墨铸铁管安装(胶圈接口):公称直径 200mm 以内	10m	16.050	2066.58	33168.61

续表

工程名称:××给水工程　　　　第　　页 共　　页

序号	定额编码	主要名称及说明	单位	数量	单位基价(元)	合价(元)
6	D4-1-59	球墨铸铁管安装(胶圈接口)：公称直径 150mm 以内	10m	0.700	1483.49	1038.44
7	D4-1-59	球墨铸铁管安装(胶圈接口)：公称直径 150mm 以内	10m	0.150	1257.39	188.61
8	D4-2-51	承盘短管安装(胶圈接口)：公称直径 600mm 以内	个	1	1454.11	1454.11
9	D4-2-51	插盘短管安装(胶圈接口)：公称直径 600mm 以内	个	1	1454.11	1454.11
10	D4-2-51	异径三通安装(胶圈接口)：公称直径 600mm 以内	个	1	524.11	524.11
11	D4-2-47	承盘短管安装(胶圈接口)：公称直径 200mm 以内	个	2	209.69	419.38
12	D4-2-47	插盘短管安装(胶圈接口)：公称直径 200mm 以内	个	2	209.69	419.38
13	D4-2-47	异径三通安装(胶圈接口)：公称直径 200mm×100mm	个	1	168.49	168.49
14	D4-2-47	异径四通安装(胶圈接口)：公称直径 200mm×75mm	个	1	168.49	168.49
15	D4-2-47	双盘短管安装(胶圈接口)：公称直径 600mm 以内	个	2	209.69	419.38
16	D4-2-47	排泥三通安装(胶圈接口)：公称直径 200mm×75mm	个	1	145.69	145.69
17	D4-2-47	直角弯头安装(胶圈接口)：公称直径 200mm	个	1	145.69	145.69
18	D4-2-46	直角弯头安装(胶圈接口)：公称直径 100mm	个	1	121.52	121.52
19	D6-3-73	闸阀安装：ZA4T-10 *DN*200	个	1	595.03	595.03
20	D6-3-70	闸阀安装：ZA4T-10 *DN*100	个	4	196.05	784.20
21	D6-3-70	排泥阀安装：ZJ744X-10 *DN*75	个	1	136.05	136.05
22	D4-2-153	消防栓安装：地上式 100	个	3	1427.14	4281.42
23	D4-1-158	管道试压：公称直径 600mm 以内	100m	0.030	384.19	11.53
24	D4-1-154	管道试压：公称直径 200mm 以内	100m	1.610	160.52	258.44
25	D4-1-153	管道试压：公称直径 100mm 以内	100m	0.090	108.82	9.79
26	D4-1-176	管道消毒冲洗：公称直径 600mm 以内	100m	0.030	147.60	4.43
27	D4-1-172	管道消毒冲洗：公称直径 200mm 以内	100m	1.610	59.92	96.47
28	D4-1-171	管道消毒冲洗：公称直径 100mm 以内	100m	0.090	41.94	3.77
29	D4-3-1+D3-5-3×0.0053	收口式井：内径 1.2m、井深 1.6m	座	1	691.68	691.68
30	D4-3-1+D3-5-3×0.0053	收口式井：内径 1.2m、井深 1.6m	座	4	691.68	2766.72
31	D4-3-1+D3-5-3×0.0053	砖砌圆形阀门井：收口式井：内径 1.4m、井深 1.8m	座	1	795.52	795.52
	合　计					55168.41

编制人：　　　　证号：　　　　编制日期：　　年　月　日

措施项目费汇总表预算　　表 10-2-45

工程名称：××给水工程　　第　页共　页

序号	主要内容名称	单位	金额(元)
1	安全防护、文明施工措施费部分		
1.1	综合脚手架	项	
1.2	靠脚手架安全挡板	项	
1.3	独立安全安全挡板	项	
1.4	文明施工、环境保护、临时设备、安全施工费	项	1749.14
2	其他措施费部分		
2.1	预算包干费	项	1240.53
2.2	工程保险费	项	24.81
2.3	工程保修费	项	62.03
2.4	夜间施工费	项	
2.5	二次搬运费	项	
2.6	大型机械设备进出场及安拆费	项	
2.7	混凝土、钢筋混凝土模板及支架	项	
2.8	脚手架	项	
2.9	已完工程及设备保护	项	
2.10	施工排水、降水	项	
2.11	围　堰	项	
2.12	筑捣费	项	
2.13	现场施工围栏	项	
2.14	便　道	项	
2.15	便　桥	项	
2.16	垂直运输机械	项	
2.17	长输管道临时水工保护设施	项	
2.18	长输管道跨越或穿越施工措施	项	
2.19	长输管道地下穿越地上建筑物的保护措施	项	
	合　计		3076.50

编制人：　　证号：　　编制日期：　年　月　日

（6）措施项目费合价分析表预算：××给水工程措施项目费合价分析表预算见表10-2-46所列。

措施项目费合价分析表预算

表 10-2-46

工程名称：××给水工程　　　　第　页 共　页

序号	定额编码	主 要 内 容 名 称	单位	数量	单 价(元)		合价(元)
					基价	利润	
1		安全防护、文明施工措施费部分					
1.1		综合脚手架	项	—	—	—	—
1.2		靠脚手架安全挡板	项	—	—	—	—
1.3		独立安全挡板	项	—	—	—	—
1.4		文明施工、环境保护、临时设备、安全施工费	项	62026.14	—	—	1749.14
2		其他措施费部分		—	—	—	—
2.1		预算包干费	项	62026.14	—	—	1240.53
2.2		工程保险费	项	62026.14	—	—	24.81
2.3		工程保修费	项	62026.14	—	—	62.03
2.4		夜间施工费	项	—	—	—	—
2.5		二次搬运费	项	—	—	—	—
2.6		大型机械设备进出场及安拆费	项	—	—	—	—
2.7		混凝土、钢筋混凝土模板及支架	项	—	—	—	—
2.8		脚手架	项	—	—	—	—
2.9		已完工程及设备保护	项	—	—	—	—
2.10		施工排水、降水	项	—	—	—	—
2.11		围　堰	项	—	—	—	—
2.12		筑捣费	项	—	—	—	—
2.13		现场施工围栏	项	—	—	—	—
2.14		便　道	项	—	—	—	—
2.15		便　桥	项	—	—	—	—
2.16		垂直运输机械	项	—	—	—	—
2.17		长输管道临时水工保护设施	项	—	—	—	—
2.18		长输管道跨越或穿越施工措施	项	—	—	—	—
2.19		长输管道地下穿越地上建筑物的保护措施	项	—	—	—	—
		合　计	元				3076.50

编制人：　　　　证号：　　　　编制日期：　　年　月　日

(7) 其他项目清单：××给水工程其他项目清单见表 10-2-47 所列。

其他项目清单 表 10-2-47

工程名称：××给水工程 第 页 共 页

序号	项目名称	单位	合价(元)	备 注	序号	项目名称	单位	合价(元)	备 注
1	招标人部分				2	投标人部分			
1.1	预留金	元	6202.63	以分部分项项目费为计算基础×10%	2.1	零星工作项目费	元	1092.60	以零星工作项目费为计算基础×100%
1.2	材料购置费	元			2.2	总承包服务费	元		
1.3	其 他	元			2.3	其 他	元		
	合 计		6202.63			合 计		1092.60	

编制人： 证号： 编制日期： 年 月 日

（8）零星工作项目表：××给水工程零星工作项目表见表 10-2-48 所列。

零星工作项目表 表 10-2-48

工程名称：××给水工程 第 页 共 页

序号	项目名称	单位	数量	金 额(元)		序号	项目名称	单位	数量	金 额(元)	
				综合单价	合价					综合单价	合价
1	人 工				1000.0	2	材 料				
1.1	一类工	工日	10.0	28.00	280.00	3	机 械				
1.2	二类工	工日	10.0	26.00	260.0	3.1	离心泵出口管径 100mm	台班			92.60
1.3	三类工	工日	10.0	24.00	240.0						
1.4	四类工	工日	10.0	22.00	220.0	4	其 他				
	合 计				1000.0		合 计				1092.60

编制人： 证号： 编制日期： 年 月 日

（9）规费计算表预算：××给水工程规费计算表预算见表 10-2-49 所列。

规费计算表预算 表 10-2-49

工程名称：××给水工程 第 页 共 页

序号	名 称	规费公式计算式	费 率	金额(元)
1	社会保险费	分部分项工程费+措施项目费+其他项目费	3.31	2396.37
2	住房公积金	分部分项工程费+措施项目费+其他项目费	1.28	926.69
3	工程定额测定费	分部分项工程费+措施项目费+其他项目费	0.10	72.40
4	工程排污费	分部分项工程费+措施项目费+其他项目费	0.33	238.91
5	堤围防护费	分部分项工程费+措施项目费+其他项目费	0.13	94.12
	合 计：叁仟柒佰贰拾捌元伍角整			3728.50

编制人： 证号： 编制日期： 年 月 日

（10）人工材料机械价差表预算：××给水工程人工材料机械价差表预算见表 10-2-50 所列。

人工材料机械价差表预算 表 10-2-50

工程名称：××给水工程 第 页 共 页

序号	材料编码	名称、规格与型号	单位	数 量	定额价(元)	编制价(元)	差 价(元)	合 价(元)
1	00000002	二类工	工日	25.070	26.00	33.00	7.00	175.49
2	00000003	三类工	工日	63.459	24.00	33.00	9.00	571.13
3	00000004	四类工	工日	76.519	22.00	33.00	11.00	841.71
4	04001002	水泥 P.032.5(R)	t	1.222	291.99	309.60	17.61	21.5
5	04001003	水泥 P.042.5(R)	kg	1.710	0.30	0.31	0.01	0.02
6	05001001	中砂	m^3	5.363	37.23	51.00	13.77	73.85
7	05019005	碎石 10mm	m^3	0.954	56.45	56.10	-0.35	-0.33
8	18012001	电焊条	kg	0.543	4.53	4.49	-0.04	-0.02
9	37025002	铸铁井盖、井座 ϕ700 重型	套	6.000	155.13	689.53	534.40	3206.40
10	3900117	水	m^3	15.629	1.54	2.48	0.94	14.69
11	75010005	C15 商品普通混凝土 20 石	m^3	0.318	232.18	260.00	27.82	8.85
12	99916101	二类工(机械用)	工日	1.632	26.00	33.00	7.00	11.43
13	99916202	柴油(机械用)	kg	28.224	4.05	5.00	0.95	26.81
	合 计(大写)：肆仟玖佰伍拾壹元伍角肆分							4951.54

编制人： 证号： 编制日期： 年 月 日

11　园林绿化工程量清单计价编制实例

11.1　园林绿化工程的工程量清单

现摘录××省××市××园林绿化工程清单计价编制实例。

(1)××园林绿化工程的招标工程量清单(封面)见表 11-1-1 所列。

(2)××园林绿化工程的工程量清单填表须知见表 11-1-2 所列。

(3)××园林绿化工程的工程量清单总说明见表 11-1-3 所列。

(4)××园林绿化工程的分部分项工程量清单见表 11-1-4 所列。

(5)××园林绿化工程的措施项目清单见表 11-1-5 所列。

(6)××园林绿化工程的其他项目清单见表 11-1-6 所列。

(7)××园林绿化工程的零星工作项目表见表 11-1-7 所列。

(8)××园林绿化工程示意图如图 11-1-1 所示。

招标工程量清单　　**表 11-1-1**

工程名称:××园林绿化工程　　第　页共　页

工程量清单(封面)

招　标　人:＿＿＿＿＿＿(略)＿＿＿＿＿＿(单位签字盖章)

法人代表人:＿＿＿＿＿＿(略)＿＿＿＿＿＿(签字盖章)

中介机构
法人代表人:＿＿＿＿＿＿(略)＿＿＿＿＿＿(签字盖章)

造价工程师
及注册证号:＿＿＿＿＿＿(略)＿＿＿＿＿＿(签字盖执业专用章)

编制时间:＿＿＿＿＿＿(略)＿＿＿＿＿＿

工程量清单计价填表须知

表 11-1-2

工程名称:××园林绿化工程 第 页共 页

(1) 工程量清单及其计价格式所要求签字、盖章的地方,必须由规定的单位和人员盖章、签字。

(2) 工程量清单及其计价格式中的任何内容不得随意删除或涂改。

(3) 工程量清单及其计价格式中列明的所有需要填报的单价和合价,投标人均要填报,未填报的单价和合价,视为此项费用已包含在工程清单的其他单价和合价中。

(4) 工程上所有的金额(价格)均应以人民币表示。

(5) 投标商的投标报价必须与工程项目总价一致。

(6) 投标商的投标报价文件是一式三份。

工程量清单计价总说明

表 11-1-3

工程名称:××园林绿化工程 第 页共 页

(1) 工程概况:本公园位于××市××区,交通便利。园中的建筑与市政设施及部分绿化工程均早已完成。根据发展需要,公园增加绿化面积约为 850m^2,整个绿化工程由圆形花坛、伞亭、连座花坛、花架、八角花坛以及经地等组成。栽种的植物主要有桧柏、垂柳、龙爪槐、大叶黄杨、金银木、珍珠梅、月季等。

(2) 招标范围:绿化工程。

(3) 编制依据:本工程依据是《建设工程工程量清单计价规范》中工程量清单计价办法,依据××市政园林设计院设计的本工程施工设计图纸计算实物工程量。

(4) 工程质量应达到优良标准。

(5) 考虑本工程在施工中可能出现的设计变更或清单有误,所以预留金额为 5 万元。

(6) 投标人在投标文件中应按《建设工程工程量清单计价规范》规定的统一格式,提供"分部分项工程量清单综合单价分析表"、"措施项目费分析表"。

(7) 随清单附有"主要材料价格表",投标人应按表中规定内容与要求填写。

分部分项工程量清单

表 11-1-4

工程名称:××园林绿化工程 第 页共 页

序号	项目编码	项 目 名 称	计量单位	工程数量
		第一章 绿化工程		
1	050101006001	整理绿化用地,普坚土	m^2	850
2	050102001001	栽植乔木、桧柏,高度为 1.2~1.5m,土球苗木	株	2
3	050102001002	栽植乔木、垂柳,胸径为 4.0~5.0m,露根乔木	株	7
4	050102001003	栽植乔木、龙爪槐,胸径为 3.5~4.0m,露根乔木	株	4
5	050102001004	栽植乔木、大叶黄杨,高度为 1.0~1.2m,绿篱苗木	株	4
6	050102004001	栽植灌木、金银木,高 1.5~1.8m,露根灌木	株	90
7	050102004002	栽植灌木、珍珠梅,高 1.0~1.2m,露根灌木	株	60
8	050102008001	栽植花卉、月季,各色月季,二年生,露地花卉	株	120
9	050102010001	铺种草皮、野牛草,草皮	m^2	466
10	050103001001	从现状给水阀门井接出线。主管线挖土深度为 1m,支管线挖土深度 0.6m,二类土。 主管直径 75PVC-U 管长为 21m,直径 40UPVC 管长 35m;支管直径 32UPVC 管长98.6m。美国雨乌喷头 5004 型 41 个,美国雨乌快速怪水阀 P33 型 10 个。另外,水表 1 组,截水阀(*DN*75)2 个。	m	154.60

续表

工程名称:××园林绿化工程　　第　页　共　页

序号	项目编码	项　目　名　称	计量单位	工程数量
		第二章　园路、园桥、假山工程		
11	050201001001	园路,200m 厚砂垫层,150mm 厚 3:7 灰土垫层,水泥方格砖路面	m^2	176.54
12	010101002001	挖土方,普坚土,挖土平均厚度 350mm,弃土运距为 100m	m^3	61.79
13	050201002001	路牙,3:7 灰土垫层,厚度为 150mm,花岗石	m	91.20
		第三章　园林景观工程		
14	050303001001	现浇混凝土花架柱、梁,柱 6 根,高度为 2.2m	m^3	2.168
15	010401002001	现浇混凝土独立基础,C10 混凝土垫层,厚度为 100mm	m^3	1.296
16	020203001001	零星项目一般抹灰,檩架抹水泥砂浆	m^2	60.04
17	020507001001	刷喷涂料,檩架喷涂料	m^2	60.04
18	010101003001	挖基础土方,挖八角花坛土方,人工挖地槽,土方运距为 100m	m^3	10.64
19	010407001001	其他构件,八角花坛混凝土池壁,C10 混凝土现浇	m^3	7.3
20	020204003001	块料墙面,八角花坛混凝土池壁贴大理石	m^2	23.24
21	010101003002	挖基础土方,连座花坛土方,平均挖土深度为 870mm,普坚土,弃土的运输距离为 100m	m^3	9.22
22	010401002002	现浇混凝土独立基础,3:7 灰土垫层,厚度 100mm	m^3	1.06
23	010302001001	实心砖墙,M5 混合砂浆砌筑,普通砖	m^3	4.87
24	010407001002	其他构件,连座花坛混凝土花池,C25 混凝土现浇	m^3	2.68
25	050304005001	预制混凝土桌凳,C20 预制混凝土坐凳	个	8
26	010101003003	挖基础土方,挖坐凳土方,平均挖土的深度为 80mm,普坚土,弃土的运输距离为 100m	m^3	0.03
27	010101003004	挖基础土方,挖花台土方,平均挖土的深度为 640mm,普坚土,弃土的运输距离为 100m	m^3	6.55
28	010401002003	现浇混凝土独立基础,3:7 灰土垫层,厚度 300mm	m^3	1.02
29	010302001002	实心砖墙,砖砌花台,M5 混合砂浆,普通砖	m^3	2.373
30	010407001003	其他构件,花台混凝土花池,C25 混凝土现浇	m^3	2.72
31	020204001002	石材墙面,花台混凝土花池面贴花岗石	m^2	4.56
32	010101003005	挖基础土方,挖花墙花台土方,平均深度为 940mm,普坚土,弃土的运输距离为 100m	m^3	11.73
33	010401001001	带形基础,花墙花台混凝土基础,C25 混凝土现浇	m^3	1.25
34	010302001003	实心砖墙,砖砌花墙,M5 混合砂浆,普通砖	m^3	8.19
35	010407001004	其他构件,花墙花台混凝土花台,C25 混凝土现浇	m^3	3.50
36	020204001003	石材墙面,花墙花台墙面贴青石板	m^2	27.73
37	010606012001	零星钢构件,花墙花台铁花饰,-60×6,2.83kg/m	t	0.11
38	010101003006	挖基础土方,挖伞亭土方,平均深度为 900mm,普坚土,弃土的运输距离为 100m	m^3	0.38

续表

工程名称:××园林绿化工程　　　　第　页共　页

序号	项目编码	项　目　名　称	计量单位	工程数量
		第三章　园林景观工程		
39	010401003001	满堂基础,伞亭混凝土基础,砂石垫层,基厚度为100mm	m^3	0.27
40	010101003006	挖基础土方,挖圆形花坛土方,平均深度为800mm,普坚土,弃土的运输距离为100m	m^3	3.82
41	010407001005	其他构件,圆形花坛混凝土池壁,C25混凝土现浇	m^3	2.63
42	020204001004	石材墙面,圆形花坛混凝土池壁贴大理石	m^2	10.05
43	010402001001	矩形柱,表架混凝土柱,C25混凝土现浇	m^3	1.8
44	020202001001	柱面一般抹灰,混凝土水泥砂浆抹面	m^2	10.2
45	020507001001	侧喷涂料,混凝土柱面刷白色涂料	m^2	10.2

措施项目清单

表11-1-5

工程名称:××园林绿化工程　　　　第　页共　页

序　号	项　目　名　称	金　额(元)
1	脚手架费	
2	混凝土模板及支架	
3	环境保护费	
4	临时设施费	
5	冬雨期施工增加费	
	合　计	

其他项目清单

表11-1-6

工程名称:××园林绿化工程　　　　第　页共　页

序号	项　目　名　称	金额(元)	序号	项　目　名　称	金额(元)
1	招标人部分		2	投标人部分	
1.1	预留金	50000.00	2.1	总承包服务费	
1.2	材料购置费		2.2	零星工作项目费	
1.3	其他		2.3	其他	
				小　计	
	小　计	50000.00		合　计	

零星工作项目表

表11-1-7

工程名称:××给水工程　　　　第　页共　页

序　号	项　目　名　称	计量单位	工程数量
1	人工		
1.1	技工	工日	40
	小　计		

续表

工程名称:××给水工程　　　　第 2 页　共 2 页

序号	项目名称	计量单位	工程数量
2	材料		
2.1	32.5 级普通水泥	t	15
	小　计		
3	机械		
3.1	汽车起重机 20t	台班	5.00
	小　计		

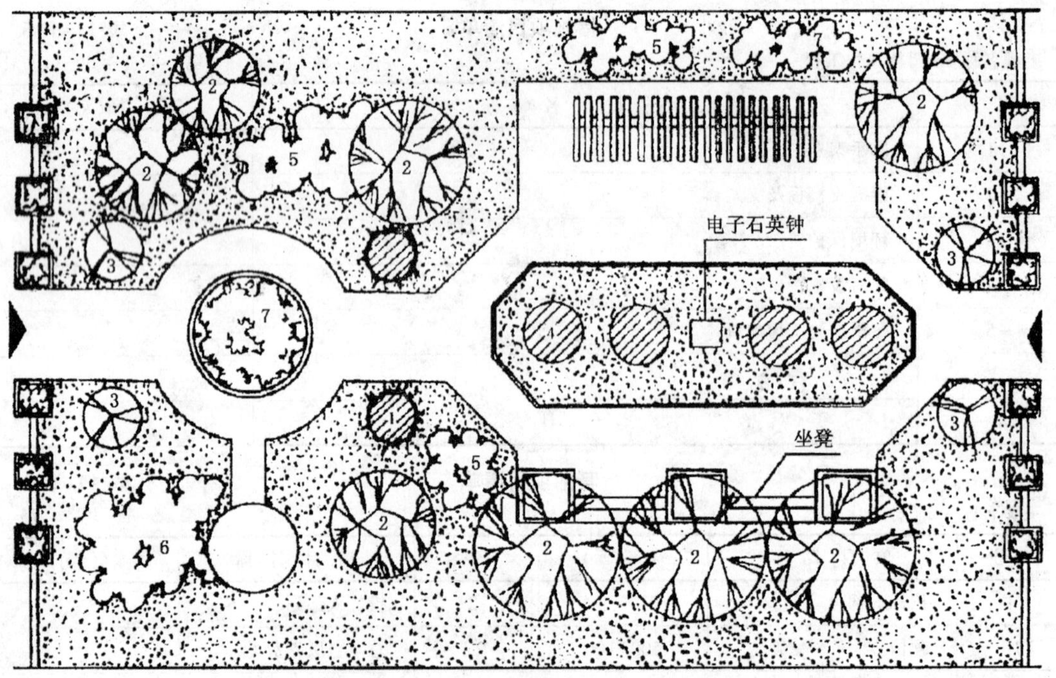

图 11-1-1　××园林绿化工程示意图

1-桧柏(高 1.2~1.5m)2 棵;2-垂柳(胸径 4.0~5.0)7 棵;3-龙爪槐(胸径 3.5~4.0)4 棵;
4-大叶黄杨(高 1~1.2m)4 棵;5-金银木(高 1.5~1.8m)3 棵/m^2; 6-珍珠梅(高 1~1.2m)2~3棵/m^2;7-月季,7~9 棵/m^2

(9) ××园林绿化工程项目立面图与平面图如图 11-1-2 所示。

(10) ××园林绿化工程项目中防护铁栏杆结构立面示意图见图 11-1-3 所示。

(11) ××园林绿化工程项目中防护铁栏杆及其基础剖面图(一)见图 11-1-4 所示。

(12) ××园林绿化工程项目中防护铁栏杆及其基础剖面图(二)见图 11-1-5 所示。

(13) ××园林绿化工程项目中防护铁栏杆及其基础剖面图(三)见图 11-1-6 所示。

(14) ××园林绿化工程项目中圆式板亭结构与基础示意图见图 11-1-7(一)所示。

(15) ××园林绿化工程项目中圆式板亭结构与基础示意图见图 11-1-8(二)所示。

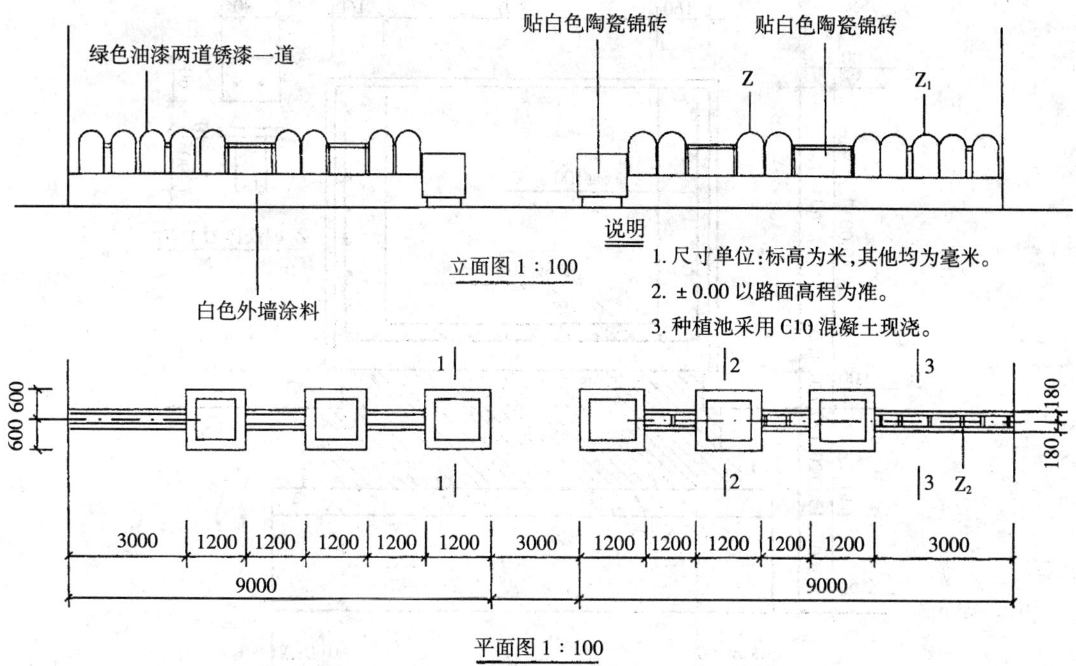

图 11-1-2 ××园林绿化工程项目立面图与平面图

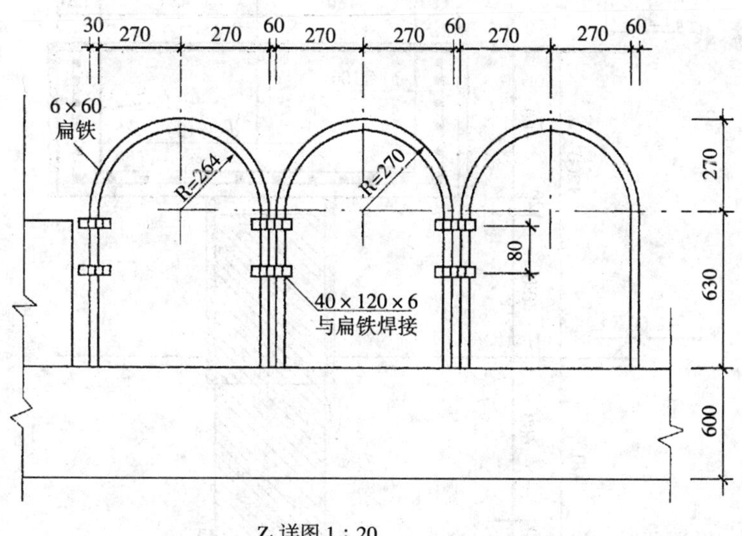

图 11-1-3 防护铁栏杆结构立面示意图

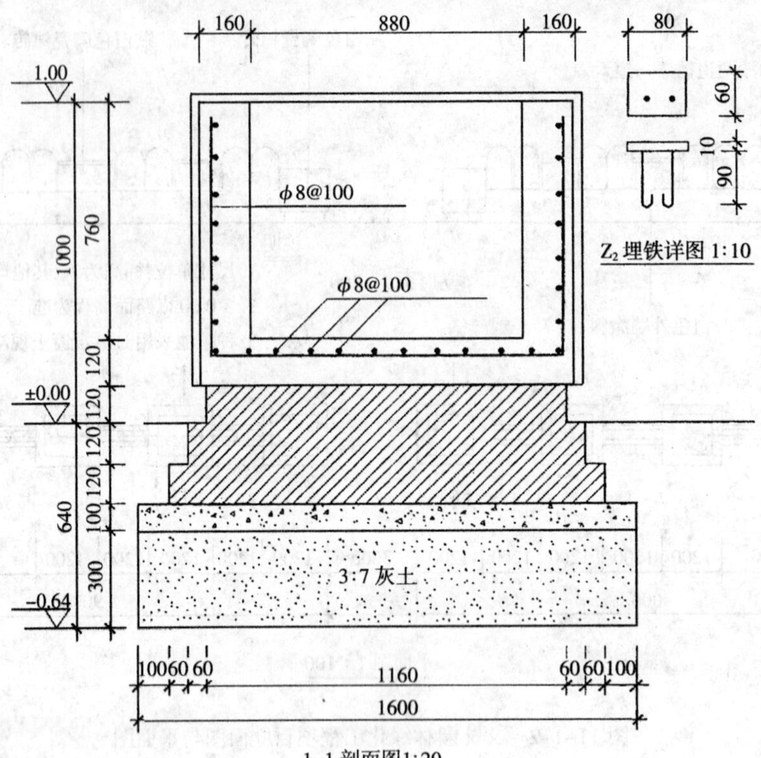

1-1 剖面图1:20

图 11-1-4　防护铁栏杆及其基础剖面图(一)

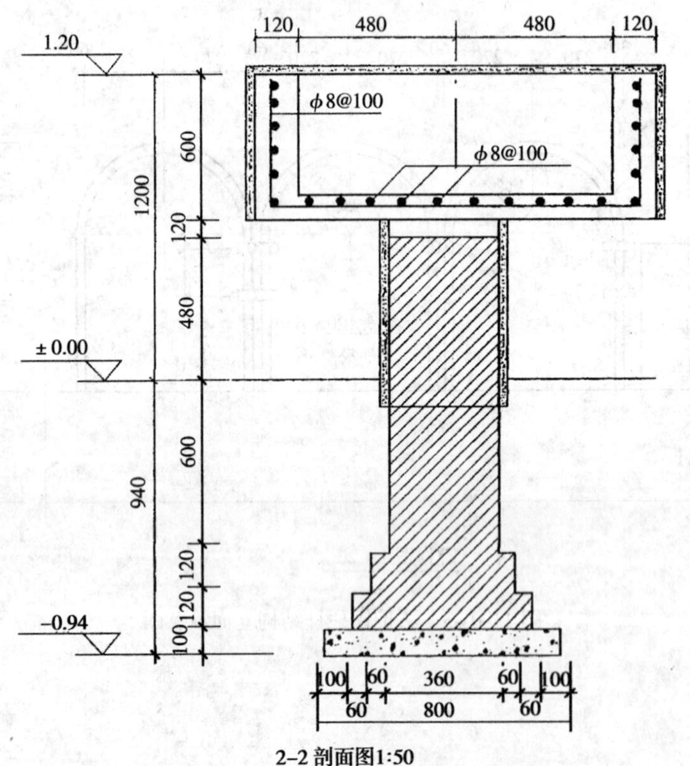

2-2 剖面图1:50

图 11-1-5　防护铁栏杆及其基础剖面图(二)

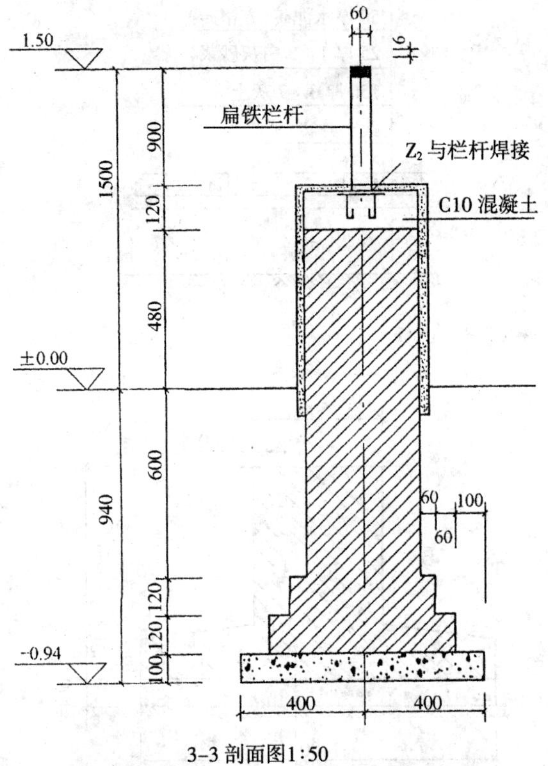

3-3 剖面图1:50

图 11-1-6 防护铁栏杆及其基础剖面图(三)

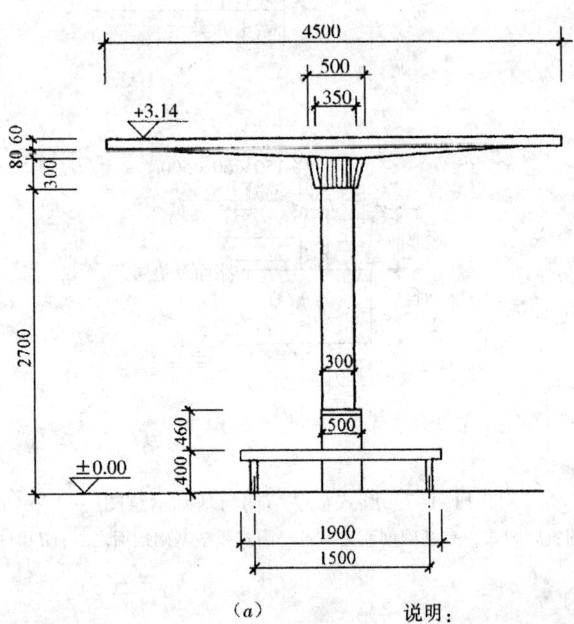

(*a*)

说明:

1. 本亭为圆式板亭。
2. 该亭均为 C20 混凝土,外刷白色涂料。
3. 坐凳高为 400mm,厚 80mm。
4. 坐凳为圆环式,坐凳面宽 400mm。

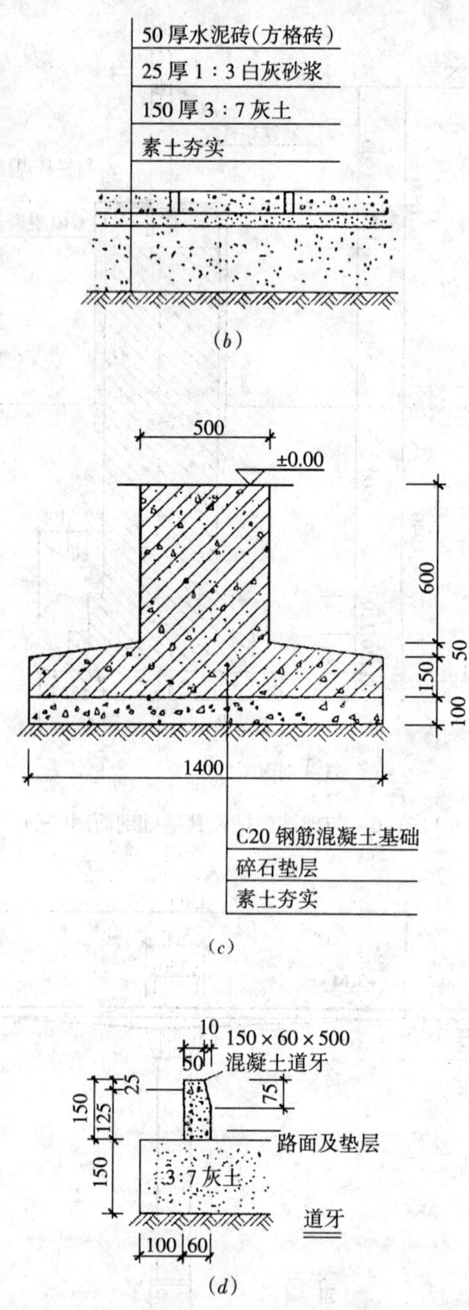

图11-1-7 圆式板亭结构与基础示意图(一)

(a)圆式板亭立面图；(b)圆式板亭基础剖面之一；(c)圆式板亭基础剖面之二；(d)圆式板亭基础剖面之三

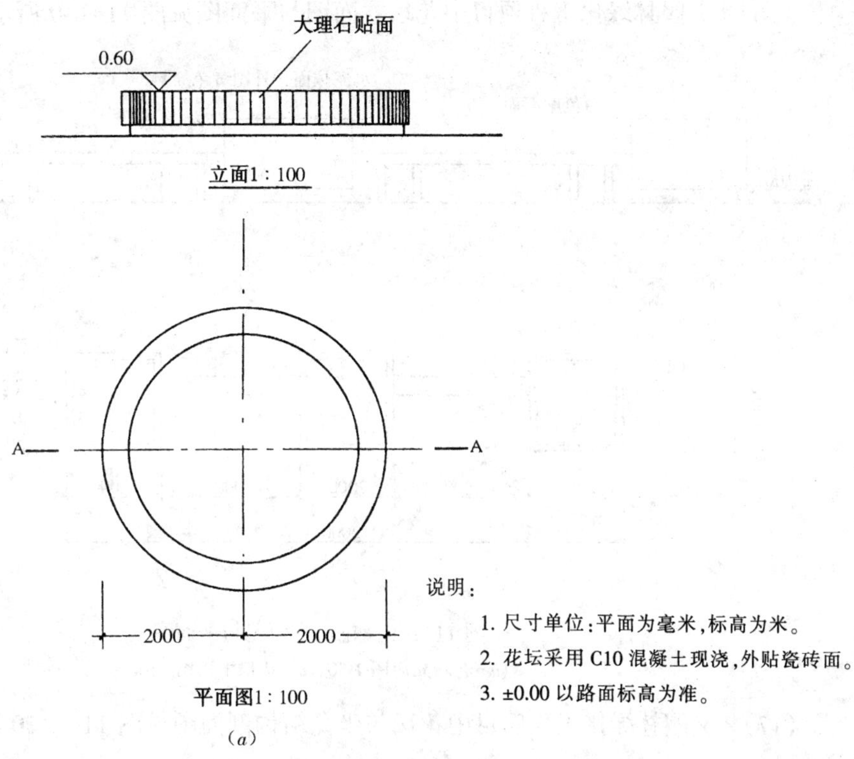

说明：

1. 尺寸单位：平面为毫米，标高为米。
2. 花坛采用C10混凝土现浇，外贴瓷砖面。
3. ±0.00以路面标高为准。

(*a*)

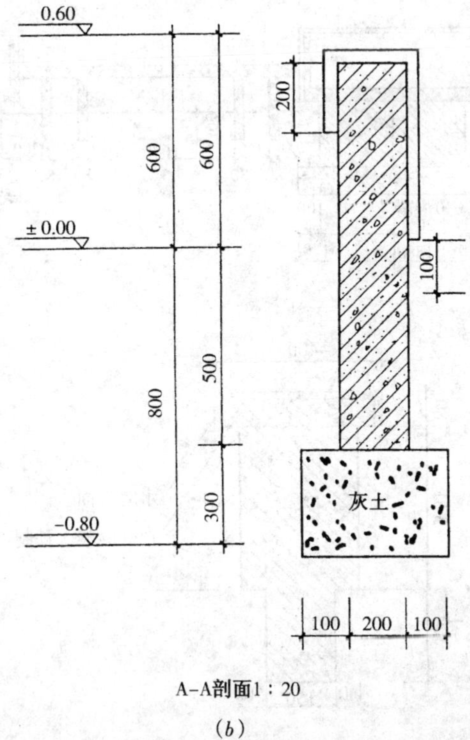

(*b*)

图 11-1-8 圆式板亭结构与基础示意图(二)

(*a*)圆式板亭的顶圆立面与平面示意图；(*b*)圆式板亭立柱结构图

（16）××园林绿化工程项目中花坛立面图与平面图见图 11-1-9 所示。

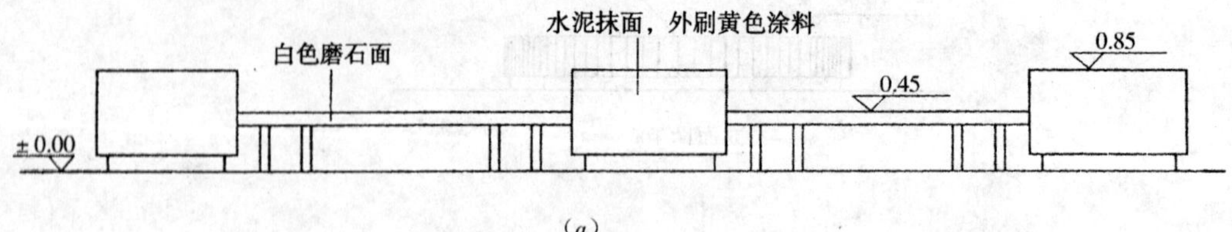

（*a*）

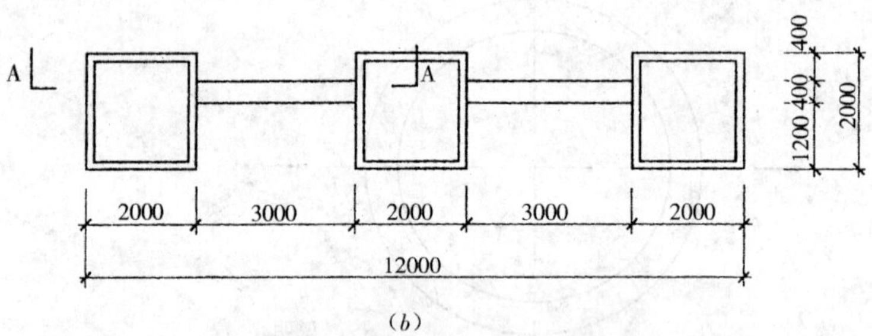

（*b*）

图 11-1-9 花坛立面图与平面图

（*a*）花坛立面图 1:50；（*b*）花坛平面图1:100

（17）××园林绿化工程项目中花坛与坐凳结构剖面图见图 11-1-10 所示。

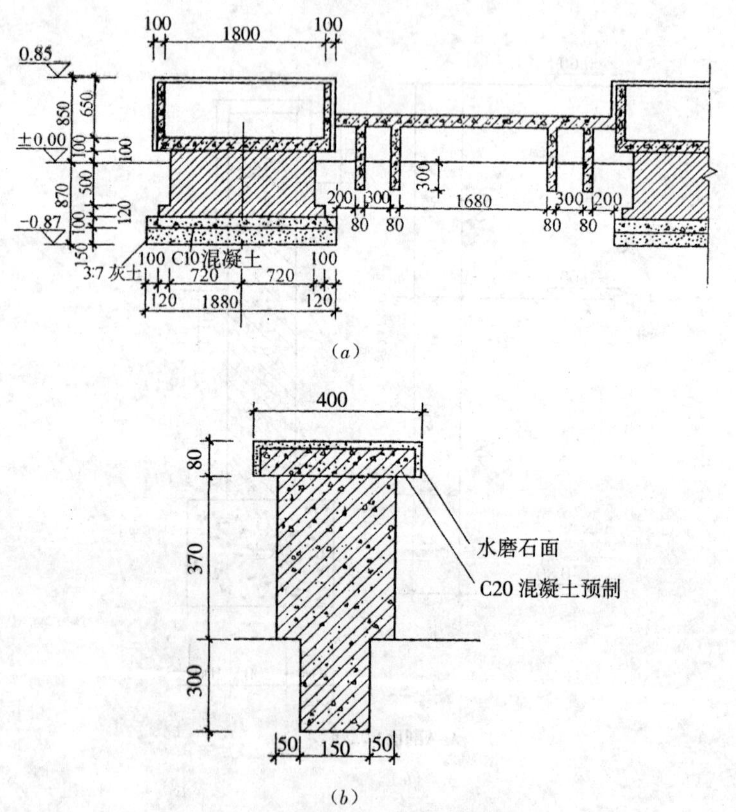

（*b*）

图 11-1-10 花坛与坐凳结构剖面图

（*a*）A-A 剖面图；（*b*）坐凳结构图1:10

（18）××园林绿化工程项目中电子石英钟示意图见图 11-1-11 所示。

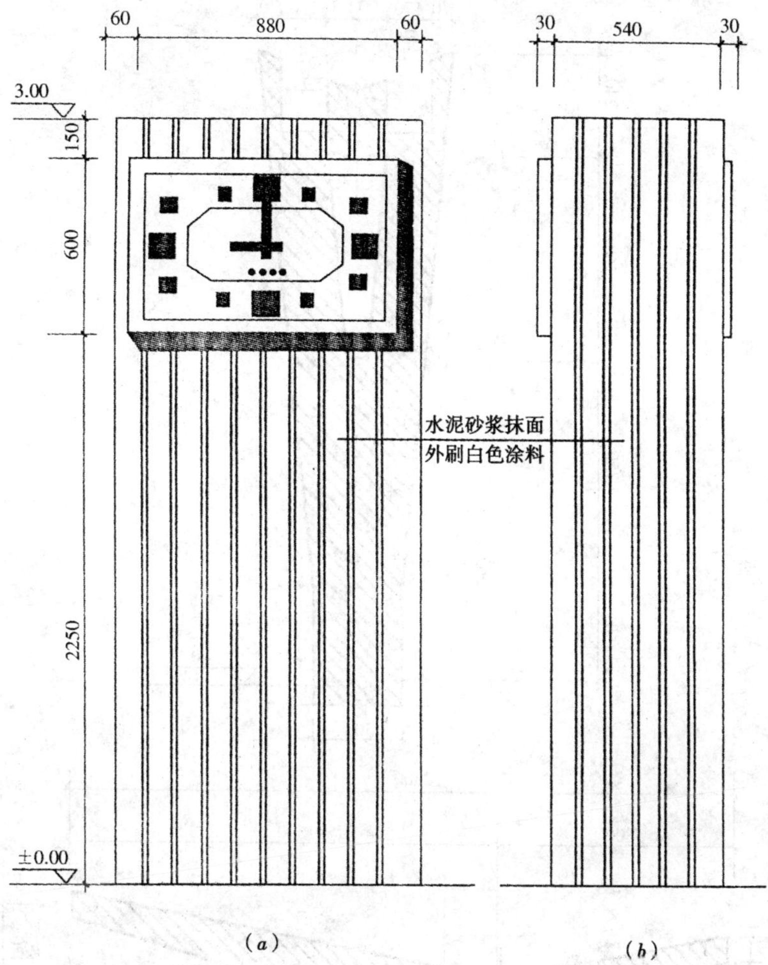

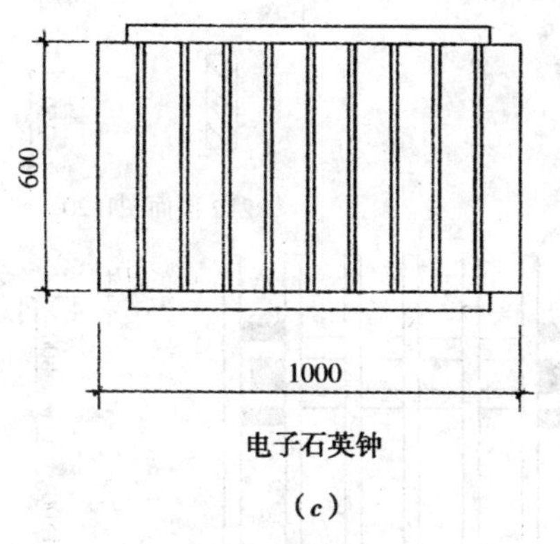

说明：

1. 本图为电子石英钟样图。
2. 该钟为钢架结构。
3. 电子石英钟采取两面同步，可根据规格改变尺寸。
4. 本图尺寸单位标高为米，其他均为毫米。
5. ±0.00 以路面标高为准。

图 11-1-11　电子石英钟示意图

(a) 平面图；(b) 侧面图；(c) 平面图

（19）××园林绿化工程项目中连续花架结构与剖面示意图见图 11-1-12 所示。

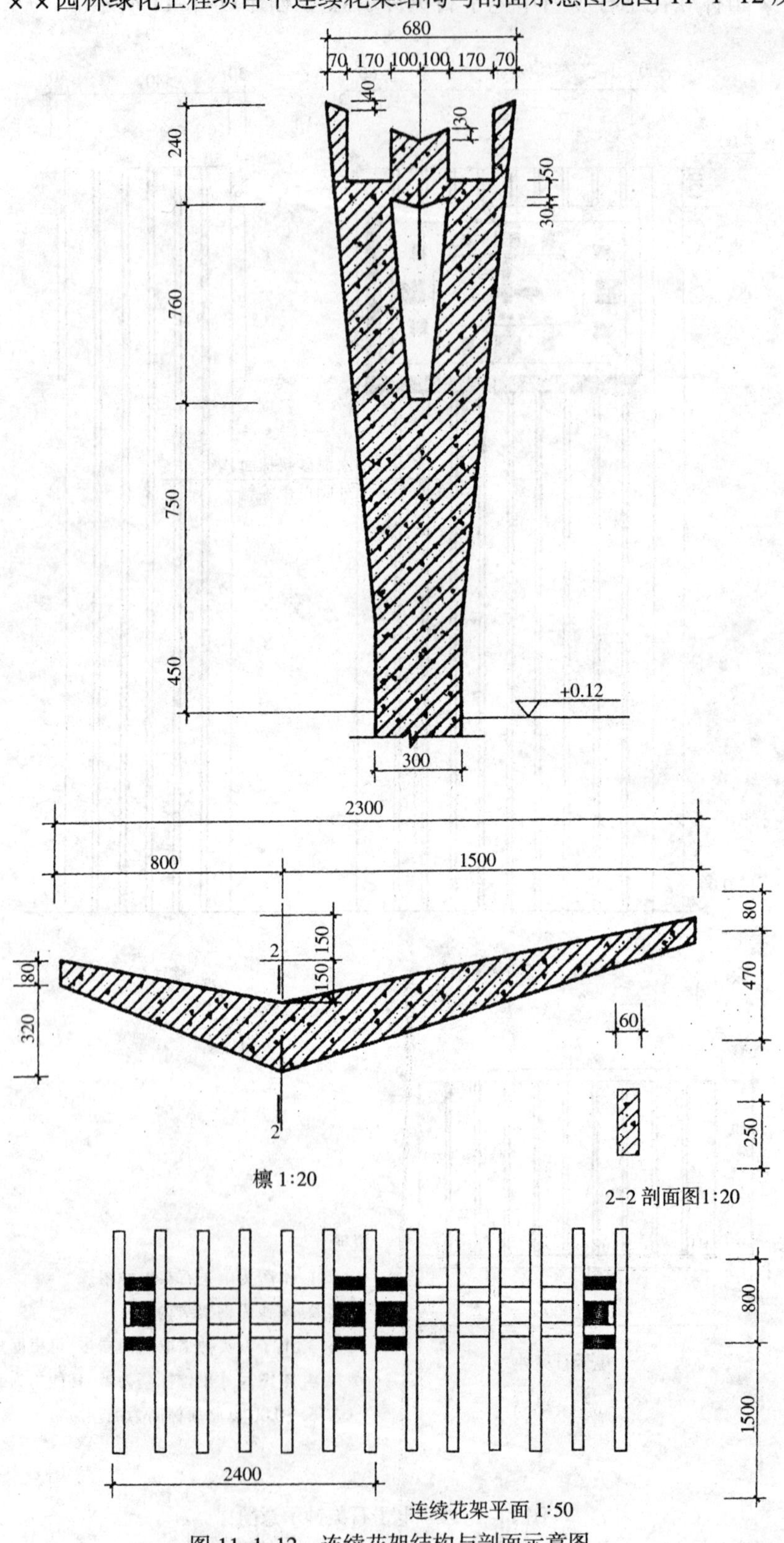

图 11-1-12　连续花架结构与剖面示意图

11.2 园林绿化工程工程量清单报价

（1）××园林绿化工程工程量清单报价(封面)见表11-2-1所列。

（2）××园林绿化工程的工程量清单填表须知见表11-2-2所列。

工程量清单报价表 **表11-2-1**

工程名称:××园林绿化工程 第 页 共 页

工程量清单报价表(封面)

招 标 人:________(略)________(单位签字盖章)

法人代表人:________(略)________(签字盖章)

造价工程师
及注册证号:________(略)________(签字盖执业专用章)

编 制 时 间:________(略)________

工程量清单报价总说明 **表11-2-2**

工程名称:××给水工程 第 页 共 页

工程量清单报价说明

一、工程概况:

本公园位于××市××区,交通便利。园中的建筑与市政设施及部分绿化工程均早已完成。根据发展需要,公园增加绿化面积约为850m^2,整个绿化工程由圆形花坛、伞亭、连座花坛、花架、八角花坛以及经地等组成。栽种的植物主要有桧柏、垂柳、龙爪槐、大叶黄杨、金银木、珍珠梅、月季等。

二、报价依据:

(1) ××园林绿化工程业主提供的工程施工图、《××园林绿化工程投标邀请书》、《××园林绿化工程招标答疑》、《投标须知》等一系列招标文件。

(2) ××市建设工程造价管理站200×年第×期发布的材料价格,并参考市场价。

(3) 报价中需要说明的问题:

1) 该工程因无特殊要求,故采用一般的施工方法;

2) 因考虑到市场材料价格近期波动不大,因此,主要材料价格在××市建设工程造价管理站200×年第×期发布的材料价格基础上下浮3%。

三、各种费率的标准

综合各投标公司的经济实力,各公司所报费率如下所示:

(1) 规费:①不可竞争费率为2.22%;②养老保险3.50%;③安全文明费0.66%;

(2) 施工管理费:9.50%;

(3) 利润:4.50%;

(4) 措施费:①临时设施费3.00%;②冬雨期施工增加费:1.80%。

(5) 税金按3.413%计取。

(3)××园林绿化工程投标总价表 11-2-3 所列。

(4)××园林绿化工程项目总价表 11-2-4 所列。

工程投标总价 表 11-2-3

工程名称:××园林绝对化工程 第 页共 页

工程投标总价

建 设 单 位:（略）

工 程 名 称:××园林绿化工程

投标总价(小写):192896.11 元

(大写):壹拾玖万贰仟捌佰玖拾陆元壹角壹分

投 标 人:（略）（单位签字盖章）

法定代表人:（略）（签字盖章）

编 制 时 间:（略）

工程项目总价表 表 11-2-4

工程名称:××园林绿化工程 第 页共 页

序号	单 项 工 程 名 单	金 额(元)
1	园林绿化工程	192896.11
	合 计	192896.11

(5)××园林绿化工程单位工程费汇总表见表 11-2-5 所列。

单位工程费汇总表 表 11-2-5

工程名称:××园林绿化工程 第 页共 页

序号	单 项 工 程 名 单	金 额(元)
1	分部分项工程量清单	76918.90
2	措施项目清单计价合计	29424.07
3	其他项目清单计价合计	690000.00
4	规费	11186.88
5	税金	6366.26
6	不含税工程总造价	186529.85

续表

工程名称:××园林绿化工程　　　　　　　　　　　　　　　　　第　页共　页

序号	单 项 工 程 名 单	金　额(元)
7	含税工程总造价	192896.41
	合 计:(小写)	192896.41
	合 计:(大写)壹拾玖万贰仟捌佰玖拾陆元壹角壹分	

(6)××园林绿化工程分部分项工程量清单计价表见表 11-2-6 所列。

分部分项工程量清单计价表　　　　　　**表 11-2-6**

工程名称:××园林绿化工程　　　　　　　　　　　　　　　　　第　页共　页

序号	项目编码	项 目 名 称	计量单位	工程数量	金额(元)	
					综合单价	合　价
		第一章　绿化工程				
1	051001006001	整理绿化用地,普坚土	m^2	850	1.25	1058.69
2	050102001001	栽植乔木、桧柏,高度为 1.2~1.5m,土球苗木	株	2	70.86	141.72
3	050102001002	栽植乔木、垂柳,胸径为 4.0~5.0m,露根乔木	株	7	50.63	354.39
4	050102001003	栽植乔木、龙爪槐,胸径为 3.5~4.0m,露根乔木	株	4	74.11	296.44
5	050102001004	栽植乔木、大叶黄杨,高度为 1.0~1.2m,绿篱苗木	株	4	80.55	322.21
6	050102004001	栽植灌木、金银木,高 1.5~1.8m,露根灌木	株	90	29.25	2632.94
7	050102004002	栽植灌木、珍珠梅,高 1.0~1.2m,露根灌木	株	60	24.18	1450.77
8	050102008001	栽植花卉、月季,各色月季,二年生,露地花卉	株	120	18.59	2237.27
9	050102010001	铺种草皮、野牛草,草皮	m^2	466	20.10	9365.76
10	050103001001	从现状给水阀门并接出线。主管线挖土深度为 1m,支管线挖土深度 0.6m,二类土。主管直径 75PVC-U 管长为 21m,直径 40PVC-U 管长 35m;支管直径 32PVC-U 管长 98.6m。美国雨乌喷头 5004 型 41 个,美国雨乌快速怪水阀 P33 型 10 个。另外,水表 1 组,截水阀(*DN*75)2 个	m	154.60	42.84	6623.06
		第二章　园路、园桥、假山工程				
11	050201001001	园路,200m 厚砂垫层,150mm 厚 3:7 灰土垫层,水泥方格砖路面	m^2	176.54	66.46	11733.69
12	010101002001	挖土方,普坚土,挖土平均厚度 350mm,弃土运距为 100m	m^3	61.79	28.14	1738.48
13	050201002001	路牙,3:7 灰土垫层,厚度为 150mm,花岗石	m	91.20	92.21	8409.41
		第三章　园路、园桥、假山工程				
14	050303001001	现浇混凝土花架柱、梁,柱 6 根,高度为 2.2m	m^3	2.168	377.24	817.85
15	010401002001	现浇混凝土独立基础,C10 混凝土垫层,厚度为 100mm	m^3	1.296	318.98	413.40
16	020203001001	零星项目一般抹灰,檩架抹水泥砂浆	m^2	60.04	13.33	800.13
17	020507001001	刷喷涂料,檩架喷涂料	m^2	60.04	16.60	996.57

续表

工程名称:××园林绿化工程　　　　第　页共　页

序号	项目编码	项目名称	计量单位	工程数量	金额(元)	
					综合单价	合价
		第三章　园路、园桥、假山工程				
18	010101003001	挖基础土方,挖八角花坛土方,人工挖地槽,土方运距为100m	m^3	10.64	30.02	319.39
19	010407001001	其他构件,八角花坛混凝土池壁,C10混凝土现浇	m^3	7.3	352.57	2573.79
20	020204003001	块料墙面,八角花坛混凝土池壁贴大理石	m^2	23.24	286.80	6665.25
21	010101003002	挖基础土方,连座花坛土方,平均挖土深度为870mm,普坚土,弃土的运输距离为100m	m^3	9.22	30.83	284.21
22	010401002002	现浇混凝土独立基础,3:7灰土垫层,厚度100mm	m^3	1.06	456.27	483.65
23	010302001001	实心砖墙,M5混合砂浆砌筑,普通砖	m^3	4.87	195.47	951.96
24	010407001002	其他构件,连座花坛混凝土花池,C25混凝土现浇	m^3	2.68	320.87	859.93
25	050304005001	预制混凝土桌凳,C20预制混凝土坐凳	个	8	34.85	278.80
26	010101003003	挖基础土方,挖坐凳土方,平均挖土的深度为80mm,普坚土,弃土的运输距离为100m	m^3	0.03	24.33	0.73
27	010101003004	挖基础土方,挖花台土方,平均挖土的深度为640mm,普坚土,弃土的运输距离为100m	m^3	6.55	24.40	159.80
28	010401002003	现浇混凝土独立基础,3:7灰土垫层,厚度300mm	m^3	1.02	412.97	421.23
29	010302001002	实心砖墙,砖砌花台,M5混合砂浆,普通砖	m^3	2.373	195.48	463.88
30	010407001003	其他构件,花台混凝土花池,C25混凝土现浇	m^3	2.72	320.87	872.77
31	020204001002	石材墙面,花台混凝土花池面贴花岗石	m^2	4.56	286.80	1307.80
32	010101003005	挖基础土方,挖花墙花台土方,平均深度为940mm,普坚土,弃土的运输距离为100m	m^3	11.73	30.02	352.09
33	010401001001	带形基础,花墙花台混凝土基础,C25混凝土现浇	m^3	1.25	237.98	297.47
34	010302001003	实心砖墙,砖砌花墙,M5混合砂浆,普通砖	m^3	8.19	195.47	1600.93
35	010407001004	其他构件,花墙花台混凝土花台,C25混凝土现浇	m^3	3.50	320.88	1123.08
36	020204001003	石材墙面,花墙花台墙面贴青石板	m^2	27.73	103.02	2856.79
37	010606012001	零星钢构件,花墙花台铁花饰,-60×6,2.83kg/m	t	0.11	4529.55	498.25
38	010101003006	挖基础土方,挖伞亭土方,平均深度为900mm,普坚土,弃土的运输距离为100m	m^3	0.38	30.82	42.53
39	010401003001	满堂基础,伞亭混凝土基础,砂石垫层,基厚度为100mm	m^3	0.27	285.81	77.17
40	010101003006	挖基础土方,挖圆形花坛土方,平均深度为800mm,普坚土,弃土的运输距离为100m	m^3	3.82	28.14	107.49
41	010407001005	其他构件,圆形花坛混凝土池壁,C25混凝土现浇	m^3	2.63	365.17	960.41
42	020204001004	石材墙面,圆形花坛混凝土池壁贴大理石	m^2	10.05	286.80	2882.36
43	010402001001	矩形柱,表架混凝土柱,C25混凝土现浇	m^3	1.8	311.18	560.13
44	020202001001	柱面一般抹灰,混凝土水泥砂浆抹面	m^2	10.2	13.33	135.94
45	020507001001	侧喷涂料,混凝土柱面刷白色涂料	m^2	10.2	38.66	394.29
		合　计				76918.90

（7）××园林绿化工程措施项目清单计价表见表 11-2-7 所列。

（8）××园林绿化工程其他项目清单计价表见表 11-2-8 所列。

（9）××园林绿化工程零星工作项目清单计价表见表 11-2-9 所列。

措施项目清单计价表 **表 11-2-7**

工程名称：××园林绿化工程　　　　第　页共　页

序号	项目名称	金额(元)
1	脚手架费	1422.46
2	混凝土模板及支架	18093.84
3	环境保护费	5000.00
4	临时设施费	3067.36
5	冬雨期施工增加费	1840.41
	合　计	29424.07

其他项目清单计价表 **表 11-2-8**

工程名称：××园林绿化工程　　　　第　页共　页

序号	项目名称	金额(元)	序号	项目名称	金额(元)
1	招标人部分		2	投标人部分	
1.1	预留金	50000.00	2.1	总承包服务费	
1.2	材料购置费		2.2	零星工作项目费	19000.00
1.3	其他		2.3	其　他	
				小　计	19000.00
	小　计	50000.00		合　计	119000.00

零星工作项目计价表 **表 11-2-9**

工程名称：××给水工程　　　　第　页共　页

序号	项目名称	计量单位	工程数量	金额(元)	
				综合单价	合价
1	人工				
1.1	技工	工日	40.00	50.00	20000.00
	小　计				20000.00
2	材料				
2.1	32.5 级普通水泥	t	15.00	300.00	4500.00
	小　计				4500.00
3	机械				
3.1	汽车起重机 20t	台班	5.00	2500.00	12500.00
	小　计				12500.00

（10）措施项目分析表见表 11-2-10 所列。

措施项目分析表 表 11-2-10

工程名称:××园林绿化工程 第 页 共 页

序号	措施项目名称	单位	工程量	其中(元)					
				人工费	材料费	机械费	管理费	利润	小计
1	脚手架费	m^2	218.00	413.92	833.85	—	118.54	56.15	1422.46
2	混凝土模板及支架	m^2	309.00	4367.41	9567.88	1936.50	1507.82	714.23	18093.84
3	环境保护费								5000.00
4	临时设施费								3067.36
5	冬、雨期施工费								1840.41
	合计								29424.07

(11)××园林绿化工程分部分项工程量清单综合计价计算表见表 11-2-11~11-2-55 所列。

分部分项工程量清单综合单价计算表 表 11-2-11

工程名称:××园林绿化工程;项目编码:010101002001;计量单位:m^3;工程数量:61.79;综合单价:28.14 元

项目名称:挖土方

序号	定额编号	工作内容	单位	工程量	其中(元)					
					人工费	材料费	机械费	管理费	利润	小计
1	10-1-4	人工挖土方	m^3	61.79	724.80		1.24	—	—	—
2	10-1-5	人工运土方(20m 以内)	m^3	61.79	333.67		0.62	—	—	—
3	10-1-6	人工运土方(增加 80m)	m^3	61.79	464.66		—	—	—	—
		合计			1523.13		1.86			

分部分项工程量清单综合单价计算表 表 11-2-12

工程名称:××园林绿化工程;项目编码:050201002001;计量单位:m;工程数量:91.20;综合单价:92.21 元

项目名称:路牙

序号	定额编号	工作内容	单位	工程量	其中(元)					
					人工费	材料费	机械费	管理费	利润	小计
1	10-2-1	3:7 灰土垫层	m^3	2.19	61.89	48.60	1.20	—	—	—
2	10-2-35	路牙安装	m	91.20	478.80	6771.60	14.59	—	—	—
		合计			540.69	6820.20	15.79	700.78	331.95	8409.41

分部分项工程量清单综合单价计算表 表 11-2-13

工程名称:××园林绿化工程;项目编码:050303001001;计量单位:m^3;工程数量:2.168;综合单价:377.24 元

项目名称:现浇混凝土花架柱梁

序号	定额编号	工作内容	单位	工程量	其中(元)					
					人工费	材料费	机械费	管理费	利润	小计
1	10-1-3	挖花架基础土方	m^3	5.18	72.93	—	0.16	—	—	—
2	10-4-14	现浇混凝土花架柱梁	m^3	1.011	71.99	204.25	24.98	—	—	—
3	10-4-15	现浇混凝土花架柱梁	m^3	1.157	78.50	236.03	28.58	—	—	—
		合计			223.42	440.28	53.72	68.15	32.28	817.85

分部分项工程量清单综合单价计算表

表 11-2-14

工程名称:××园林绿化工程;项目编码:010401002001;计量单位:m^3;工程数量:1.296;综合单价:318.98 元

项目名称:现浇混凝土独立基础

序号	定额编号	工作内容	单位	工程量	其中(元)					
					人工费	材料费	机械费	管理费	利润	小计
1	10-2-5	混凝土垫层 C10	m^3	0.432	13.56	73.54	4.99	—	—	—
2	10-4-12	混凝土柱基	m^3	1.296	35.96	219.61	14.97	—	—	—
	合计				49.52	293.15	19.96	34.45	16.32	413.40

分部分项工程量清单综合单价计算表

表 11-2-15

工程名称:××园林绿化工程;项目编码:020203001001;计量单位:m^2;工程数量: 60.04;综合单价:13.33 元

项目名称:零星项目一般抹灰

序号	定额编号	工作内容	单位	工程量	其中(元)					
					人工费	材料费	机械费	管理费	利润	小计
1	10-8-20	檩架抹水泥砂浆	m^2	60.04	374.05	315.21	12.61	—	—	—
	合计				374.05	315.21	12.61	66.68	31.58	800.13

分部分项工程量清单综合单价计算表

表 11-2-16

工程名称:××园林绿化工程;项目编码:010101003001;计量单位:m^3;工程数量:10.64;综合单价:30.02 元

项目名称:挖基础土方

序号	定额编号	工作内容	单位	工程量	其中(元)					
					人工费	材料费	机械费	管理费	利润	小计
1	10-1-2	人工挖地槽	m^3	10.64	142.26	—	0.32	—	—	—
2	10-1-5	人工运土(运距 20m 以内)	m^3	10.64	57.46	—	0.11	—	—	—
3	10-1-6	人工运土(增加 80m)	m^3	10.64	80.01	—	—	—	—	—
	合计				279.73	—	0.43	26.62	12.61	319.39

分部分项工程量清单综合单价计算表

表 11-2-17

工程名称:××园林绿化工程;项目编码:010407001001;计量单位:m^3;工程数量:7.3;综合单价:352.57 元

项目名称:其他构件

序号	定额编号	工作内容	单位	工程量	其中(元)					
					人工费	材料费	机械费	管理费	利润	小计
1	10-4-4	混凝土水池池壁	m^3	7.3	405.81	1491.17	157.75	—	—	—
2	10-2-1	基础灰土垫层(3∶7)	m^3	3.98	112.47	88.32	2.19	—	—	—
	合计				518.28	1579.49	159.94	214.48	101.60	2573.79

分部分项工程量清单综合单价计算表 表 11-2-18

工程名称:××园林绿化工程;项目编码:010101003002;计量单位:m^3;工程数量:9.22;综合单价:30.83 元

项目名称:基础土方

序号	定额编号	工作内容	单位	工程量	其中(元)					
					人工费	材料费	机械费	管理费	利润	小计
1	10-1-3	挖柱基础	m^3	9.22	129.82	—	0.28	—	—	—
2	10-1-5	人工运土(运距 20m 以内)	m^3	9.22	49.79	—	0.09	—	—	—
3	10-1-6	人工运土(增加 80m)	m^3	9.22	69.33	—	—	—	—	—
		合计			248.94	—	0.37	23.68	11.22	284.21

分部分项工程量清单综合单价计算表 表 11-2-19

工程名称:××园林绿化工程;项目编码:020204001001;计量单位:m^2;工程数量:23.24;综合单价:286.80 元

项目名称:石材墙面

序号	定额编号	工作内容	单位	工程量	其中(元)					
					人工费	材料费	机械费	管理费	利润	小计
1	10-8-28	池壁贴大理石	m^2	23.24	744.14	5067.71	34.86	—	—	—
		合计			744.14	5067.71	34.86	555.44	263.10	6665.25

分部分项工程量清单综合单价计算表 表 11-2-20

工程名称:××园林绿化工程;项目编码: ;计量单位:m^3;工程数量: ;综合单价: 元

项目名称:现浇混凝土独立基础

序号	定额编号	工作内容	单位	工程量	其中(元)					
					人工费	材料费	机械费	管理费	利润	小计
1	10-4-12	混凝土基础 C10	m^3	1.06	29.42	179.62	2.19	—	—	—
2	10-2-1	灰土垫层(3∶7)	m^3	3.98	112.47	88.32	2.19	—	—	—
		合计			141.89	267.94	14.43	40.30	19.09	483.65

分部分项工程量清单综合单价计算表 表 11-2-21

工程名称:××园林绿化工程;项目编码:010302001001; 计量单位:m^3;工程数量:1.06;综合单价:456.27 元

项目名称:现浇混凝土独立基础

序号	定额编号	工作内容	单位	工程量	其中(元)					
					人工费	材料费	机械费	管理费	利润	小计
1	10-3-2	砖 墙	m^3	4.87	204.15	622.09	8.81	—	—	—
		合计			204.15	622.09	8.81	79.33	37.58	951.96

分部分项工程量清单综合单价计算表 表 11-2-22

工程名称:××园林绿化工程;项目编码:010407001002;计量单位:m^3;工程数量:2.68;综合单价:320.87 元

项目名称:其他构件

序号	定额编号	工作内容	单位	工程量	其中(元)					
					人工费	材料费	机械费	管理费	利润	小计
1	10-4-4	混凝土花池	m^3	2.68	148.98	547.44	57.91	—	—	—
		合计			148.98	547.44	57.91	71.66	33.94	859.93

分部分项工程量清单综合单价计算表 表 11-2-23

工程名称:××园林绿化工程;项目编码:050304005001;计量单位:个;工程数量:8;综合单价:34.85 元

项目名称:预制混凝土桌凳

序号	定额编号	工作内容	单位	工程量	其中(元)					
					人工费	材料费	机械费	管理费	利润	小计
1	10-8-47	预制混凝土桌凳安装	个	8	40.88	3.60	0.08	—	—	—
2		预制混凝土桌凳	个	8	—	200.00	—			
	合计				40.88	3.60	0.08	23.23	11.01	278.80

分部分项工程量清单综合单价计算表 表 11-2-24

工程名称:××园林绿化工程;项目编码:010101003003;计量单位:m^3;工程数量:0.03;综合单价:24.33 元

项目名称:挖基础土方

序号	定额编号	工作内容	单位	工程量	其中(元)					
					人工费	材料费	机械费	管理费	利润	小计
1	10-1-3	挖桌凳土方	m^3	0.03	0.42	—	—	—	—	—
2	10-1-5	人工运土(运距 20m 以内)	m^3	0.03	0.16	—	—	—	—	—
3	10-1-6	人工运土(增加 80m)	m^3	0.03	0.06	—	—	—	—	—
	合计				0.64	—	—	0.06	0.03	0.73

分部分项工程量清单综合单价计算表 表 11-2-25

工程名称:××园林绿化工程;项目编码:010302001001;计量单位:m^3;工程数量:2.373;综合单价:195.48 元

项目名称:实心砖墙

序号	定额编号	工作内容	单位	工程量	其中(元)					
					人工费	材料费	机械费	管理费	利润	小计
1	10-3-2	实心砖墙	m^3	2.373	99.48	303.13	4.30	—	—	—
	合计				99.48	303.13	4.30	38.66	18.31	463.88

分部分项工程量清单综合单价计算表 表 11-2-26

工程名称:××园林绿化工程;项目编码:010101003004;计量单位:m^3;工程数量:6.55;综合单价:24.40 元

项目名称:挖基础土方

序号	定额编号	工作内容	单位	工程量	其中(元)					
					人工费	材料费	机械费	管理费	利润	小计
1	10-1-3	挖花台土方	m^3	6.55	92.22	—	0.20	—	—	—
2	10-1-5	人工运土(运距 20m 以内)	m^3	6.55	35.37	—	0.07	—	—	—
3	10-1-6	人工运土(增加 80m)	m^3	6.55	12.31	—	—	—	—	—
	合计				139.90	—	0.27	13.32	6.31	159.80

分部分项工程量清单综合单价计算表

表 11-2-27

工程名称：××园林绿化工程；项目编码：010401002003；计量单位：m^3；工程数量：1.02；综合单价：412.97 元

项目名称：现浇混凝土独立基础

序号	定额编号	工作内容	单位	工程量	其中(元)					
					人工费	材料费	机械费	管理费	利润	小计
1	10-2-1	灰土垫层(3∶7)	m^3	3.07	86.76	68.12	1.69	—	—	—
2	10-4-12	混凝土花台基础	m^3	1.02	28.31	172.84	11.78	—	—	—
		合计			115.07	240.96	13.47	35.10	16.63	421.23

分部分项工程量清单综合单价计算表

表 11-2-28

工程名称：××园林绿化工程；项目编码：010407001003；计量单位：m^3；工程数量：2.73；综合单价：320.87 元

项目名称：其他构件

序号	定额编号	工作内容	单位	工程量	其中(元)					
					人工费	材料费	机械费	管理费	利润	小计
1	10-4-4	混凝土花池	m^3	2.72	151.20	555.61	58.78	—	—	—
		合计			151.20	555.61	58.78	72.73	34.45	872.77

分部分项工程量清单综合单价计算表

表 11-2-29

工程名称：××园林绿化工程；项目编码：020204001002；计量单位：m^2；工程数量：4.56；综合单价：286.80 元

项目名称：石材墙面

序号	定额编号	工作内容	单位	工程量	其中(元)					
					人工费	材料费	机械费	管理费	利润	小计
1	10-8-28	池壁贴花岗石	m^2	4.56	146.01	994.35	6.84	—	—	—
		合计			146.01	994.35	6.84	108.98	51.62	1307.80

分部分项工程量清单综合单价计算表

表 11-2-30

工程名称：××园林绿化工程；项目编码：010101003005；计量单位：m^3；工程数量：11.7；综合单价：30.02 元

项目名称：挖基础土方

序号	定额编号	工作内容	单位	工程量	其中(元)					
					人工费	材料费	机械费	管理费	利润	小计
1	10-1-2	人工挖地槽	m^3	11.73	156.83	—	0.35	—	—	—
2	10-1-5	人工运土(运距 20m 以内)	m^3	11.73	63.34	—	0.12	—	—	—
3	10-1-6	人工运土(增加 80m)	m^3	11.73	88.21	—	—	—	—	—
		合计			308.38	—	0.47	29.34	13.90	352.09

分部分项工程量清单综合单价计算表

表 11-2-31

工程名称：××园林绿化工程；项目编码：010401001001；计量单位：m^3；工程数量：1.25；综合单价：237.98 元

项目名称：带形基础

序号	定额编号	工作内容	单位	工程量	其中(元)					
					人工费	材料费	机械费	管理费	利润	小计
1	10-4-12	混凝土带形基础	m^3	1.25	34.69	211.81	14.44	—	—	—
		合计			34.69	211.81	14.44	24.79	11.74	297.47

分部分项工程量清单综合单价计算表　　表 11-2-32

工程名称：××园林绿化工程；项目编码：010302001003；计量单位：m³；工程数量：8.19；综合单价：195.47 元

项目名称：实心砖墙

序号	定额编号	工作内容	单位	工程量	其中(元)					
					人工费	材料费	机械费	管理费	利润	小计
1	10-3-2	砌砖	m^3	8.19	343.32	1046.19	14.82	—	—	—
	合计				343.32	1046.19	14.82	133.41	63.19	1600.93

分部分项工程量清单综合单价计算表　　表 11-2-33

工程名称：××园林绿化工程；项目编码：010407001004；计量单位：m³；工程数量：3.50；综合单价：320.88 元

项目名称：其他构件

序号	定额编号	工作内容	单位	工程量	其中(元)					
					人工费	材料费	机械费	管理费	利润	小计
1	10-4-4	混凝土花台	m^3	3.50	194.57	714.95	75.64	—	—	—
	合计				194.57	714.95	75.64	93.59	44.33	1123.08

分部分项工程量清单综合单价计算表　　表 11-2-34

工程名称：××园林绿化工程；项目编码：020204001003；计量单位：m²；工程数量：27.73；综合单价：103.02 元

项目名称：石材墙面

序号	定额编号	工作内容	单位	工程量	其中(元)					
					人工费	材料费	机械费	管理费	利润	小计
1	10-8-26	花台墙面贴青石板	m^2	27.73	428.15	2044.81	32.99	—	—	—
	合计				428.15	2044.81	32.99	238.07	112.77	2856.79

分部分项工程量清单综合单价计算表　　表 11-2-35

工程名称：××园林绿化工程；项目编码：0100606012001；计量单位：t；工程数量：0.11；综合单价：4529.55 元

项目名称：零星钢构件

序号	定额编号	工作内容	单位	工程量	其中(元)					
					人工费	材料费	机械费	管理费	利润	小计
1	10-4-29	花墙花台铁花饰	t	0.11	78.49	319.72	38.85	—	—	—
	合计				78.49	319.72	38.85	41.52	19.67	498.25

分部分项工程量清单综合单价计算表　　表 11-2-36

工程名称：××园林绿化工程；项目编码：010101003006；计量单位：m³；工程数量：1.38；综合单价：30.82 元

项目名称：挖基础土方

序号	定额编号	工作内容	单位	工程量	其中(元)					
					人工费	材料费	机械费	管理费	利润	小计
1	10-1-3	挖伞亭土方	m^3	1.38	19.43	—	0.04	—	—	—
2	10-1-5	人工运土(运距 20m 以内)	m^3	1.38	7.45	—	0.01	—	—	—
3	10-1-6	人工运土(增加 80m)	m^3	1.38	10.38	—	—	—	—	—
	合计				37.26	—	0.05	3.54	1.68	42.53

分部分项工程量清单综合单价计算表 表 11-2-37

工程名称:××园林绿化工程;项目编码:010401003001;计量单位:m^3;工程数量:0.27;综合单价:285.81 元

项目名称:满堂基础

序号	定额编号	工作内容	单位	工程量	其中(元)					
					人工费	材料费	机械费	管理费	利润	小计
1	10-2-4	砂石垫层	m^3	0.15	1.30	9.84	0.19	—	—	—
2	10-4-12	伞亭混凝土基础	m^3	0.27	7.49	45.75	3.12	—	—	—
		合计			8.79	55.59	3.31	6.43	3.05	77.17

分部分项工程量清单综合单价计算表 表 11-2-38

工程名称:××园林绿化工程;项目编码:020202001001;计量单位:m^2;工程数量:10.2;综合单价:13.33 元

项目名称:柱面一般抹灰

序号	定额编号	工作内容	单位	工程量	其中(元)					
					人工费	材料费	机械费	管理费	利润	小计
1	10-8-2	柱面抹水泥砂浆	m^2	10.2	111.89	233.27	0.71	—	—	—
		合计			111.89	233.27	0.71	11.33	5.37	135.94

分部分项工程量清单综合单价计算表 表 11-2-39

工程名称:××园林绿化工程;项目编码:010101003006;计量单位:m^3;工程数量:3.82;综合单价:28.14 元

项目名称:挖基础土方

序号	定额编号	工作内容	单位	工程量	其中(元)					
					人工费	材料费	机械费	管理费	利润	小计
1	10-1-4	挖园形花坛土方	m^3	3.82	44.81	—	0.08	—	—	—
2	10-1-5	人工运土(运距 20m 以内)	m^3	3.82	20.63	—	0.04	—	—	—
3	10-1-6	人工运土(增加 80m)	m^3	3.82	28.73	—	—	—	—	—
		合计			94.17	—	0.12	8.96	4.24	107.49

分部分项工程量清单综合单价计算表 表 11-2-40

工程名称:××园林绿化工程;项目编码:010407001005;计量单位:m^3;工程数量:2.63;综合单价:365.17 元

项目名称:其他构件

序号	定额编号	工作内容	单位	工程量	其中(元)					
					人工费	材料费	机械费	管理费	利润	小计
1	10-4-5	园形花坛混凝土池壁	m^3	2.63	175.18	537.47	56.89	—	—	—
2	10-2-1	基础灰土垫(3:7)	m^3	1.43	40.41	31.73	0.79	—	—	—
		合计			215.59	569.20	57.68	80.03	37.91	960.41

分部分项工程量清单综合单价计算表 表 11-2-41

工程名称:××园林绿化工程;项目编码:020204001001;计量单位:m^2;工程数量:10.05;综合单价:286.80 元

项目名称:石材墙面

序号	定额编号	工作内容	单位	工程量	其中(元)					
					人工费	材料费	机械费	管理费	利润	小计
1	10-8-28	园形花坛池壁贴大理石	m^2	10.05	321.80	2191.50	15.08	—	—	—
		合计			321.80	2191.50	15.08	240.20	113.78	2882.36

分部分项工程量清单综合单价计算表 表 11-2-42

工程名称:××园林绿化工程;项目编码:010402001001;计量单位:m^3;工程数量:1.8;综合单价:311.18 元

项目名称:矩形柱

序号	定额编号	工作内容	单位	工程量	其中(元)					
					人工费	材料费	机械费	管理费	利润	小计
1	10-4-21	混凝土矩形柱	m^3	1.8	80.24	362.50	48.60	—	—	—
	合计				80.24	362.50	48.60	46.68	22.11	560.13

分部分项工程量清单综合单价计算表 表 11-2-43

工程名称:××园林绿化工程;项目编码:020507001001;计量单位:m^2;工程数量:10.2;综合单价:38.66 元

项目名称:刷喷涂料

序号	定额编号	工作内容	单位	工程量	其中(元)					
					人工费	材料费	机械费	管理费	利润	小计
1	10-8-19	柱面刷白色涂料	m^2	10.2	111.89	233.27	0.71	—	—	—
	合计				111.89	233.27	0.71	32.86	15.56	394.29

分部分项工程量清单综合单价计算表 表 11-2-44

工程名称:××园林绿化工程;项目编码:050101006001;计量单位:m^2;工程数量:850;综合单价:1.25 元

项目名称:整理绿化用地

序号	定额编号	工作内容	单位	工程量	其中(元)					
					人工费	材料费	机械费	管理费	利润	小计
1	9-1-1	人工整理绿化用地	m^2	850	903.12	—	25.56	—	—	—
	合计				903.12	—	25.56	88.22	41.79	18.69

分部分项工程量清单综合单价计算表 表 11-2-45

工程名称:××园林绿化工程;项目编码:050102001001;计量单位:株;工程数量:2;综合单价:70.86 元

项目名称:栽植乔木、桧柏

序号	定额编号	工作内容	单位	工程量	其中(元)					
					人工费	材料费	机械费	管理费	利润	小计
1	9-2-23	桧柏普坚土种植	株	2	26.76	17.94	8.50	—	—	—
2	4910001	桧柏	株	2	—	19.00	—	—	—	—
3	9-6-1	桧柏后期管理费	株	2	23.42	24.26	4.42	—	—	—
	合计				50.18	61.20	12.94	11.81	5.59	141.72

分部分项工程量清单综合单价计算表 表 11-2-46

工程名称:××园林绿化工程;项目编码:050102001002;计量单位:株;工程数量:7;综合单价:50.63 元

项目名称:栽植乔木、垂柳

序号	定额编号	工作内容	单位	工程量	其中(元)					
					人工费	材料费	机械费	管理费	利润	小计
1	9-2-1	普坚土种植垂柳	株	7	37.66	22.75	0.91	—	—	—
2	4704005	垂柳	株	7	—	67.20	—	—	—	—
3	9-6-1	垂柳后期限管理费	株	7	81.97	84.91	15.47	—	—	—
	合计				119.63	174.86	16.38	29.53	13.99	354.39

分部分项工程量清单综合单价计算表 表 11-2-47

工程名称:××园林绿化工程;项目编码:050102001002;计量单位:株;工程数量:4;综合单价:74.11 元

项目名称:栽植乔木、龙爪槐

序号	定额编号	工作内容	单位	工程量	其中(元)					
					人工费	材料费	机械费	管理费	利润	小计
1	9-2-1	普坚土种植龙爪槐	株	4	21.52	13.00	0.52	—	—	—
2	4711002	龙爪槐	株	4	—	120.80	—	—	—	—
3	9-6-1	龙爪槐后期管理费	株	4	46.84	48.52	8.84	—	—	—
		合　计			68.36	182.32	9.36	24.70	11.70	296.44

分部分项工程量清单综合单价计算表 表 11-2-48

工程名称:××园林绿化工程;项目编码:050102001004;计量单位:株;工程数量:4;综合单价:80.55 元

项目名称:栽植乔木、大叶黄杨

序号	定额编号	工作内容	单位	工程量	其中(元)					
					人工费	材料费	机械费	管理费	利润	小计
1	9-2-23	普坚土种植大叶黄杨	株	4	53.52	35.88	17.04	—	—	—
2	5002004	大叶黄杨	株	4	—	72.00	—	—	—	—
3	9-6-1	大叶黄杨后期管理费	株	4	46.84	48.52	8.84	—	—	—
		合　计			100.36	156.40	25.88	26.85	12.72	322.21

分部分项工程量清单综合单价计算表 表 11-2-49

工程名称:××园林绿化工程;项目编码:050102004001;计量单位:株;工程数量:90;综合单价:29.25 元

项目名称:栽植灌木、金银木

序号	定额编号	工作内容	单位	工程量	其中(元)					
					人工费	材料费	机械费	管理费	利润	小计
1	9-2-9	普坚土种植金银木	株	90	333.90	95.40	8.10	—	—	—
2	4822004	金银木	株	90	—	810.00	—	—	—	—
3	9-6-2	金银木后期管理费	株	90	499.50	424.80	135.90	—	—	—
		合　计			833.40	1330.20	144.00	219.41	103.93	2632.94

分部分项工程量清单综合单价计算表 表 11-2-50

工程名称:××园林绿化工程;项目编码:050102004002;计量单位:株;工程数量:60;综合单价:24.18 元

项目名称:栽植灌木、珍珠梅

序号	定额编号	工作内容	单位	工程量	其中(元)					
					人工费	材料费	机械费	管理费	利润	小计
1	9-2-8	普坚土种植珍珠梅	株	60	168.00	63.60	4.20	—	—	—
2	4806002	珍珠梅	株	60	—	330.00	—	—	—	—
3	9-6-2	珍珠梅后期管理费	株	60	333.00	283.20	90.60	—	—	—
		合　计			501.00	676.80	94.80	120.90	57.27	1450.77

分部分项工程量清单综合单价计算表 表 11-2-51

工程名称:××园林绿化工程;项目编码:050102008001;计量单位:株;工程数量:120;综合单价:18.59 元

项目名称:月季

序号	定额编号	工作内容	单位	工程量	其中(元)					
					人工费	材料费	机械费	管理费	利润	小计
1	9-2-83	普坚土种植月季	株	120	1232.40	336.00	28.80	—	—	—
2	4853001	各色月季	株	120	—	336.00	—	—	—	—
3	9-6-6	月季后期管理费	m^2	24	4.42	14.21	5.42	—	—	—
	合计				1236.82	686.21	34.22	185.94	88.08	2231.27

分部分项工程量清单综合单价计算表 表 11-2-52

工程名称:××园林绿化工程;项目编码:050102010001;计量单位:m^2;工程数量:466;综合单价:20.10 元

项目名称:铺种草皮、野牛草

序号	定额编号	工作内容	单位	工程量	其中(元)					
					人工费	材料费	机械费	管理费	利润	小计
1	9-2-80	铺草卷(野牛草)	m^2	466	2232.14	1453.92	51.26	—	—	—
2	5201001	野牛草	m^2	466	—	1770.80	—	—	—	—
3	9-6-5	野牛草后期管理费	m^2	466	428.72	1836.04	442.70	—	—	—
	合计				2660.86	5060.76	493.96	780.48	369.70	9365.76

分部分项工程量清单综合单价计算表 表 11-2-53

工程名称:××园林绿化工程;项目编码:050103001001;计量单位:m;工程数量:154.60;综合单价:42.84 元

项目名称:绿地喷灌

序号	定额编号	工作内容	单位	工程量	其中(元)					
					人工费	材料费	机械费	管理费	利润	小计
1	综合	从现状给水阀门接线出管线	m	154.60	988.89	3708.31	1112.50	—	—	—
	合计				988.89	3708.31	1112.50	551.92	261.44	6623.06

分部分项工程量清单综合单价计算表 表 11-2-54

工程名称:××园林绿化工程;项目编码:050201001001;计量单位:m^2;工程数量:176.54;综合单价:66.46 元

项目名称:园路

序号	定额编号	工作内容	单位	工程量	其中(元)					
					人工费	材料费	机械费	管理费	利润	小计
1	10-2-3	砂垫脚石层(200mm 厚)	m^3	35.31	207.27	2166.97	18.36	—	—	—
2	10-2-1	灰土垫层(3:7)	m^3	26.48	748.32	587.59	14.56	—	—	—
3	10-2-9	水泥方格砖路面	m^2	176.54	684.98	5852.30	12.36	—	—	—
	合计				1640.57	8606.86	45.28	977.81	463.17	11733.69

分部分项工程量清单综合单价计算表

表 11-2-55

工程名称：××园林绿化工程；项目编码：020507001001；计量单位：m^2；工程数量：60.04；综合单价：16.60 元

项目名称：刷喷涂料

序号	定额编号	工作内容	单位	工程量	其中(元)					
					人工费	材料费	机械费	管理费	利润	小计
1	10-8-20	檩架喷涂料	m^3	60.04	282.19	590.19	1.80	—	—	—
	合计				282.19	590.19	1.80	83.05	39.34	996.57